창의적인 능력에 중점을 둔 해설사의 관광자원해설

관광자원해설

이야기로 풀기

박석희 · 박희주 지음

백산출판사

수정·증보판을 내면서

『나도 관광자원해설가가 될 수 있다』를 출간한지 10년 세월이 넘게 흘렀다. 현장에서 관광문화를 조금이라도 바꿀 수 있는 좋은 대안의 하나라는 판단에서 시작한 일이었다. 그 후에 다행히 해설에 대한 관심이 높아져 전국각지에서 문화관광해설사를 양성하여 관광현장에서 활동하게 하고 있다. 그러다보니 관광현장도 제법 변화하였고, 해설분야에서도 학술논문이 여러 편 나오는가 하면, 이에 대한 연구도 제법 활발하게 펼쳐지고 있다.

이러한 시점에 다시금 그간 해설분야의 변화를 수용함과 동시에 본격적인 해설분야의 이론과 실무측면에서의 발전에 촉매제가 필요하다는 생각을 하게 되었다. 그래서 해설분야의 실무경력이 20년이 넘고, 이론적으로도 상당히 무장을 한 박희주 박사에게 이 분야 개혁을 위한 주도권을 주면서 많은 논의를 하였다. 논의 결과 기존의 『나도 관광자원해설가가 될 수 있다』를 과감하게 해체하여 전체를 10개 장으로 엮어 보았다. 아직 부족하고 아쉬운 점이 상당히 있지만, 또 다음의 기회를 기약하면서 이 책을 세상에 내놓고자 한다.

이 수정 · 증보판에서 몇 가지를 바꾸었다. 특히 창의적 능력에 중점을 둔 해설사를 일정한 과정을 이수케 함으로써 공인된 자격을 갖추게 한다는 의미에서 해설사로 바꾸었다. 그리고 범용적 성격이 강한 자원해설에서, 관광현장에서 관광객에게 자원을 해석하여 설명해 준다는 의미를 중시하여 관광자원해설로 바꾸었다. 무엇보다도 오늘의 관광현장에서 절실하게 필요하다는 생각에 테마중심의 해설에 도움이 될 수 있도록 초점을 맞추고자 하였고, 시나리오 작성을 중시하였다. 아울러 스토리텔링 기법에 대해서도 많은 논의를 하다가 새로운 해설기법의 하나로 이해하면서 이를 적극 수용하였다. 그리고 우리의 관광자원 가운데서 세계문화유산, 세계자연유산, 그리고 독특한 생태자원 등에 대해서는 관광자원해설에 관심 있는 사람이라면 누구나 알고 있어야 할 것으로 보고 이들에 대해서도 2개 장에 걸쳐 기본적인 내용을 정리하여 담았다.

이 책이 앞으로 10년의 관광자원해설 분야 변화에 작은 바람이 되기를 바라면서 이 책이 모습을 바꾸어 태어나도록 독려해준 백산출판사 진욱상 사장님의 큰 관심에 감사드린다. 그리고 이 책이 빛을 보도록 꼼꼼하게 교정을 보고 편집해준 백산출판사 편집진에게도 심심한 고마움을 표하는 바이다.

2013. 1월 맹추위가 전국을 꽁꽁 얼리고 있는 즈음에

지은이 대표 박석희 드림

차 례

제1장

해설의 개념과 역사

오늘날 우리 사회의 모든 분야에서 '질質'에 대한 관심이 크게 증가하고 있다. 관광분야 역시 예외일 수 없다. 삶의 질은 인간의 존엄과 가치가 훼손 받지 않고 건강하고 문화적인 생활이 확보되는 정도를 의미한다. 따라서 관광의 질은 관광현장의 가치와 긍정적인 관계가 훼손되지 않으면서도 자원은 건강하게 지속되며 오래도록 기억할 추억을 만드는 것을 의미할 것이다.

밀스E. A. Mills는 10대 후반에 벌써 사람들을 인솔하여 로키산 국립공원의 4,345m 고지를 오르내리기 시작했다. 그의 자연에 대한 호기심은 끝이 없었고, 자신이 느낀 대자연의 아름다움을 자연탐방객 개개인이 느끼게 해주려는 열정 또한 대단히 강했다.

사람들이 자연과 단절된 도시 속에서 시들어가고 있음을 안타깝게 여기고 자연을 찾는 사람들에게 자연 속에서 그들 자신의 영감을 불러일으키게 해주려고 노력하였다. 이처럼 자연현상을 보다 알기 쉽게 설명하고 가르치려는 노력은 아주 오래 전부터 시작되었다. 그러나 이를 새로이 개념화한 사람은 틸든F. Tilden으로 그는 '해설의 아버지'라 불리고 있다.

우리는 관광자원해설의 개념, 관광자원해설의 배경이 되는 철학, 그리고 관광자원해설이 어떠한 흐름을 거치면서 태동되었는가를 살펴보자. 그리고 관광자원해설을 하는 목적은 무엇이며 어떠한 편익이 발생되는가를 살펴보면서 관광자원해설의 기본적인 사항에 대한 이해의 폭을 넓혀가자.

제1절 해설의 개념

1. 관광자원해설의 정의

해마다 수많은 사람들이 자연 및 인문관광자원을 찾아 관광을 나선다. 그러한 자원이 있는 곳에서 방문자는 그가 선택할 수 있는 교육의 장에 노출된다. 이런 현장에서 이루어지는 교육은 어떤 측면에서는 교실에서 이루어지는 것보다 훨씬 뛰어난 것이다. 그것이 대자연의 걸작이거나 인간이 만든 작품이건 간에 그것 자체Thing Itself를 직접 만날 수 있기 때문이다.

역사유적지를 방문하는 경우에는 책이 결코 제공할 수 없는 것을 보고 배우게 되고, 책이 결코 제공할 수 없는 충만감을 맛볼 수 있다. 이를테면, 백두산 정상에서 천지를 내려다보는 순간 가슴이 멈춘 듯한 정신적 충만감을 경험하게 된다. 이러한 것은 결코 인간의 능력으로는 묘사할 수 없다.

수많은 자연주의자, 역사학자, 인류학자, 그리고 다른 전문가들은 방문자들이 감각기관으로 지각할 수 있는 그 무엇, 그리고 영감을 불러일으키는 의미를 나타내 보이려고 노력하고 있다. 이러한 보물수호자들의 기능을 틸든은 '해설Interpretation'이라는 어휘로 표현하는 것이 적절하다고 하고 있다.

Interpretation의 사전적 의미는 '의미를 설명한다'는 것이다. 즉 단순한 설명이 아니라 자원이 지니고 있는 의미를 연구하여 이를 쉽게 풀어서 밝힌다는 의미가 강하다. 우리는 Interpretation을 우리말로 정확하게 표현하기가 용이하지 않아 해설解說로 하되 앞에 관광자원을 붙여 '관광자원해설'이라고 함으로써 자원의 의미를 해석하여 알 수 있도록 풀어서 밝힌다는 뜻을 갖게 하는 것이 적절하겠다.

또 다른 연구자의 관광자원해설에 대한 정의를 몇 가지 살펴보면 다음과 같다.

- 틸든F. Tilden은 "관광자원해설이란 사실적 정보Factual Information를 주고받는 것이 아니고 진품을 보여준다든가, 직접 경험하도록 한다든가 또는 적절한 매체를 사용하여 현상에 내재된 의미와 관련성을 나타내 보이려고 하는 교육적 활동"이라고 하였다.
- 왈린Harold Wallien은 "관광자원해설이란 환경이 지니고 있는 아름다움, 복잡미묘함, 다양성, 그리고 상호관련성에 대한 오묘함, 경이로움 내지는 알고 싶음 등의 해설사가 느끼는 바를 방문자도 느끼게끔 도와주는 활동이라고 하면서, 방문자가 처한 낯선 환경에서도 편안한 마음을 느끼게 해주는 동시에 방문자의 지각발달을 도울 수 있어야 한다"고 정의하고 있다.
- 에드워즈Yorke Edwards는 "관광자원해설이란 정보서비스, 안내서비스, 교육적 서비스, 여흥서비스, 선전서비스, 그리고 영감적 서비스 등 6가지가 적절하게 조합된 것으로서 관광자원해설을 통하여 관광자에게 새로운 이해, 새로운 통찰력, 새로운 열광, 그리고 새로운 흥미를 불러일으킬 수 있다"고 하였다.
- 알드리지Don Aldridge는 "관광자원해설이란 방문자에게 그가 있는 곳을 설명해주는 기술The Art of Explaining이되 방문자로 하여금 환경의 상호관련성에 대한 중요성을 키워줌과 동시에 환경보호에 대한 필요성을 일깨워주는 기술"이라고 하여 관광자원해설이 곧 자원보호의 좋은 기술임을 지적하고 있다.
- 박석희는"관광객에 대한 교육적 활동이고 지각발달 도모의 활동이며 새로운 이해, 통찰력, 열광, 흥미를 불러일으키는 활동일 뿐만 아니라 자원보전에 기여할 수 있는 설명기술"이라 하였다.
- 엄서호는"자원을 이용하는 사람들에게 새로운 이해와 통찰력, 열의, 흥미를 불러일으키는 활동이자 자원의 보전에 대한 필요성을 일깨워주는 기술

이며 즐거움을 증진시켜 지속 가능한 관광지 관리에 기여할 수 있는 행위"
라고 하였다.

- 유재경은 "지역의 유 · 무형의 자원에 대하여 직접 목적물을 보거나, 경험을 통하여 문화유적, 역사자원, 문화자원, 관광자원 등에 관하여 그 특징과 의미를 흥미있고 즐겁게 안내해 줌으로써 방문자의 관심과 이해, 그리고 만족을 증진시켜 지속가능한 관광지 관리에 기여할 수 있는 활동"이라 하였다.
- 박희주는 "관광해설서비스는 현장에서 참여자에게 자원에 대한 이해, 향유, 평가, 그리고 긍정적인 관계의 형성이 가능하도록 돕기 위해 기획하고 진행하는 커뮤니케이션 과정Communication Process"이라 하였다.

이상의 내용을 정리하면 해설은 교육적 활동이고 지각발달도모의 활동이며 열광과 흥미를 불러일으키는 활동일 뿐만 아니라 자원보전에 기여할 수 있는 설명기술이라는 정의를 넘어 이제는 관광현장에서 참여자의 향유를 유도하여 경험의 질을 높일 수 있는 관광자원과의 커뮤니케이션 과정Communication Process이라 정의할 수 있다.

2. 관광자원해설의 철학

이 책에서는 관광자원해설에 관하여 철학적인 접근을 시도하려는 것이 아니라 '무엇을 어떻게 해야 관광자원해설을 잘할 수 있는가' 하는 실용적인 접근을 시도하고 있다. 그러나 왜 관광자원해설을 하는가에 대한 것을 끝없이 반문해 보는 것 또한 관광자원해설을 잘하기 위해서 필요한 작업이다.

실제로 Interpretation이라는 용어의 개념에는 기본적으로 철학이 함축되어 있다. 그러나 샤프G. W. Sharpe의 지적대로 틸든의 『Interpreting Our Heritage』 책이 관광자원해설에 관한 철학적 바탕을 제시하고 있으므로 먼저 이 책의 목차를 소개하고, 다음에 여러 사람들의 진술을 소개하면서 독자들이 스스로 관광자원해설에 관한 철학자가 되어 보기를 권한다.

【'우리들 유산의 해설' 목차】

1. 관광자원해설의 원칙
2. 방문자들의 첫인상
3. 원재료와 제품
4. 이야기가 바로 그것
5. 가르치는 게 아니고 자극하는 것
6. 완벽한 전체를 향하여
7. 젊은이들의 마음에 들게
8. 글로 표현된 말
9. 현재 속의 과거
10. 지나치면 안 됨
11. 아름다움의 신비
12. 무한히 값진 성분
13. 전자 장치에 대해
14. 행복한 아마추어
15. 아름다움의 조망

관광자원해설을 위한 노력은 해당지역에 대하여 이해를 돕고 감상을 더 잘할 수 있도록 자극하기 위하여 지역의 이야기를 들려주며 지역에 대한 가치를 활용하기 위하여 계획되어야 한다. **[Russell K. Grater]**

호기심을 자극하고 사람의 마음을 연다는 그 곳에는 아이디어 소통을 추구하는 사람의 도전이 있다. 그 도전의 강도는 관광자원해설사가 가장 강하다. 왜냐하면, 그는 가장 순수한 선생님이다. 그는 아름다움과 역사가 있는 특정 장소에서 여가생활을 하고 있는 사람과 만나고 있다. 그는 흙의 언어를 그리고 주민의

언어를 생생하게 번역하려고 노력한다. **[Tom D. Thomas]**

너무 많은 것을 가르침으로써 자신의 허영심을 충족시키려고 애써서는 안 된다. 사람들의 호기심을 불러 일으켜라. 마음을 열게 하는 것으로 충분하다. 너무 과다하게 주려고 하지마라. 오직 불꽃만 번쩍이게 하라. 만일 그곳에 좋은 불에 탈 것이 있다면 그것에 불이 붙을 것이다. **[Freeman Tilden]**

가르침을 받는 것이 중요한 게 아니고 배우고 싶다는 마음이 일어나게 해주는 것이 중요하다. **[Anatale France]**

기술이 더 이상 인간을 위해 아무 것도 할 수 없는 경우에는 자연이 인간에게 그 경이로움을 보여 줄 것이다. **[불명]**

관광자원해설은 관광자원해설사가 느끼는 환경의 아름다움, 복잡성, 다양성, 상호관련성 등에 대한 감수성, 경이로운 느낌, 알고 싶은 욕구 등을 방문자가 최대한 느낄 수 있도록 도와주는 것이다. 관광자원해설은 달라진 환경 속에서 집에 있는 것과 같은 편안함을 방문자가 느끼도록 도와주어야 한다. 그리고 관광자원해설을 방문자가 지각수준을 개발하도록 도와주어야 한다. **[Harold Wallin]**

관광자원해설은 기술적인 것과 때로는 복잡한 환경문제를 정확성을 잃지 않는 가운에서 비기술적인 형태로 옮기는 것이다. 이를 통하여 듣는 사람의 감수성, 알아차림, 이해, 열정, 그리고 관여를 창출하게 된다. **[Paul Risk]**

너무나 많은 현대인들이 자연이 추방된 벽으로 둘러싸인 도시에서 살고 있다. 우리들은 생명의 에너지를 뻔하게 잘못 이용하고 그리고 잘못 이해한 희생자들이다. 그 장애물은 우리들 자신의 선입관과 편견, 두려움, 그리고 친숙한 것에 대한 우리들의 완강한 매달림 등이다. 결과적으로 자연세계에 대한 우리들 경험의 대부분은 장애물 건너편을 흘낏 훔쳐보는 것 아니면 무장을 하고 침입하는 것과 같다.

관광자원해설은 설명하는 것 이상이어야 한다. 설명만으로는 장애물과 위장을 제거할 수 없다. 말로 설명하는 것이 때로는 오히려 진실을 더 가리게 된다. 우리들 마음의 소리는 우리와 진실 사이를 오갈 수 있다. 머리로 이성적으로 생각해서는 진실에 접할 수 없다.

관광자원해설을 성공적으로 하기 위해서는 방문자의 심신 전체Whole Person를 그를 애워싼 느낌 속으로 몰입시켜야 한다. 때로는 말이 몰입하는데 방해가 되기도 한다. **[Steve Van Martre]**

관광자원해설은 정보제공서비스이며, 안내서비스이며, 교육서비스이며, 연예서비스Entertainment Service이며, 선전서비스이며, 영감을 불러일으키는 서비스이다.

관광자원해설은 3가지 목적달성을 추구한다, 첫째, 방문자가 그가 방문하는 곳에 대하여 보다 예리한 알아차림, 감상, 그리고 이해할 수 있도록 도와주는 것, 둘째, 관리목표를 달성하는 것, 셋째, 관리당국의 목적과 목표에 대해 사람들에게 이해를 촉진시켜주는 것이다. **[Grant Sharpe]**

관광자원해설을 통해서 이해시키고, 이해를 통해서 감사하게 하고, 고마움 표시를 통해서 자원을 보호한다. **[Kathleen Lingle Pond]**

관광자원해설은 강의와 정반대되는 것이다. **[Gabriel Cherem]**

잠깐!!!

당신은 관광자원해설이 왜 필요하다고 생각하는가?

제2절 관광자원해설의 역사

자원해설의 기원은 인간의 역사와 함께 하였다. 특히 해설이 함께 하는 여행에 대한 기록은 이미 기원전 로마시대의 이집트 여행을 비롯한 다양한 종교적 순례의 행위에서 자주 보인다. 해설은 종교뿐 아니라 철학, 자연과학, 교육, 문학, 그리고 예술 등의 분야에서 남긴 다양한 기록 속에서 그 역사를 찾아볼 수 있다. 중동과 동양의 사냥꾼, 어부, 직공 등이 설명을 위해 자연스럽게 시작되었을 것이다. 그러다가 마침내 그리스와 로마의 철학자들은 초자연적 현상을 설명하기 위해 자연의 원인을 제시하기 시작하였던 것이다. 과학적 자료, 탐험과 발견, 그리고 기록을 보관하면서 자연의 역사에 대하여 해설하는 기술이 발달되기 시작하였다.

프리버그와 테일러Freeberg & Tayler가 야외교육Outdoor Education에 관하여 모아둔 교육에 관한 초기 역사자료의 대부분은 자연과 역사에 대한 해설에 해당된다. 예를 들면, 탈레스Thales(640-546 BC)는 물의 순환을 해설하였고 실질적인 천문학을 도입하였다. 데모크리투스Democritus(584-500 BC)는 소리를 수학에 관련시켰다. 소크라테스Socretes(469-399 BC)는 진리를 탐구하고 개념을 형성하기 위해 질문하는 방법을 발전시켰으며, 플라토Piato(429-328 BC)는 통합과 실천에 관한 이론을 개발하고 설명하였다. 아리스토텔레스Aristotle(384-322 BC)는 자연과학에 크게 관심을 가지고 경험해 볼 필요성을 역설하였으며 교육과정에서 여가공간을 강조하였다.

시세로Cicero(106-43 BC), 호레이스Horace(65-68 BC), 그리고 퀸틸리안Quintilian(40-118 AD) 등 로마시대 사람들은 체험학습First-hand Learning과 학습에 있어서 감각적 체험을 강조하였는데, 이들은 후일의 교육자들에게 크게 영향을 끼쳤다. 그들은 학습욕구의 필요성을 인식하였던 것이다.

그 후 천년 이상이 지나서야 종교적 독단보다는 자연현상을 가르치기 시작하였다. 베이컨Roger Bacon(1214-1294)은 유용한 지식Useful Knowledge을 널리 주장하였고, 에라스무스Erasmus(1467-1536)는 공허한 말 자체를 비난하면서 학습에 인본주의적 접근을 호소하였다. 코페르니쿠스Nicholas Copernicus(1473-1543)는 현대천문학의 기초를 제공하였고, 갈릴레오Galileo(1564-1642)는 일찍이 원인과 결과 간의 불변하는 법칙을 알았다.

자연과 과학교육에서 해설방법을 돋보이게 실천해 보인 사람은 코메니우스John Amos Comenius(1592-1670)로, 그는 어린이에게 지식을 가르치면서 감각경험sensory Experience과 감각지각Sensory Perception을 활용하여 이해를 용이하게 하였다. 그는 물건을 가지고 가르치는 방법을 고안하여 어린이들이 물건을 보고, 만지게 하여 가르쳤다. 실제의 물건이 없으면 모형을 만들거나 그림을 이용하였으며 정원을 학습을 위한 실험실로 활용하였다.

왈톤Sir Izaak Walton(1593-1683)은 시냇가의 조건을 해설하였고, 야외 레크리에이션의 가치를 열거하였다. 록John Locke(1632-1704)은 실험과 관찰을 통한 지식획득을 주장하였다.

루소Jean Jacques Rousseau(1712-1778)는 놀이를 통해 그리고 감각기관을 통해 직접 경험하는 것이 학습을 용이하게 한다는 것을 인식하였으며, 바세도우John Bernard BASedow(1723-1790)는 형식을 벗어난 교육, 그리고 말로 하기보다는 가까운 곳에 소풍을 가서 배우는 것을 옹호하였다.

페스탈로치Johann Heinrich Pestalozzi(1746-1827)는 교육에서 최상의 원칙으로 감각지각Sensory Perception을 꼽았다. 보고 그리고 이해한 바를 분명하게 표현하면서 사물 간의 관련성에 대하여 생각을 형성시켜나가게 하였다.

독일의 프뢰벨Frederick Froebel(1782-1852)은 페스탈로치의 사물에 대한 관찰을 통해 가르치는 방법을 개선하였다. 정원을 돌보는 일이 유치원 교육의 핵심이었는데, 정원에서 동물을 돌보게 하고 먹이와 약탈자의 역할과 동물에 대한 인간의 책임도 가르쳤다. 이상의 관광자원해설의 연원은 위버Howard E. Weaver가 정의한 것을 바탕으로 정리하였다.

16~17세기 유럽에서는 교육과 학문연구를 위한 해설뿐 아니라 그랜드 투어, 선진문명 시찰을 위한 유람단 등 관광을 위한 해설도 빈번했다. 이때의 해설은 최근처럼 개별적으로 여행지의 정보를 구하기 어려웠던 당시의 상황으로 인해 방문지에 대한 경험이 많은 지역민이나 이전 경험자에 의해 해설이 이루어졌다.

해설을 직업적으로 시작한 것은 19세기 말 미국의 자연주의자들이었으며, 1916년 국립공원청National Park Service의 설립에 따라 국립공원 업무로 도입되었다. 그리고 최초의 직업적 해설사이며 자연 안내의 아버지는 대부분이 밀스Enos A. Mills(1870-1922)인 것으로 인정하고 있다. 그는 로키산맥에서 최고의 해설사가 되려고 준비를 해왔으며, 1889년 여름에 지금의 로키산 국립공원인 '롱의 봉'에 오르는 자연탐방팀을 안내하였다(Weaver; 29). 그는 이것을 1922년에 그가 죽을 때까지 계속하였다. 그래서 그는 우리가 지금 부르고 있는 관광자원해설사라는 직업의 창시자가 되었다(Regnier et al. : 1).

여기서는 레그니에르 등의 연구를 바탕으로 밀스의 생애를 살펴보기로 하자(Regnier et al. : 1, 2). 10대 후반에 밀스는 벌써 해발 4,345m나 되는 로키산 '롱의 봉'에 방문자를 안내하였으며, 콜로라도쪽 로키산에 오르기도 하였다. 그 후 그는 35년 이상 자연주의자, 관광자원해설사, 자연에 관한 15권에 달하는 책의 저자, 강사, 로키산 국립공원의 아버지, 공원자연보호 운동가, 탐방로 학교설립자, 그리고 관광자원해설사 훈련자의 역할을 한 것으로 알려져 있다. 밀스의 자연에 대한 만족할 줄 모르는 호기심과 그의 강한 열정은 그가 이상적인 자연자원해설사가 되게 하였으나 그는 거기서 멈추지 않았다. 그는 방문자에 대한 자신의 관광자원해설에 대하여 세밀하게 분석하였으며, 그는 어떠한 기법이 가장 적절한가, 그리고 왜 다른 기법들은 실패하게 되는가를 이해하려고 노력하였다. 밀스는 해설사로서의 자신의 사명은 야생지로 사람들을 안전하게 인솔하는 그 이상이라고 믿었다.

"자연해설사는 세상에서 일반적으로 생각하는 그런 해설사도 아니고 선생님도 아니다. 항상 정확한 정보를 가지고 있고, 그리고 무엇인가를 가르치고 있다. 자연을 안내한다는 것은 정보를 제공한다기보다는 영감을 불러일으키는 것이다"라고 생각했으며, "자연해설사(자연자원해설사)는 다른 사람을 자연의 비밀로 안내할 수 있는 해설사이다. 그러니 해설사가 걸어가는 백과사전이 되어야 할 필요는 없다. 그는 주요한 원칙을 가지고 흥미를 불러일으킨다"라고도 하였다.

숲속에서 단체를 선도하는 기술에 관해서도 밀스는 많은 통찰력을 보였다. 즉 인간의 본성을 이해하고 그리고 재치와 발명하는 재간을 지닌 자연해설사는 다양한 흥미꺼리를 포착하여 단체구성원을 모이게 할 수 있다고 하였다. 그는 또한 침묵의 힘에 고마워했으며 방문자를 통솔하고, 지시하고, 그리고 이야기를 전환시켜서 자연의 아름다움이 훼손되지 않도록 하는 기술도 있었다. 그는 제안하는 기술의 거장이었다. 밀스는 한사람의 전문가로서 관광자원해설에 대하여 글을 썼으며, 그 기술과 과학을 다른 사람에게 가르치기 시작하였다. 그의 탐방로 학교는 방문자들을 로키산맥으로 오도록 하였고, 많은 초보 관광자원해설사를 훈련시키는 장소가 되었다. 그리고 1917년에는 그의 제자 2명이 로키산 국립공원의 관광자원해설사 자격증을 취득하기도 하였다. 밀스는 1922년에 사망하기 전에 관광자원해설사 모임을 조직하였으며, 현대적 관광자원해설의 기초가 되는 원칙과 안내지침, 그리고 기법 등을 개발하였다. 밀스가 없었더라면 새로운 직업의 탄생이 늦었을지도 모른다.

이무렵 미국의 옐로우스톤Yellowstone과 요세미트Yosemitte 국립공원에서는 1920년을 시작으로 최초의 해설프로그램이 시작되었다. 그리고 1930년 이후에는 해설프로그램을 세분하여 역사 · 문화 · 자연생태계에 관한 것으로 분류되어 오늘날까지 시행되고 있다. 이런 방식의 해설프로그램은 이후 미국을 비롯해 전 세계의 많은 자연 · 인문관광지에서 관광자원해설이 진행되는 결과를 가져왔다. 이런 확산은 훌륭한 관광자원해설은 관광객에게는 자원에 대한 흥미와 진실을 깨닫게 하며 자원에 대한 관리를 용이하게 하여 보전에 대한 책임을 다할 수 있다고 판단하였기 때문이다.

자연안내의 아버지 밀스와 함께 공원해설의 아버지라 불리는 틸든Freeman Tilden(1883-1980)에 레그니에르 등의 연구를 바탕으로 틸든의 생애에 관해 대해 알아보자.

그의 책『우리들 유산의 해설』의 서문에서 미국 국립공원국 국장 에버하드트Gary Everhardt는 틸든을 관광자원해설에 관한 철학의 선구자로 인식되고 있다고 적고 있다. 그러나 틸든은 유명한 자연주의자도 관광자원해설사도 아니었다. 그는 신문 리포터, 극작가, 사실주의 작가, 그리고 예리한 관찰자로서의 인상적인 경험을 가진 사람이었다. 중년에 들어 그는 무엇인가 색다른 것을 하고 싶어 하였다. 국립공원국에서는 그가 국립공원을 여행하며 국립공원에 관하여 글을 쓰고 그리고 관광자원해설이 어떠한가를 분석하도록 초청하였다. 틸든은 공원관리자들의 보행, 담화, 그리고 다른 방법 등을 통해 방문자들과 의사소통하는 것을 관찰하면서 여러해를 보내면서 여러 가지 관광자원해설 유형과 매체에 대한 사람들의 반응을 주시하였다. 그는 40년 전에 밀스가 했던 것보다 더 많이 전문직업의 실행을 분석하였다.

1957년에 틸든은『우리들 유산의 해설』이라는 책을 출판하였는데, 그 책에서 그는 관광자원해설이라는 전문직을 정의하고 있다. 그 책에는 관광팀을 어떻게 안내하는가에 대한 것도 아니고 담화를 준비하는 단계를 적고 있는 것도 아니었다. 그 책은 왜 관광자원해설을 하는가에 대하여 해답을 담고 있다. 그는 그 책에서 양질의 관광자원해설을 위하여 필요한 원칙을 제시하고, 또한 관광자원해설의 목표를 설정하고 있다. 틸든은 그 후 20년을 관광자원해설 기술과 과학을 가르쳤다. 그의 관광자원해설에 관한 6개 원칙은 아직도 가장 인정받는 관광자원해설의 표준이 되고 있다.

제3절 관광자원해설의 목적

목적은 어떤 일을 수행하면서 단기적이 아닌 장기적 관점에서 달성하려는 것인데, 관광자원해설이 어떠한 목적에서 이루어지는가를 몇 사람들의 주장을 중심으로 살펴보자.

1. 샤프(Grant W. Sharpe)의 관광자원해설 목적

관광자원해설을 하는 목적에 대해 샤프는 3가지로 요약하고 있다.

첫째, 방문자가 방문하는 곳에 대하여 보다 예리한 인식능력, 감상능력, 이해능력을 갖게끔 도와주려는데 있다. 따라서 자원을 해설해 준다는 것은 그 방문이 보다 풍요롭고 즐거운 경험이 되게끔 도와주는 것이다. 그렇지 못하다면 그것은 실패한 것이 되고 만다.

둘째, 자원관리의 목표를 달성하려는데 있다. 여기에는 두 가지 경우가 있다. 그 한 가지는 방문자로 하여금 그곳에서 적절한 행동을 하게끔 고무할 수 있으며, 또 한 가지는 과다이용으로 인하여 훼손된 지역, 또는 그런 위험이 많은 지역에서는 일정한 행동을 못하도록 안내함으로써 관광자원에 대한 인간의 영향을 최소화시킬 수 있다.

셋째, 관광자원 관리당국자와 그들이 진행하고 있는 프로그램에 대한 대중의 이해를 촉진시키는데 있다. 어떠한 관리당국자이든 간에 그들 나름대로 전달하려는 내용이 설명이나 정보제공이라기보다는 오히려 선전인 것으로 오인될 수 있음을 간과할 수 없는 일이다.

2. 레위스(William J. Lewis)의 관광자원해설 목적

레위스는 방문자들의 목적에 아주 유사한 9가지를 관광자원해설 목적으로 들고 있다.

① 방문자들이 찾아간 곳이 그들이 살고 있는 곳과 관련성이 있다는 것을 이해하도록 돕기 위해
② 방문자들이 관찰하는 바를 가능한 한 많은 관점에서 상호 관련성을 이해하도록 돕기 위해
③ 방문자들이 영감이 떠오르고 쉬면서 좋은 시간을 갖도록 돕기 위해
④ 호기심을 유발하고 때로는 그것을 충족시키기 위해
⑤ 자원에 대한 이해와 감사하는 마음을 환기시켜 자원을 보전하기 위해
⑥ 방문자들이 그들을 괴롭히는 압박에서 탈출하는 것을 돕기 위해
⑦ 관찰 또는 체험되고 있는 것과 보는 사람의 삶과의 관련성을 알려주기 위해
⑧ 방문자들이 그들 자신을 위해 무엇인가를 생각하도록 해주기 위해
⑨ 관광자원해설의 기초가 되는 정확하고 흥미로운 정보를 주기 위해

등이다.

3. 레그니에르 등(Kathleen Regnier, Michael Gross, Ron Zimmerman)의 관광자원해설 목적

『관광자원해설사를 위한 안내책』을 쓴 레그니에르 등은 그 책에서 관광자원해설의 목적으로 7가지를 들고 있다.

부지와 관련하여

① 적절한 이용을 촉진하기 위하여

② 그곳의 옹호자를 만들기 위해

관리당국과 관련하여

③ 관리당국의 이미지를 좋게 하기 위하여

④ 관리에 방문자들을 참여시키기 위해

방문자들과 관련하여

⑤ 레크리에이션을 제공하기 위해

⑥ 자연과 문화환경에 대한 이해와 지각을 높이기 위해

⑦ 영감을 불러일으키고, 그리고 삶에 대한 의욕을 돋구기 위하여

4. 틸든(F. Tilden)의 관광자원해설 목적

틸든은 그의 책 『우리들 유산의 해설』에서 5가지 관광자원해설 목적을 제시하고 있다.

① 방문자가 자신의 관심과 지식의 폭을 넓히려는 욕구를 자극하기 위하여

② 어떠한 사실에 대한 진술 그 뒤에 숨어 있는 보다 큰 진실에 대한 이해를 돕기 위하여

③ 방문자들에게 자원에 대해 광범위하고 일반적인 생각을 갖게 하여 그 속에서 그들 자신을 발견하게 하기 위하여

④ 방문자가 그들 스스로 사물을 발견하려는 욕구와 그것을 보고 이해하려는 욕구를 자극하기 위하여

⑤ 아무리 특정 부분이 흥미가 있더라도 한 부분보다는 하나의 전체 the whole 이 아닌 a whole를 보여주기 위하여

위 연구자들의 관광자원해설 목적에 대한 내용을 정리하여 관광현장의 특성을 반영하여, 박희주(2002)는 관광자원해설의 목적이 방문자의 만족, 자원관리, 이미지 개선에 있다고 하고 있다. 그 세부적인 내용은 아래의 〈표 1-1〉로 정리하였다.

〈표 1-1〉 관광자원해설의 목적

목 적	세 부 내 용
방문자 만족	・방문자에게 안전함과 영감을 줄 수 있으며, 심적 여유와 풍요로움, 그리고 즐거운 경험을 제공한다. ・방문자로 하여금 관광자원에 대해 보다 잘 알고 잘 이해할 수 있도록 한다. ・방문자로 하여금 원하는 방문지역을 용이하게 이용하도록 한다. ・연령계층에 따라 다양한 프로그램을 제공한다. ・관광지에 대한 호기심을 자극하고 일상생활에 적용할 수 있도록 관련성을 부여한다.
자원관리	・자원과 시설에 대한 사려 깊은 이용을 유도한다. ・방문자의 지식 부족으로 어떠한 피해가 발생하는지를 인식케 한다.
이미지 개선	・양질의 문화유산 해설 프로그램과 방문자센터를 통하여 대중과의 긍정적인 관계를 창출한다. ・대상지 관리자의 관리노력에 대한 이용자의 이해를 높인다. ・이용자로 하여금 관리자가 이용자의 만족을 위해 노력하고 있다는 사실을 알 수 있게 한다.

이상의 내용을 살펴보면, 틸든은 다분히 철학적인 관점에서 목적을 제시하고 있고, 레위스는 방문자들의 방문목적 달성에 충실할 수 있게 한다는 관점에서 관광자원해설 목적을 세세하게 제시하고 있으며, 레그니에르 등은 그것을 좀더 세분하여 제시하고 있다. 관광자원해설 목적은 절대적인 것으로 몇 가지를 설정할 수 있는 것이 아니라 이러한 것을 참고하면서 관광자원해설이 필요한 상황에 맞게끔 목적을 설정할 수 있다.

제4절 관광자원해설의 원칙과 방법

1. 관광자원해설의 기본원칙

토마스Tom D. Thomas는 "자원을 해설할 때는 보충적인 설명을 하되 그곳에 얽힌 이야기를 들려주고, 그리고 그곳이 지닌 자연적 또는 역사적 가치를 활용해야 한다"고 하였다. 틸든은 "관광자원해설사는 방문자들의 호기심을 자극하고 그들이 마음을 열도록 해야 한다"고 하였다. 그리고 프란스Anatole France 같은 이는 "특히 관광자원해설사는 방문자들에게 너무 많은 것을 알려줌으로써 자신의 자만심을 충족시키려고 해서는 안된다고 경계하면서 방문자들의 호기심을 환기시키면 그것으로 족하다"고 말하고 있다.

단지 마음을 열게 하는 것으로 충분하다. 너무 많이 알려주려고 하지마라. 불꽃이 튀게 하라. 우리를 에워싸고 있는 세상은 복잡하기 이를 데 없으며, 효율과 편리를 추구하는 기계문명은 인간을 자연으로부터 점차 이탈시켜 문화로부터 이질적이게 만들어가고 있다. 여기에 한 도전자로서의 관광자원해설사의 존재가 중시된다. 그런데 보다 중요한 것은 왜 자원에 대해서 해설을 하는가 하는 관광자원해설의 필요성 내지 이유보다는 무엇을 어떻게 해설할 것인가 하는 점이다.

관광자원해설사가 자원을 해설함에 있어서의 지켜야 원칙에 대해 틸든은 다음의 6가지로 요약하고 있다.

① 방문자의 개성 또는 경험과 아무런 관련성을 찾을 수 없다면 관광자원해설은 헛된 일이 된다.

② 정보를 제공하는 것이 곧 관광자원해설일 수는 없다. 물론 관광자원해설은 정보를 근거로 하여 이루어지지만 그것은 별개의 일이다.

③ 관광자원해설은 과학적, 역사적 또는 건축적인 소재들을 결합하는 일종의 기술이며, 이러한 기술은 어느 정도까지는 배워 터득할 수 있다.

④ 관광자원해설의 주된 목적은 제시해 주는 것이 아니라 주위를 환기시켜 주자는 데 있다.

⑤ 관광자원해설을 통해서는 어느 한 부분이나 단면보다는 전체적인 모습을 나타내도록 해야 한다.

⑥ 연령계층에 따라 가능한 별도의 프로그램을 준비해야 한다.

이상의 관광자원해설 원칙들은 길게 설명하지 않더라도 어느 정도까지는 자명하다 하겠다. 한편, 필드와 와가Donald R. Field & Japan Wager는 또 다른 5가지의 관광자원해설 원칙을 제시하고 있다.

① 방문자와 그들의 여가환경은 다양하므로, 관광자원해설 접근방법은 다양해야 한다.

② 방문자들은 쉴 수 있고, 즐겁고 그리고 판에 박히지 않은 분위기를 기대한다.

③ 관광자원해설을 통해 제공되는 정보는 방문자들 스스로가 유익하다고 느낄 수 있는 것이어야 한다.

④ 관광자원해설을 통해 제공되는 정보는 쉽게 이해할 수 있어야 한다.

⑤ 해설 도중에 방문자와 말을 주고받는 등의 환류체계Feed-back-system 형성이 필요하다.

이상과 같은 여러 가지 원칙 가운데서 어느 것을 택하여 지켜야 할 것인가 하는 점은 관광자원해설사의 선택영역에 속하지만, 지켜야 할 원칙을 무시해 버리고는 성공적으로 자원을 해설할 수는 없다. 항상 관광자원해설사는 현재 내가 무엇을 하고 있는가, 그리고 내가 왜 이것을 하고 있는가 하는 점을 상기하면서 관광자원해설에 임해야 한다.

2. 관광자원해설의 방법

1) 관광자원해설기법

문명은 사람들에게서 직접적인 경험을 빼앗아버렸다. 탐방로 경험은 감각, 지성 그리고 감성에 의해서 느껴질 수 있다. 탐방로를 경험하는 사람은 이 세상에서 자기 자신의 뿌리를 재발견하며, 그 과정에서 그들은 그들 자신에 대해서 알게 된다.

해설은 이런 발견에 도움을 주어야 한다. 해설사에 대한 도전은 사람들이 그런 경험에서 의미를 찾게끔 도와주는 것이다. 그것은 만만찮은 도전이다. 그러나 관광지 해설의 궁극적인 목적은 사람들이 관광자원이 지니고 있는 의미와 가치를 깨닫게 하는 데 도움을 주는 것이다.

사람들은 대개 같은 탐방로에서 다른 경험을 하기 때문에, 해설사와 함께 방문한 개개인들은 의미있는 것을 발견하기 위해서 좋은 방법을 택하고 있다. 해설사가 방문자와 1대1로 해설하는 것만큼 좋은 방법은 없다. 그러나 모든 방문자들에게 시간을 할애할 수 없기 때문에 우리는 대안을 찾아야 한다.

다음에서 탐방로 해설기법의 장단점과 탐방로 해설기법을 사용할 때 효과적인 방법에는 어떤 것이 있는가, 탐방로 해설 사례를 들고 여기서 어떠한 해설기술이 적용되고 있는가, 탐방로 해설 시에 어떠한 비밀장치와 장비가 사용되며, 탐방로 해설을 효과적으로 하기 위해 어떠한 사항을 체크해야 하는가 등에 관하여 레그니에르 등(Regnier et al. : 65-74)과 트랩 등(Trapp et al. : 95-102)의 연구내용을 중심으로 살펴보기로 한다.

관광자원의 해설은 기본적으로 해설대상지의 특성과 참여자의 방문지에 대한 이해수준 및 욕구특성을 고려하여 세분화하고 차별화하여 준비하고 전달한다. 이런 과정에서 해설의 방법에 대해 모스카르도Moscardo (1996)는 자신이 제시한 관광자원해설 모형에서 관광지에서 관광객에게 영향을 줄 수 있는 해설의 방법들을 제시하였다. 제시한 방법으로는 해설판, 전시판, 표지판, 지도, 안내

책자, 브로슈어 등의 비인적 방법과 해설사가 동반된 관광(단순관광), 해설사가 진행하는 동행해설기법 등의 인적방법을 언급하였다.

그가 지적했듯이 관광자원을 해설하는 방법은 크게 이용자를 대상으로 인적 해설방법인 해설사가 설명하는 해설사해설기법Personal Interpretation Techniques과 해설을 위한 매체(안내판, 팸플릿, 음성기기 등)를 이용하는 자기 안내해설기법Self-Guiding Interpretative Technique Method로 나뉜다. 그리고 현장에서의 해설프로그램의 제공방법은 참여자의 이해수준과 제공의 여건에 따라 다양한 방법으로 제공하고 있다.

안내해설기법은 인적 해설방법 중 가장 고전적인 기법으로 해설사가 해설수용자와 동반해서 이동하거나 보행하는 동안에 관람대상물들을 직접 현장에서 지각하고 경험하게 하여 대상에 대한 이해를 증진시키는 해설기법이다. 이 경우 해설사가 동행하는 구간의 차이에 따라 전구간을 함께 이동하며 해설을 하는 경우(전구간 동행식)와 특정구간만을 동행하는 경우(구간동행식), 또는 해설사가 일정지점에서 대기하고 해설참여를 희망하는 해설수용자에게 일정공간이나 일정 대상물을 해설해주는(거점식)[1]으로 나뉜다. 거점식의 경우는 전시공간이 방대하여 해설사가 전구간을 동행하는 것이 어렵거나 짧은 시간에 모든 대상물을 해설하기 어려운 경우에 사용된다.

해설사에 의한 해설기법은 다음과 같은 장점이 있다.

- 대상에 대해 풍부한 경험과 지식을 지닌 해설사에 의해 단시간에 깊은 경험이 가능하다.
- 해설사의 기획된 테마에 의해 정보습득을 넘어선 대상에 대한 새로운 시각과 관계의 설정이 가능하다.

---

1) 국립중앙박물관은 각 전시실별로 해설사를 배치, 대기하며 해설을 희망하는 해설수용자에 한 해 자신의 활동 전시실만을 해설해주고 있다. 또 다른 전시실의 해설을 원하는 해설청취객의 경우에는 전시실을 옮겨 해당 전시실의 해설사에게 해설을 요구하여 해설을 들을 수 있다.

- 현장에서 쌍방향의 의사소통을 통해 참여자의 수준과 관심에 적합한 해설을 들을 수 있다.
- 즉각적인 질의응답이나 궁금증 해소가 가능하다.
- 해설사의 언어, 몸짓, 표정 등의 다양한 비언어적 메시지를 동시에 전달할 수 있어서 해설참여자의 이해와 감동을 유도하는 것이 용이하다.

그러나 관광현장의 여건에 따라서는 대상의 정보를 전달하기 위해 고안된 유인물이나 안내간판, 오디오, 비디오 등의 단방향 해설매체의 활용과 가상체험시스템, 키오스크, 재연기법 등의 쌍방향 해설매체가 있다. 이런 자기안내 해설기법의 경우는 관광객이 해설사의 도움이 없는 상황에서 방문지의 대상물에 대한 안내문이나 브로슈어 등의 비인적 해설매체를 통해 스스로 대상에 대해 이해하는 방법이다. 따라서 자기안내 해설기법의 이용자는 일정수준 이상의 이해력과 응용력을 지니고 스스로 학습하는 능력을 구비한 전문직에 종사하는 사람, 지적 욕구가 강한 사람, 교육수준이 높은 사람에게 효과적인 해설기법이다. 특히, 쌍방향 해설매체는 협력자가 없는 경우 관광객이 스스로 매체의 특성을 이해하고 사용해야 하는 어려움이 있어서 일정수준의 능력이나 경험이 필요하다. 그러나 최근에는 기술적인 발전으로 단순하면서도 효과적인 해설도구가 많이 개발되고 있다.

대표적인 예로는 방문자센터Visitor Center가 있는데, 방문자가 센터 내에서 간단한 유인물이나 혹은 슬라이드 등을 이용하여 안내해 주는 서비스를 제공받는 방법이다. 방문자센터란, 국립공원의 입구 혹은 매표소 등에 위치하며, 그 국립공원자원에 대해 이용자가 간접적으로 경험할 수 있도록 전시 및 해설을 실시하는 시설을 말한다. 이외에도 안내판Sign, 전시판Display, 안내 브로슈어Brochure, 음성기기 및 전자매체 등을 이용하게 된다.

이런 다양한 방법에 대해 〈표 1-2〉로 정리하였다.

〈표 1-2〉 해설방법의 장 · 단점

해설방법	종 류	장 · 단점
해설사 해설기법	· 방문자센터를 이용한 해설 · 전구간 동행식 해설기법 · 구간 동행식 해설기법 · 거점식 해설기법 · 역사적 사실의 재연기법	· 설명하고자 하는 대상에 대하여 직접 방문객과 대화하고 교감함으로써 자기안내 해설기법보다 더 설득력이 있다. · 그러나 인적자원에 대한 재정적인 부담이 있으며 일부 방문객은 이 해설기법을 원하지 않을 수 있다.
자기안내 해설기법	· 안내판 · 관광자원해설 표시물 · 인쇄물 · 음성기기 및 전자장치 이용방법	· 인적자원관리에 재정적인 부담이 적으나 직접 방문객과 대화하고 교감하는 자기안내 해설기법보다 설득력이 부족할 수 있다.

해설의 기법 중 참여자의 반응을 즉각적으로 받아들여 정확한 피드백을 제공해 줄 수 있는 관광자원해설사는 가장 좋은 매체로 인정되고 있다. 해설사는 참여자에게 관광자원의 이야기를 대상자의 욕구와 수준에 맞는 다양한 시각에서 소개하고 향유할 수 있도록 도울 수 있다. 그리고 이런 즐거운 소개를 통해 대상이 지닌 정보에 대한 학습과 해설사가 전하고자 하는 대상의 메시지도 전달할 수 있다. 이들 방법들은 각기 다른 장점과 단점을 지니고 있으므로 그 특성을 이해하고 단독 혹은 병행하여 사용하는 방안의 모색이 중요하다.

이런 전달을 통해 생태문화관광현장의 저변을 확대하는 것, 이것이 바로 생태문화자원과 해설이 만나는 가장 궁극적인 이유라 할 것이다. 이 중 자기 안내 해설기법 중 고정적 방식에는 팸플릿과 소책자, 리플릿과 이정표, 탐방로 표지판, 오디오 탐방로 등 4가지가 있다. 이들 방식의 기법의 장점과 단점에 대해 트랩 등(Trapp et al., 1991)은 〈표 1-3〉과 같다.

〈표 1-3〉 탐방로 해설기법의 장단점

	해설기법	장 점	단 점
비인적 · 고정적 방식	팸플릿과 소책자	· 탐방로를 순회하기 전 · 후에 읽을 수 있다. · 자세한 이야기는 그래픽이나 본문을 통해 들을 수 있다. · 그 해당지역에 미치는 영향은 없다.	· 순간경험에 대해서 특별한 정보를 제공하지 않고, 방문객의 궁금증에 대해서 설명을 해줄 수 없다.
	리플릿 이정표	· 그 지역에 유일한 물리적인 부과물은 번호를 매기는 것이다. · 자동차 여행을 위한 효과적인 기술이다.	· 탐방로에서 팸플릿을 읽는 것은 자연스럽지 않다. · 리플릿은 쓰레기가 될 수 있다.
	탐방로 표지판	· 모든 방문객들에게 유용하다. · 직접적으로 해설한다. · 표지판마다 변화를 줄 수 있다.	· 그 지역에 물리적인 부담이 된다. · 처음에는 값비싸다. · 고의로 훼손하기 쉽다. · 방문객들이 서서 표지판을 읽어야 한다.
	오디오 탐방로	· 읽는 것보다 듣는 것이 더 쉽다. · 종종 문화재 해설을 위한 좋은 방법이다.	· 좀처럼 야외지역에 적합하지 않다. · 효과적이 되기 위해서 최신장비와 전문적인 제품이 필요하다.

출처 : Trapp et al. : 96.

2) 탐방로 해설기법 관련 효과적인 기술

(1) 리플릿과 이정표 활용 시 효과적인 기술

탐방로를 거닐다 보면 리플릿과 이정표는 별로 효과적이지 못하다. 문자언어는 이야기가 아니다. 그러나 방문자 곁에는 이야기로 된 것이 있다. 호기심으로 가득찬 방문자가 탐방로의 여정을 떠나려고 할 때, 추상적인 메시지를 읽는 것은 부자연스럽다. 방문자 관찰에 의하면, 몇몇 사람들이 탐방로에서 출판물을 읽는 것으로 보고되고 있으나, 탐방로 해설을 위해서는 이 방법이 적절하지 않다.

리플릿과 이정표 해설은 자동차여행에서는 성공적인 것으로 보고되고 있다.

리플릿과 이정표 해설의 효과적인 기술

- 흥미 있는 소리와 이야기를 단일화하기 위한 테마가 있어야 한다.
- 각각의 상황에 맞는 자극적인 출판물을 이용한다.
- 방문객이 멈추는 지점마다 간결한 문체와 흥미 있는 제목을 붙인다.
- 이야기를 설명하는데 필요한 소수의 지점에 대한 해설로 제한한다.
- 이야기를 설명하는데 도움이 되는 강렬한 그래픽과 삽화를 삽입시킨다.

(2) 탐방로 표지판 활용시 효과적인 기술

표지판은 탐방로 해설을 위해서 자주 사용한다. 표지판은 대개 다양한 매개체와 그래픽을 삽입하여 해설된 관광자원 옆에 위치한다. 그러나 표지판은 여전히 방문객들이 서있는 상태로 표지판을 읽어야 한다.

탐방로 내에 표지판을 위치시킬 수 있는 효과적인 기술

- 매력적인 탐방로 이름을 표시할 탐방로 입구를 방문한다.
- 탐방로의 테마를 설정하고 길이를 가르쳐주기 위해서 첫 번째 표지판을 이용한다. 이 표지판은 보통 긴 메시지로 되어있다.
- 모든 표지판은 자극적인 제목, 그래픽과 최소한의 본문을 가지고 있어야 한다.
- 주요한 해설표지판은 방문객들이 새롭게 느끼고 관심을 보일 때 읽을 수 있도록 위치를 선정해야 하며, 두 개의 표지판이 서로 보이지 않도록 위치를 정한다.
- 자연스럽게 멈추는 지점과 궁금증이 생기는 곳에 표지판을 세워야 한다.
- 방문자의 관심을 유지하기 위하여 표지판의 숫자를 제한해야 한다.
- 주요한 탐방로 판으로는 30×18인치 크기의 판을, 식별하기 위한 경우는 7×5인치 크기의 판을 사용해야 한다. 지표와 35~45도 정도 각도를 유지하게 하여야 한다.
- 표지판은 황폐된 야생지역을 피하고 풍경이 좋은 지역에 위치시켜야 한다.

(3) 오디오 탐방로 활용시 효과적인 기술

방문자를 위한 소리와 음향은 그 지역이 살아있음을 나타내고 있다. 카세트, FM, 적외선, 숨겨진 스피커시스템 등 새로운 과학기술은 오디오 관광을 탐방로 해설에서 매력적인 선택상품으로 등장시켜 놓았다.

오디오 관광을 하는 전문가나 능숙한 오디오 전문가와 의논하면, 가장 적절한 기술을 선택하는데 도움을 받을 수 있다. 일반적으로 헤드폰은 자연지역에서 방문자들에게 음향을 제공한 이래로 실내 또는 역사유적지에서도 많이 사용되고 있다.

3. 탐방로 해설사례

미국 플로리다주 남단에 있는 에버글래이드즈Everglades 국립공원에서 시행하고 있는 탐방로 프로그램을 살펴보자(Regnier et al., 1992).

오전 9시 정각. 해설사는 개방된 곤돌라 차들에 앉아 있는 75명의 열성적인 방문자들을 둘러보며 자리를 잡고 앉는다. 곤돌라차는 플로리다주의 에버글래이드즈의 중심부로 가는 그날의 첫 번째 출발을 시작하려 하고 있다.

"샤 계곡에 오신 여러분을 환영합니다. 여러분은 강 순항 탐방이 준비가 되셨습니까? 여러분은 우리가 지금 강 위에 있다는 것을 모르셨지요? 자! 이 강은 여러분께서 지금까지 보아왔던 그 어떤 강과도 다릅니다. 세계 어떤 곳에서도 이와 같은 강은 없습니다. 오늘 저는 여러분과 이 강이 그토록 특별한 강임을 같이 알아보고 싶습니다."

해설사는 그의 자리를 떠나서 모두가 볼 수 있는 포장된 바닥에 놓여 있는 기울어진 테이블로 걸어간다. 한 통의 물을 집어 들고 해설사는 말을 시작한다.

"제가 이 물을 테이블에 부으면 어떠한 일이 일어나겠습니까?"

"맞습니다. 물은 퍼질 것이고, 천천히 낮은 쪽 끝으로 흘러갈 것입니다."

해설사는 시연을 마치고 나서 그의 배낭에서 커다란 에버글래이드즈의 지도를 꺼낸다.

"샤 강은 오크초비 호수가 강의 제방을 넘쳐흐르는 여기서부터 60마일 북쪽에서 시작합니다. 물은 조금 전에 보았듯이 종이에서와 같이 50마일의 넓이로 빠른 속도로 퍼집니다. 100마일을 흘러 멕시코만으로 들어갑니다. 경사가 완만하여 시발점에서 출발한 물은 1년 정도 걸려 여행 목적지에 도달할 지도 모릅니다."

"저는 여러분이 야생동물을 보기 위해 이곳에 오셨다는 것을 압니다. 자, 우리의 탐방을 시작합시다. 그리고 이 아침에 강 위에 무엇이 있는지 봅시다."

곤돌라차는 25마일 포장도로를 조심스럽게 움직이기 시작한다. 쌍안경은 경관을 자세히 살피고, 카메라는 우아하게 서있는 왜가리와 따오기를 보고 찰칵 소리를 낸다. 해설사는 새로운 광경을 보고 환호성을 지르는 방문자들의 흥분 속에 어우러진다.

몇 마일을 달린 후에 곤돌라차는 멈춘다. 해설사는 땅으로 뛰어내려서 빠른 속도로 걷는다. "누가 저와 함께 하시겠습니까? 저는 에버글래이드즈의 가장 중요한 시민들을 여러분에게 보여드리고 싶습니다." 해설사는 손을 아래로 쭉 뻗어 석회바닥에 놓여있는 헝클어진 녹색물질을 한 움큼 집어 올린다. "여러분 손을 쭉 뻗어 한 움큼씩 쥐어 보십시오. 이것은 많은 것 같지 않습니다만, 만약 이것이 없다면, 여러분은 오늘 아침에 왜가리와 따오기를 볼 수 없었을 것입니다. 이것은 페리파이톤Periphiton이라고 합니다. 이것은 에버글래이드즈의 기초를 형성하는 조류藻類의 퇴적물입니다."

해설사는 그의 배낭에 손을 집어넣어 한줌의 전단판 삽화를 꺼낸다. "저는 몇 명의 자원자를 필요로 합니다." 전단 그림들을 방문자들에게 넘긴다. "지금 우리는 에버글래이드즈 먹이사슬 속에 이것들을 정리할 필요가 있습니다. 여기에(싱글거리는 자원자를 가리키며) 페리파이톤이 있습니다. 무엇이 페리파이톤을 먹습니까?"(모기, 사과달팽이)

"무엇이 사과달팽이를 먹습니까?"(솔개)

"무엇이 모기를 먹습니까?"(두꺼비)

"무엇이 두꺼비와 물고기를 먹습니까?"(좀더 큰 물고기, 악어, 왜가리)

"자, 그러면 여러분이 보시다시피 이 페리파이톤은 꽤 중요한 것입니다. 이것은 이 전체 먹이사슬의 시작입니다."

곤돌라차는 곧 길가에 있는 커다란 웅덩이에 접근한다. 3m 정도 크기의 악어가 웅덩이 뒤에 있다. "누가 저 악어와 맞붙어 싸우고 싶습니까?" 한 젊은 남자가 웃음을 머금고 손을 든다. "악어가 당신에게 할 첫 번째 일을 보여드리겠습니다." 해설사는 자원자의 발을 움켜쥔다. "악어는 당신의 다리를 움켜쥘 것이고, 이리저리 돌릴 것이며(돌리는 모습을 가장하며), 당신이 익사할 때까지 당신을 물속에 잡아 둘 것입니다. 그리고 당신이 썩은 후 몇 일 뒤에 악어는 다시 와서 당신을 조각조각 내서 먹을 것입니다. 여전히 악어와 맞서 싸우기를 원하십니까?"(아니오!)

"만약 악어가 없었더라면 에버글래이드즈의 야생동물들은 건기乾期에 생존하기가 꽤 어려웠을 것입니다. 이 악어는 바닥을 파 뒤집음으로써 땅속에 구멍이 생기도록 합니다. 비가 멈추는 겨울 동안 이것은 물고기, 두꺼비, 거북이 등에게 충분하게 깊은 유일한 물이 될 수 있습니다. 그리고 거기에서 여러분은 물고기, 수달, 그리고 왜가리를 발견하게 됩니다. 지금 악어는 구멍을 제공하는 서비스에 대한 세금을 걷으려고 할 것입니다. 그래서 악어 구멍에서 점심이 될 생물들은 악어를 잘 보는 게 좋을 것입니다. 그래야 그들은 악어의 먹이가 되지 않을 것입니다."

탐방코스에서 대단히 먼 지점에 높다란 탑 하나가 에버글래이드즈를 내려다보며 서있다. 탑 앞에서 내려 30분 정도 풀들의 모습을 보고 즐길 수 있다. 해설사는 흰꼬리 사슴에게 음식물을 주는 사람들에게 탐색범위Spotting Scope를 일러준다. 사람들은 호기심을 갖게 된다. 해설사는 모두가 야생동물을 구경하도록 고무시킨다.

곤돌라차가 길 뒤쪽의 숲이 우거진 섬으로 들어간다. "자, 여러분 잘 들립니까? 남플로리다에 있는 조그만 하나의 산에 오신 것을 환영합니다. 실제로 우리는 수면 위 단지 120cm 위에 있습니다. 그러나 이 조그만 오름은 새로운 동물과 식물 무리를 초청하기에 충분합니다. 이 섬은 햄목스라고 하는데, 그 의미는 정원입니다. 그것들은 야자수와 마호가니, 양치류와 난초, 나무달팽이와 뱀들이 있는 진정한 정원입니다. 여기에는 펜더도 있습니다."

곤돌라차는 늪지 새들의 무리 속을 덜커덕거리며 통과하여 마침내 출발장소로 돌아온다. "여러분이 떠나시기 전에 이 국립공원 당국은 여러분이 알았으면 하는 하나의 이야기가 있습니다. 에버글래이드즈는 국립공원 가운데서 가장 위협을 받고 있는 공원입니다."

"물은 더 이상 오크초비 호수로부터 자유롭게 흐르지 못합니다. 비록 우리가 오늘 많은 야생동물을 보았지만, 예전처럼 그렇게 풍부하지 못한 상태입니다. 그리고 만약 많은 사람들이 저 야생동물을 돌보지 않는다면, 우리는 머잖아 야생동물을 잃을 것입니다."

"여러분은 남플로리다의 개발 제한을 지지함으로써 우리를 도울 수 있습니다. 위급한 토지의 구매를 지지합시다. 오크초비 호수 위쪽에 있는 키시미강의 채널 해체를 지지합시다. 마이아미와 대서양 해안으로 강물이 흘러가지 못하도록 합시다. 여러분의 도움이 없다면, 미래에 초원의 강은 없어지게 될 것입니다."

4. 탐방로 해설기술

위의 에버글래이드즈 곤돌라차 여행은 탐방로 해설에 적용될 수 있는 몇 가지 기술들을 설명하고 있다.

1) 부지의 해설

초원의 강에 대하여 들려준 하나의 이야기가 있다. 오크초비 호수로부터 흐르는 특수한 수면 모습들, 먹이사슬 내의 모든 생명체의 중요성, 건기에 야생동물의 적응, 미묘한 요인들에 의해 발생되는 군집 내에서의 변화, 가장 중요한 것은 방문자들의 아름답고 장엄한 부지에 대한 경험이다. 누구도 아침 태양의 따뜻함과 다양한 야생동물들을 보는 즐거움, 그리고 미개발 상태의 경관의 아름다움을 잊지 못할 것이다.

모든 탐방로 해설은 부지에 관한 이야기를 해야 한다. 경관의 특이함은 무엇인가? 철저히 부지의 특징적 모습들과 친숙해져야 한다. 거기에 서식하고 있는 식물과 동물에 대하여 알아야 한다. 다양한 종들의 계절적 순환에 대해서도 알아야 한다. 문화와 역사도 물론 알고 있어야 한다.

2) 방문자 관여

방문자의 관여 정도가 증가되면 될수록 그 경험은 잊을 수 없는 경험이 된다. 에버글래이드즈 해설사는 여러 가지 방법으로 방문자들을 관여시켰다. 시연과 시각적인 도움을 통하여 개념을 구체화시키고자 확고한 표현을 제시하였다. 해설사는 질문도 하였다. 그는 페리파이톤을 꽉 쥐어 보도록 요구함으로써 방문자들을 신체적으로 관여시켰다. 그는 익살스럽게, 그리고 도표로써 악어가 먹이를 어떻게 마련하는가도 설명하였다. 그리고 다양한 비유를 통하여 플로리다의 산들을 만지듯이 만들었다.

3) 주인 되기

당신의 주인 역할들을 기억해라. 최소한 15분 먼저 도착해라. 프로그램을 시작하기 전에 사람을 만나면 그들의 관심과 배경을 알 수 있다.

당신의 청중을 따뜻하게 맞이해라. 당신 자신에 대해 소개하고 그리고 테마, 거리와 걸리는 시간 등을 알려주라. 기대감은 즉시 형성되어야 한다(에버글래이드즈 해설사는 그의 프로그램에 이것을 포함시켰다).

늦은 사람들을 위해서 출발점에서 보이는 곳에서 첫 번째 멈춤을 계획하라. 그렇게 함으로써 모든 사람들이 경험을 공유할 수 있도록 할 수 있다. 그리고 최초의 출발점에서 프로그램을 종결지어라. 만약 당신이 탐방로 코스를 완결할 수 없거나, 당신이 탐방로 도중에 종결지어야 한다면, 최소한 방문자를 출발점으로 되돌아가게 해주어야 한다.

걸음 속도 또한 고려사항이다. 그룹원 전체가 같은 걸음속도가 되게 하라. 방문자의 신체적 능력을 평가하여 가장 천천히 걷는 사람 정도로 움직여야 한다.

방문자의 불편을 알아라. 당신의 얼굴에는 따뜻한 태양이 비치고 바람이 스쳐지나가지만 방문자에게는 그렇지 않을 수도 있다.

4) 열광적인 멈춤 계획

해설지점에서 해설사 혹은 해설 대상 물체는 중앙에 있어야 한다.

멈춤은 항상 명확한 목적을 가져야 한다. 에버글래이드즈 곤돌라차에서 각각 멈춤을 조사해 보라. 각각에 제시된 주요한 개념은 무엇인가? 해설방법에 있어 적용된 기술들이 개념을 잘 드러내고 있는가?

탐방로 해설은 한 줄의 진주목걸이에 비유되어 왔다. 각각의 진주는 통찰이라는 보석이다. 큰 줄은 함께 묶는 하나의 통일된 실이다. 즉 모든 진주알이 하나의 테마로 묶여진다. 당신은 주의 깊게 각각의 진주와 줄에 있어서의 진주의 위치를 조절해야 한다. 물론 방문자가 전체 진주목걸이를 인지할 수 있어야 한다.

대부분 멈춤은 간단해야 한다. 전형적인 도보해설은 약 한 시간 정도 지속되기 때문에 걷는 도중에 약 5번 정도의 멈춤을 계획해라. 경관 또는 야생동물의 관찰은 좀더 오래 멈출 수 있다. 활동과 흥미가 시간을 조절할 것이다.

단체의 흥미에 민감해져라. 단체에서 열성적인 사람들과 지루해 하는 사람들에 대해 알아야 한다. 관심이 시들해지기 전에 움직여라. 그들이 좀더 원할 때 미련을 남기고 떠나라.

5) 유연성

걷는 것은 뜻밖의 일이 생기면 변화된다. 당신이 악어구멍에서 멈추는 것을 계획했더라도, 만약 수달이 갑자기 나타나면, 수달 프로그램으로 돌려라. 당신 프로그램의 테마 속으로 놀라움을 짜 넣어서 알려 줄 수 있는 순간을 활용해라.

뜻밖의 자연적 사건들은 항상 환영할 만한 것은 아니다. 악천후가 발생할 수 있다. 악천후의 경우에 대비한 프로그램을 준비하라. 프로그램이 날씨에 의존하는 것처럼 보이지 않도록 주의해야 한다. 좋은 날씨는 방문자 해설에 있어서 관건이 된다.

6) 큰 집단 통제

어떤 프로그램들은 특히 대규모 단체, 아마도 30명 혹은 그 이상을 유인한다. 대규모 단체의 관심을 유지한다는 것은 연습을 통해 얻을 수 있는 기술이다.

당신은 분명한 지도자가 되어야 한다. 당신의 단체는 도시공원에 있는 한 무리의 비둘기가 아니라, 기러기의 정돈된 비행 형태를 닮아야 한다. 대규모 단체는 때로는 해설사의 독단적인 리더십이 필요하다.

해설하기 전에 모든 사람이 설명지점에 도착하기를 기다려라. 당신이 해설할 때 들리도록 말해라. 모든 사람이 당신과 주의를 기울이는 사물을 볼 수 있도록 한다. 때로는 단상에서 이야기해야 이것이 가능할 것이다.

한 자연주의자는 샛강을 따라 한 마리의 비버 구경팀을 이끌고 있었다. 제방은 협소했고 멈춤 장소 주위에 단체가 서 있을 공간은 거의 없었다. 그 자연주의자는 모든 사람들이 명백히 볼 수 있고, 들을 수 있도록 냇물로 걸어들어 갔다. 단체에게 말하는 동안 탐방로를 벗어나는 것은 선명도를 역시 증가시킨다. 바위 위에 혹은 경사면에 서 있는 것도 똑같은 효과를 가질 수 있다. 부지에서 사용할 '자연스런 무대Natural Stage'를 찾아 둘 수도 있다.

대규모 집단을 이끄는 또 다른 기술은 해설할 대상물을 지나가면서 단체를 인솔하는 것이다. 당신이 대상물을 지나가다가 다시 돌아올 때 관찰자들은 그 대상물의 주위에 자연스럽게 원을 그리게 된다. 동행시의 행동 하나하나는 대게 계획되고, 때로는 우연한 해설을 결합하기도 한다. 열정을 쏟으며 부지에 대하여 확고하게 이해시킨다면 즐거운 프로그램 창출에 도움이 될 것이다.

7) 완전한 순환

탐방로 해설은 테마적으로 그리고 물리적으로 순환적이어야 한다. 각각의 해설동행Interpretive Walk은 같은 지점에서 시작되고 끝나야 한다.

담화와 같이 동행은 시작, 중간, 끝이 있다. 시작과 끝은 관련되어야 한다. 그래야 청중들은 완전하다는 느낌을 갖게 된다. 중간 중간의 멈춤은 시작단계에서 설정된 테마를 발전시키는 역할을 한다.

참고문헌 Reference

박석희(1995). 『신관광자원론』, 서울: 일신사.

_____(1999). 『나도 관광자원해설가가 될 수 있다』, 서울: 백산출판사.

박희주 · 박석희(2002). 종묘방문자들의 관광자원해설효과분석, 『한국공원휴양학회지』, 4(2) : 120-129.

전성연 · 김수동 공역(1998). 『교수-학습이론』, 서울: 학지사.

윤여창(2000). 산림환경교육의 효율적 추진에 관한 연구, 산림청.

Lewis, William J.(1980). *Interpreting for Park Visitors*, Eastern Acorn Press.

Pond, Kathleen Lingle(1993). *The Professional Guide*, Van Nostrand Reinhold.

Regnier, Kathleen, Michael Gross and Ron Zimmerman 1992. *The Interpreter's Guidebook*, UW · SP Foundation Press, Inc.

Sharpe, G. W(1976). *Interpreting the Environment*, New York John Wiley & Sons. Inc.

Tilden, Freeman(1957). *Interpreting Our Heritage*, University of North Carolina Press.

Trapp, Suzanne, Michael Gross and Ron Zimmerman.(1991). *Signs, Trails, and Wayside Exhibits*, UP-SP Foundation Press Inc.

Weaver, Howard E.(1976). "Origins of Interpretation", Sharpe, Grant W. ed. *Interpreting the Environment*, John Wiley & Sons.

제2장

관광자원해설사의 자질과 역할

관광자원을 해설하기 위해서는 관광자원을 해설 하는 사람이 있어야 한다. 그러면 관광자원을 해설하는 관광자원해설사는 누구든지 될 수 있을 것인가? 해설사를 무작정 경험을 통해서만 길러내어도 될 것인가? 해설사는 결국 어떠한 역할을 수행하게 되는가?

어떤 경우에나 가장 중요한 역할을 수행하는 것은 사람이다. 해설의 경우에도 해설을 맡아하는 사람이 어떠한 자질을 가지고 있고, 어떠한 과정을 거쳤으며, 어느 정도의 능력을 지녔는가에 따라서 그 사람이 행하는 관광자원해설 서비스의 질이 달라질 수 있다.

다음에서 관광자원해설사의 역할은 무엇이고, 그들을 어떻게 분류하고 있고, 관광자원해설은 어떠한 교육적 기능을 수행하게 되는가, 그리고 훌륭한 관광자원해설사를 배출하기 위해서는 어떠한 방법이 적용될 수 있는가에 대하여 살펴보기로 하자.

제1절 관광자원해설사의 개념

1. 관광자원해설사의 개념정의

문화관광부 2001년의 정의에 의하면, 해설사란 "관광대상의 특징과 상호관련성을 묘사하거나 설명함으로써 관광지에 대한 방문자의 관심과 즐거움 및 이해를 증진시키는 행위를 하는 자"이다. 이외에도 몇몇 연구자들의 관광자원해설사에 대한 생각을 확인해보면 다음과 같다.

샤프Sharpe(1982)는 "관광지를 방문한 관광객에게 관광지, 관광지와 연계된 정보를 제공하여 대상자원에 대한 관광객의 태도변화를 유도할 수 있는 사람이며, 관광지를 구성하는 중요한 관광요소"라 하였다.

모스카르도Moscardo(1996)는 "관광자원해설사는 관광자의 관심을 유도하고, 학습을 증진시키고, 흥미를 유발시키는데 효과적이며, 관광객이 새로운 정보를 처리하는 과정에서 인지Cognition능력을 향상시키는 교육적 행위를 하는 자"라고 하였다. 이 때 대상에 대한 교육적 가치가 향상되면, 방문자는 방문에 대한 만족도 커진다고 지적하였다.

박석희(1999)는 "관광지에 대한 호기심을 자극할 수 있고, 연령계층에 따라 다양한 프로그램 제공이 가능한 전문성과 예술성을 지닌 이야기꾼"이라고 하여 해설사의 대상을 이해하는 전문성과 함께 이야기를 꾸미고 전달하는 창조적 예술성을 강조하였다.

관광자원해설사(문화관광부, 2001)는 문화재, 관광지, 관광자원, 지역문화자원 등을 찾는 국내외 관광객을 대상으로 우리나라 고유의 문화유산, 관광자원, 풍습, 생태환경 등에 관해 정확히 설명과 해설을 통해 이해시킴으로써 관광객의 문화체험 및 문화에 대한 이해를 도와주는 활동이라 설명하고 있다. 즉 관광자원해설사는 과거의 문화나 우리의 자연자원에 의미를 부여하여 현재와의 교류를 가능하게 하는 교육적 활동을 운영하는 사람이라고 할 수 있다.

엄서호(2001)는 "문화유산을 내 · 외국인 관광객을 대상으로 정확히 설명하고 이해시킴으로써 관광객의 문화체험과 문화 이해를 도와주는 사람이며, 그렇기 때문에 전문적인 경험이 풍부해야 한다"고 지적하여 관광자원해설사의 풍부한 지식과 경험의 필요성을 강조하였다.

성수진(2001)과 박희주(2006)는 "관광자원해설사는 학습자의 반응에 즉각적인 피드백을 제공함으로써 관광지의 자원교육에 있어 적절한 학습 매체로서의 역할을 수행한다"고 하여 해설사는 관광지 내에 존재하는 또 하나의 관광자원이며 관광매체임을 강조하였다.

이들은 모두 관광자원해설사가 복합적인 욕구를 지닌 관광객에 대하여 관광지에서 교육자와 관리자의 역할을 동시에 수행할 수 있음을 언급하고 있다. 관광자원해설사의 교육적 활동에 대해서 기존의 연구자들은 방문자의 관광자원에 대한 인식과 태도를 변화시켜 관광자와 자원 간의 역동적 상호작용을 가능하게 하는 교육적 활동을 강조하였다. 이는 관광자원해설사가 대상지에서 관광자의 지적 욕구를 충족시켜주고, 관광지의 자연, 문화자원에 관한 풍부한 지식을 전달하는 직접교육을 실시할 수 있는 관광의 인적자원임을 의미한다. 이와 더불어 관광서비스 현장의 특성이 반영되어 자원과 관광객을 연결시켜주는 매개체로써의 역할, 그리고 현장에서 편안하게 경험할 수 있도록 서비스를 제공하는 서비스 제공자의 역할도 지적하였다.

2. 관광자원해설사의 자질[1)]
: 관광자원해설사, 나는 어떤 매력을 지닌 '미디어'인가?

관광프로그램의 핵심 구성요인인 관광자원해설사가 지녀야 하는 몇 가지 자질에 대해 알아보자. 물론 많은 사람들을 대하는 직업은 매력이 있어야 한다.

---

1) 박희주(2006). 해설서비스가 관광객 만족과 행위의도에 미치는 영향, 경기대학교 대학원, 박사학위논문 재정리.

상대의 관심을 한 몸에 받으며 자신이 의도하는 방향으로 참여자를 유도하고 자신이 선정한 메시지를 정확히 전달할 수 있기 위해서이다. 관광자원해설사 역시도 얼굴을 직접 맞대고 서비스를 전달하는 구면서비스 제공자여서 보여지는 모습이 중요하다. 그리고 해설을 제공하기 위한 학습정도, 내용을 꾸리고 진행하는 기획력과 전달력 등이 필요하다.

그러나 이런 모든 항목이 해설프로그램에 참여하는 사람들에게 지각될 수 있을까? 지각되는 항목은 무엇이 있을까? 해설프로그램에 참여하는 사람들이 매력적이라고 생각하는 해설사가 지닌 특성은 무엇이 있을까? 관광자원해설사의 매력Attractiveness은 개인적인 요인과 현장능력 요인으로 나누어 확인해보자.

1) 해설사의 개인적 매력요인

개인적인 관광자원해설사의 매력도는 공신력Source Credibility, 전문성Expertise, 신뢰성Trustworthiness 그리고 외적 호감성Attractivity의 조합에 의해 이루어진다. 이들 중 공신력은 해설사의 전문성과 신뢰성에 의해 구성되는 개념구성체The Construct이다(Schulman과 Worrall, 1970). 여기에서 해설사의 신뢰성이란 해설 내용에 대한 해설사의 순수성 또는 객관성이라 할 수 있다. 그리고 전문성이란 해설사가 타당한 주장을 할 수 있는 지식이나 능력을 가지고 있다고 참여자가 지각하는 것을 의미한다(McCraken, 1989).

해설프로그램의 참여자들은 해설사에게서 공신력과 매력을 느낄 때 해설의 내용에 대해 지속적으로 집중하며 해설프로그램 전체에 대해 전반적으로 만족도를 높이는 것으로 조사되었다. 뿐만 아니라 해설사나 해설프로그램에 대한 만족도는 방문에 대한 만족까지도 높이는 것으로 알려져 있다. 이 두 요인의 영향 정도에 대해서 코헨Cohen(1964)은 기존의 연구들로부터 정리한 결론으로 신뢰성, 전문성이 높을수록 설득커뮤니케이션에 의해 주장된 내용에 대한 수용자의 태도변화도 커진다고 하였다.

해설사가 지니면 좋은 이런 개인적인 속성 중에서 참여자에게 잘 지각되는 순서는 전문성, 외모에 대한 호감성, 그 다음으로 신뢰성이다. 이들 요인 중 전문성과 신뢰성은 해설참여자들에게 해설사에 대한 공신력을 갖도록 하는데도 영향을 줄 수 있어서 신뢰성과 전문성을 보여줄 수 있는 해설사의 특성이 매우 중요하다고 할 수 있다. 실제로 스턴탈 등Sternthal et al.(1978)이나 맥크레켄McCracken(1989)은 공신력에 대해서 "자신의 메시지를 전달받는 상대로 하여금 메시지가 전하는 의도를 따르도록 하는 요인으로 상대의 입장에서 메시지를 보낸 사람을 판단하는 주관적 개념이며, 전문성과 신뢰성으로 개념화 되어 있다"라고 하여 전문성과 신뢰성이 공신력에 영향을 주는 것에 대해 확인하기도 하였다.

해설사의 전문성과 신뢰성을 지각시키는 요인으로는 해설사의 연령, 전문지식, 성실, 인증여부 등이 있다. 이런 특성들을 하나씩 살펴보자.

관광자원해설사의 신뢰성을 확보하도록 돕는 항목으로는 정직, 성실, 믿음 등의 항목이 선정되었다. 즉 해설프로그램을 제공하는 해설사가 참여자에게 얼마나 정직한 사람, 성실한 사람, 또는 믿음직한 사람으로 지각되느냐에 따라 신뢰성이 있는 해설사, 확장하여 공신력이 있는 해설사로 지각될 수 있음을 의미한다.

개인적 매력요인인 외모에 대한 호감성은 무엇으로 확인될까? 잘 생기거나 푸근한 인상을 지니면 가능할까? 날카롭고 지적인 사람으로 보이는 것이 좋을까? 해설사의 외모에 대한 매력성은 해설프로그램 참여자가 해설사에 대해 느끼는 신체적Physical 매력과 심리적Psychology 매력으로 분류할 수 있다. 그러나 이 두 부분을 완전히 분리하여 인식하기는 어렵다. 특히 관광지의 해설프로그램에 참여자들로 연구의 대상을 한정지은 연구에 의하면 해설사에 대해 호감도를 높이는 항목들로는 해설사가 얼마나 친근하게 느껴지는가를 말하는 친밀성Familiarity, 해설사가 참여자 자신의 외모나 가치관과 얼마나 비슷한가 말하는 유사성Similiarity 및 해설사의 신체적 외모나 행동에 대해 호의적인 감정을 갖는 정도를 나타내는 호감성Liability 등이 있다. 이런 요인들을 나타내는 사회적인 표현으로는 '건강하다, 다감하다, 온화하다, 멋있다, 친절하다' 등이 있다.

이러한 매력요인에 관한 연구를 〈표 2-1〉로 정리하였다.

〈표 2-1〉 매력 구성요인

연 구 자	구 성 요 인
Hazlett & Hoehn-Saric(2000)	매력적인 동성에 대해서는 부정적인 감정, 매력적인 異姓에 대해서는 긍정적 감정
Stroebe, Insko, Thomson & Layton(1971)	여성은 유사성, 남성은 매력에 크게 영향을 받음
Dion et al.(1972)	정보가 주어지지 않았을 경우 매력에 의존한 판단
Baker & Churchill(1977); Kahle & Homer(1985); Zebrowitz et al.(1993); Joseph, (1982); Kahle & Homer(1985a, b)	공신력과 매력 구별 어려움
Friemans et al.(1977); Alexis(1985); Kahle & Homer(1985); McGuire(1985); Debevec & Easwar(1986); Kamins(1990)	유사성, 친근성, 외적 호감성
Hovland & Weiss(1951)	공신력, 설득성향, 호감도, 친밀도, 권위도
Allison et al.(1980); Bellizzi & Milner(1991); Leidner(1991); Stern et al.(1993)	특정 상품의 성적 이미지와 특정 性(specific gender)

출처: Ohanian 1990(a, b)의 연구를 중심으로 연구자 재구성.

위의 내용들과 연관하여 관광자원해설사로서 성공하기 위해 갖추어야 하는 해설사의 개인적 자질에 대한 또 다른 연구자인 리스크Risk(500-502)는 다음의 8가지를 제안하였다.

① 열정: 어려움을 최소화시켜 줄 수 있다.

② 유머감각과 균형감각: 관심과 집중은 물론 휴식과 여유를 줄 수 있다.

③ 명료성: 적절하고 선택된 어휘 사용으로 정확하고 원활한 의사소통을 가능하게 한다.

④ 자신감 : 해설사의 자신감은 신뢰성을 높임
⑤ 따듯함 : 상대를 좋아한다는 느낌을 줄 수 있음
⑥ 침착성 : 성숙, 신뢰, 따뜻함 등 몇 가지 특성으로 구성되며 상황과 자신을 잘 통제하고 있다는 느낌을 줌, 경험과 나이가 중요
⑦ 신뢰감(지각되는 신뢰감)
⑧ 즐거운 표정과 태도 : 표정과 태도로 나타나며 나쁜 습관은 나쁜 태도를 형성

2) 해설사의 현장능력 요인

관광자원해설사의 현장능력은 '메시지 구성능력', '매체 활용능력' 그리고 '진행능력'으로 구성된다. 해설사의 능력 중 많은 부분은 해설의 이야깃거리를 작성하고 이야기를 전달하는 과정과 관련되어 있다. 이 중 해설 내용을 작성하는 과정은 현장에 도착하기 이전에 작성되는 부분이기는 하지만, 참여자의 해설 참여 경험을 기준으로 볼 경우 현장에서 전달되고 있는 관계로 현장능력 요인에서 확인되고 있다.

메시지는 해설의 이야깃거리 전체를 통해 전달하고 있는 핵심 내용으로 해설의 테마라 칭해지는 부분이다. 메시지는 메시지 자체의 성격이나 전달방식, 그리고 전달하는 내용 전체에서 주제가 위치하는 자리에 따라 서로 다른 설득력을 갖는다. 메시지는 언어적 메시지와 비언어적 메시지로 구분할 수 있으며, 언어적 메시지는 내용과 형식의 측면에서 분석될 수 있다. 메시지의 내용과 관련되는 요인에는 메시지의 목적과 화제, 주장 혹은 논지의 특성, 논지를 뒷받침하는 근거의 양과 유형 등이 있다. 메시지의 형식과 관련되는 요인에는 메시지의 이론, 메시지의 조직방식, 표현방식 등이 있다. 해설사의 현장에서의 능력과 관계되는 요인 가운데 메시지 전달을 위해 사용되는 표현양식으로는 구상언어Thing Words와 추상언어Nothing Words가 있는데, 해설사가 구상적인 말을 많이 사용

하고 추상적인 말을 적게 사용할수록 메시지는 이해되기가 쉽다(김성현, 2001).

그러나 실제적으로 관광자원해설사의 매력을 높이는 요인들을 분석하는 과정에서 메시지 구성능력은 참여자들에게 크게 부각되지 못하는 경향이 있다.

현장능력 요인을 구성하는 또 다른 요인은 '매체활용능력'과 '진행능력'이다. 현장에서 해설사가 얼마나 해설프로그램을 잘 진행하는지 또는 자신이 해설하는 환경에서 주변의 매체들을 잘 활용하고 잘 다루고 있는지가 중요한 매력의 척도가 되고 있는 것이다.

매체활용 능력에 관계되는 요인들을 대표하는 항목으로는 다양한 해설의 매체들에 대한 특성에 대한 이해와 활용 능력, 자신의 목소리에 대한 제어능력 등이 있다. 매체의 종류로는 구두매체, 시각매체, 시청각매체 등을 해설의 목표나 대상의 특성에 따라 다양하게 활용할 수 있다. 그 외의 해설사의 활용 가능한 매체들에 대해서는 앞 장의 해설기법과 3장의 해설매체에서 자세히 다루어진다.

커뮤니케이션 과정에서 의사소통 행위의 상당부분은 비언어적 메시지에 의해 이루어진다. 연구 결과에 의하면, 소통되는 의미의 65%는 비언어적 메시지에 의해 촉발된다고 한다(Applebaum 등, 1974).

그러므로 해설사는 정확하고도 효과적인 커뮤니케이션을 위해서는 언어적 메시지뿐만 아니라 비언어적 메시지에 대해서도 주의를 기울여야 한다. 비언어적 메시지는 동작, 신체적 외양, 신체 접촉, 주변언어, 사회 · 공간적 거리, 시간적 거리 등의 범주로 구분할 수 있다(Whitman & Boase, 1983). 이런 비언어적 메시지는 언어적 메시지에 비해 정서와 감정의 표지 기능, 조정과 지시의 표지 기능, 대인관계 성향의 표지 기능, 언어적 메시지의 명료화를 위한 표지 기능 등을 수행한다. 해설사는 정서와 감정의 표지로써 얼굴 표정, 몸짓 등을 이용하며, 조정과 지시의 표지로서 눈짓, 끄덕임, 박수, 손짓 등을 이용할 수 있다. 대인관계 성향의 표지로서 시선 접촉, 고개 끄덕임 등을 이용하고, 언어적 메시지의 명료화를 위한 표지로서 음질, 성량, 고저, 억양 등을 이용한다.

제2절 관광자원해설사의 역할

관광지를 방문하여 해설프로그램에 참여하는 사람들은 해설사에게 무엇을 기대하고 있을까? 그리고 그들은 어떤 종류의 요구를 가지고 있을까? 해설프로그램에 참여하는 관광객은 해설사에 대해 지식정보와 선경험先經驗을 통해 얻은 경험담이나 대상을 풍부하게 즐길 수 있는 지름길을 요구하지는 않을까?

1. 관광자원해설과 관광안내

현대적 공원 해설의 아버지로 인정되는 틸든은 방문자들이 만나는 어떠한 소재라도 관광자원해설 대상에 포함시켰다. 박물관에서는 예술품들, 공원에서는 잘려진 사슴뿔들, 도심지에서는 각종 기념품과 건축양식까지 그 대상이 된다.

여기서 보면 관광자원해설과 관광안내가 어떻게 구분되는 것인가 하는 의문이 생긴다. 관광자원해설은 국립공원에서나 이루어지는 것이라고 보는 시각에서라도 국립공원이 주요한 여행목적지가 되고 그 여행을 위해 관광안내가 이루어지는 경우라면 어디까지가 관광자원해설이고, 어디까지가 관광안내인지 그리고 그 차이점은 무엇인가에 대한 논의가 있게 마련이다.

점차 많은 공공 또는 사조직에서 관광자원해설기술과 철학을 자신들의 프로그램에 적용하고 있는데, 다음 3가지 점에서 관광자원해설사와 관광안내사 간에 차이가 있다(Pond : 73).

첫째, 관광자원해설사는 국립공원과 같은 특정장소에 상주하며, 관광안내사는 도시 또는 지역 전체를 관광객과 함께 여행한다는 점이다. 그런데 여기서 특정장소를 규정함에 있어서 어려움이 따를 수 있다. 소규모지역인 경우에는 지역관광안내사Local Guider가 곧 관광자원해설사가 될 수 있다.

둘째, 관광자원해설사는 자원의 의미와 가치전달에 주력하며, 관광안내사는 여행관리에 주력한다. 관광자원해설사는 자원이 지니고 있는 의미와 가치를 방문자에게 효과적으로 전달하기 위해 노력하는데 국한되어 있으나, 관광안내사는 관광객과 숙식을 함께 하면서 많은 시간을 보내며 또한 여행을 통해 발생되는 문제에 대한 책임도 지게 된다.

셋째, 관광자원해설사는 그 자신이 관광자원으로서의 가치를 지니는데 반해, 관광안내사는 그렇지 못하다. 관광자원해설사의 모습, 언어, 복장 등이 그대로 관광매력물이 되어 관광객에게 특이함을 맛보게 할 수 있으나, 관광안내사의 경우에는 지역관광안내사라고 하더라도 그 지역의 범위가 넓어지면 이러한 특이함을 제공하는데 한계를 지니게 된다.

그러나 이러한 차이점은 폰드(Pond : 73)의 지적대로 양쪽에서 노력하게 되면, 실제로는 대단히 좁혀질 수 있을 것이다. 여행 동안의 절차상의 문제가 간소화되고 또한 여러 번의 여행경험을 통하여 여행 관련 절차를 숙지한 상태를 상정하면, 그 경우에는 지역관광안내사민이 존재하게 될 것이다. 그러한 경우라면 관광자원해설사와 관광안내사의 역할은 거의 같아지게 될 것이다.

2. 관광자원해설사의 분류

1970년대에 관광안내사와 관광자원해설사를 통합해야 한다고 주장했던 체름Gabriel Cherm은 관광자원해설사와 관광안내사를 '일깨우는 거인들', '한 장소에 생명을 불어넣는 사람'이라고 부르면서 저들을 장소와 해설되는 주재료에 따라 분류하고 있다(Pond : 29).

1) 장소에 따른 분류

- 공원 해설사 : 국립 · 도립 · 군립의 자연 및 역사 공원
- 공공지역 해설사 : 산림 · 댐 · 저수지 · 기타 공공지역
- 역사적 장소 해설사 : 국가 · 도 · 군 지정의 역사적 장소
- 박물관 해설사 : 역사, 인류, 자연사, 과학, 그리고 예술품 박물관

- 동물원 해설사 : 동물원
- 식물원 해설사 : 식물원, 수목원
- 테마공원 해설사 : 디즈니월드 등 테마공원
- 관광지 해설사 : 특정 관광지 또는 리조트
- 농원 해설사 : 관광농원, 관광목장, 농수산물 시장
- 공장 해설사 : 자동차공장, 목재공장, 핵발전소, 광산, 유전
- 도시 해설사 : 특정도시의 자연 및 인공구조물
- 정부 또는 법 해설사 : 입법 · 사법 · 행정기관
- 교통시설 해설사 : 교통환경(항공, 철도, 버스, 모노레일, 선박 등)

2) 해설되는 주재료에 따른 분류

- 자연 해설사 : 자연사, 생태, 환경문제
- 자원관리 해설사 : 산림, 목장, 야생동물, 어장, 유역流域관리
- 위락 해설사 : 낚시, 캠핑, 보팅 등 기타 위락활동
- 역사 해설사 : 지방, 지역, 국가, 세계역사
- 고고학 해설사 : 고고학, 선사Pre-History
- 문화 해설사 : 인류, 윤리, 종교단체
- 천문 해설사 : 천문학, 별자리, 날씨
- 에너지 해설사 : 에너지 생산, 이용, 보전
- 해양 해설사 : 해양학, 바다, 해안, 해면과 해저현상
- 농업 해설사 : 식품성장과 과정

3. 관광자원해설사의 역할

작곡을 하거나 그림을 그리는 행위에는 따라야 할 일반적인 원칙과 규칙은 있으나 걸작Masterpiece을 탄생시키는 경우에는 아무런 공식이 없다. 예술가 자신은 규칙 이상의 것을 생각한다. 이 점은 관광자원해설에서도 마찬가지이다. 사실, 일반적인 원칙, 방법, 기술이 있으나 관광자원해설사가 최종적인 표현에서 중요한 역할을 한다. 그는 사실들을 하나의 이야기로 엮어낸다. 여기에는 상상력, 재치, 독창성의 발휘가 대단히 요구된다.

이러한 관광자원해설사의 기본 역할은 관광자원해설의 목적 달성에 결정적으로 기여하게 된다. 그 가운데 주된 것을 살펴보면 다음과 같다.

첫째, 방문자들이 그들이 방문하는 곳에 대하여 보다 예리하게 지각하고, 감상하며, 그리고 이해할 수 있도록 돕는다. 이것은 그야말로 관광자원해설사들이 가장 보람을 느끼는 부분이다.

둘째, 사려 깊은 자원이용과 합리적인 행동을 고무시켜 자원에 대한 영향을 최소화시킴으로서 관리목표를 달성할 수 있게 한다.

셋째, 관리당국의 목적과 목표에 대한 사람들의 이해를 촉진한다.

그리고 관광자원해설사가 학교 선생님과 다른 점을 살펴봄으로써 관광자원해설사의 역할에 대한 이해를 넓힐 수 있다(Pond : 87-88).

첫째, 학교 선생님은 공식적으로 사회의 가장 중요한 역할 가운데 한 가지를 맡고 있으면서 사회 구성원들에게 지식, 기술, 가치를 교육한다. 한편, 관광자원해설사는 방문자의 관점과 삶에 극적으로 영향을 미치지만, 그들은 짧은 시간에 일정한 교과과정도 없이 가르친다. 따라서 책임은 거의 없고 융통성은 크다.

둘째, 학교 선생님은 특정 연령들을 대상으로 하나 관광자원해설사는 전체 연령층을 대상으로 하며 대부분이 어른들이다.

셋째, 학교 선생님의 학급은 대부분 동질적이나 관광자원해설사의 단체는 대부분 서로가 잘 모르고 연령, 관심수준, 직업, 경험 등이 서로 다르다.

넷째, 학생들의 경우 설령 가치관, 배경, 능력 등이 서로 다르다고 하더라도 일정한 기간동안 같은 단체에 속해 있으므로 선생님은 이들을 관찰하고 시험해봄으로써 학생들의 능력을 키울 수 있다. 한편 관광자원해설사는 이러한 기회를 가질 수 없기 때문에 신속한 학습Quick Studies이 되도록 해야 한다.

다섯째, 학교 선생님의 주된 역할은 교육자로서의 역할이지만, 관광자원해설사는 교육 이외에 방문자들을 즐겁게 해주는 등의 기능도 담당하게 된다.

여섯째, 학교에서는 학생들의 출석을 강요하지만, 관광자원해설 현장에서는 방문자를 잡아둘 수 없다.

일곱째, 선생님에 대해서 해당교육기관이 평가를 하게 되지만, 관광자원해설사의 경우에는 방문자들이 평가를 한다.

이상과 같은 차이점에서 보면 관광자원해설사는 학교 선생님과 달리 다양한 계층을 제대로 파악하기 힘들고, 지속적인 학습이 이루어지기 어렵다. 그러므로 지식정보의 체계적이고 지속적인 교육보다는 참여자가 즐거운 시간을 보낼 수 있도록 놀고, 웃고, 쉬면서 단속적이지만 전체적인 의미를 이해할 수 있도록 도와주는 것이 효과적일 수 있다.

4. 관광안내사의 역할

다음에 제시하는 관광안내사의 역할은 관광안내사의 책임과 의무와 연관된다. 각각의 역할들은 서로 간에 관련이 있고 실제로도 분리하여 생각할 수 없다. 폰드(Pond : 76-85)의 연구를 중심으로 살펴보기로 한다.

1) 리더

선도자로서의 역할, 이때 필요한 리더십Leadership은 관광안내사의 역할 가운데서 가장 상위에 속한다. 관광안내사를 고용하는 사람에게 있어서 리더십은 가장 핵심적인 관광안내사의 책임으로 간주된다. 실제, 관광안내사의 경험과 지식보다는 사람들과 함께하면서 그들을 선도하는 능력이 우선적이다.

리더십에 대한 전통적인 견해는 관광자원안내의 효과가 단체를 통제 또는 내버려두는 관광안내사의 능력에 있는 것으로 보고 있다. 그런데 이러한 전통적인 견해는 새로운 견해에 의해 쉽사리 대체된다. 새로운 리더New Leader는 칼존Jan Carlzon의 주장대로 그 자신의 권위에 의해 통제되도록 하는 게 아니라, 적절한 환경을 만들어서 의견일치를 통해 일정한 결과를 가져올 수 있는 방향으로 나아가게 해야 한다.

이러한 새로운 리더개념에서 보면, 관광자원안내사는 관광지 최전방의 일꾼이다. 그들은 관광자와 부단히 상호작용하면서 관광자가 어느 정도 만족하는가와 휴가의 목적이 달성되고 있는가를 파악할 수 있다. 따라서 필요한 경우에 의사를 결정하고 시책을 바꿀 수 있는 권한이 관광안내사에게 부여되어야 한다.

2) 교육자

관광여행은 강력한 선생님이다. 관광여행만큼 쉽고 즐거우면서 잊을 수 없는 상태에서 지식의 교환을 촉진할 수 있는 활동은 없다. 관광자들은 최상의 환경에서 그 지역 사람들과 만난다. 그 지역 사람들이 하듯이 먹고, 보고, 그리고 생활하는 가운데 그 지역의 일부가 된다. 현장에서 직접 배우는 것은 교실에서 배우는 것과 비교할 수가 없다.

현장에서 배우는 것이 아무리 적더라도 관광자는 학생이다. 관광자가 학생이라면 관광안내사는 교육자이다. 대부분의 관광안내사는 자신들의 이러한 역할에 특수한 자부심을 느끼고 있으며, 그 자부심에 의한 보상은 측정할 수 없을 정도이다.

어떤 관광안내사는 자신의 교육자로서의 역할에 열중하여 스스로 도취되고 그리고 지나치게 학자인 체 하기도 한다. 물론 열정이 없는 냉냉한 해설도 바람직하지 않지만 지나치게 열정적인 것 또한 피해야 한다. 틸든은 이러한 경향에 대하여 주의를 거듭하고 있다. "다른 사람의 영혼을 통해 수용할 수 있는 것을 가르치는 게 아니고 자극하는 것이다."

가르치는 것과 자극하는 것 사이의 균형을 어떻게 취하는 것이 바람직한가에 대해서는 프란스Anatote France가 적절하게 표현하고 있다. "너무 많은 것을 가르쳐 줌으로써 자신의 공허함을 충족시키려고 애쓰지 말라. 사람들의 호기심을 일깨워라. 마음을 여는 것으로 충분하므로 무거워하도록 하지 말라. 불꽃만 튀게 하라. 그곳에 좋은 불쏘시개만 있다면 불이 붙을 것이다."

3) 홍보담당 대변인

많은 나라에서 방문자에게 특별한 메시지나 이미지를 제시할 목적으로 관광안내사를 채용하고 있다. 이러한 관점에서 관광안내사는 마케팅 역할을 하는데 미국 국립공원이 그 예가 되고 있다. 미국 전역의 국립공원에서는 순찰원과 관광자원해설사는 어떤 의미에서는 공원당국의 대변인 역할을 한다.

관광안내사를 때로는 대사라고 부른다. 이 경우에 관광안내사는 그들을 고용한 조직을 책임지게 된다. 그들은 지역의 자연환경이나 문화가 훼손되는 것을 지키며 지역을 대표한다. 관광안내사와 관광자는 지역민들이 생각하는 것 이상으로 그 지역을 대표한다고 생각한다.

드물긴 하지만 관광안내사는 그들이 좋아하지 않는 곳을 들리는 경우도 있다. 이런 경우 그곳에 오래 머물지 않는 것이 현명한 방법이다. 이와 같은 선택은 그 지역의 홍보를 위해서 뿐만 아니라 관광자와 관광안내사를 위해서도 최선이다. 열정은 오랜 기간 위장될 수 없다. 거짓으로 열정을 보이게 되면 그 결과는 어느 누구도 만족시킬 수가 없다.

4) 초대자

관광여행은 사회적인 현상이며, 따라서 관광안내사의 역할은 여러 가지 사회적인 관점을 구별하게 된다. 손님을 초대한 사람은 동료, 중재자, 옹호자, 수위, 연예인, 이야기꾼, 그리고 그 밖의 사람들과 어울려야 한다.

많은 관광안내사들은 초대자로서의 역할이 별다른 노력 없이도 즐겁다. 이것이 그들을 관광안내사가 되거나 또는 관광안내사로 남아있게 하는 바로 그 이유이다. 일반적으로 대부분의 관광안내사 또는 성공한 관광안내사는 천성적으로 외향적 성격을 가지고 있다. 내성적인 성격을 가진 사람은 그 자신 속에 자신을 지지하는 중심에 있어서 다른 사람에게서 지지를 받아야 하는 외향적인 사람과는 반대이다. 내성적인 사람이 리더로서 그리고 초대자로서 참을성이 더 있을 것 같으나, 확실히 관광안내사를 지원하고 그리고 성공하는 사람은 외향적이고 그러한 역할을 더 편안하게 생각하는 능력을 지닌 사람이어야 하는 것이 확실하다.

성공적인 초대자의 자질은 쉽게 그려볼 수 있다. 훌륭한 초대자는 손님을 즐겁게 하고, 그리고 손님들이 편안하고 스스로 즐길 수 있는 분위기를 만드는 타고난 능력을 가지고 있다. 사람들에게서 장점을 끌어내고 필요한 시점에 따스한 손길을 보내며, 자연스런 방법으로 사람들 사이의 관계를 쉽게 하는 방법을 훌륭한 초대자는 알고 있다. 그리고 훌륭한 초대자는 다른 사람들의 필요한 사항에 민감하고 이야기 방향을 돌려야 할 때와 방법을 직감적으로 알고 있다. 또한 훌륭한 초대자는 동시에 사람들을 편안하게 해주면서도 활기를 불어넣는다.

사람들은 그들 자신이 즐기기 위해서 관광여행을 함에도 불구하고 어떤 경우에는 관광안내사가 연예인Entertainer으로써 역할을 지나치게 요구하기도 한다. 관광에 있어서 유머는 교육적이고 만족스러운 결과를 얻게 하는 좋은 기재이다. 그리고 유머를 효과적으로 구사할 수 있는 능력은 유능한 의사소통의 자질이다. 그러나 연예Entertainment와 유머가 높은 경험의 질을 보장하지는 않는다. 세계화Globalization와 지역화Localization가 동시에 진행되고 있는 이 시대의 관광안내사는 문화의 차이와 유머에 대한 이해가 매우 중요하다.

5) 파이프

관광안내사의 파이프로서의 역할은 해설사의 역할 중 가장 중요하다고 할 수 있다. 어떤 의미에서 파이프 역할은 다른 역할과 분리될 수 없다. 그것은 파이프 역할이 관광안내사의 다른 모든 역할을 종합하기 때문이다. 그런데도 이러한 파이프 개념은 종종 무시되고 있다.

관광안내사의 파이프로서의 역할을 강조하는 것은 방문자, 지역문화, 그리고 관광자 경험의 중요성을 강조하는 것이다. 가장 좋은 상황에서 관광안내사는 이벤트를 펼치는 것을 용이하게 하고 고무한다. 관광안내사는 메신저라기보다는 매체이다. 파이프 역할을 하기 위해서는 관광안내사 자신을 관광자의 경험에 맞추어야 한다. 언제 침묵을 지켜야 하는가, 언제 한 발짝 물러나야 하는가, 언제 고무시켜야 하는가, 그리고 언제 움직여야 하는가에 대하여 타고난 이해력을 가져야 한다.

이외에도 관광자원해설사에 대해 최근 몇몇 박물관에서는 전시개발 과정에도 참여하여 전시코디네이터로서 역할을 기대하고 있다. 이는 박물관에서 관광자와 직접 만나서 전시물에 대해 이야기를 나누고 정보와 의미를 전달하는 해설사가 참여자 경험의 질에 가장 크게 영향을 미치기 때문이다.

이상과 같이 관광자원해설사의 역할을 살펴본 바에 의하면, 해설사는 여러 가지를 조정하는 능력은 타고나야 하겠다는 생각이 든다. 그러나 관광자원해설사에게 요구되는 재능의 많은 부분은 교육을 통하여 키울 수 있음이 입증되고 있다.

제3절 관광자원해설사의 역사

1. 관광자원해설사의 국내역사

국내 관광자원해설사를 시간의 흐름을 따라 대략적으로 살펴보면, 우리나라는 유럽이나 미주에 비해 다소 늦은 1979년이 공식적인 시작이라 할 수 있다. 가장 먼저 활동을 시작한 해설사는 궁궐에서 해설을 제공하는 '궁 안내해설사'이다. 이들은 1979년부터 우리나라에서는 최초로 사적지인 창덕궁에서 안내와 해설을 시작하였다. 당시 궁 안내해설사는 문화재관리국(현 문화재청)에서 별도의 직원을 선발하여 창덕궁에 배치하였다. 이들은 2012년 현재는 4대궁과 종묘, 그리고 칠궁에서 문화재청 소속으로 '문화재 해설사', '문화재 안내요원'이라는 명칭으로 다음의 〈표 2-2〉와 같이 활동하고 있다. 한편, 문화재청 소속의 안내해설사에 대한 명칭은 2011년 모집공고안을 기준으로 살펴보면, 덕수궁의 경우에는 '문화재 안내요원'으로, 경복궁, 창덕궁, 창경궁, 종묘, 칠궁의 경우에는 '문화재 해설사'로 사용되고 있다.

〈표 2-2〉 문화재 해설사(문화재청)의 해설 활동내용

활동 명칭	연 혁	활동지역(현재인원)	비 고
문화재 해설사 문화재 안내요원	1979.3 ~현재	경복궁(15), 창덕궁(12), 창경궁(8), 덕수궁(5), 종묘(11), 칠궁(경복궁해설사가 활동) * '02년도 창덕궁 이후 지역으로 확대 * 한국어(4), 영어(16), 일본어(20), 중국어(11)	· 주최 : 문화재청 · 운영 : 해당 궁궐관리소

이들의 운영과 선발은 각 궁궐관리소에서 담당하고 있다. 2011년의 기준으로 선발과 관련하여 지원 자격은 경복궁의 경우는 아래 〈표 2-3〉과 같으며, 각 관리소별로 조금씩 차이가 있다.

〈표 2-3〉 궁 안내해설사 신규모집 기준(예 : 경복궁)

명 칭	주 관	지 원 자 격	비 고
문화재 해설사	문화재청	· 거주지, 학력, 경력 : 제한 없음 · 응시연령 : 18세 이상 · 국가공무원법 제33조의 결격사유에 해당하지 않는 자 · 남자는 군복무를 필하였거나 면제된 자 · 신체 건강하고 우리말 구사능력과 해당 외국어 실력이 우수하고, 한국사에 대한 지식이 해박한 자 * 궁궐 안내 경력자 및 관광통역해설사 자격증 소지자는 동일 조건 시 우대	보수지급

출처 : 문화재청, 경복궁관리소 홈페이지 2011.9.16 공지.

이들은 고궁안내의 전문성을 강화하기 위한 목적으로 지속적인 보수교육이 이루어지며, 보수교육의 내용은 궁궐 관련 역사, 왕실문화, 고건축, 고건축 관련 상징 및 궁중장식 등의 이론수업과 스토리텔링, 현장안내기법 등의 실습교육으로 구성된다.

교육양성의 대상과 내용은 서울의 경우에는 (사)한국의 재발견과 서울KYC가 모집을 통해 각각 60명의 희망자들을 1999년 7월에서 9월에 걸쳐 총 60여 시간을 교육하고 9월부터 본격적인 해설활동을 시작하였다. 이들의 교육의 내용은 문화재청이 관리하고 있는 경복궁, 창덕궁, 창경궁, 덕수궁의 4대 궁궐과 종묘의 활동을 목표로 하였기에 이와 관련된 한반도의 역사와 고건축, 4대궁궐과 종묘 관련 내용이 교육내용의 주가 되었다. 현재 이 두 단체는 해설지를 궁궐을 벗어나 왕릉과 기타 궁까지 확대하였으며, 활동의 유형에 있어서도 문화재 모니터링과 관리에 대한 의견제시, 학교 방문교육, 수학여행 동행해설 등으로 활동의 유형을 다양하게 확대하고 있다. 이들은 현재 각각 2012년 궁궐길라잡이가 300여명을, 궁궐지킴이가 270여명 활동 회원을 보유하고 있다. 이 두 단체는 해설활동에 대한 보수가 전혀 없으며 대표적인 민간봉사단체로 성장해 해설을 비롯한 다양하고 건전한 참여형의 기부활동을 이어가고 있다. 두 단체의 특성은 〈표 2-4〉에 정리하였다.

〈표 2-4〉 서울지역, 궁궐길라잡이와 궁궐지킴이

명 칭	연 혁	활동지역(현재)	지원자격	활동일	활동유형
우리궁궐 길라잡이	1999.9 ~현재	경복궁, 창덕궁, 창경궁, 덕수궁, 종묘	만 19세 이상/ 서울KYC 정회원	매주(일) 기타 예약일	자원봉사
우리궁궐 지킴이	1999.9 ~현재	경복궁, 창덕궁, 창경궁, 덕수궁, 종묘, 숭례문, 왕릉	만 19세 이상/ (사)한국의 재발견회원	매주(금/토, 주중 1일) 기타 예약일	자원봉사

출처 : (사)한국의 재발견, KYC 홈페이지 공지사항.

다음으로는 경기도의 수원화성해설사이다. 수원의 관광명소이며 세계문화유산이 수원화성의 해설사를 양성하기 위해 경기대학교 소성관광 종합연구소에 의해 교육이 이루어졌다. 교육의 대상은 경기향토 역사문화 교실 수강생 및 수원 화성안내 자원봉사자 등 67명이었으며, 1999년 10월 22일(금)~11월 3일(수)까지 4일간 총 12시간으로 구성되었다. 교육의 내용은 해설지가 수원화성으로 한정되어 있는 관계로 수원화성 관련 역사교육과 관광서비스, 그리고 외국어(영어, 일어)로 구성되었다. 교육 이수 후 경기대학교 소성관광종합연구소가 주관하여 과정이수자를 대상으로 인증시험을 시행했다. 이때 시험문제는 각 과목 강사가 출제하였으며 면접 및 필기시험은 응시자가 개별적으로 준비한 해설시나리오를 평가하였다. 인증시험 결과 응시인원 총 65명 가운데 내국인 대상 화성해설사는 57명, 외국인 대상 화성해설사(영어)는 18명, 화성해설사(일어)는 14명 배출되었다(중복 응시 가능). 인증서는 동년 11월 5일 경기대학교 소성종합연구소장 명의로 경기대학교에서 수여했다.

한편, 2000년에는 전남 도립 담양대학이 관광지해설사(전남 가사문화해설사) 59명을 양성하였다. 이 과정은 '전남 문화관광정보센터'가 주관하였으며, 9월 28일부터 11월 29일까지 총 63시간의 과정으로 문화관광부 등록 NGO인 관광문화시민연대와 담양군청이 관광지(가사문화해설사) 해설사 교육생 59명을 대상으로 실시하였다. 이들은 인증시험을 통해 34명의 가사문화해설사로 활동을 시작했다.

이런 각 지역의 활동은 각 행정단체에 연구보고서로 제출되었으며, 문화관광부는 2001년 1월 27일 「2001년 문화유산해설사 양성/활용 사업계획 확정(관정 91700-68)」을 각 지자체에 통보하였다. 이에 따라 각 지자체는 '문화유산해설사'를 2001년을 2011년까지 문화관광해설사를 교육 · 양성하였다. 이들은 2002년 한일월드컵 공동개최를 앞두고 문화유산의 의미와 가치를 내 · 외국인들에게 명확히 알린다는 취지 하에 2001년 문화관광부(현 문화체육관광부) 지침으로 마련되었다. 초기 명칭은 '문화유산해설사'였으나, 해설의 영역과 활동지역이 문화유산에서 관광자원 개발영역인 생태 · 녹색관광, 농어촌 체험관광, 관광지, 관광단지 등으로 확대되면서 2005년 8월 1일자로 '문화관광해설사'로 변경되었다. 활동인원은 2011년 말 기준으로 2,700명이 활동하고 있다.

2011년 10월 개정된 「관광진흥법」에 의해 문화관광해설사의 양성과 관리는 커다란 변화를 갖는다. 개정의 내용을 살펴보면, 문화관광해설사는 "관광객의 이해와 감상, 체험 기회를 제고하기 위하여 역사 · 문화 · 예술 · 자연 등 관광자원 전반에 대한 전문적인 해설을 제공하는 자를 말한다"라고 정의하고 있어서 해설서비스나 관광자원해설사에 대한 정의는 기존의 내용을 그대로 이어받고 있다. 차이점이라면 기존의 활동에 대해 법적으로 지위를 보장하여 지속적인 지원과 활동근거를 마련하고자 했다는 점이다.

문화관광해설사의 교육과 운영에 있어서 문화체육관광부에서는 예산과 지침을 만들어 관리에 주안점을 둔다. 그리고 운영은 각 지방자치단체에서 담당한다. 세부적으로 보면, 문화체육관광부장관은 교육시간 · 교육과목 · 교육시설 등 문화체육관광부령으로 인증과 인증의 취소를 할 수 있게 되었다. 이를 위한 교육내용과 교육 진행의 심의와 판단을 위해 한국관광공사가 인증심의기관으로 선정되었다. 끝으로, 인증기관의 인증기간은 3년으로 한정하였다. 이는 국가적 차원에서 문화유산 해설활동을 주목하고 있으며, 제도적인 뒷받침과 정책적인 육성의 기준을 마련하였다는 점에서 의미가 있다. 그리고 전국단위의 문화유산 해설사의 활동에 대해 상향평준화를 꾀하고 있음을 의미한다.

〈표 2-5〉 문화관광해설사제도 연혁

연 혁	명 칭	내 용
2001.01.22	문화유산 해설사	'문화유산해설사 양성 및 활용 사업계획' 최초 수립
2001.01.27		'문화유산해설사 양성 및 활용 사업계획' 지침 시달(문화관광부→시 · 도)
2002.12.31		문화유산해설사 양성인원 1,000명 목표 달성
2005.08.01	문화관광 해설사	'문화유산해설사' 명칭을 '문화관광해설사'로 변경
2006.12.31		문화관광해설사 양성인원 2,000명 목표 달성
2011.04.05		「관광진흥법」 개정으로 법적지위 획득/교육과정 인증제도

출처 : 문화유산해설 기초이론 연구, 문화재청(2011).

문화관광해설사 신규양성 교육의 대상자는 서류심사 후 면접을 통해 최종선발을 하고 있으며, 선정의 기준은 〈표 2-6〉과 같다. 교육의 내용을 살펴보면, 해설사로서의 기본소양(해설사의 의미와 역할, 관광서비스 마인드), 주요 문화재 및 관광자원의 이해, 외국어별 해설실무, 해설시나리오 작성과 안내기법, 현장실습 등으로 이루어져 있다. 교육시간은 총 100시간 이상이며, 이론과 현장실습으로 구성하되 과목에 특성에 따라서 실습이 50% 되어야 한다. 교육비는 무료이다. 교육이수 후에는 수료시험(출석률 80% 이상, 필기 및 실기시험 : 시나리오 작성 및 현장시현 평가)에서 70점 이상을 받아야 통과하며, 통과자에 한해 문화관광해설사 자격을 부여하고 있다. 이들은 지자체의 예산과 정보의 예산을 지원받아 활동에 대한 교통비나 식비 등의 지원을 받고 있다.

〈표 2-6〉 문화관광해설사 양성교육 대상자 선정기준(서울시, 2012)

명 칭	주 관 부	지 원 자 격	활동유형
서울시 문화관광 해설사	문화체육 관광부	가. 기본조건 · 도보로 장시간 해설이 가능한 신체건강한 자 · 자원봉사 의지와 관광서비스 마인드가 철저한 자로 주 2회 이상 봉사활동이 가능한 자 · 우리의 역사, 문화유적 및 관광에 관한 기본 소양을 갖춘 자 · 외국인을 대상으로 해설이 가능할 정도의 외국어 능통자(외국어 분야) 나. 우대조건 · 사학, 고고학, 역사교육학 등 관련학과 졸업자 및 관련 경력 보유자 · 자원봉사 또는 역사, 문화관광 분야 경력자 · 최근 2년 이내 TOEIC 760점 또는 TOEFL 540점 이상(영어) JPT 760점 또는 JLPT 1급 이상(일본어) 구HSK(중국한어수평고시) 8급 또는 신HSK 5급 이상(중국어) 취득자 해당언어 국가에서 3년 이상 거주자 및 이와 동등하다고 인정되는 자격을 소지한 자(외국어 분야)인외국어 점수(예: 최근 2년 이내 TOEIC 760점 또는 TOEFL 540점 이상	자원봉사

출처 : 서울관광마케팅 서울시 문화관광해설사 모집공고(2012).

이 외에도 궁궐을 중심으로 민간단체에 의해 양성되고 활동하고 있는 단체들의 성격을 확인해 보면, 여행업체에 고용되어 활동하는 여행사 가이드, 국제교류 문화진흥원의 문화유산해설지도자, 궁궐문화원의 문화유산해설사, 체험학습전문회사의 문화체험해설사(체험학습강사) 등이 있다. 이들은 주로 영리를 목적으로 활동으로 하고 있으며, 궁궐문화원의 경우에는 문화유산해설사(문화체험학습지도사) 교육과정 수료자를 대상으로 자원봉사 형태인 궁궐문화해설사를 양성하고 있다.

이들 중 문화체험해설사로 불리는 체험학습강사의 경우에는 2007년과 2009년 교과과정이 개정되면서 사회교과 과정을 중심의 현장체험학습의 증가와 함께 이들을 통한 문화유산 해설활동 또한 늘어났다. 양성은 여성발전센터나 각 대학 부설 사회교육원, 문화센터, 체험학습회사 자체 양성과정을 통해 이루어지고 있다. 여행사에 소속되어 있는 가이드(외국인대상 해설)의 경우에는 기본적으로 한국산업인력공단의 관광통역안내사 자격시험을 통과한 경우에 해설을 해야 하지만, 현재는 무자격자도 궁궐해설에 참여하고 있는 실정이다.

〈표 2-7〉 기타의 관광자원 해설활동 단체

활동명칭	주관단체	지원자격	교육시간 및 형태
문화유산해설지도자	국제교류 문화진흥원	성인	16주/38회/117시간 (기초이해/심화/전문가)
여행사 가이드	여행업체	성인	국가자격시험
문화체험해설사 (문화체험학습지도사)	체험학습회사	성인	총 36시간
문화유산 체험학습지도사	종로여성인력센터	일반인으로 강사희망자	총 80시간
궁궐문화유산해설사	체험교육연구소	서울시민으로 해설사 활동 희망자	총 72시간

2. 관광자원해설사의 해외 운영사례

현재 관광자원해설사는 전세계적으로 운영 · 관리되고 있다. 가까운 일본의 경우에는 우리나라와 비슷하게 양성되고 활동하고 있다. 일본관광진흥협회의 통계에 따르면, 2011년에 비해 저조한 활동을 보이고 있기는 하지만 2012년 현재 42,483여 명이 활동 중이다.

관광자원해설사에 대해 일본에서는 '볼란티어 가이드'라는 명칭을 사용하고 있으며, 이들에 대한 일본관광진흥협회는 활동의 취지를 "볼란티어 가이드 활동은 지역주민이 적극적으로 지역 만들기에 관여하고 지역의 특성을 살린 매력 있는 관광지로 만들기 위한 지역활성화 활동이다"로 규정하고 있다.

그리고 이런 볼란티어가이드활동에 참여하는 지역을 대상으로 관광볼란티어가이드에 필요한 교육을 지역의 관광협회나 기타의 관광관련기관은 관광진흥협회에서 지원하는 연 최대 20만 엔의 금액으로 신청하여 진행한다. 이때 교육의 내용이나 기타의 세부사항은 다음의 〈표 2-8〉과 같다.

〈표 2-8〉 일본 관광볼란티어 가이드

항 목	· 일본 관광볼란티어 가이드
활동현황	· 일본 전역 1,643조직, 42,483명(2012년 기준)
양성기관	· 관광진흥협회의 예산지원과 교육 심의 · 관리 · 각 지자체의 행정기관, 교육기관 및 관광 관련 협회에서 관광진흥협회에 교육기관인증신청 · 관광진흥협회의 인증기관에 의해 양성
교육기간	· 최소 6개월 소요(10~15회)
교육내용	· 지역의 역사, 문화, 환경 · 지역의 산업 · 응대서비스기법 · 설명법(해설법) · 인터넷 활용법 · 대상별 가이드방법 · 현장교육(이론시간보다 소요시간이 많음)
교 재	· 기존서적 및 교과서/강사강의자료 · 일부지역의 경우, 가이드교육자료 제작
활 동	· 관광협회 가이드 의뢰 접수를 통해 활동
가이드 제공대상	· 개인보다는 단체고객(여행회사 및 관광버스회사)
유니폼 착용여부	· 가이드의 유니폼, 제모, 빼지, 신분증 착용

출처 : 2012. 일본관광진흥협회 www.nihon-kankou.or.jp

이들이 주로 활동하는 부분을 살펴보면, 우선 공항의 해설사를 비롯해 관광지의 관광안내소, 지역의 관광정보센터, 각 기관의 홍보전시관 등에서의 설명과 안내 업무를 맡고 있다. 이들은 예약단체 관광객 또는 현장의 당일 방문객을 대상으로 프로그램을 상시 운영하고 있다. 다음으로는 각 지역이나 농어촌

마을을 단위로 지역민을 대상으로 자발적으로 해설사를 양성하여 지역의 관광지나 농촌체험 등에서 해설을 하는 경우이다. 이들은 대부분 마을자치회, 지역의 대외교류사업단, 지역의 노인회나 부녀회가 활동의 범위를 확대하거나 수익활동을 위해 관광자원해설사제도를 시행하는 경우이다. 이들은 해설의 장소별로 기획한 해설체험프로그램 및 교육 매뉴얼과 관리지침을 가지고 있다. 이외에도 이들은 지역의 발전을 도모하기 위해 마을 청소를 비롯해 다양한 활동을 하고 있다.

다음으로 영국에서 운영되고 있는 해설사제도이다. 영국의 경우에는 모든 관광자원해설사가 영국관광청London Tourist Board에 의해 인증된 공인 가이드자격증을 소지하고 영국의 각 지역에 노조를 구성하여 해설사노조The Guild of Registered Tourist Guides 소속의 개인사업자로 활동하고 있다. 그리고 이들은 노조의 운영과 관리에 관한 활동은 자원봉사로 진행하고 있다. 해설사양성교육은 대학부설의 관광기관Tourism Institute에서 이루어지며, 총 18개월간의 교육과정을 거치게 되어 있다. 교육과정을 마친 후에는 시험을 통해 인증을 받게 되며, 시험에서 3번 탈락하면 시험기회 자체가 박탈된다. 영국관광청은 시험과 활동의 관리규정을 갖고 시험을 통해 3등급으로 나눠 서로 다른 색깔의 배지Badge를 수여한다. 특히 배지의 색깔 중 블루배지Blue badge는 영국 런던의 대영박물관을 제외한 모든 장소에서 해설활동이 가능하다. 〈표 2-9〉는 영국의 해설사제도에 관한 간략한 내용이다.

〈표 2-9〉 영국 배지제도(Registed Guide)

항 목	· 배지제도(Registed Guide)
연 혁	· 1950년 6명으로 시작/1990년 3등급제로 확정, 시행
운영주체	· 영국전역/지역별 별도운영, 노동조합 구성
양성기관	· 대학부설 Tourism Institute
교육기간	· 2년제(18개월 수학)
교육내용	· 전문대학원 수준의 학습요구 · 영국의 역사 · 예술 · 문학 · 전통 · 생활사 · 지리
자격시험 시행기관	· The Institute for Tourist Guiding
인증형태	· 3등급제(등급에 따른 해설지역 제한)
시험제도 *3회 탈락 시 시험기회 박탈시험제도	· 단답식 : 11과목 시험(상식, 역사, 글짓기 등) · 에세이 : 5문항 한 시간 내 영국 관광관련 2개) · 시연
해설지역	· 1등급 : 전문/전국/전체가능 · 2등급 : 사찰, 사원, 유네스코 유산 · 3등급 : 정원, 자연숲 해설
해설활동	· Freelance · The Guild of Registered Tourist Guides 등록 활동
협회활동	· 사무실 활동(자원봉사) · 월 12파운드 회비 납부 · 홈페이지, 여행 일정, 가이드북, 소품 등 개별 기획과 제작 사용
비 고	· 팀당 6인 내외, 최대 12인 가량 · 하루 230파운드(46만 원)

출처 : 2011년 한국관광공사 해외연수보고서, www.biue-badge-guides.com의 내용 참조.

참고문헌 Reference

문화관광부(2002). 『문화정책백서 2001』, 한국문화정책개발원.

문화유산해설사제도 운영실태 및 개선방안(2008). 한국문화관광연구원, 문화체육관광부.

박석희(1989). 관광자원의 해설과 그 기법, 『경기대 논문집』: 459-477.

_____(1999). 『나도 자원해설가가 될 수 있다』, 서울: 백산출판사.

박창규 · 엄서호(2000). "관광지 해설가 양성교육 방향 및 활용전략에 관한 연구", 『문화 관광연구』, pp. 1-20.

박희주(2002). 종묘방문자들의 관광자원해설 효과분석, 한국공원휴양학회지, 제4권 2호, 한국공원휴양학회.

_____(2006). 해설서비스가 관광객 만족과 행위의도에 미치는 영향, 경기대학교 대학원, 박사학위 논문.

엄서호(1999). 관광지 해설가 인증제도 시행에 관한 연구, 『경기대 소성관광종합연구』, pp. 43-57.

이명진(1998). 관광지의 교육성 측정에 관한 연구, 관광학 연구, 제22권 2호, 한국관광학회.

Jubenville, A.(1987). Outdoor Recreation Management, W.B.SAUNDERSCOMPANY.

Pond, K. L.(1993). *The Professional Guide*, VanNostrand Reinhold, NewYork.

Risk, Poul(1976). "Educating for Interpreter Excellence", Sharpe. Grant W. ed., *Interpreting the Environment*. John Wiley & Sons.

제3장

관광자원해설의 구성과 기대효과

제1절 관광자원해설의 구성

1. 해설사, 참여자, 해설할 거리

자원해설이 성립하기 위해서는 3개의 구성요소인, '해설사, 듣는 사람, 해설할 거리'라고 지적하며, 해설작업이 효과적이기 위해서는 자원해설사가 이들 3가지 기본요소의 교합점Intersections을 잘 알고 있어야 가능하다고 하였다. 해설프로그램이 운영되기 위해서는 해설을 기획하고 전달할 해설사, 해설사의 상대이며 해설을 통해 궁극적으로 변화되길 희망하는 커뮤니케이션의 대상인 참여자, 그리고 해설의 대상물 또는 해설의 내용, 해설을 위한 체험거리 등으로 구성되는 해설할 거리가 필요하다(박석희, 1999).

관광자원해설사 자신은 왜 자원해설사가 되려고 하였던가? 자신이 지닌 독특한 장점은 무엇인가? 자신은 다른 누구와도 차별되는 방법으로 할 수 있는 장기가 있는가? 자신에게 부단히 샘솟는 호기심이 있는가? 자원해설사라면 상상력이 풍부하고, 자료도 충분하며, 그리고 모방적이지 않으면서, 성실하고 열정적일 것으로 방문자나 관리당국자들은 생각한다.

자신의 해설을 듣기 위해 참여한 저 운좋은 청중들은 누구인가? 그들은 별천지에서 온 사람들이 아니다. 대개 교육수준이 높고, 호기심도 강하며, 보다 여행하는 범위가 넓고, 그리고 부유하며, 좀 사변적인 사람들이 아닌가?

그리고 어떤 것이 해설할 만한 것인가? 무엇인가 특이한 점이 있는 것, 일상적인 것으로 지나쳐 버렸으나 새삼 눈이 동그래질 정도로 신선한 자극이 될 수 있는 것, 그리고 심심한 시간에 피는 심심초처럼 가볍게 듣고 흘리면서도 개중에는 유익한 정보가 될 수 있는 것 등등 궁금증을 풀어주고 호기심을 발동하고 충족시켜줄 수 있는 것들이 해설할 거리가 될 수 있다.

자원해설사가 이상의 3가지를 잘 교합시키기 위해서는 우선적으로 자원해설 과정의 핵심요소를 알아야 하며, 자원해설 시에 지켜야 할 원칙과 해설 기본모형에 대한 이해를 바탕으로 해야 한다. 그리고 자원해설 시에 간과하기 쉬운 부분에 대해서도 미리 문제의식을 가지고 자원해설을 위한 계획을 수립해야 한다. 따라서 본 장에서는 자원해설 계획수립 및 실제 프로그램을 가지고 매체를 동원하여 해설기법을 적용하기에 앞서 알아두어야 할 사항에 대하여 살펴보기로 한다.

2. 대상물, 수용자, 매체

관광지에서 해설프로그램을 운영하는 현장을 살펴보면, 시각적으로 확인할 수 있는 구성인자는 '해설사(매체), 해설프로그램 참여자, 해설의 대상물'이 있다(박희주, 2011). 이들 셋은 서로를 바라보고 서로에 대해 이해하려 노력하는 시간을 가지고 있는 것으로 이해된다. 이들은 각각이 지닌 특성에 따라 해설프로그램의 구성방식과 전달방식을 결정한다.

이들 하나하나의 성격을 살펴보면,

첫 번째는 해설매체이다. 이는 해설을 위한 도구이며 매체의 특성에 따라 해설의 형식은 판이하게 달라질 수 있다. 해설매체로는 해설프로그램을 기획하고 해설의 내용을 전달하거나 지각을 위한 체험을 진행하게 되는 대표적인 매체인 관광자원해설사가 있다. 이외에도 해설현장의 매체로는 안내팸플릿, 키오스크, 오디오시스템 등 다양한 매체들이 있다. 이들 해설매체들 중 가장 선호되는 매체는 해설사이다. 그리고 해설사는 스스로도 하나의 해설매체이며, 동시에 기타의 매체를 사용하여 해설프로그램의 질을 향상시키는 것이 가능하다.

두 번째 구성요인은 해설프로그램 운영의 대상이자 관광지를 구성하고 있는 대표적인 자원인 '해설대상물(지)'이다.

세 번째 구성요인은 해설프로그램의 운영에 있어 해설 행위의 상대이며 해설프로그램을 경험하고 평가하는 '해설수용자', 즉 참여자이다. 해설프로그램의 참여자는 해설 내용을 청취하고 대상물을 경험하며 향유하는 사람으로 각각이 차등적인 여건을 가지고 있어서 하나의 해설프로그램에 대해 서로 다른 경험의 질을 보일 수 있다.

이들 3요소는 관광현장에서 만나 관광자원해설을 완성하게 된다. 이들에 관한 관계는 [그림 3-1]과 같으며, 외형적으로는 매체인 관광자원해설사에 의해 수용자인 참여자에게 전달되는 것으로 보인다. 그러나 이들 3요소는 서로서로가 존재를 확인하고 서로서로가 그 의미를 전하며 관광자원해설을 완성해 간다.

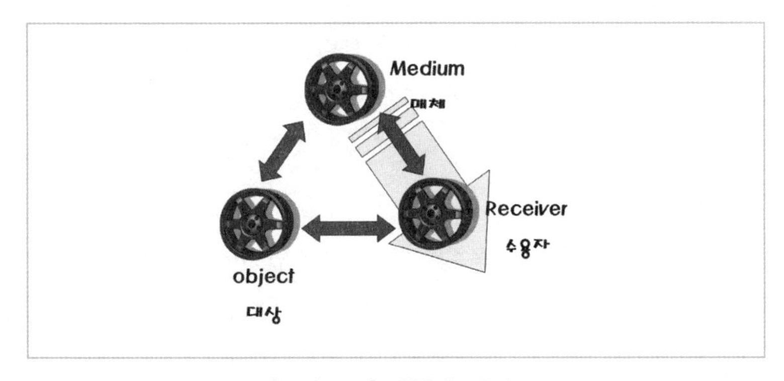

[그림 3-1] 해설의 3요소

제2절 구성요소의 특성

1. 관광객(수용자)의 심리

관광객, 이들의 심리를 꿰뚫어 봄으로써 관광자원을 계획 · 연출할 때 관광객의 기대했던 이미지와 자극 받은 이미지의 강도가 어떻게 나타날 것인가를 판단 · 예측할 수 있는 계획 및 연출가 특유의 예리한 감각이 요구된다.

수려한 관광자원이라도 연출을 잘못하면, 이용이 저조할 수밖에 없고 하찮은 관광자원이라도 연출방법에 따라서는 이용이 활성화될 수 있다. 즉 조련사의 숙련 정도에 따라 돌고래쇼는 정신없이 박수를 칠 정도로 신이 날 수도 있고, 시시해져버릴 수도 있다. 계획 및 연출가가 잘 파악하고 있어야 할 관광객의 심리는 크게 일곱 가지로 나눌 수 있다(박석희, 1989).

1) 탈일상성 · 기분전환

관광객에게는 일상거주지를 벗어남으로써 반복적인 일상생활에서 벗어나서 기분을 전화하고 싶은 심리가 내재되어 있다. 관광지 환경이 일상 거주환경과의 차이가 클수록 만족감도 커지나, 보건위생적인 환경은 평상시 습관화되어 있어 일상 환경과 크게 차이가 나면 불만족스럽게 느낀다. 요리경험도 어른들은 토속음식 등 평소에 먹을 기회가 적은 요리를 즐겨 먹지만 어린이들은 그런 음식에 관심이 없다. 이러한 점은 연출할 때 감안해야 한다.

2) 환대성 · 친절성

관광객은 손님이며 손님은 곧 왕이다. 따라서 극진한 대접을 받고 싶어지며, 종업원의 조그만 불친절에도 화를 내는 것은 자기가 곧 왕이라는 생각에서 극진한 환대를 바라기 때문이다. 안전과 편의 등을 최대한 보장하는 것도 필요하지만 그보다는 관광객을 환대하는 데 신경을 쓰는 것이 더 필요하다. 관광에서 환대는 비록 그것이 의도적인 것이라고 알려지더라도 결코 싫어하지는 않으므로 연출가는 환대에 각별한 수완을 발휘해야 한다.

3) 개방성 · 익명성

관광객은 자기의 생활권을 벗어나기 때문에 즐거움과 만족감을 만끽해 보고 싶은 기분을 느낀다. 따라서 법적 및 공중도덕적인 면에서 극단적으로 벗어나면 안 되겠지만 유흥추구 성향, 사행심, 성의 개방 성향은 관광에 관계없이 모두에게 있는 것이므로 관광지에서는 이들 성향이 어느 정도 발휘되는 것을 막아서는 안 된다. 관광지가 무미건조해지지 않기 위해서는 인간의 냄새, 혼돈의 장소도 관광지에는 필요하다. 인간본성에 따라 자연스럽게 분위기가 조성될 수 있는 장소도 남겨놓아야 한다.

4) 직접접촉

홍보용 사진에서 보는 석굴암 불상은 더없이 자비롭고 살아 숨쉬는 듯하여 경주에 가면 석굴암 해돋이를 보려고 아침 일찍 산길을 오르는데 막상 석굴에 들어가 보면 큰 유리로 사람이 접근하지 못하도록 막아놓고 있다. 자원보호를 위한 불가피한 조치이지만, 머릿속에 들어 있는 그 모습을 유리창 밖으로 그것도 멀리 떨어져서 확인해야 한다는 것 때문에 대부분의 관광객이 한 마디씩 불평을 한다. 모조품이라도 부근에 두어 접촉감을 느끼게 해주는 것이 효과적이다.

자연경관을 감상하는 데도 자신의 모든 감각을 통해 그 경관에 빠져 들어갈 수 있는 장소를 만드는 것이 중요하다. 같은 동력을 써도 창으로 에워싸인 케이블카보다는 개방된 리프트 쪽이 주위의 자연을 더욱 잘 느끼게 해줄 수 있다.

5) 호기심

묘하고 기이하고 진기한 것을 좋아하는 마음으로, 줄을 지어 동굴 속으로 사람들이 들어가는 것은 평소에 겉모습을 보면서 그 속이 어떨까 하는 땅 속에 대한 잠재된 호기심이 유발하기 때문이다.

예를 들면, 특히 어른들은 그냥 지나쳐 버리는 개구리의 헤엄치는 모습도 어린이에게는 신기하다. 알에서 올챙이가 되고 올챙이가 커서 개구리가 된다고 설명해주면 당장이라도 올챙이를 잡아달라고 성화를 부린다. 이와 같이 인간 본성에 내재한 호기심의 발로는 곧 관광자원에 대한 탐구정신을 왕성하게 해주므로 호기심이 유발되고 또한 충족될 수 있도록 연출해야 한다.

6) 영역감

생태학자 아드레이Robert Ardrey가 처음으로 제기한 문제로서 모든 생물은 그것이 생존하는 일정한 영역을 자신의 것으로 생각한다는 것이다. 따라서 사람도 본능적으로 일정한 면적의 공간을 누구의 침해도 받지 않은 상태에서 소유하고 싶어 한다.

관광지를 찾아오면서 관광객은 잠시나마 그 관광지를 자기의 영역으로 생각한다. 따라서 특히 관광지의 접근로와 입구에는 이곳이 당신이 즐거워하고 만족할 수 있는 곳이며 당신의 영역이라는 느낌을 갖도록 분위기를 연출해야 한다.

7) 기념성

오늘날의 관광여행은 이미지의 확인이라고도 한다. 실제로 이미지를 확인하였다는 사실로서, 집에 돌아가서 주위 사람들에게 이야깃거리로서, 그리고 뇌리에 박힌 장면들을 회상해 보기 위해서 관광객에게는 관광지에 온 것을 기념할 수 있는 것을 갖고 싶어하는 심리도 있다. 따라서 인상적인 장면을 사진으로 담을 수 있도록 사진을 찍을 장소와 상징물을 만들고 토산품을 만들며 행사를 개최하는 등 관광지에 온 것을 기념할 수 있는 것을 연출해 놓아야 한다.

관광자가 갖는 관광욕구는 심리적으로 무엇인가 부족한 상태로서 관광에 참여하고 있는 관광객의 행동을 유발하는 근원이 되는 심리적 원동력이다(Manning, 1986; Lundberg, 1990; Prentice, 1993; 김원수, 1998; 박석희, 1998). 이러한 관광욕구는 관광자 개인의 심리적, 사회적 상황에 따라 가변적인 성격이 강하다. 또한 관광행동에는 특정한 한 가지 욕구만이 작용하는 경우는 드물며, 몇 개의 주도적 욕구가 복합적으로 작용하는 경우가 대부분이다(Mansfeld, 1992 : 403).

2. 해설수용자

해설프로그램에 참여하는 대상자는 관광객 또는 특별한 목적을 지닌 참여자가 될 수 있다. 이들은 개인이 될 수도 있고 집단이 될 수도 있다. 해설을 제공하는 입장에서 참여자에 대한 관심은 그들 또는 그의 성향, 지식이나 문화수준, 참여의 의지 등이다. 해설프로그램을 경험한 참여자가 해설사가 의도한 태도에 대해 순응하거나 의도한 태도로 자신의 태도를 변화시켰을 때 설득커뮤니케이션의 측면에서는 성공적인 커뮤니케이션이 이루어졌다고 볼 수 있다(김영석, 2005).

베팅하우스Bettinghaus(1973)는 송신자의 공신력은 송신자 자체가 가지는 속성이 아니라 수신자의 지각에 의해 결정되는 것이고 이에 따라 설득효과도 달라질 수 있다고 하였다. 즉 관광자원해설사에 대한 전문성과 신뢰성에 의해 구성되는 공신력은 해설사 자신이 지니고 있는 정도보다는 참여자에게 지각되는 정도가 더 중요할 수 있다는 것을 의미한다. 슈람Schramm(1973)은 이렇듯 새로운 정보를 받아들일 수신자들은 자신의 인식구조를 변화시키고 태도를 변화시키는 과정에서 여러 가지 문제점을 가지는데, 그 중 가장 중요한 것은 수용자의 특성이라고 지적하였다. 수신자의 특성은 사회적 배경과 환경에 의한 분류, 그리고 개인적 속성에 의한 분류로 나뉠 수 있다고 하였다.

관광에 있어서도 관광자의 사회 · 경제적 특성에 따라 관광의 동기나 인지면에서 차이점을 보이게 되며, 일반적으로 관광 경험은 교육수준과 소득수준이 높을수록 다른 직업들보다 전문직이나 관리직이 풍부한 것으로 나타난다(이미혜, 1987). 특히, 해설경험의 경우에는 똑같은 해설사에 의해 같은 해설을 청취하는 경우에도 관광객 당사자가 지니고 있는 사회 · 문화적 배경의 차이, 해설참여의 동기, 참여자의 능동 · 수동적 성향의 차이에 따라 자원에 대한 인식이나 해설과 함께한 관광 경험의 만족이 다를 수 있다(Applbaum et al., 1969). 해설서비스를 제공하는 해설사의 입장에서는 관광객의 개인성향이나 집단의 특성을 고려하여, 그에 따른 상품을 마련하는 것이 해설 및 방문에 관한 관광객의 욕구를 충족시켜주어 만족과 재방문을 유도하는데 중요한 요인으로 인식되고 있다.

관광객의 해설사 이용패턴을 통해 해설에 대한 의식을 실증적으로 연구한 스테와트Stewart 등(1998)은 해설서비스에 참여하는 유형과 참여의도에 따른 관광객 분류를 시도하였다. 이 분류의 근간은 프렌티스Prentice(1996)의 장소와 해설 사이의 연계성에 관한 개념과 모스카르도Moscardo와 퍼스Pearce(1986)의 유산관광지에서의 유산자원에 대한 관심유형의 연구를 근간으로 하여, 해설서비스의 이용행태를 4개의 집단으로 분류하여 사용하였다. 4개 집단의 성격은 재미를 추구하는 집단, 더 많은 정보를 취득하려는 집단, 더 많은 이해를 성취하려는 집단, 이해성취가 미흡한 집단으로 관광의 대상지에 대한 관심과 이해를 준거로 한 분류를 시도했었다. 이러한 성향에 의한 분류는 해설의 이용방식과 대상에 대한 인식의 강화를 위한 해설이용의 차이를 가지고 관광객과 해설, 대상과 해설의 관계를 조명하는 해설사 이용형태에 의한 특성을 또 하나의 분류기준으로 제시하여 관광객의 해설 활용의 효과를 조명해 볼 수 있다.

3. 해설을 전달하는 해설매체

관광지의 해설프로그램을 운영하는 매체는 두 가지로 나누어 볼 수 있다. 하나는 인적매체인 해설사이고, 다른 하나는 비인적 매체이다. 앞 장에서 인적 매체인 해설사에 대한 내용은 이미 다루었으므로 이번 장에서는 비인적 매체들의 종류와 특성을 확인해보자. 비인적 매체의 경우 단독으로 해설에 활용될 수도 있지만 많은 경우 해설사의 해설을 더욱 풍부하게 하는데 큰 도움을 줄 수 있으므로 해설사는 각 매체의 특성과 장 · 단점을 알고 활용하는 것이 중요하다.

1) 해설매체의 종류

해설프로그램의 참여자가 활용할 수 있는 매체로는 어느 관광지를 방문하든 가장 흔하게 만나는 안내판, 브로슈어, 입장권의 설명문 등이 있다. 이런 단순한 설명형의 인쇄매체를 비롯해 관심고조를 위한 질문, 퀴즈게임, 찾아가기 놀이 등이 가능한 인쇄물이나 조형물, 영상장치까지도 만날 수 있다. 이외에도 최근에는 GPS나 쌍방향 소통이 가능한 기기를 활용하는 경우도 늘고 있다. 쌍방향 매체들이 일방적인 단순설명형 매체보다 더 많은 관심을 받고 있다.

이런 다양한 해설매체는 크게 인적과 비인적으로 나뉘며, 비인적 매체는 단방향매체와 쌍방향매체로 나눌 수 있다. 최근에는 과학기술의 발전과 관광객의 요구변화로 많은 관광지의 안내시설물이 쌍방향매체로 변경되고 있다. 이 중 비인적 매체의 유형을 다음의 〈표 3-1〉에 정리하였다.

단방향 해설매체로는 책자, 안내판, 표지판, 모형(확대모형, 실물모형, 축소모형), 스크린, 재현물, 모형설명식 화면, 극장식 화면, 원형입체 화면, 기둥부착식 화면, 사진, 패널, 수화기 청취기기 등이 있다. 단방향 해설매체 중 수화기 청취기기는 음악, 현대미술 등에 자주 활용되어 글로 전할 수 없는 작품의 감상이 가능한 매체이다. 재현물은 역사문화의 한 시대특징 또는 상징적 모습을 보여 줄 수 있는 물건으로 해설참여자의 관심을 이끄는 것은 물론 시대의 특성이나 사건을 쉽게 이해하고 감성적인 자극이 용이하여 역사적 내용의 해설에 자주 사용하고 있다.

이외에도 프로그램에 의해 해설을 진행하는 매체로는 시뮬레이션(가상체험실), 멀티비전, 매직비전 등이 있다. 특히 쌍방향적인 매체의 경우 최근에는 오디오 및 비디오를 조작하는 수준을 벗어나 참여자의 답변에 따라 다른 해설이 가능하도록 프로그램 되어 있는 디지털매체를 다양하게 사용하고 있다.

그러나 이런 비인적 해설매체가 지닌 대표적인 단점은 매체가 지닌 정보의 양과 수준이 한정적이며 지속적 정보의 진화가 인적 매체에 비해 어렵다는 점이다.

〈표 3-1〉 비인적 해설매체의 유형

구 분	종 류	
단방향 매체	· 해설센터 내 인쇄자료 · 전시 설명판 · 시각매체(사진, 특별한 증거물) · 오디오 청취기기	· 안내판 및 경고판 · 브로슈어 · 재현물 · 슬라이드, 비디오 상영
쌍방향 매체	· 전자전시판 · 멀티미디어시스템 · 무인정보 안내소	· 키오스크 · 가상체험시스템

2) 해설매체의 특성

먼저 단방향적인 해설매체의 특성에 대해 '문화유산해설 기초이론연구(2011)'에서의 언급한 내용을 통해 확인해 보면 아래와 같다.

단방향의 비인적 해설매체는 문자형과 상징형으로 나누어 볼 수 있으며,

- 문자형의 경우에는 문자를 중심으로 정보를 설명하는 매체들로 정보를 설명하기 위한 시각적 자료인 회화, 지도, 도면 등을 포함하기도 한다. 예로

는 리플릿, 책자, 안내판 등이 있다.

- 상징형의 경우에는 대상물이 지닌 독자적인 의미가 있는 것으로, 그 자체가 해설의 대상물이기도 하다. 예로는 해태, 홍살문, 방문센터의 모양, 대상지의 캐릭터 등 있다.

이들 단방향 비인적 해설매체의 장점은,

- 초기 기구를 제작하는 비용을 제외하면 운영과 관리비용의 인적 해설매체에 비해 저렴하다.
- 이용자의 이해능력에 따라 개인별 속도조절이나 나누어 사용하는 것이 가능하다.
- 이용자의 선호에 따라 취사선택과 재이용이 가능하다.
- 이정표 기능의 수행으로 탐방로 안에서 직접적인 길잡이 역할이 가능하다.
- 상징적 의미를 지닌 기념성을 가지고 있어서 방문경험을 기록하는 사진촬영의 대상이 될 수 있다.

단방향 비인적 해설매체의 단점은,

- 이용자 스스로 이해하려는 노력이 필요하다.
- 이용자의 정보해독 능력에 따라 다른 이해와 학습효과를 내게 된다.
- 일방적 정보전달로 질의응답 등의 쌍방향적인 의사소통이 어렵다.
- 관리소홀로 인해 부식이나 훼손, 야생동물이나 관광객에 의한 훼손의 가능성이 있다.

다음으로 쌍방향적인 해설매체의 경우 최근에는 오디오 및 비디오를 조작하여 활용하게 되는 디지털매체가 주를 이룬다. 이러한 쌍방향적 디지털매체는 단방향매체의 정보의 양과 수준이 한정적이며 지속적 정보의 진화가 어렵다는 단점을 수정 · 보완할 수 있어서 선호되고 있다.

해설매체의 특성을 실제적으로 파악하기 위해 현재 궁궐 및 종묘에서 사용되고 있는 해설매체의 종류와 특성을 확인해 보면 다음의 〈표 3-2〉와 같다. 인적매체로는 해설사와 재연행사, 비인적 매체로 리플릿을 비롯한 안내판, 재현품, 촬영용 의상 등을 확인하였다.

〈표 3-2〉 궁궐 및 종묘에서 사용되는 해설매체의 비교

	종 류	형식/형태	감 감	피드백	이동성
인적매체	해설사	해설사	시각, 청각	가능	가능
	재연공연	제례, 궁궐교대식, 궁궐 특별행사 등	시각, 청각	불가능	가능
비인적 매체	리플릿	인쇄된 매체	시각	불가능	가능
	안내판	건조물	시각	불가능	불가능
	재현품	제례, 궁궐생활 관련 물품	시각	불가능	불가능
	촬영용 의상대여	체험	시각, 촉각	불가능	가능

이들 중 많은 사람들의 관심을 받고 있는 역사적 사실의 '재연 공연(매체)'은 관광객들에게 좋은 호응과 효과적으로 인식도구이다. 주로 활용되고 있는 재연공연은 다음과 같은 몇 가지 구성요소를 가지고 있다.

① 재연대상은 역사적 시점, 생활, 사건 등

② 재연내용은 역사의식, 민속, 전통문화, 생활문화 등

③ 재연방식은 사실감을 구현하고 역사적 사실을 추적 · 묘사하고 해설대상에 생동감을 부여한다.

④ 교육적 효과를 높여 역사적, 문화적 이해수준을 향상시키기 용이하다.

교육심리학자들은 우리가 일정한 정보를 받아들이는데 있어서 시각을 75%, 청각을 13%, 촉각을 6%, 후각과 미각을 3% 정도 사용한다고 한다. 무엇인가를 학습하는데 보거나 듣는 행위가 88%를 차지한다고 한다. 우리는 일상 속에서

느끼고 있다. 단순히 듣기만 하는 행위보다는 시청각 자료를 활용하는 경우나 직접 능동적인 참여가 가능할 때 대상에 대해 더 쉽게 인식하거나 오래 기억한다. 물론 이런 체험행위가 곁들여질 때 지루함도 덜하고 재미도 있다. 그러므로 해설사는 해설사의 언어적 해설만을 사용하는 것보다 다양한 매체를 활용해 의사소통을 용이하게 하고 지식정보를 더욱 쉽게 전달하여 참여자의 지각과 몰입을 유도하는 것이 좋다.

해설프로그램에 사용하는 매체의 선택은 해설의 목적에 따라 달라진다. 해설사는 자신의 해설내용이나 해설참여 그룹의 규모, 또는 체험의 특성에 따라 다양한 비인적 매체를 선택적으로 사용할 수 있다. 예를 들어, 해설참여그룹의 크기에 따른 매체 활용의 예를 살펴보자.

먼저, 소그룹이나 개인의 경우에는 사진, 해설사가 소지할 수 있는 특별한 증거물 등의 시각적 매체를 사용할 수 있다. 시각자료의 경우는 해설의 동선에서 직접 눈으로 확인할 수 없거나 현재 상황에서 확인할 수 없는 정보에 대해 시·공간적 인지도를 확대하는데 효과적이다.

다음으로, 규모가 큰 그룹의 경우에는 구두해설을 도와줄 수 있는 스피커 또는 확성기 같은 구두매체Oral Media를 활용해 해설의 전달력을 높일 수 있다. 또는 시청각매체Audio-Visual Media를 이용해 이미 준비된 화면과 음향을 이용해 이해를 도울 수 있다. 참가 인원이 많은 경우 모두가 고르게 확인하기 어려울 수 있다.

제3절 관광자원해설의 핵심요소

관광자원해설은 단순하게 설명한다고 되는 게 아니고, 해설과정의 핵심요소 하나하나가 제기능을 다할 때 훌륭한 문화유산해설이 될 수 있다. 그 핵심요소란 관여, 짜임새, 생명 불어넣기, 전달 등 4가지를 가리킨다. 다음에서 레위스 William J. Lewis의 견해를 중심으로 하여 문화유산해설 과정의 핵심요소에 대하여 살펴보기로 한다.

1) 관여(Involvement)시켜라.

방문자들은 과거와 현재를 관련시켜 보면서, 어떠한 역할을 해보면서, 역사적 장면의 일부분이 되어 보면서, 캠프파이어에서 함께 노래를 부르면서, 그리고 궁금한 것을 묻기도 하면서 관광을 하는 동안에 금을 캐려고 한다.

문화유산해설 시에 방문자를 관여시킨다는 것은 아주 중요하며, 여러 가지 방법을 통하여 방문자를 해설작업에 관여시킬 수 있다.

첫째, 첫 대면이 중요하다.

관광자원해설을 하려는 장소에 도착하면 기다리고 있는 사람들과 인사를 나누면서 그들이 그곳에 온 목적, 그들의 특별한 관심사항과 배경을 파악한다. 그리고 친밀관계를 형성해가면서 자신을 소개하고, 문화유산해설사가 특별하게 해줄 수 있는 것이 무엇인가를 알려준다. 그러면서 해설작업이 이루어질 수 있는 분위기를 만든다.

둘째, 방문자들의 지식과 관심을 이용하라.

해설작업을 시작하면서 그 단체의 관심사항과 그들의 직업을 파악하게 되면 해설작업에 그들이 제공하는 정보를 종합할 수 있다. 예를 들면, 약사들은 식물을 가지고 약을 만드는 과정에 관해 이야기할 수 있고, 역사에 관심 있는 사람들에게는 옛날 사람들이 식물을 어떻게 약으로 사용하였던가를 이야기할 수 있다.

셋째, 질문을 던져라.

질문을 던지면 방문자를 용이하게 관여시킬 수 있다. 방문자들이 궁금한 것을 물어보게 하면, 관광자원해설사는 방문자들이 꼭 알고 싶어하는 것이 무엇인가를 알 수 있으며, 해주고 있는 해설프로그램에 대해서도 스스로 점검해 볼 수 있다. 뿐만 아니라 매번 다른 해설프로그램을 운영할 수 있어서 해설프로그램이 신선해질 수 있다. 그리고 방문자가 던지는 사소한 질문이라도 그것을 묵살하지 말아야 한다. 작은 지푸라기를 가지고도 불을 살릴 수 있다.

문화유산해설사가 질문을 던질 경우에는 충분한 자료를 제시함으로써 방문자들이 스스로 답을 만들어 볼 수 있도록 해주어야 한다. 교묘하게 말재간을 부리면서 끝내고 말면, 순간적으로 모면 또는 작은 재미는 줄 수 있을지 모르나, 듣는 사람들의 가슴 저 밑바닥을 건드릴 수는 없다.

넷째, 모든 감각기관을 활용하라.

방문자들이 해설되고 있는 관광객원 소재들을 그냥 바라보게만 하지 말고, 실제로 감각기관을 동원하여 체험해보게 하는 것이 효과적이다, 절구통에 벼를 넣고 찧어보게도 하고, 각종 식물들의 냄새도 맡아보게 하며, 옛사람들이 먹었던 것을 먹어보는 기회도 부여하고, 골동품의 복제품을 만져보게 하는 등의 일은 방문자들에게 신선한 경험이 될 수 있다. 이러한 감각기관 활용기회 부여, 즉 체험기회를 부여하면 방문자를 보다 강하게 해설작업에 관여시킬 수 있다.

다섯째, 소그룹을 형성시켜 다양하게 하라.

단체가 어떻게 조직화되는가에 따라 관여의 정도도 달라질 수 있다. 전체 해설프로그램을 한 명의 관광자원해설사가 혼자서 계속적으로 그리고 정보의 전달에만 치중한 해설을 하는 경우는 단체를 4~6명씩 나누어 작은 과제를 풀어보게 하는 경우보다 관여정도가 낮아지게 된다. 가능한 작은 그룹으로 나누게 되면 각자가 참여해 볼 수 있는 기회를 더 많이 가지게 되어 참여에 대한 만족한 경험을 가지게 할 수 있다.

관여조직은 개별과제 조직, 개인지도 조직, 회의 조직, 그룹미팅 조직, 문답식 조직Socratic Structure 등 5가지로 구분할 수 있다. 개별과제 조직에서는 자연을 관찰할 수 있도록 돋보기를 나누어주고 각자가 찾아보게 할 수 있다. 이때 찾는 작업을 도와주면 그것은 개인지도 조직이 된다. 회의 조직은 어떤 의논할 거리를 주지 않고 단체원들이 자연스럽게 서로 이야기하고 탐구하도록 하는 것으로서 역사유적지나 자연으로 둘러싸인 곳에서 적절하다. 물론 관광자원해설사는 아무런 간섭도 하지 않는다. 만약에 풀어야할 문젯거리가 있으면 그 문젯거리의 원인과 단서가 무엇인가를 찾아보게 하는 것이 그룹미팅 조직이다. 이 경우에는 문화유산해설사가 그룹미팅을 리드한다. 문답식 조직은 문화유산해설사가 이야깃거리를 분명히 하려거나 질문을 던져 생각을 더욱 발전시키려고 할 때 사용한다. 이 조직은 개발과 보존, 대원군의 쇄국정책, 무등산 리조트 개발 등 이른바 논쟁이 오갈 수 있는 이야깃거리인 경우에 적절하다.

2) 골격이 짜임새(Organization)가 있어야 한다.

어떠한 종류의 문화유산해설을 하든지 간에 짜임새가 있어야 한다. 짜임새가 없으면 해설프로그램은 산만해지고 목적성도 없어진다. 관광자원해설이 짜임새가 있게 하려면 다음과 같은 과정을 거쳐야 한다.

첫째, 이야깃거리Topic를 선택한다.

이야깃거리(소재)는 상급자가 정해줄 수도 있으나 그렇지 않은 경우는 자신과 청중이 그 장소에서 흥미를 느낄 수 있는 것에서 뽑을 수 있다. 이야깃거리는 동식물, 역사적 관련성, 지리적 사실, 생태계에 관한 것, 과거와 현재의 삶, 과학기술, 위락활동 등 아주 일반적인 것에서 꺼낼 수 있다.

둘째, 테마를 선택하고 개발한다.

이야깃거리가 많아지면 그것을 하나의 끈으로 꿰어야 한다. 여기서 테마가 등장한다. 해설프로그램에서 가장 중요한 도구 중의 하나가 테마이다. 테마를 한 개의 문장으로 분명하게 진술한 다음에는 테마를 개발한다.

셋째, 서두를 잘 꺼낸다.

해설프로그램의 기본구조에 대한 계획이 마련되면, 그 다음에는 어떻게 서두를 꺼내는가를 결정해야 한다. 시작부분이 해설프로그램 전체에 상당히 영향을 끼치게 된다. 서두를 효과적이게 하려면 호의적인 분위기를 만들고, 테마에 대한 관심을 환기시키며 해설의 목적을 분명하게 해주어야 한다.

넷째, 호의적인 분위기를 형성한다.

이를 위해서는 최근의 뉴스거리를 인용할 수도 있고, 유머를 써서 가벼운 분위기가 되게 하거나, 특별한 관심거리를 이야기 해줄 수 있다.

다섯째, 테마에 대한 관심을 환기시킨다.

이를 위해서는 한두 개의 자극적인 질문을 던진다. 이를테면, 숫모기는 결코 사람을 물지 않는다는 것을 알고 있는가? 모기의 다이어트식품은 식물의 즙임을 알고 있는가? 하는 등 특이한 이야기를 해줄 수도 있다. 이를테면, 암놈 모기가 산란하기 위해 필요한 단백질을 뽑아낼 사람의 피를 발견하지 못하면, 종족보존을 위해서 자신의 날개에서 단백질을 뽑아낸다는 사실, 그리고 테마에 관련된 인물의 이야기를 해주거나 문제점에 대해 언급할 수 있다. 예를 들면, 대원군이 그 당시에 막무가내로 서양문물을 배척하였기에 우리가 일본보다 뒤졌다면 자, 오늘 이 시점에서 우리는 제대로 하고 있는가? 등이다.

여섯째, 마무리를 짓는다.

다양한 방법으로 해설프로그램의 마무리를 지을 수 있다. 테마를 다시 한 번 이야기해 볼 수도 있고, 해설 내용을 요약해 줄 수도 있으며, 다음에는 어떻게 될 것인가 또는 향후에는 어떻게 될 것인가 하고 의문을 던지면서 맺을 수도 있다. 방문자들 스스로 고맙다는 생각이 우러나올 수 있도록 심금을 울리는 내용과 목소리로 마무리를 지어야 한다. 강렬하고 기억에 남을 수 있는 한마디를 던지고 떠나라.

3) 골격에 생명을 불어넣자.

문화유산해설을 위한 골격에 짜임새가 있다고 하더라도 근육과 피가 있어야 한다. 골격에 생명을 불어넣기 위해서는 지원할 수 있는 재료를 선택해야 하는데, 이를 위해서는 다음과 같은 방법을 동원해 볼 수 있다.

첫째, 테마를 살리기 위해서 실제로 있었던 이야기를 테마와 관련시킨다.

이를테면, 그날도 찬바람이 쌩쌩 부는 가운데 김씨는 얼음이 꽁꽁 얼어 있는 논바닥을 미끄러지면서 이리저리 헤매며 다니고 있었다. 그런데 이게 웬일인가. 저만큼에서 김이 모락모락 나고 있는 게 아닌가. 가까이 가니 얼음이 아니라 물이 있었고, 물에 손을 담그니 따뜻하지 않은가?…

둘째, 일화나 예를 이용한다.

이를테면, 옛날에 선인들이 지명을 붙일 때는 그곳의 특징을 살려서 지었다고 한다. 그래서 경남 창녕의 '가마솥 부釜'자와 '계곡 곡谷'자로 이루어진 '釜谷'에는 틀림없이 온천수가 솟을 것이라고 믿고 있었던 것이다.

셋째, 증언을 이용한다.

예를 들면, 온천에 관한 전문가인 이 박사는 부곡에서는 삼국시대에도 몇 차례, 그리고 고려시대에 몇 차례 시커먼 연기가 하늘로 치솟았다는 기록이 있다고 하였다.

넷째, 비교한다.

이를테면 온천수는 그 성분이 중요한데, 이곳 부곡온천은 유황성분이 전국의 온천수 가운데서 가장 많은 곳이다.

다섯째, 시각재료를 사용한다.

슬라이드, 두개골, 공예품, 지도, 새의 깃털, 나뭇잎, 바위, 사진, 그림 등은 테마를 생동감 있게 하는데 도움이 된다.

4) 전달(Delivery)

전달이란 메시지가 전해지는 물리적 과정이다. 여기에는 사람이 걷고, 일어서고, 앉고, 움직이는 방법, 음성, 시선 등이 포함된다. 이들 전달에 관한 것을 일반적인 원칙으로 만들기는 어려운 일이나 몇 가지 전달에 도움이 될 수 있는 것을 살펴보자.

첫째, 열정적이어야 한다.

효과적인 의사전달에서 가장 중요한 요인 가운데 하나가 역동설Dynamism이다. 관광자원해설사에게 이것은 쉬운 일이다. 자신이 선택한 테마를 좋아하기 때문에 방문자들에게 자신이 알고 있는 사실을 공유하고 싶어 하는 불타는 열정을 해설사는 가지고 있다. 그리고 청중 또한 문화유산해설사가 이야기하려는 바에 대단한 관심을 가지고 있다. 그렇다면 불이 붙기는 쉬운 일이다. 문화유산해설사가 자신의 열정으로 불을 붙여야 한다.

둘째, 다양하게 해보라.

때로는 생동감 있고, 강렬하고, 그리고 몰아붙이는 식도 좋다. 그러다가 조용하게, 부드럽게, 단순하게, 따뜻하게, 풋풋하게 전환시켜보면 더 효과적일 수 있다.

셋째, 스스로 확신을 느껴야 한다.

결국 관광자원해설사 자신이 전문가이다. 테마에 대해 완벽하게 연구하였고, 그 결과를 의미있게 구성하지 않았는가. 자신 없어 하는 태도는 듣는 사람을 불안하게 하며 신뢰성을 떨어트린다.

넷째, 눈을 마주쳐라.

청중들과 눈을 마주치는 것이 중요하다. 눈빛을 통하여 상대방이 어떻게 받아들이고 있는가를 알 수 있다. 눈이 마주치게 되면 청중들은 문화유산해설사가 자신들에게 관심이 있음을 느낀다.

다섯째, 몸짓을 많이 활용하라.

몸짓을 적절하게 하면 무슨 말을 하려는가를 사람들이 보고 알 수 있게 된다. 해설하는 사람도 스스로의 느낌을 강하게 할 수 있으며, 더욱 힘차게 이야기 할 수 있게 된다. 계획된 몸짓은 제대로 효과를 낼 수 없다. 따라서 테마에 관해 자신이 느끼는 열정에서 솟아나오는 대로 하는 것이 좋다.

여섯째, 자연스럽고 친절하며 즐거워하라.

일곱째, 상황에 맞추어서 빠르기를 조정하라.

다양성에 대한 필요성은 어느 곳에서나 제기된다. 문화유산 해설시 빠르기 역시 변화를 주어서 다양해야 한다.

제4절 관광자원해설의 기대효과

샤프Sharpe(1976)는 "관광은 이문화異文化 체험을 통해 사회, 문화, 예술 등의 사회 전반에 관한 폭넓은 식견과 상호이해의 바탕을 구축하는 것이다. 이때 올바른 관광해설이 제시되지 않으면 관광자원에 대한 몰이해로 관광객의 만족수준을 감소시킬 뿐만 아니라 주민들의 문화를 왜곡되게 인식하고 수용하게 하는 기형적 교육효과를 낳게 될 가능성도 있다"고 지적하여 관광현장에 해설의 필요성을 강조했다.

1. 참여자 측면의 기대효과

해설프로그램에 참여하는 행동은 관광객 혼자서는 문화 및 자원이 가지는 의미와 가치를 제대로 이해하기가 어려울 수 있는 방문지에 대해 이해하고 향유할 수 있게 한다.

1) 교육적 효과

관광자원해설사의 기대효과에서 첫 번째로 교육적 효과를 언급하는 것은 관광지에서의 해설프로그램이 여타의 다른 서비스와 비교해 가장 두드러진 특성이기 때문이다. 일탈과 오락이 주된 요소인 관광행위 중 해설프로그램은 지식정보의 습득과 이해가 가능하다. 그리고 실제로 관광지에서 해설프로그램 참여자의 기대 중 높은 위치를 차지하고 있는 것이 교육적 부분이다.

관광자원의 대부분이 상징적 의미를 포함하고 있어서 일반관광객의 경우 혼자서 모든 관광자원과 그 환경에 관한 정보를 스스로 구하고 이해하기란 쉬운 일이 아니다. 특히 역사문화관광지의 경우 역사문화적인 내용에 대한 교육요구는 절대적이라 할 수 있다. 그럼 관광자원해설의 교육효과와 교육효과를 증대하기 위한 방법들에 대해 확인해보자.

- 관광자원해설사가 관람객들과의 개인적 접촉을 통해 직접 교육을 하기 때문에, 다른 어떤 매체보다 자아실현이라는 내면적 가치를 추구하고, 새로운 지식의 습득이 용이한 가장 효과적인 매체이다(Martine & Taylor, 1981; Carlson, 1976; Bojanic, 1991; 박희주, 2006). 특히 문화유산관광객들의 문화유산관광지 방문의 목적은 교육이며(Confer와 Kerstetter, 2000; Hargrove, 2002), 문화유산관광에 있어서 관광 경험의 완성은 '교육'을 통해 이루어질 수 있다(Timothy, 1996).
- 교육적 기대효과의 달성을 위해 교육의 중요성을 강조한 턴브리지와 애쉬우드Tunbridge& Ashworth(1996)는 "관광객에게는 '고유성Authenticity'에 기반을 둔 교육은 성공적인 관광을 위한 핵심"이라고 하였다(McKercher 등, 2004에서 재인용).
- 자원해설 프로그램이 관광자의 학습욕구를 충족시키고 관광지 교육성을 높이기 위해서는 관여, 짜임새, 생명 불어넣기, 전달이라는 핵심요소를 갖추고 있어야 하며(Lewis, 1991 : Moscardo, 1996 : 378), 대상활동, 대상지역, 대상집단에 따라서 해설내용을 세분화하고 차별화하는 다양한 자원해설 프로그램을 계획(Jubenville, 1987 : 198)과 다양한 해설매체를 사용하는 것이 바람직하다(Priscilla, 1995).

이외에도 Hargrove(2002)와 Light(1995)는 관광지의 교육적인 요인과 놀이적 요인의 중요성을 강조하기도 하여, 해설프로그램이 단순히 교육적이 요인에만 치중하는 것에 대해 지적하며 놀이적 요인의 필요성을 강조했다.

2) 인식 및 태도변화에 관한 기대효과

교육의 목적이 태도와 가치를 새롭게 변화시켜 새로운 행동을 형성시키는 것이라고 할 때 자원교육은 궁극적으로 자원의 보호와 관리를 위한 행동에 참여할 수 있는 태도와 가치관을 지닌 인간을 육성하는 것을 목표로 하고 있다(남상준, 1999). 즉 자원에 대한 교육을 통하여 자원의 보호, 관리에 대한 새로운 가치관을 형성하고 자원의 관리를 위한 우호적 태도로의 태도변화를 추구하며 궁극적으로 적극적 행동으로 유도가 가능하다.

Zimbardo와 Ebbeson(1874)은, 태도란 일반적인 평가적 반응에 일정하게 영향을 주는 지적 준비성이나 암시적인 성질의 경향성이라고 정의하면서 상당히 지속성을 갖지만 선천적이라기보다 학습된 것으로 서서히 점진적으로 변하는 것이라고 하였다.

칙센트미아히와 칙센트미하이(1988)의 몰입Flow에 관한 연구에서, 태도변화를 유도하기 위해서는 지각이 개발되어야 하며, 지각개발을 돕기 위해서는 대상에 대한 피드백이 가능한 교육의 필요성을 강조했다. 그리고 지각개발의 과정에서 관광객은 주어진 서비스에 대해 개인이 지각하는 능력의 차이가 있으나 이 차이는 교육에 의해서 변화될 수 있다. 교육은 개인의 지각세트Perceptual set에 변화를 가져오게 하여 의식을 제어하는 방법을 개발할 수 있게 하며, 이를 통하여 태도를 변화시킬 수 있다고 주장해 해설행위에 의한 교육을 통해 지각개발이 가능하다는 것을 암시하였다.

2. 사회적 측면의 기대효과

1) 사회교육으로의 기대효과

해설프로그램은 사회교육의 일환으로 이해할 수 있다. 사회교육법에 명시된 사회교육에 관한 내용에 의하면, 사회교육이란 "다른 법률에 의한 학교교육을 제외한, 국민의 평생교육을 위한 모든 형태의 조직적인 교육활동"(제2조)으로, 학교교육에서 배울 수 없었던 것을 배움으로써 자신을 개발하는 교육, 즉 대안적 교육기회라는 2가지 측면을 갖고 있다(사회교육법 제2조). 이 내용 중 학교교육을 제외한 형태라는 측면과 자기개발을 위한 대안적 교육이라는 측면에서 해설프로그램은 사회교육의 한 형태로 이해할 수 있다.

관광자원해설의 참여는 관광객의 자율선택에 의해 이루어지며, 학교가 아닌 관광지에서 학교에서 배우지 못했던 새롭거나 흥미로운 정보를 학습하는 행위이다. 그리고 해설사를 통해 방문지의 자원들에 대한 정보를 현장에서 직·간접적, 시·공간적 그리고 시각적·비시각적 제한 없이 다양하게 전달 받고 가능한 경험을 통해 자신을 개발할 수 있으며 평생을 통해 교육받을 수 있다.

다음으로 해설프로그램의 참여자의 특성을 살펴보면, 해설대상지를 찾는 모든 연령을 비롯한 서로 다른 다양한 해설참여의 의지를 지닌 모든 사람을 수용하여 학교교육 이외의 교육을 행하는 행위라 하겠다. 그리고 관광자원해설사는 조직을 가지고 교육활동을 기획하며 진행하고 있어 사회교육의 기준을 만족시키고 있다. 뿐만 아니라 자신의 의지에 따라서는 해설활동에 직접 참여도 가능하여 교육의 개념 중 하나인 그 분야에 헌신할 수 있는 기회도 열려있다.

2) 자원관리에 대한 기대효과

해설참여의 경험이 관광지 관리의식을 증진시킨다는 연구는 2000년대를 중심으로 다양하게 이루어졌다. 이 연구들에 따르면, 해설경험 이후 해설참여 이

전에 비해 관리의식이 증진되었으며, 자원의 보호에 대한 의식에 긍정적인 역할을 하고 있는 것으로 검증되고 있다. 특히 미국 국립공원청 행정부의 책자에는 "해설을 통해 이해하고, 이해를 통해 감상하고, 감상을 통해 보호한다"라는 관광자원해설에 의한 보호 · 관리의식에 관한 간략하고 심오한 표현이 들어있다(Tilden F., 조계중 역, 2007).

관광지의 경우 관리상태가 관광자의 방문만족도에 영향을 주는 중요한 항목이기 때문에 자원훼손행위를 방지하기 위해 많은 노력을 기하고 있다(허정, 1992 : 2). 지금까지도 자원을 보호하기 위한 관리정책은 지속적으로 개발되어 왔으며, 이러한 관리정책은 일반적으로 직접적인 접근방법과 간접적인 방법으로 구분된다.

직접적인 관리방법은 고의적으로 규칙을 어기는 이용자의 훼손행위를 관리하는데 효과적이며 관리방식의 예는 다음과 같다.

- 관광지 내에서 이용이 가능한 범위를 한정하거나 이용의 제한
- 관광지 입장인원 제한
- 관리인에 의한 이용자의 행위 감시나 감독
- 관광지 내의 자원을 훼손하는 행위를 줄이기 위한 보상제도
- 벌금이나 구속과 같은 법적인 제재방법

간접적인 관리방식으로는,

- 관리 주체가 이용에 대한 교육이나 관리수칙 등에 대한 설명
- 자원이용의 바른 방법을 알려주는 안내판 설치
- 자원훼손행위의 위험을 경고하는 메시지 전달
- 해설을 통한 자원의 가치인식을 위한 교육프로그램
- 자원보호의 필요성에 관한 교육이나 홍보프로그램
- 방문자센터에서 할 수 있는 자연교육과 안내프로그램

등으로 제재조치가 없어서 초기에는 효과가 적은 듯 느껴지지만, 장기적으로는 인식의 전환과 교육적 효과를 통해 더 큰 효과를 얻을 수 있다.

Sharpe(1976)은 간접적 훼손방지 정책으로 자원해설을 지지하였다. 자원해설을 통해 관광객의 일탈적 행태가 일어나지 않도록 방지하는 것이 가능하며 환경훼손 및 재해 예상지역의 방문활동을 통제하거나 사전에 정보를 제공하여 행동방식을 안내함으로써 자원이용의 부정적 영향을 최소화할 수 있기 때문이다. 자원해설을 통하여 사람들에게 유익한 정보를 제공해 줌으로써 자연자원이나 인문자원의 관리와 관련된 의사결정을 보다 현명하게 할 수 있게 하며 관광지의 불필요한 훼손, 손상을 감소시킴으로써 결과적으로 관리 또는 대체 비용을 절감할 수 있다(박명희, 1999). Dawes 등(1977)은 관광지의 관리에 있어서 직접 대면Face-to-Face Interaction방법은 관리인과 이용객이 서로 얼굴을 맞대고 대화를 하기 때문에 관람객들이 관광지 내에서 바람직한 행위와 그렇지 않은 행위에 대해 더욱 정확히 이해할 수 있다고 한다. 또 이러한 과정을 통하여 상호 신뢰가 형성됨으로써 공동의 이익을 위한 행위가 실천될 수 있기 때문에 통제와 교육이라는 직·간접적인 관리기법의 병행이 관광지 내의 자원훼손 행위를 줄이는데 가장 효과적인 방법으로 활용되고 있다.

3. 기대효과의 종합

마지막으로 기대효과에 대한 내용을 정리하면서 잘 구성된 해설프로그램의 경험이 줄 수 있는 기대효과를 종합한 박석희(1989)의 관광자원해설의 편익 10가지와 기타 연구에서 제시된 기대효과들을 정리하면 다음과 같다.

박석희의 '관광자원해설'의 편익 10가지

① 방문자의 경험을 풍부하게 한다.

② 방문자들이 그들이 위치해 있는 곳을 전체 환경의 관점에서 인식할 수 있게 하며, 그리고 그들이 그 환경과 공존하고 있는 복잡 미묘함을 이해할 수 있게 한다.

③ 관광지에서 관광객의 시야를 넓혀줌으로써 전체적인 경관에 대한 이해를 도울 수 있다.

④ 자원해설을 통하여 사람들에게 유익한 정보를 제공해 줌으로써, 자연자원이나 인문자원의 관리와 관련된 의사결정을 보다 현명하게 할 수 있게 한다.

⑤ 관광지의 불필요한 훼손 · 손상을 감소시킴으로써 결과적으로 관리 또는 대체비용을 절감시킬 수 있다.

⑥ 관광객으로 인한 피해가 심한 지역에 있는 사람들을 피해가 심하지 않은 지역으로 이동하게 하여 자원을 잘 보호할 수 있다.

⑦ 방문자들의 향토애나 조국애를 북돋우거나 지역문화유산에 대한 긍지를 갖게 한다.

⑧ 보다 많은 관광객이 방문하도록 촉진함으로써 지역 또는 국가경제에 도움이 될 수 있다.

⑨ 지역민들의 자연 및 인문관광자원에 대한 관심을 고조시킴으로써 자원의 보전, 보호에 효과적이다.

⑩ 관광지관리에 관한 공공의 관심과 지지를 받을 수 있다.

이렇게 자원해설을 효과적으로 하게 되면, 이상과 같은 10가지의 직접 또는 간접적인 편익을 가져올 수 있음이 지적되고 있다.

이외에도 Sharpe(1976), 문화재청(2011) 등의 기대효과에 대한 내용을 중복을 피해 정리하면 다음과 같다.

① 눈으로 확인할 수 있는 사항으로 관광자원의 존재와 존재방식 등의 시각적 지각이 가능하다.
② 시각적 지각을 시작으로 관광자원이 지닌 가치와 해설의 대상이 된 관광자원의 눈에 보이지 않는 이야깃거리 등의 지식정보의 전달이 가능하다.
③ 해설의 대상이 되는 관광자원의 탁월한 아름다움이나 다른 관광자원과의 차별적 아름다움에 대한 지각이 가능하도록 설명하고 자극함으로서 우리 관광자원에 대한 감상기회를 제공할 수 있다.
④ 우리의 관광자원에 대한 보다 정확하고 적절한 인식, 이해와 감상 그리고 이를 통한 향유능력을 가질 수 있도록 도와주어 보다 풍요롭고 즐거운 관광 경험을 하도록 돕는다.
⑤ 우리 관광자원에 대한 의미와 가치 이해는 우리 것에 대한 소중함과 긍지를 가지게 되어 우리문화와 우리의 관광자원과 우호적인 관계를 형성할 수 있다.
⑥ 관광자원의 가치향상을 통해 지역관광을 활성화하여 지역을 활성화하는 데 일조할 것을 기대한다.
⑦ 관광자원에 유형적인 훼손을 가하지 않고 상품화하는 것이 가능하다는 의미에서 왜곡이나 훼손이 없는 친환경적이고 지속가능한 문화관광상품의 개발이 가능하다.
⑧ 관광자원해설사를 지역에서 배출함으로써 지역의 고용을 증대하는 것이 가능하다.

이렇게 관광자원해설이 해설프로그램에 참여하는 관광객이나 사회, 그리고 대상자원에만 긍정적인 효과를 기대할 수 있는 것은 아니다.

칙센트미하이(2004)는 어떤 행위에 있어서 최적의 경험 달성을 위한 마지막 단계에 '의미' 확인이 있다고 하였다. 그는 이때의 '의미'를 '어떤 것의 목적 Purpose 내지 중요성, 어떤 이의 의도, 그리고 정보를 정리하고 명료히 하는데 도움을 주는 뜻'이라고 정의하였다. 특히 해설사는 대상자원 그리고 해설프로그램 참여자와 지속적으로 만나며 관광자원의 중요성, 대상자원의 역사적 · 생태적 의도, 그리고 대상자원이 역사 속에서 혹은 생태계 안에서 갖는 뜻을 알아가게 될 것이다. 그리고 이를 통해 관광자원해설사 본인의 삶의 의미도 또한 키워가는 해설사 인생의 최적경험이 가능하다. 이런 확장된 관광자원해설의 기대효과를 들어내기 위해서 해설사는 해설의 목표의식이 분명해야 하며, 기술적으로 잘 훈련되어 있어야 한다. 더불어 해설프로그램의 운영이 효과적으로 진행할 수 있는 관광지 내에 존재하는 이용 가능한 안내시설, 편의시설, 자신의 가치를 잘 지각시킬 수 있도록 기획된 관광매력물 등 다양한 분야에서 뒷받침되어야 하겠다.

참고문헌 Reference

강미희(1999). 생태관광객의 여행 동기 및 태도, 서울대학교 대학원 박사학위논문.

김용근(1998). 도시공원에서 이용자 훼손행위 관리방안-사회심리학적 이론을 중심으로, 『한국조경학회지』, 20(1):101-105.

김용근, Gramann, and James H.(1991). 국립공원 내에서 환경훼손행위 관리를 위한 Communication 정책의 효과 : 미국 Carlsbad Caverns 국립공원의 사례를 중심으로, 『한국조경학회지』 42권, pp. 32-40.

김윤영(2001). 관광지 내 경고메시지가 방문객 자연환경태도에 미치는 영향, 경기대 대학원석사 학위논문.

문화유산해설 기초이론 연구(2011). 명지대학교 산학협력단, 문화재청.

박명희(1999). 관광자원의 해설이 관광자 만족에 미치는 영향, 대구대학교 박사학위논문.

박석희(1989). 『신관광자원론』, 서울 : 일신사.

_____(1999). 『나도 관광자원해설가가 될 수 있다』, 서울 : 백산출판사.

박희주(2000). 자원해설의 효과분석 : 종묘를 대상으로, 경기대 관광전문대학원 석사학위논문.

박희주 · 박석희(2002). 종묘방문자들의 관광자원해설효과분석, 『한국공원휴향학회지』, 4(2) : 120-129.

신봉섭외 3인(1995), 『교육학개론』, 파주 : 양서원.

이학식 · 안광호 · 하영원(1997). 『소비자행동론』, 파주 : 나남출판사.

최나리(2001). 생태관광동기 및 태도와 자원해설이 관광객 만족에 미치는 영향, 동아대 대학원 석사학위논문.

Csikszentmihalyi Mihaly(2004). 최인수 역, 『Flow(미치도록 행복한 나를 만나다)』 *Flow, The Psychology of Optimal Experience*(1990), NY : Harper and Row Publisher Inc. 서울 : 한울림.

Gabne, R. M. · 전성연 · 김수동 공역(1998). 『교수학습이론, (The)conditions of learning and theory of instruction』, 서울 : 학지사.

Hungerford, H. R. L.(1990). *Changing Learner Behavior Through Environmental Education*. Journal of Environmental Education, 21(23) : 10-21.

Jubenville, A.(1978). 'Interpretive Service' *Outdoor Recreation Management, Philadelphia* : Saunders Company, pp. 187-199.

Lewis, William J.(1980). *Interpreting for Park Visitors*, Eastern Acorn Press.

Mcavoy, L. H., Hamborg, R.(1984). "Wilderness Visitor Knowledge of Regulation : A Comparison of visitor Contact Methods", *Journal of Interpretation* 9(1).

Manning, R. E.(1986). *Studies in outdoor recreation : A review and synthesis of the social science literature in outdoor recreation*, Corvallis OR : Oregon State University Press.

McQuail, D.(2002). 『매스커뮤니케이션 이론』, 양승찬 · 강미은 · 도준호 역, 파주 : 나남출판사, Mass Communication Theories(4th ed., 2000), London : Sage.

Peters, R. S.(1997). 이홍우 역, 『윤리학과 교육, Ethics and education』, 파주 : 교육과학사.

Sharpe, G. W.(1976). *Interpreting the Environment*, New York John Wiley & Sons. Inc.

Tiden, Freeman(2007). 조계중 역, 『숲자연문화유산해설, Interpreting Our Heritage (1957)』, 서울 : 수문출판사.

제4장

해설관련 이론

제1절 커뮤니케이션 이론[1)]

1. 커뮤니케이션

커뮤니케이션Communication은 흔히 의사소통이나 의사전달이라는 말로 사용하며 서로의 생각, 의지, 느낌 등 다양한 정보를 주고받는 행위를 가리킨다. 커뮤니케이션을 하기 위해 사람들은 말이나 글과 같은 언어적 도구나 태도, 표정, 소리, 몸짓 따위의 비언어적 도구를 단독으로 또는 동시에 사용한다. 언어적으로 보면 커뮤니케이션이란 용어는 라틴어의 공유共有 혹은 공동체共同體를 가리키는 'Communis' 또는 나누어 갖는다는 의미의 'Communicare'라는 말에서 유래하였다(차배근, 1976). 즉 커뮤니케이션이란 공유Sharing, 마음의 결합Meeting of Minds, 커뮤니케이션 참여자들의 마음속에 있는 공통된 상징들Common Set of Symbols의 이해를 실현시키는 것을 의미한다.

---

1) 박희주(2006). 「해설서비스가 관광객 만족과 행위의도에 미치는 영향」, 경기대대학원, 박사학위논문 재정리.

커뮤니케이션 과정은 관점에 따라 나누어보면 구조적構造的, 기능적機能的, 의도적意圖的, 종합적 관점으로 분류가 가능하다(박희주, 2006).

첫째, "커뮤니케이션은 정보의 전달과 수신이다"라고 정의한 샤논Shannon이 구조적 관점을 지닌 대표적 연구자이다. 이 관점은 커뮤니케이션을 정보나 메시지를 보내고 받는 과정 또는 정보가 한 곳에서 다른 곳으로 흐르는 과정을 구조화하여 설명하고 각 단계별로 메시지의 전달과정을 추적하게 된다(강상현, 1991). 대표적 연구모델로 샤논과 위버Shannon & Weaver(1949)의 선형적 모형으로 [그림 4-1]에서와 같이 의사소통의 과정을 송신자에게서 출발하여 전송자와 수신자를 거쳐 도달점에 이르게 되는 순차적 과정으로 보고 있다.

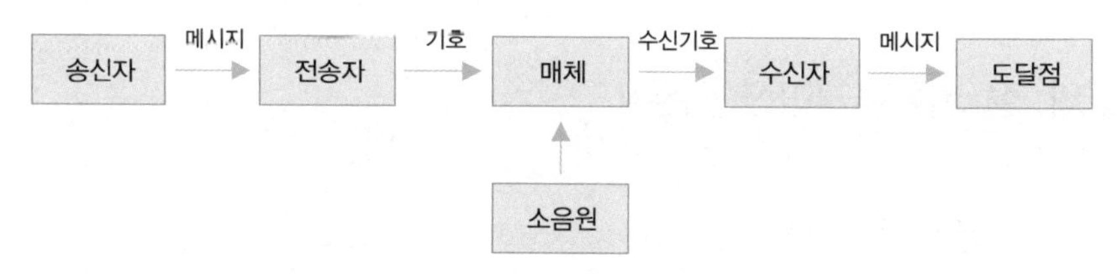

출처 : Shannon, C. E. & Weaver, W.(1949). The Mathematical Theory of Communication. Urbana : University of Illinois Press, 98.

[그림 4-1] Shannon과 Weaver(1949)의 모형

이 모형의 과정에서 특이할만한 점은 그림에서와 같이 송신자와 수신자 사이에 커뮤니케이션 장애를 초래하는, 메시지의 내용을 왜곡시키거나 전달을 어렵게 할 수 있는 모든 요소들을 소음원으로 설정하고 있다는 것이다. 언어적으로는 불분명한 발음, 소리가 잘 전달될 수 없는 주변의 소음, 태도나 감정을 잘 표현하지 못하는 송신자의 커뮤니케이션 기술, 서로의 문화적 배경이 달라 서로 다른 문화적 상징을 가지고 있는 경우 등이 모두 소음원에 해당된다. 설득커뮤니케이션을 다섯 단계의 과정으로 설명하려는 이 시도는 설득커뮤니케이션의 분야 중에서 특히 광고 또는 교육 등과 같은 매스커뮤니케이션을 대상으로 하는 연구에서 주로 사용되고 있다. 그러나 이 모형은 설득커뮤니케이션 체계를 충실하게 따르고 있으나 송신자와 수신자 사이의 상호작용 과정을 무시하고 있다는 점이 문제라는 지적을 받기도 한다.

둘째, 기능적 관점에서 바라본 커뮤니케이션은 인간이 기호를 사용해서 서로 의미를 창조하고 공통의 의미를 수립하는 행위로 규정한다. 그리고 사용하는 기호는 자신 또는 상대에 의해 해독하는 과정을 거쳐 의미를 전달하게 된다. 그래서 이 관점은 기호화Encording와 해독Decording과정의 화법 구성이나 진행 기술에 관심을 갖게 된다. 대표적인 연구자로는 스티븐스Stevens로 그는 커뮤니케이션은 주위환경이 한 유기체를 자극해 그 유기체가 외적 자극에 대한 어떤 반응을 일으켰을 때 일어나며, 만약 그 외적 자극이 유기체에 의해 거부된다면 커뮤니케이션이 이루어지지 않은 상황이라고 정리하였다(심영우역, 2009).

또 다른 연구자인 슈람Schramm(1954)은 커뮤니케이션 과정에 대한 참여자의 선택의욕을 자극하고 공급자의 의도를 잘 설명할 수 있다고 보고 그 단계를 아래와 같이 정리하였다. 슈람의 이 모형은 커뮤니케이션의 과정을 발화원인 송신자가 구상한 기호가 해독과정을 거쳐 도달자에게 인식되도록 하는 과정으로 설명하고 있다. 이 연구에 있어 각 단계는 [그림 4-2]와 같다. 이 모형은 기존의 연구들과 달리 정보를 제공하는 위치에 송신자(사람) 대신 커뮤니케이션을 시도하는 발화원, 즉 이야기로부터 시작되어 기호화, 기호, 기호를 재해석하는 해독과정을 거쳐 커뮤니케이션을 최종적으로 받아들이는 도달자로 이어지는 모형이다.

출처 : Schramm, W. (1954). The Process and Effects of Mass Communication. Urbana : University of Illinois Press. 4.

[그림 4-2] Schramm(1954)의 모형

셋째, 의도적 관점에 의한 커뮤니케이션은 한 사람이 다른 사람에게 영향을 미치기 위해 의도적으로 계획한 행위로, 궁극적인 목적은 커뮤니케이션 참여자가 커뮤니케이션을 통해 어떠한 보상을 얻으려는 데 있다. 이렇게 의도에 의한 보상을 중심적 가치로 이해하는 관점에서의 커뮤니케이션은 선전홍보宣傳弘報 행위를 위한 광고를 비롯하여 교육이나 관광분야 등에 적극적으로 적용되고 있다. 이런 의도적 관점에서 접근하고 연구되는 커뮤니케이션 분야를 설득적 커뮤니케이션으로 부른다(Tan, 1985).

의도적 접근이 용이한 또 다른 커뮤니케이션 분야로는 참여자에게 해설을 제공하여 참여자에게서 의도한 보상을 받고자 하는 관광지나 여러 홍보행사장에서 이루어지는 해설행위가 있다. 구체적으로 관광지의 해설행위를 살펴보면, 해설행위 역시도 참여자에게 해설을 제공하여 대상지원에 대해 더 많은 이해와 가치인식이 가능하도록 기획하고 운영하여 자원에 대한 적합한 태도를 형성하도록 유도하는 일종의 설득커뮤니케이션이라 볼 수 있다.

설득커뮤니케이션의 과정에 대한 초기연구자인 라쉘Laswell(1948)의 모델을 살펴보면 다음과 같다. 아래의 [그림 4-3]에서와 같이 첫 번째로 주목할 것은 독립변인이다. 독립변인은 커뮤니케이션의 과정에서 각각의 특성 차이에 의해 커뮤니케이션의 과정과 결과를 달리할 수 있는 요인이다. 독립변인으로는 설득의 메시지와 설득의 메시지를 가지고 설득을 시도하는 송신자와 설득의 대상자인 수신자, 그리고 설득메시지의 전달을 용이하게 도울 수 있는 매체가 있다. 다음으로는 메시지의 내용과 적합한 매체를 활용한 송신자의 설득은 수신자의 관심 수준에 따라 주의 · 이해 · 인정 · 수용이라는 내부적 중개과정을 거친다. 이러한 독립변인의 특성과 내부 중개과정을 거쳐 수신자의 신념 변화, 태도 변화, 행동 변화를 이끌어내는 것으로 설득커뮤니케이션이 끝나는 것으로 러셀의 모형은 설명하고 있다. 그러나 이렇게 변화된 신념이나 태도는 지속적인 변화의 시작일 수 있으며 지속적으로 변화된 행동을 기대할 수 있다.

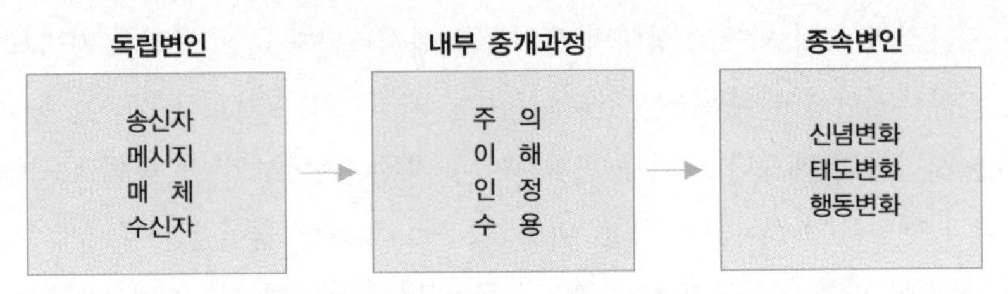

출처 : 차배근(1976). 『커뮤니케이션학 개론(상)』, 서울 : 세영사. 37.

[그림 4-3] Lasswell(1948)의 모형

끝으로, 이러한 내용들을 종합하여 최근에는 종합적이고 확장된 정의를 사용하는 연구들이 늘고 있다. 종합적 정의에 의한 커뮤니케이션은 생물체들이 기호를 통하여 서로 정보나 메시지를 전달하고 수신해서 공통된 의미를 수립하고 나아가 서로의 행위에 영향을 미치는 과정 및 행위로 설명하고 있다(이규종, 1989; 차배근, 1985; 강상현, 1991).

2. 설득커뮤니케이션

설득Persuasion이란, 한 개인이나 집단이 다른 개인이나 집단의 태도, 의견 또는 행위에 영향을 미쳐서 자신의 의도대로 상대가 생각하거나 행동하도록 하는 행위나 변형시키는 과정이다. 오키페O'Keefe(2002) 역시 설득을 "일정한 자유를 가진 피설득자를 대상으로 그의 관념 · 생각에 영향을 미치려는 의도적 노력"이라고 정의해 의도성을 강조하였다. 설득의 의도성에 대해서 포더링햄Fotheringham(1966)은 '효과가 없는 설득은 있을 수 없다'라고 전제하며, 사전적인 정의와 전문가들의 관용어를 종합하여 설득이라는 용어가 의도Intent, 능력Ability, 담화Discourse 그리고 효과Effect로 구성된다고도 하였다.

설득커뮤니케이션을 커뮤니케이션의 과정에서 살펴보면, 언어적 수단과 비언어적 수단을 이용한 의도성 메시지의 송신과 메시지 수신에 따른 성과에 주목하고 있다. 일반의 커뮤니케이션 활동이 지닌 서로의 의사나 느낌을 주고받는 기본적인 속성 외에도 상대의 행위를 변화시키고자 하는 목적을 지니고 있는 커뮤니케이션이 설득커뮤니케이션이다. 메시지라는 기호적 자극을 통하여 다른 사람들의 태도나 행위를 변형시키는 커뮤니케이션의 한 형태로 상대의 생각과 행동을 조절하고자 하는 '의도성Conscious Intent'이 들어간 커뮤니케이션이다. 목적한 바를 이루고자 하는 의도성을 지닌 커뮤니케이션인 이유로 현대에 이르기까지 설득커뮤니케이션은 개인적인 작은 일로부터 교육, 정치, 경제, 광고 등 여러 분야에 활용되고 있다.

상대에게 나의 의견을 전달하고 그 의견에 동조해주길 바라며 시도하는 행위에 대해, 최근 우리는 현대적 표현으로 커뮤니케이션, 설득 커뮤니케이션, 커뮤니케이션을 위한 연기, 커뮤니케이션 기술 등으로 표현하지만 오래 전에는 수사학이라는 용어를 사용하였다.

수사학 연구의 과정을 살펴보면, 고전 수사학(기원전 5세기~5세기)은 청자의 특성에 관심을 가졌는데, 그 결론에 따르면 사람들은 누구나 자신의 흥미와 관심을 충족시켜 주기를 원하며 서로 다른 사람들은 각기 다른 흥미와 관심을 가진다는 사실을 강조했다. 중세 수사학(5세기~14세기)은 내용을 다루는 문체를 중시하여 여러 종류의 어구 및 문장에 대해 집중했다. 그러나 14세기 이후의 수사학에서는 다양한 분야에 관심을 가지며 담화와 지식, 의사소통과 그 효과, 언어와 경험 사이의 관계 등을 연구하고 있다(Bizzel & Herzberg, 1990; 박영목, 1996).

설득커뮤니케이션의 과정과 각 과정을 이루고 있는 내용을 살펴보면, 대체적으로 누가(Who, Communicator), 무엇을(Says What), 어떤 매체를 통해(In Which Channel), 누구에게(To Whom, Receiver), 어떤 효과를 가지고 말하느냐(With What Effect)는 것으로 이루어져 진행된다. 초기연구가인 라셀Laswell의 연구를 진행시킨 벨로Berlo의 연구를 살펴보면, 라셀의 커뮤니케이션 모형 중 과정과 결과를 변화시킬 수 있는 독립변인인 송신자Source, 메시지Message, 매체Channel, 수신자Receiver에 대해 벨로(1960)는 [그림 4-4]와 같이 SMCR 모형을 제시하며 설득커뮤니케이션 과정에서 각각이 어떻게 상호작용을 할 수 있는지 심리학적인 측면에서 설명하였다. 각 요인들의 특징은 다섯 개의 상징적인 요소들의 구성을 통해 이루어지며, 이 중 송·수신자의 사회·문화적 특성과 메시지·매체의 특성이 가장 요인들의 특징을 두드러지게 한다고 보았다.

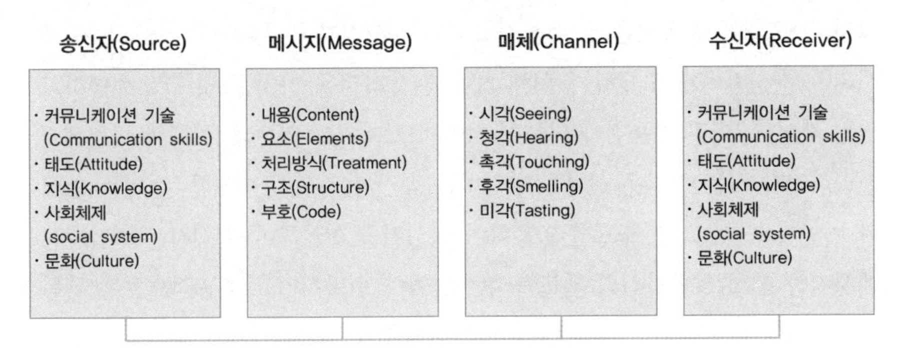

출처 : Ross, R. S. (1986). Speech Communication : Fundamentals and Practice(7th edition). Prentice-Hall Inc. 72.

[그림 4-4] Berlo의 SMCR 모형(1960)

송·수신자는 언어적 매체와 비언어적 매체로 구성된 커뮤니케이션 기술을 각자 가지고 있어서 서로의 커뮤니케이션 기술에 따라 주어지는 메시지나 사용한 매체가 동일하여도 서로 다른 설득 정도를 보일 수 있다는 것을 지적하도 있다. 설득의 커뮤니케이션 기술에 대해 언급한 김영석(2005)은 설득 그 자체가 '자신의 희망대로 상대방을 생각하게 하고 행위 하게 하는 특수한 기술'이라 지적하며 설득커뮤니케이션에 있어 커뮤니케이션 기술은 커뮤니케이션의 결과를 달리할 수 있는 중요한 요소임을 강조했다.

다음으로 송·수신자는 커뮤니케이션 기술과 동시에 자신들이 기존에 가지고 있는 태도, 지식, 사회체제, 문화적 소양 등을 활용하여 커뮤니케이션을 완성하고 있다. 메시지의 경우에는 메시지의 내용, 메시지의 내용을 구성하는 요소들, 메시지를 처리하는 방식, 메시지의 구조, 메시지가 포함하고 있는 부호 등에 의해 특정지어 지는 것으로 이해하고 있다.

가장 최근 모형을 선보인 아셀Assael(2005)은 기존의 설득커뮤니케이션의 연구들을 종합하여 [그림 4-5]와 같이 소개하고 있다. 이 모형은 슈람의 모형과 같이 설득커뮤니케이션과정을 다섯 단계로 정리하고 있으며 송신자가 아닌 원천(발화원)이라는 전달하고자 하는 메시지를 커뮤니케이션의 시작에 두고 있다. 그리고 또 다른 공통점은 전달에 사용되는 메시지가 부호화되고 부호화 된 메시지가 수신자에게 도달하기 위해 해독되는 과정을 거치는 것으로 설명하고 있는 점이다. 이런 공통점과 더불어 차이점도 가지고 있는데, 아셀의 모형에서 전달하고자 하는 원천은 전달을 담당하는 송신자 자신이 이해할 수 있는 언어나 비언어, 단서 그림, 도표를 활용하여 메시지를 전달하며, 수신자는 전달받은 메시지를 해석하여 자신의 태도를 형성하거나 변화시키고 최종적으로는 행동으로 나타난다. 그리고 가장 큰 차이점을 가지고 있는데, 이는 수신자에게 전달되는 과정 중에 아이디어, 메시지, 정보를 직·간접 피드백 과정을 통해 기억해 내고 기억해 낸 내용이 전달하고자 하는 원천, 해독과정, 수신자의 행동 등에 영향을 주는 것으로 설명하고 있다.

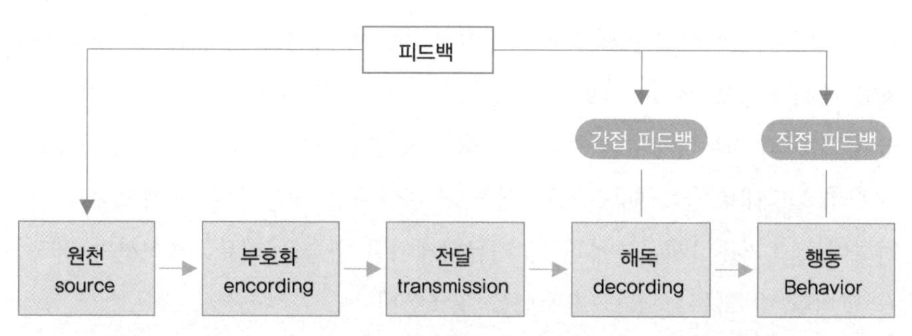

출처 : Assael H.(2005). Consumer Behavior and Marketing Action, 『소비자 행동론』, 김성환역, 서울: 한티미디어, 112.

[그림 4-5] Assael의 모형

아셀Assael의 이모형은 설득커뮤니케이션의 마케팅적 접근 모형으로 좀더 마케팅적 용어를 사용해 살펴보면, 메시지의 원천은 설득커뮤니케이션 목적을 수립하고, 설득커뮤니케이션에 대한 표적시장을 확인하는 단계를 의미한다. 다음의 부호화Encoding는 설득커뮤니케이션 목적을 메시지로 전환하는 단계이며, 세 번째 단계는 이렇게 형성된 기호 혹은 텍스트를 전달Transmission하는 과정이다. 표적시장으로 설정한 의도된 청중들에게 도달하기 위해 디자인된 매체를 통해 메시지를 보낸다. 수신자에 의해 수용된 메시지는 다음 단계인 해독Decoding과정을 거치게 되며, 해독을 통해 자신과의 관계, 정보의 가치나 중요도 등을 판단해 최종단계인 피드백Feedback을 형성한다. 이 과정은 원천에 대하여 설득커뮤니케이션 과정의 효과성을 평가하는 단계로 설명하고 있다.

위와 같이 설득커뮤니케이션을 설명하는 모형들을 통해 설득커뮤니케이션 과정을 살펴보면 단계설정에 있어서는 대체적으로 설득커뮤니케이션 과정을 연구의 관점에 따라 3단계 또는 5단계로 설명하고 있다. 다음으로 설득커뮤니케이션의 주체에 대한 차이이다. 하나는 커뮤니케이션의 주체가 설득하고자 하는 원천에 의해 시작되어 메시지나 정보전달의 결과인 행동에 관심이 있는 경우이며, 다른 하나는 커뮤니케이션의 주체를 사람인 송신자와 수신자로 설명하는 경우이다. 단계나 주체에 있어서 이렇게 서로 다른 견해를 보이는 이유는 설득커뮤니케이션의 모형들이 심리학과 행동과학에서 시작된 것으로 개인에 초점을 맞춘 인지Cognition형태이론을 근거로 하고 있어서이다.

인지형태이론에 따르면 사람이 무엇인가를 인지하게 되는 과정은 '자극Stimulus-반응Response'의 과정으로 설득커뮤니케이션의 경우도 이 이론을 근간으로 하면 자극과 반응 사이에서 발생하는 정보전달의 과정으로 설명할 수 있기 때문이다. 전자는 자극을 주는 것을 메시지나 이야기의 원천으로 하여 메시지를 전달받아 생겨난 현상에 대해 설명하는 경우이고, 후자는 자극을 발생시키는 송신자와 자극을 수용하는 수신자로 이해하는 것이다. 이 두 입장의 차이는 있으나 어느 경우나 설득커뮤니케이션이 추구하는 목적을 달성하고자 하여 꾸며진 메시지의 전달에 의해 상대를 설득하고 전달을 시작한 사람이나 메시지의 의도가 상대를 변화시키고자 하는 것이 설득커뮤니케이션 과정임을 보여주고 있다.

3. 설득커뮤니케이션과 해설

관광자원해설사는 관광자원에 대한 정보와 이해를 바탕으로 대상에 대한 의미와 가치를 평가하고 대상과의 긍정적인 관계를 맺을 수 있도록 기획한다. 다음으로 진행에 있어서 해설사는 언어와 비언어적 커뮤니케이션을 통해 상대와의 정보를 비롯한 의지, 느낌, 가치관 등을 공유하고자 노력한다. 이 과정동안 해설사는 자신의 해설목적을 달성하기 위해 참여자를 설득하는 커뮤니케이션을 시도한다.

해설을 기존의 커뮤니케이션이론들이 제시하고 있는 모형에 비추어 살펴보면, 특정한 수신자나 수신자집단이 받아들여 신념, 태도 또는 행동을 형성하거나 변화하도록 하려는 목적으로 언어와 상징들을 전달하는 행위로 이해할 수 있다.

박희주(2006)는 맥퀘일McQuail(2000)의 메시지학습을 위한 설득커뮤니케이션 과정의 각 변인들을 확인하고 각 변인에 대한 긍정적인 설정방향에 대해 역사문화관광지에서의 해설행위에 대응하여 아래의 〈표 4-1〉과 같이 정리하였다. 그 내용을 살펴보면, 역사문화관광지에서의 해설서비스에서 송신자인 해설사는 수신자인 해설프로그램의 참여자에게 대상자원에 대한 다양하고 다층적인 정보를 활용해 자원이 지닌 의미와 가치를 메시지로 만들어 언어와 모든 비언어적 매체를 통해 전달하는 행위로, 이 행위를 통해 대상자원에 대한 올바른 태도와 관계를 형성하도록 설득하는 행위이다. 특히, 생태관광이나 문화유산관광과 같이 배움과 경험이 중시되고 자원을 대상으로 하는 해설서비스의 경우에는 보전에 대한 의식이나 훼손행위의 근절을 위해 꼭 필요한 관광서비스라 할 수 있다(Tilden, 1977; Moscardo & Pearce, 1996).

〈표 4-1〉 설득커뮤니케이션으로서의 해설

내 용	McQuail(2000)	해설서비스
송신자와 수신자	누가 누구에게 커뮤니케이션 하는가?	해설사가 해설 참여자에게
기능과 목적	왜 커뮤니케이션 하는가?	자원에 대한 이해를 증진하여 자원에 대한 긍정적인 태도를 형성하기 위해서
매체, 언어, 코드	어떻게 커뮤니케이션이 일어나는가?	언어적 수단과 비언어적 수단이 단독 혹은 동시에 활용
콘텐츠, 지시대상, 정보의 유형	무엇에 관한 것인가?	대상자원이 지닌 직 · 간접 관련 정보
결 과	커뮤니케이션의 결과는 무엇인가? (의도와는 무관)	신념, 태도, 행동의 형성 및 변화

출처 : 박희주(2006). 해설서비스가 관광객 만족과 행위의도에 미치는 영향, p. 20.

제2절 관광자의 관광 경험과 환경지각

관광활동이 대중화되면서 인간성회복, 자기계발 등 관광의 긍정적인 효과보다는 관광에 의한 관광자원의 놀거리화, 청소년 교육환경의 악화나 풍기문란 등 관광의 부정적인 측면이 크게 부각되고 있다. 이것은 근본적으로 관광객이 시각에 의존하는 피상적 관광행위에 치중하고 있기 때문이다. 관광객 스스로 오감 모두를 사용해 경험하는 체험적 관광, 대상의 현상만이 아닌 그 관계 의미를 알아가는 향유적 관광이 이루어질 수 있다면 관광이 지닌 긍정적인 효과들에 대해 더 많이 부각될 수 있을 것이다.

관광의 효과를 결정하는 것은 경험횟수가 아니고 경험의 질이다(Iso-Ahola, Laverda and Graefe, 1988). 아무리 많은 비용과 노력을 들여서 훌륭한 관광지를 건설한다하더라도 그곳을 관광하는 사람이 관광지의 좋은 점을 지각하지 못한다면 그것은 낭비이며, 많은 시간과 비용을 들여서 관광을 하더라도 관광객 스스로가 관광의 편익을 충분히 지각하여 그 자신의 경험으로 만들지 못한다면,

그것 역시 낭비일 뿐만 아니라 오히려 스트레스를 받는 것이 된다.

구달Goodal(1990)은 여가를 주관적으로 해석하여 여가 그 자체에서 한 값 낮춘 할인된 자유Discounted Freedom인 지각된 자유Perceived Freedom라고 정의하면서, 우리들은 지식을 현실이 아닌 우리들의 지각을 바꾸는데 사용해야 한다고 주장하였다. 그의 주장은 관광에서도 지각의 중요함을 단적으로 지적한 것이라 하겠다.

현대의 관광지는 풍부한 자본력과 훌륭한 스토리 구성 능력을 활용해 훌륭하게 조성한 관광지를 제공하고 있다. 그리고 관광객은 늘어난 여가시간과 여가에 대한 인식의 변화로 인해 관광횟수를 늘리고 있다. 이런 관광의 호기이지만, 관광객이 관광지 환경을 제대로 지각할 수 없다면 양질의 관광이 이루어지고 있다고 볼 수는 없다. 그래서 우리는 이번 절에서 관판경험, 관광 경험과 지각수준의 관계를 확인하고 더 나은 관광의 지각수준 강화방안을 모색해 보기 위한 이론들을 확인해 보고자 한다.

1. 관광 경험에 관한 이론적 배경

1) 관광 경험의 개요

(1) 관광 경험의 개념

경험은 유기체가 각성된 상태에서 그리고 정서적 활동이 일어날 때 이루어지는 것으로서, 단순한 감각이나 의식이 아니라 무엇인가 의미 있는 것에 의해 자신이 살아있음을 느끼는 것이다(Quarrick : 43).

일상생활 속에서 과다하게 경험을 하게 되면, 우리는 그것에 자신을 적절하게 대처하고 자신을 조정하며 나아가서 경험을 생산적이게 할 수 없게 된다. 일상에서 살아가기 위해 필요한 것을 온갖 사실과 현상이 우리의 목적에 일치하는가에 대한 부단한 평가와 자신을 잃지 않으려고 하는 자신에 대한 강한 감각, 그리고 실제 행동이다. 그런데 이것들은 결코 우리들의 경험을 풍부하게 꽃피게 하는 것은 아니다(Quarrick : 44). 인간의 요구단계에 관한 연구들(Maslow, 1954; Lundberg, 1974; Gold, 1980)에서 보면, 기본적인 요구가 충족되고 나면 인간은 최적의 각성상태Optimal Arousal 에서(Smith and Godbey, 1991) 물과 같이 유유히 흐르는, 그리고 천지의 변화와 조화를 이루면서 즐거움을 느끼게 되는 보다 높은 단계의 경험을 맛보려고 한다.

관광 경험은 인간의 요구단계에서 상층부에 속하는 이러한 요구에 부응하기 위한 것으로서 관광을 통해 맛보게 되는 일련의 경험을 가리킨다.

2) 관광 경험의 단계 및 유형

(1) 관광 경험의 단계

언뜻 생각하기에는 개인이 어떤 활동을 하게 되는 것이 간단해 보이며, 관광지에서의 경험이 관광전체의 경험Total Experience 인 것으로 생각된다. 어떤 관광이 좋았다느니 나빴다느니 하면서 일련의 관광을 한 덩어리로 보는 것이 일반적이다. 그러나 실제로 한 번의 관광 경험이 이루어지는데 몇 가지의 경험단계를 거치게 된다.

클로선과 네취Clawon and Knetsch 는 관광 경험을 5단계로 구분하고 있다. 기대단계 경험, 가는단계 경험, 현지단계 경험, 오는단계 경험 그리고 회상단계 경험이 그것이다. 많은 사람들이 현지단계 경험을 전체 경험인 것으로 생각하고 있으나, 소요시간, 비용, 전체만족 측면에서 보면 현지단계 경험은 전체 경험의 절반 이하에 머무른다고 하였다.

한편, 첩 · 첩(Chubb and Chubb : 230-235)은 관광 경험단계를 더욱 세분하여 11단계로 구분짓고 있다. 자각단계 경험, 초기결정단계 경험, 자료수집단계 경험, 최종결정단계 경험, 기대단계 경험, 준비단계 경험, 가는단계 경험, 현지단계 경험, 오는단계 경험, 정리단계 경험 그리고 회상단계 경험이 그것이다. 특히 기대단계까지의 경험을 세분한 것, 그리고 정리단계 경험을 추가한 것이 클로선과 다른 점이다.

이상에서와 같이 전체관광 경험은 시간의 흐름에 따라 국면의 변화를 기준으로 세분될 수 있으며, 관광자 개인이나 관리 담당자가 어떠한 점을 중시하는가에 따라 세분되는 정도가 달라질 수 있다. 보다 양질의 관광 경험을 형성하기 위해서는 전체관광 경험을 한 덩어리로 보지 않고 몇 단계로 구분하여 접근하는 것이 바람직하다.

(2) 관광 경험의 유형

전체관광 경험은 시간의 흐름에 따른 국면변화를 기준으로 몇 단계로 구분될 수 있을 뿐만 아니라, 전체관광 경험의 내용이 어떠한가에 따라서 몇 가지로 유형화할 수 있다. 즉 관광 경험의 내용을 단순화시킨다든가, 그 축적 형태를 기준으로 유형화할 수 있으며, 그리고 자기의 개입여부에 따라서도 유형화해 볼 수 있다.

① 축적 형태에 따른 경험

향수냄새가 의복에 배어들듯이 경험은 인격 속에 축축하게 침투하여 젖어들게 된다. 적극적으로 기억하려고 생각하지 않더라도 모르는 사이에 훈습되며, 기억하고 싶지 않다고 생각한 것도 분명하게 인격 속에 저장되어 버린다. 이와 같이 훈습된 경험은 다음 2가지로 구분된다(정병조, 1989).

껍데기 경험見分熏經驗 : 관광자가 보고 듣는 작용 그 자체가 훈습된 경험
알맹이 경험相分熏經驗 : 관광자가 보고 듣는 대상이 훈습된 경험

즉 좋은 그림을 보았을 때 좋은 그림을 본 감동 그 자체, 또는 영화의 줄거리나 장면은 잊었으나 좋은 영화였다는 감동만이 마음속 깊이 새겨져 남아있을

수가 있는데, 그것이 곧 껍데기 경험이며, 반면에 생생하게 남아있는 줄거리나 장면이 곧 알맹이 경험이다.

② 자기의 개입여부에 따른 경험

일상생활에서 우리들은 그것이 자기 자신의 목적이나 의견에 부합되는가를 부단히 생각하면서 행동을 하게 되고 이를 통하여 경험을 하게 된다. 이와 같이 자신을 중심으로 하는 경험이 있는가하면, 어떤 것에 심취된 상태, 즉 몰아적 경지에서 경험되는 부분도 있다(Quarrick : 34). 자기의 개입여부에 따라서 경험은 다음 2가지로 구분된다.

지각적 경험: 자기 자신을 중심으로 하여 자기의 목적에 부합되는 가를 지각하는 가운데 맛보게 되는 경험
몰아적 경험: 자기 자신은 어디론가 사라져 버리고 대상만이 생생하게 경험하는 사람의 주의를 앗아간 가운데서 맛보게 되는 경험

'즉 관광을 하는 동안에 이곳은 내가 전에 가보았던 곳보다 못하다거나, 기대했던 것보다 낫다는 등의 느낌을 지각하면서 맛보게 되는 관광 경험은 지각적 경험에 해당되며, 환희에 차거나 탄성을 연발하면서 꿈같이 지나간 순간이라면 그때의 경험은 몰아적 경험에 해당한다. 총주의력Total Attention이 집중된 상태에 이르면 대상이 발하는 빛만이 존재하게 되어 그때의 경험은 곧 몰아적 경험이 된다.

이밖에도 선호와 같은 진화적 경험, 문화적 지식을 근거로 하는 문화적 경험, 사회적 지식을 근거로 한 사회적 경험, 그리고 개인적 지식을 바탕으로 한 개인적 경험 등으로 구분하기도 하고(Yi : 50), 선천적 경험과 후천적 경험, 직접경험과 간접경험 등으로 양분해 볼 수도 있다.

3) 관광 경험의 성격

(1) 능동적인가 수동적인가?

관광 경험의 능·수동성은 경험을 가져오는 활동과 경험단계에 따라 달라질 수 있겠다. 관광지에서 활동에 참가함에 따라 얻게 되는 경험의 경우에는 그 활동의 성격에 따라 경험의 성격도 달라진다. 능동적 관광활동(정구, 카누타기, 수상스키타기, 등산, 스키 등)을 통한 관광 경험은 능동적이며, 수동적 관광활동(구경, 산책, 보트타기, 행사관람, 관람시설이용 등)을 통한 관광 경험은 수동적이고, 중간적 관광활동(소풍, 캠핑, 낚시, 사냥, 골프 등)을 통한 경험은 중간적 성격을 띈다(Quarrick : 12).

현지단계 경험 이외의 경험단계에서는 관광을 하려거나 하고 있는 사람이 어떠한 태도를 지녔는가에 따라 달라질 수 있다. 자기가 직접 정보를 수집하고 계획을 짜는 등 적극적으로 임하는 사람에게는 그 경험이 능동적이며, 그렇지 않은 사람에게는 수동적이다.

(2) 정신적인가, 육체적인가?

관광활동은 이동과 참가라는 육체적 활동을 필수적으로 수반하게 된다. 그런데 육체적으로 적극적이기 위해서는 부단한 평가활동Evaluative Thinking, 현실성 시험Reality Testing, 그리고 자기 기능 확인Self Functions이 필요하다. 따라서 적극적인 육체적 활동은 정신적 휴양과 양립될 수 없다(Quarrick : 26).

관광이 정신적 휴양과 자기계발적 측면이 강한 것이라고 한다면(박석희 : 10), 관광활동을 통한 경험이 몰아적 경험이 되도록 하기 위해서는 강한 육체적 활동을 보다 적게 수반해야 한다.

(3) 정서적인가 논리적인가?

관광 경험은 인과를 규명하고 목적 달성을 위해 합리적인가를 논리적으로 따지는 인지적 기능Cognitive Functions의 소산이 아니라, 관광하는 동안에 총환경

Total Environment을 온몸으로 느끼는 정서적 산물이다(Foster : 293).

(4) 지각적인가, 몰아적인가?

콰릭(Quarrick : 35)은 지각을 통해서는 대상 그 자체를 경험하지 못하고, 그것이 우리들의 목적에서 의미하는 바를 경험한다고 주장한다. 그리고 몰아적 상태에서는 조용한 가운데서 각성되어 있기 때문에 우리들의 경험이 풍부하게 되고 또 확장된다고 한다. 관광을 통한 경험이 지각적인가, 몰아적인가 하는 문제는 관광을 하는 사람이 어떠한 상태에 놓여있는가에 따라 달라진다. 바람직한 것은 몰아적 경험이다(Haydu : 42). 그런데 관광을 하는 동안에 단속적인 몰아적 상태를 경험하는 것은 가능하지만 상당한 기간에 지속적으로 몰아적 상태에 놓여있다는 것은 용이하지 않다.

(5) 정적인가 동적인가?

관광 경험은 일정한 조건 하에서 만들어진 아이스크림처럼 균일성분의 정적 산품이 아니라, 관광자, 관광시점, 관광과정에 따라서 부단히 변동될 수 있는 동적 산품이다. 분위기도 변하고 경관도 변하며, 관광활동에서 몰입되는 정도도 변동되는 가운데서 형성되는 관광 경험은 종래에 주장되던 바와 같이 정적인 것이 아니라 동적인 것이다(Yi et al. : 16).

4) 관광 경험의 축적

(1) 경험의 축적구조

관광 경험이 축적된다 함은 관광을 통한 경험이 적극적으로 기억하려고 생각하지 않아도 자신도 모르는 사이에 자신의 인격 속에 축축하게 젖어드는 현상으로서, 기억하고 싶지 않다고 생각한 것도 분명하게 저장되어 버린다(Barnett : 148).

이러한 경험의 축적은 대상의 지각을 통하여 이루어진다. 이를테면, 꽃을 본다는 행동은 자기바깥에 꽃이 있으며 그 꽃에서 오는 색깔, 모양, 향기를 정보로서 받아들임으로서 성립된다.

그런데 꽃을 본다는 것은 행동 가운데서 여러 가지의 꽃에 대한 생각, 연상, 감동같은 마음의 움직임이 섞여서 한 맛을 이루고 있는 가운데 꽃을 보고 있음을 알 수 있다. 꽃에 대한 관심이나 감동이 없다면 밖에서 들어오는 어떠한 정보도 받아들이는 일이 없으며, 전혀 꽃을 보지 못하는 일도 있을 수 있다(정병조: 73).

관광 경험은 인격의 밑바닥(아뢰야식)에 축적된다(정병조: 126). 꽃을 보면 그 꽃의 색깔이나 형태가 경험으로서 저장되는데, 이것이 상분훈 경험이며, 꽃을 본 감동이 축적된 것이 견분훈 경험이 된다. 자기Self라는 세계를 분석해보면, 그곳에는 [그림 3-1]에서와 같이 경험을 저장하는 자기가 있고, 경험저장을 받아들이는 자기가 있으며, 그리고 저장된 경험에 바탕을 두고 행동하는 자기가 있다. 이와 같이 경험을 저장하는 자기, 경험저장을 받아들이는 자기, 그리고 저장된 경험을 바탕으로 행동하는 자기가 끊임없이 작용함으로써 우리들의 경험의 폭이 넓어지며 그 내용이 풍부하게 된다.

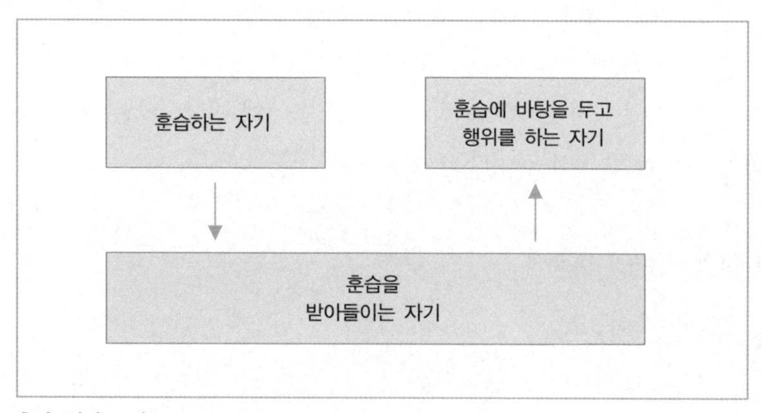

출처: 정병조 역, 1989. p. 137.

[그림 4-6] 경험의 축적구조

(2) 경험축적의 효과

우리들 경험의 폭이 넓어지고, 그 내용이 풍부하게 되면 첫째, 현상에 대한 이해력이 풍부해진다. 브루너와 밀턴의 실험에 의하면(Goldstein : 282-283)은 (L, M, Y, Z)을 잠깐 본 후에 13을 본 사람은 92%가 13을 B로 지각하였고, (16, 17, 10, 12)를 잠깐 본 사람은 83%가 13으로 지각하였다고 한다. 이는 곧 우리가 어떤 경험을 쌓는가에 따라 현상을 어떻게 이해하게 되는가를 단적으로 나타내는 것으로서, 경험의 폭이 넓게 되면, 다양한 해석을 통하여 대상에 대하여 의미를 부여한다.

둘째, 경험의 내용이 풍부하게 되면 현상의 진면목(참된 모습)을 볼 수 있게 된다. 이를테면, 주류 시음가가 거의 구분하기 어려운 술의 맛의 차이를 구분하는 것은 그들이 당도Sweetness 또는 무미성Dryness, 그밖에 일반인들은 잘 식별하지 못하는 맛의 요소에 그들의 주의력을 집중하는 방법을 터득하였기 때문이다(Goldstein : 285). 이는 풍부한 경험이 바탕이 된 상태에서 주의를 집중하게 되면, 일반적으로 경험하기 힘든 세계를 경험할 수 있음을 단적으로 설명하는 것으로 볼 수 있다.

셋째, 개인이 쌓아온 환경을 저장하고 있는 무의식은 심리적 경향성을 갖게 하며, 이 경향성은 의식적 활동에 동기를 부여한다(박광서 : 18). 이는 경험이 풍부하게 되면, 어떤 현상에 대하여 느낌을 갖게 되고, 그 느낌은 다음 단계의 행동에 임하는 자세에 영향을 미치게 됨을 의미한다. 융은 동시성 원리를 제창하면서, 의식이 막다른 한계에 도달했을 때 무의식의 내용이 활성화된다고 하여 우리들의 경험세계인 의식과 무의식이 의미상으로 연계될 수 있음을 주장하였다(이부영 : 374-376).

넷째, 몰아적 경지에 몰입된 상태에서는 정상적으로 경험할 수 없는 세계를 경험할 수 있게 된다(Quarrick : 2). 모든 것이 환하게 밝은 상태에서 우주 만유의 생명체와 무생물이 서로 거미줄같이 얽혀 있는 가운데 제각각의 아름다운 자태를 뽐내고 있는 모습 그대로를 아무런 충동 없이 있는 그대로 보면서 경험할 수 있게 되려면 몰아적 경지에 몰입되어야 한다. 이는 관광이 궁극적으로 지향하고 있는 경험이라고 하겠다.

5) 관광 경험의 강도와 경험의 질

(1) 관광 경험 강도와 질에 대한 개념과 측정

관광 경험은 경험의 강도와 질적인 면에서 변화되며, 경험의 강도는 유기체의 각성수준으로 반영되고, 경험의 질은 경험이 어느 정도 활성화되어 있는가에 따라서 결정된다. 여기서 경험의 강도는 자극의 강도와는 다른 개념이다.

일반적으로 자극의 강도는 중간정도일 때 즐거움을 느끼며, 강도가 강해지면 피로를 느끼게 된다(Berlyne : 200). 그러나 경험의 강도는 강할수록 각성수준이 높아지고, 따라서 잔잔하고 진한 즐거움을 느끼게 된다. 낮은 수준의 경험은 자기에 대한 위협, 이를테면 걱정 · 두려움 · 증오 · 부끄러움 등에 자극을 받을 때 경험된다. 그러한 각성은 불쾌하며 위협을 받거나 포위된 상태에서 느끼고 경험된다. 그리고 낮은 수준의 경험은 단조로운 조건과 같이 낮은 각성강도가 상당히 오랜 기간 지속될 때 경험한다(Quarrick : 43).

이와 달리 우리는 경험의 강도가 높은 경우 즐거움을 느끼게 되는데, 콰릭(Quarrick : 12)은 즐거우면 즐거울수록 그 놀이의 경험 강도는 강해진다고 주장한다. 자극의 강도에 따라 경험의 강도가 강해지는 것이 아니라, 그 행위 자체의 즐거움 정도가 클수록 경험이 강해진다는 이야기다. 따라서 경험 강도가 강할수록 더욱 즐거울 수 있고, 강도가 강한 경험이 바람직하다.

우리는 일상에서 느끼는 평이함 또는 부정적인 경험에 의한 암울함보다는 경험 강도가 높은 양질의 경험을 맛보기 위하여 관광을 하게 되는데, 관광의 경험 강도는 어떻게 측정될 수 있을까?

관광 경험의 강도는 유기체의 각성수준으로 반영되기 때문에 뇌파EEG, 심장

박동수Heart Rate, 그리고 호흡과 같은 생체신호Vital Sign에 의해 측정될 수 있다 (Quarrick : 43). 관광 경험의 질은 만족정도로도 측정될 수 있는데, 그간에 여기에 대해서는 많은 연구가 이루어지고 있다. 즉 기대와 실제수준 간의 차이로서 관광 경험의 질적 수준을 측정할 수 있으며, 기대가 지나치게 크면 불만족하게 된다.

관광 경험의 질을 나타내는 만족도는 지역 자체의 특성에 대한 지각정도와 관광자에 따라 달라지며(Manning : 7) 실제 거리보다는 지각된 거리에 따라서 만족도가 변하고, 실제 차단량보다는 지각된 차단량에 따라 만족도가 변하는 것으로 보고되고 있으며(Foster and Jackson : 1979), 지각된 갈등의 변이는 관광목적의 변이에 어느 정도 관련이 있다고 한다(Gramann and Burge : 1981). 소비자는 지각된 위험을 감소시키려는 쪽으로 의사를 결정하게 되고, 그 결과 만족도를 높이게 되는 것으로(Cheron and Brentritche, 1982), 그리고 지각된 자유가 여가생활에서 만족의 기본이라는 주장도 있고(Iso-Ahola, 1980; Neulinger, 1981; Godbey, 1981), 자유로움에 대한 지각이 여가참가와 여가만족에 영향을 미치며 결국 생의 만족에 기여하는 것으로(Sneegas, 1986), 그리고 성공적인 경험은 그 사람의 사회적 유능성에 대한 느낌을 강화시켜 주며(Iso-Ahola; Laverde and Graefe, 1988), 사람들은 그들이 잘할 수 있다고 생각하는 활동을 선택하게 되고, 거기서 좋은 결과를 얻게 되면 그들은 자신이 유능하다고 지각하게 되며, 이것이 앞으로도 그 활동을 선택하는 동기가 된다고 한다(Aguilar and Petrakis, 1989).

이상에서 보면, 지역특성 · 자유 · 유능성 · 거리 · 차단량 · 갈등 · 위험 등에 대한 지각정도가 관광 경험의 질적 척도가 되는 만족에 영향을 미치거나 또는 만족 그 자체를 구성하는 요인이 되고 있음을 알 수 있다. 즉 이들에 대한 지각정도가 만족수준을 결정하게 되고, 나아가서 경험의 강도와 질을 결정하게 된다. 따라서 경험의 강도와 질은 관광자가 관광하는 동안에 지역특성(매력성), 자유, 유능성, 거리, 차단량, 갈등, 위험 등에 대한 지각정도에 의해 결정된다 하겠다.

(2) 몰입과 관광 경험의 강도와 경험의 질

우리는 일상을 살아가면서 자신을 중심위치에 두고 부단히 지각하고 평가한다. 자신이 경험하고 지각하는 지역특성 · 거리 · 차단량 · 갈등 · 위험 · 자유 · 유능성 등이 어떠한가를 나 자신의 목적과 의견에 맞추어서 부단히 평가하게 하는 것이다. 그런데 평가는 생각이 유보된 상태, 즉 지각이 기능하지 않는 몰아의 경지에 몰입하게 되면 심적 혼란이나 평가적 사고에 의해 방해받지 않는 가운데서 우리들의 온몸으로 느낌의 흐름A Flow of Feeling을 맛볼 수 있게 된다(Quarrick : 25, 47). 이런 상태를 우리는 '몰입'의 순간이라 한다.

이 상태에서는 '내가 말한다, 내가 행동한다' 하는 관념이 없는 말 그 자체, 행동 그 자체만이 존재한다. 즉 체험은 있으되 체험하는 사람이 없는 진정한 체험이 이루어진다(조효종 역 : 33). 이러한 수준의 진정한 체험이 더 강한 체험이 된다.

그럼 우리가 일상 속에서 종종 경험하는 집중과 몰입은 어떤 차이점을 가지고 있는가?

〈표 4-2〉에서 보면, 우리들이 주의를 집중하는 것은 집중과 몰입으로 구분지어 볼 수 있는데, 그들의 차이점은 다음과 같다.

〈표 4-2〉 집중과 몰입의 차이점

집 중	몰 입
· 일상적 의식	· 비일상적 의식
· 일	· 놀이와 전환
· 강한 정신활동 요구 – 지각과정 분석, 문제해결	· 정신활동 유보
· 상호작용하는	· 반응하는
· 실제 결과 추구	· 황홀한 분위기로 조화 이룸

출처 : Gene, Quarrick, 1989. p. 19에서 발췌정리.

주의를 집중한다는 것은 일상적 의식활동에 속하나 몰입한다는 것은 비일상적인 것이며, 집중은 일에서 요구되는 반면 놀이를 하는 동안이나 관광 등의 전환과정에서는 몰입될 수 있고, 강한 정신활동이 요구되는 경우에는 주의를 집중해야 하나 몰입에서는 정신활동(지각 · 분석 · 문제해결 등)이 유보된다.

그리고 집중은 상호작용이 이루어지는 가운데서 요구되는 반면, 몰입된 상태에서는 반응만 하게 되며, 실제 결과물을 추구하는 경우에는 집중이 요구되나 몰입의 경지에서는 황홀한 분위기로 우주의 질서와 조화를 이루게 된다.

이상에서 보면, 자아가 인식되는 상태, 즉 지각을 통해 이루어지는 경험은 절정경험Peak Experience에 이르지 못하고, 자아를 인식하지 못하는 수준의 경험이 절정에 이를 수 있는 경험임을 알 수 있다. 그러나 몰입의 경험에 대해 우리들 자신을 그냥 잃어버리는 것이라는 생각은 잘못된 생각이다. 우리가 관광을 하는 동안에 몰입된다는 것은 우리가 우리 자신을 잃어버리는 것이 아니라, 무엇인가에 우리들 자신을 빼앗긴 것이다. 우리들을 황홀하게 만드는 대상Object이 전면에 나타나서 우리들의 모든 주의력을 앗아가 버린다. 따라서 일상의 우리들 자신 대신에 우리들이 몰입해 있는 대상 그 자체와 하나가 되는데(Quarrick : 36), 이는 곧 대상을 지배하는 법칙에 이순理順되어 버림을 의미한다.

그런데 이런 몰입이 순간과 지각의 순간은 우리가 일상을 벗어나서 관광을 하는 동안 부단히 섞이고 바뀌어 일어날 수 있다. 이때 우리가 몰입과 지각 중 어느 것에 더 오랜 시간을 할애할 수 있느냐에 따라서 관광 경험의 질이 결정되는데, 우리들의 경험은 거의 전적으로 우리들의 주의를 기울이는 습관Habits of Attention에 따라 결정되므로(Cohen, Porac and Ward : 358), 우리들의 주의를 기울이는 습관에 따라 우리들의 경험세계의 강도와 경험의 질이 결정된다.

2. 관광 경험의 지각수준 결정모형과 강화수단 모색

1) 지각의 개요

(1) 지각의 개념

지각知覺에 관해 정의된 것을 보면, 지각은 감각에 의해 모아진 정보를 해석하는 방법(Levine and Shefer : 1)이며, 의미를 부여하고 기억하며 판단하는 심리적 과정으로서(Schiffman : 1) 우리가 대상 · 사건 · 행동을 지각한다는 것은 일단 정신적 인상Mental Impression이 형성되고 나면, 개인에게 의미가 있는 형태로 그것이 조직되는 것을 말한다(Mayo Jr. and Jarvis : 23).

우리가 자극의 존재를 감각하고 그것이 무엇인가를 지각한다는 점에서 지각은 감각과 구분되며, 우리가 환경을 인식하고 생각하며 기억할 때 그 환경을 묘사Represent하는 과정을 인지Congnitive라고 하여 지각과 인지를 구분짓기도 하나, 지각은 우리들 바깥에 존재하는 환경에 대한 우리들 내부모형Internal Model을 만들어냄으로써 인지과정 다음 단계까지를 포함한다(Levine and Shefner : 1-2).

그리고 코헨 등은 저명한 심리학자의 말을 인용하면서, "내가 처음 연구를 시작했을 때, 사람들은 내가 지각에 대해 연구한다고 하더니, 그 뒤에는 내가 인지에 대해 연구한다고 하다가 지금은 내가 인간의 정보처리 과정에 대하여 연구한다고 하고 있다." 그는 용어를 구분한다는 것은 그것에 대한 해답을 찾는 것보다 중요하지 않다고 하여, 지각 · 인지 · 정보처리 등의 개념 구분에 연연할 필요가 없음을 주장하고 있다(Cohen et al. : 56). 따라서 본 연구에서도 폭이 넓은 지각을 주로 사용하기로 한다.

(2) 지각의 특성

기브슨(Gibson : 3)에 의하면, 지각은 기능적으로 우리가 주변세계에서 직접적으로 정보를 얻는 과정으로서 주변에서 현재 발생하고 있는 상황의 자극에 대하여 선택적인 반응을 수반한다고 하고 있는데, 이러한 지각의 선택적 반응, 즉 지각의 특성은 4가지로 요약된다(Kotler : 121-122; 송용섭 : 222-223; 윤훈현 : 94-95; 최병룡 : 311-313).

① 선택적 노출

사람들은 즐겁고 자기 마음에 드는 것은 적극적으로 추구하는 반면에 고통을 주거나 위협적인 것은 피하는 경향이 있다. 이를테면, MBC방송에 대해 호의적인 사람은 주로 MBC방송을 틀게 되는 경우이다. MBC방송에 노출되면 KBS에서 방송하는 내용에 대해서는 저절로 차단이 된다.

② 선택적 주의

우리는 모든 것을 지각할 수 없기 때문에 우리들이 주시할 것을 선택하게 된다. 우리의 욕구와 관심사와 관계가 있는 자극에서는 주의를 기울이지만 그렇지 않은 것에는 주의를 억제한다.

③ 선택적 이해

선택적 이해는 자신의 의견과 목적에 일치하도록 정보를 해석하는 것을 말한다. 코헨 등은 비흡연자의 80%가 흡연과 폐암 간의 관계를 믿는데 반하여, 중흡연자 중 52%만이 그러한 관계를 수용하고 있는 것으로 보고하였다(Geva and Goldman, 1989).

④ 선택적 보유

선택적 보유란, 경쟁과 관련되고 그리고 자신의 의견과 목적에 일치하는 정보를 저장하고 그렇지 않은 정보는 쉽게 잊어버리는 특성을 가리킨다.

(3) 지각의 한계

우리들의 지각이 지니고 있는 불일치, 즉 지각의 한계성은 4가지 측면에서 논의될 수 있다.

① 존재하는 세계와 지각되는 세계의 불일치성

지각에서는 대상 그 자체를 경험하지 못하고 그것이 우리들의 목적과 의견에 의미하는 바를 지각하므로(Quarrick : 35) 존재하는 세계와 지각된 세계가 일치하지 않는 한계성을 지닌다(Cohen et al. : 424; Saarinen : 245).

② 이용자와 관리자 간 지각의 불일치성

관광지에서 공급되고 있는 시설에 대하여 관리자가 지각하는 것과 이용자가 지각하는 내용이 서로 일치하지 않는 경우가 많다는 점이다. 이는 그들의 입장에 따라서 지각되는 내용이 일치하지 않는 한계성을 보여주는 단면이다(Driver, 1976).

③ 개인 간의 지각 내용의 불일치성

두 사람이 동일한 자극 내용을 서로 다르게 지각할 수 있다. 이것은 자극 그 자체보다는 개인의 특성 차이에 따른 것이다. 이러한 불일치를 가져오는 개인의 특성으로는 지각능력과 지각성향을 들 수 있다(최병룡 : 321-323).

④ 시간의 흐름에 따른 지각내용의 불일치성

동일한 사람에게도 관광을 하는 동안에 시간의 흐름에 따라 지각구조가 변화한다. 따라서 지각내용이 변하게 되므로 동일한 내용을 관광하더라도 시점에 따라서 지각내용이 일치하지 않는 한계성을 보인다(Geva and Goldman, 1989).

2) 지각의 과정

헤이워드(Hayward : 59-60, 148-152)는 붓다Budda의 5단계 지각과정을 잘 정리하고 있다.

① **색**(Form)

색깔과 모양 · 소리 · 냄새 · 맛 · 촉감 등의 다섯 가지 감각 대상물을 보고, 듣고, 맛보고, 냄새 맡고, 만져보는 등 다섯 가지 감각기관을 통하여 접하면서 무엇이 있구나 하고 외부물질 세계를 최초로 느끼는 단계이다. 즉 색의 단계는 무엇이 있구나 하고 느끼는 「있구나 단계」라고 할 수 있다.

② **감수**(Feeling)

색에 대하여 자동적으로 일어나는 정서적 반응으로서 여기서는 외부의 유형이 자아Ego에 지지적인가, 위협적인가 또는 그렇지 않은가를 평가함으로써 대상의 주된 형태Primary Form를 평가하게 된다. 즉 감수단계는 대상의 자아에 대한 긍 · 부정성을 평가하는 「긍 · 부정평가단계」라고 할 수 있다.

③ **지각**(Perception)

이것은 식별하는 단계로서 지각과정 전체를 가리키는 것은 아니다. 앞에서 감수된 것을 자신의 내부의식Mind, Consciousness에 넘겨주어서 자기Self가 기준이 되어 대상이 큰가 · 작은가, 먼가 · 가까운가, 새로운가 · 아닌가 등의 판단을 내리면서 자신에게 흥미롭다고 느낀 대상의 특징을 추출해 낸다. 즉 지각단계는 평가를 통하여 대상의 특징을 추출해 내는 「특징추출단계」라고 할 수 있다.

④ **실행**(Formation)

여기서는 대상에 대하여 이름을 붙이고 의미를 부여하는 지성이 작용하는 단계로서, 자신의 정서와 신념체계 그리고 태도의 관점에서 대상의 의미를 부여하게 된다. 즉 실행단계는 대상에 의미를 부여하는 「의미부여단계」라고 할 수 있다.

⑤ **의식(Consciousness)**

바로 앞의 지각과정에서 일어난 실행과의 전후관계를 설명해주는 단계로서, 여기서 순간적인 지각과정과 지각과정을 연결지어주는 이야기 줄거리Story Line를 만든다. 우리가 아름답다고 탄성을 발하거나 추하다고 실망하는 것은 이 이야기 줄거리를 따라간 흔적이다. 즉 의식단계란, 이를테면 아름다움을 맛보기 위해서는 이러이러한 대상을 접하면 된다고 하는 「이야기 줄거리 형성단계」라고 할 수 있다.

이상의 5단계 지각과정은 약 1/75초 만에 이루어진다고 한다(Hayward : 149). 따라서 우리가 대상을 지각한다는 것은 극히 짧은 순간에 지각한 입자적인 지각의 필름과 필름을 연속적인 것으로 인식하는 것으로 볼 수 있다. 그리고 이상에서 보면, 대상을 지각한다는 것은 대상 그 자체가 아니라, 대상에 대하여 자기Self를 기준으로 하여 자신의 정서와 신념체계의 한계 내에서 의미를 부여하고, 이야기 줄거리를 만들고 있음을 알 수 있다. 즉 지각과정은 환경으로부터 다양한 자극들은 재구성함으로써 이루어진다고 하겠다(임승빈 : 53). 그리고 중요한 것은 붓다는 이상에서와 같은 자신의 한계 안에서 대상을 지각하는 게 아니라, 수련Mindfulness-Awareness Practice을 통하여 몰아의 경지에서 지혜가 번뜩이고 극히 평화롭고, 그리고 화려한 대상 그 자체가 될 수 있다고 하여 피상적 경험이 아니라 증득證得된 체험을 중시하고 있다는 점이다(Hayward : 149).

그런데 중요한 것은 「붓다」가 지적했듯이 우리의 경험은 몰아의 경지에서 지혜가 번뜩이고 극히 평화롭고 화려하게 장엄莊嚴된 대상 그 자체가 될 수 있는 경험이어야 한다는 점이다. 단순히 지각과정을 거쳐서 형성되는 피상적 경험이 아니라, 대상 그 자체가 되는 증득된 체험이 중시되어야 한다는 점이다.

이상의 결과를 종합하면, 대상의 지각과정의 흐름, 즉 경험은 입자적 지각과정과 몰아적 몰입상태가 섞바뀌어 나타낼 수 있는데, 어느 것이 더 오랫동안 지속하는가에 따라서 경험의 질이 결정되며 몰입된 상태가 더 길수록 경험의 질은 더 높다. 이러한 증득된 체험은 칙센트미하이Csikszentmihalyi(1988 : 24, 35) 등이 주장한 최적의 경험과 유사한 개념으로 볼 수 있다. 즉 그들은 의식의 모든 내용이 잘 조화되고 그리고 그 사람이 자기Self를 정의하는 목표와 조화될 때, 절절한 경험Optimal Experience(Flow)을 맛보게 되며, 그때는 자기의식 또는 남이 나를 어떻게 볼 것인가 하는 것이 의식 속에 끼어들지 못한 가운데 대상에 몰입된다고 하고 있다.

사람들이 관광을 통하여 추구하는 경험도 결국 이러한 증득된 체험, 몰아적 몰입상태에서 맛보는 양질의 경험임에 틀림없다.

3) 지각수준의 결정모형

(1) 지각수준의 차이

들길을 걷고 있어도 마음속에 풍부한 식물의 세계를 가지고 있는 사람은 길섶의 여러 가지 아름다운 꽃을 음미하면서 걸어간다. 마음속에 아름다운 꽃을 갖고 있지 않는 사람에게는 아무 것도 보이지 않는데 말이다. 같은 길을 걸어가면서 다른 길을 걷고 있는 것과 마찬가지다(정병조 : 173). 이와 같이 동일한 시간에 동일한 내용의 자극을 받지만, 그것을 지각하는 정도가 개인에 따라서 차이가 나는 이러한 것이 곧 지각수준의 차이이다.

이런 지각수준의 차이는 어디서 발생하는 것일까? 동일한 자극을 두 사람이 전혀 다르게 지각하게 되는 것은 개인의 지각능력과 지각성향의 차이에 기인한다.

우리 모두는 각기 다른 지각능력Perceptual Capacity을 지니고 있다. 그리고 개인들의 지각능력은 식역수준Threshold Level, 적응수준Adaptation Level, 그리고 주의범위

Attention Span 등의 차이에 기인한다. 여기서 식역수준이란, 빛·소리·색깔·냄새 등 갖가지 자극을 감지할 수 있는 능력을 말하며, 적응수준이란, 빈번히 반복된 자극에 익숙해짐으로써 그것에 더 이상 주의를 하지 않게 되는 것을 가리키고, 주의범위란, 주어진 시간에 지각할 수 있는 범위로서 이를테면 숫자범위는 성인의 경우 7자리 수에 그칠 뿐만 아니라, 주의가 주어지는 시간은 극히 짧다(최병룡 : 321-323). 그리고 지각성향은 정보를 꾸러미Chucks로 묶어 그것을 하나의 전체로 보려는 성향을 말한다. 즉 자극을 유사한 것끼리, 가까운 것끼리, 대칭적인 것을 전체적으로, 그리고 같은 맥락 속에서 일정한 유형을 이루면서 지각하는데(Mayo et al : 25-28), 이 점에서 개인들 간에 차이를 보인다.

(2) 지각수준의 결정 영향요인

개인의 지각수준은 자극자체의 성격과 강도, 관광자 개인의 변경 용이 요인, 변경 난이 요인, 지각왜곡 요인, 그리고 공급자측면 요인이 복합적으로 작용하는 가운데 개인의 지각능력과 지각성향의 범위 내 또는 변화된 범위 내에서 자극이 지각되면서 결정된다.

① 자극자체의 요인

자극자체가 어떠한 성격을 지니고 있는가에 따라서 환경에 의해 각성되는 양Amount of Arousal이 달라진다고 하면서, Mehrabian과 Russell은 자극자체의 성격으로서 신기성Novelty, 복잡성Complexity, 변화성Variability 그리고 자극의 강도를 들고 있는데(Mehrabian and Russell : 315-333), 자극의 성격으로는 이 밖에도 원시성, 역사성, 신비성, 특이성이 추가될 수 있다(박석희 : 108-109).

이러한 자극의 성격을 형성하는 요인으로는 9가지를 들 수 있다(Mayo & Jarbis : 24-28). 즉 규모·색깔·질감·모양Form·소리·맛·냄새·움직임Moving·분위기 등으로써 일반적으로 규모가 클수록, 소리가 클수록, 움직이는 것일수록 사람들의 주의를 끌게 된다.

② **변경 난이 개인적 요인**

개인적 요인에 속하는 것으로서 변경이 어려운 것으로는 성 · 연령 · 직업 · 과거경험 · 문화 · 개성 · 가치관 등 7가지를 들 수 있다(Cohen et al. : 403-420, 427, 431; Mayo & Jarbis : 24). 이를테면, 미각 · 후각 등은 호르몬의 영향을 받는데, 여자가 남자보다 냄새를 예민하게 지각하고, 소음이 많은 공장 근무자가 시끄러운 음악을 즐겨 듣는 사람의 경우에 청각의 예민성이 감소되기 때문에 동일한 자극에 대한 지각정도가 달라진다.

③ **변경용이 개인적 요인**

상대적으로 변경이 용이한 개인적 요인으로는 이해수준 · 동기 · 기대 · 준비성 · 주의집중 · 회상 · 습관 · 신체조건 등 7가지를 들 수 있다(Cohen et al. : 403-420, 427, 431; Mayo & Jarbis : 24). 이상의 요인들의 경우에 직접 또는 간접적인 수단을 동원함으로써 이들 요인들에 대한 변화를 가져올 수 있다. 이를테면, 관광자원에 대한 해설 또는 역사시간에 배운 내용이 역사유적지에 대한 이해 수준을 높일 수 있고, 시력장애자의 경우에 안경을 쓴다든가, 쌍안경을 활용함으로써 신체조건의 결함을 보완하여 개인의 지각 수준에 변화를 가져올 수 있다.

④ **지각 왜곡요인**

이상의 요인들 이외에, 특히 지각의 왜곡을 조장하는 요인에는 외양 · 고정관념 · 후광효과 · 존경받는 대상 · 부적절한 단서 · 첫인상 · 성급한 결론 등 7가지가 있다(최병룡 : 319-321).

- 외양Physical Appearence : 사람들은 자극자체의 겉모양이 서로 같으면 질도 유사할 것으로 보는 경향이 있다.
- 고정관념 : 사람들은 자극물의 의미를 자신의 개념적 틀에 맞추어서 해석하려고 한다.
- 후광효과Halo Effect : 이것은 호의적이거나 비호의적인 인상이 그것과 관련이

없는 다른 자극의 해석에까지 확대되는 것을 말한다.

- 존경받는 대상 : 사람들은 그들이 존경하는 사람이 제공하는 정보에 대해서는 보다 더 지각적 비중을 두려는 경향이 있다.
- 부적절한 단서Irrelevent Cues : 고급 승용차의 경우 기계적 · 기술적 우수성이 아니라, 오히려 외형 · 색깔 등 별 중요하지 않은 요인이 구매기준이 되는 경우와 같은 것을 가리킨다.
- 첫인상 : 첫인상이 다음의 행동에 강하게 영향을 준다.
- 성급한 결론Jumping to Conclusion : 관련자료를 충분하게 조사하지도 않은 채 그들 나름대로의 결론을 내리는 경우가 그것이다.

⑤ 공급자측면 요인

공급자측면 요인이란, 자극자체가 공급자에 의해 제공되는 성격이 강한 것이거나 공급자의 공급계획에 의해 자극의 성격과 구성이 달라지게 됨에 따라 지각수준에 영향을 미치는 요인을 가리킨다.

공급자측면 요인으로는 해설 · 쾌적성 · 편의성 · 전환성(Quarrick : 8-9), 설계지침(Yi et al. : 1992), 적절한 고통(Hendee et al. : 6), 즉 도전성 · 연출 등 7가지를 들 수 있다. 이를테면, 관광자원에 대한 현지 해설사의 해설이 관광자의 이해수준을 높이게 되고, 연출이 적절하게 이루어지는 경우 관광자는 관광현상에서 폭소를 자아내게 된다. 여기서 연출은 해설 등 다른 여섯 가지 공급자측면 요인을 비롯하여 자극자체 요인을 적절하게 유기적으로 결합한다는 측면에서 다른 요인과는 차원을 달리한다.

(3) 지각수준의 결정모형

① 주의 · 각성과 지각수준

주의를 기울인다는 것은 외부에 대해서는 주의를 주지 않고 감각기관에 들어오는 자극의 어떤 부분을 처리하는 것을 말하며, 이것은 다분히 선택적이다.

그리고 우리들의 경험은 거의 전적으로 우리들의 주의를 기울이는 습관에 따라 결정된다. 수백 번 눈앞에 스치더라도 눈에 띄지 않으면 경험될 수 없다(Cohen et al. : 358). 주의는 인간이 지니고 있는 무한한 자원으로서(Quarrick : 14), 이 무한한 자원을 어떻게 활용하느냐에 따라서 지각수준은 달라질 수 있다(Hayward : 152).

외부자극에 대하여 주의를 기울이기 위해서는 상당한 정신적인 노력이 필요하다. 이러한 노력은 관찰자가 어느 정도 각성Arousal되어 있어야 더 진전될 수 있다. 일정한 수준의 심리적 각성, 적절한 신체 자세의 유지, 특정 근육의 긴장, 그리고 지속적이고 능동적인 집중이 요구된다. 이렇게 하여 각성수준이 높아짐에 따라 주의는 관심분야의 중심목표Central Target에 보다 정확하게 초점이 맞추어 질 수 있으며, 각성수준이 증가함에 따라 주의가 중심 분야에 정확하게 집중되고, 각성수준이 적합할 때 지각수준은 최상이 된다(Cohen et al. : 360).

② 자극의 강도와 지각수준

어두운 곳에서는 처음에 아무 것도 볼 수 없다가 시간이 지나면서 조금씩 주변의 것을 분간할 수 있게 되는데, 이러한 것이 적응이다(Goldstein : 81-82). Helson에 의하면, 유기체는 그 주변 환경의 변화에 그 자체를 적응시킨다고 한다. 이때 적응수준Adaptation Level이 설정되고, 그 적응수준을 상회하는 자극은 의식 속으로 들어오고, 그 수준을 하회하는 자극은 역하 지각이 되어 무의식 속에 잠재된다(Cohen et al. : 56-57; 이부영 : 52).

여기서 적응수준을 상회하는 자극이 강한 자극이며, 자극의 강도는 상대적인 것으로서 초점자극Focal Stimuli, 배경자극Background Stimuli, 그리고 잔여자극Residual Stimuli 등 3가지 자극이 모여서 적응수준을 결정한다(Cohen et al. : 56). 소음발생 공장 근무자나 시끄러운 음악Rock Music을 즐겨듣는 사람들의 청각의 예민성이 감소된다는 것은(Cohen et al. : 417) 이들의 소리에 대한 적응수준이 높아졌기 때문에 웬만한 소리는 지각하지 못함을 의미한다. 이와 같이 강한 자극에 노출될

수록 적응수준이 높아져 의식 속으로 들어오는 지각범위가 좁아지며, 따라서 지각수준도 낮아진다.

③ 연출과 지각수준

지각의 특성 가운데 한 가지인 선택적 주의집중에 관해서는 앞에서 언급하였다. 즉 사람들은 즐겁고 자기 마음에 드는 것을 적극적으로 추구하는 반면에, 위협적인 것을 피하는 경향이 있는데, 이것이 선택적 주의집중이다.

그런데 이러한 선택적 주의집중은 선택적 노출에 의하여 한계가 지워진다. 여기서 한 가지를 선택하여 그 자극에 자신을 노출시키게 되면, 그 밖의 자극에 대해서는 자연히 자신이 차단된다. 그런데 관광을 하는 경우에 관광지를 선택하고 관광시기 · 기간 · 동반자 등은 관광자 자신 또는 관련 의사결정자에 의해 의사가 결정되므로, 어떤 시기에 얼마동안 누구와 함께 어떠한 자극에 자신을 노출시킬 것인가는 크게 보아 관광자 자신이 결정하는 것으로 볼 수 있다.

그러나 관광지의 구체적인 매력물을 구성하고, 어떠한 동선체계에 의해 어떠한 이동경로를 거치면서 어떤 매력물을 어느 정도 시간을 할애하면서 관광하게 될 것인가는 관광매력물의 공급자가 결정하게 된다. 물론 해설사에 의한 관광이 아닌 경우에 자극에 대한 노출의 선택은 관광자 자신이 하게 되지만, 기본적 골격은 공급자에 의해 주어지며, 구체적 정보제공이나 해설사의 선도를 받게 되는 경우에 관광자에게 노출되는 자극은 대부분 공급자에 의해서 주어진다.

이와 같이 어떠한 자극에 어떠한 방법으로 관광자를 노출시킴으로써 관광자의 흥미를 끌고 호기심을 유발하여 관광자에게 보다 즐겁고 만족스러운 관광경험을 제공하고자 하는 일련의 행위가 연출이다. 시설자체의 연출 또는 시설활용을 통한 연출을 집약적으로 내지 조방적으로 행하게 된다면, 관광자에게는 결국 연출을 통하여 자극이 선택적으로 노출된다.

따라서 연출은 관광자의 주의 · 각성 상태에 영향을 미침으로써 관광자의 지각수준 결정에 중요한 기능을 하게 되고, 관광자의 지각수준은 다시 관광자의 주의 · 각성상태의 변화를 통하여 연출활동에 영향을 미친다.

④ **지각수준결정의 개념적 모형**

앞에서 주의 · 각성과 지각수준, 자극의 강도와 지각수준, 그리고 연출과 지각수준에 관하여 살펴본 바를 바탕으로 하여 관광자의 지각수준이 결정되는 것을 개념적으로 모형화하면 [그림 4-7]과 같다.

[그림 4-7]에서 관광자의 지각수준은 관광자 · 자극 · 연출이라는 3가지 구성요소가 상호작용하여 관광자의 주의 · 각성정도를 어느 정도 높이는가에 따라서 결정됨을 나타내고 있다. 즉 관광자는 일정한 주의 · 각성정도에서 자극을 접하게 되는데, 여기에 연출활동이 가해짐에 따라서 관광자는 변화된 주의 · 각성정도 하에서 자극을 접하게 됨으로써 관광자의 자극수준이 결정된다.

이때 관광자가 변경 용이한 개인적 요인의 변경을 도모하고, 지각 왜곡요인의 작용에 적절하게 유의하게 되면, 주의 · 각성상태가 달라지고, 달라진 주의 · 각성상태는 다시 관광자의 지각수준에 영향을 미쳐서 관광자와 자극 간의 상호작용에 의한 관계변화를 가져온다.

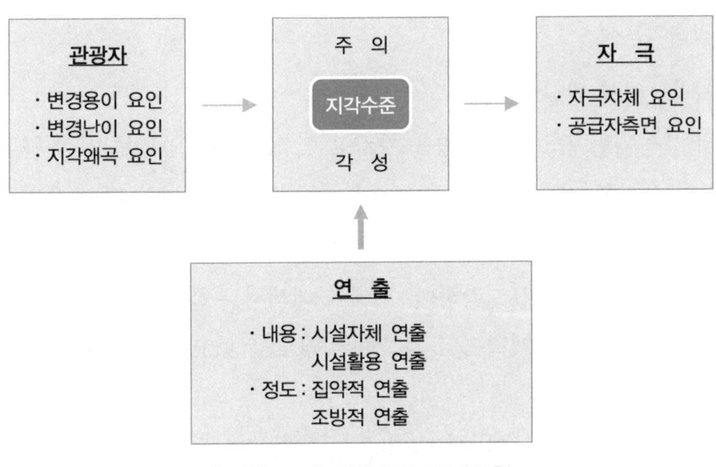

[그림 4-7] 지각수준 결정모형

그리고 인공이 전혀 가해지지 않은 관광자원이 지닌 자극은 직접적으로 주의 · 각성수준에 영향을 미치기도 하지만, 대부분의 관광자원이 지닌 자극은 집약적 내지 조방적인 연출활동을 통하여 관광자의 주의 · 각성수준에 영향을 미친다. 여기서 연출은 관광자의 지각에 관한 요인을 파악하여 두 가지 요인을 유기적으로 결합시킴으로써 관광자의 주의 · 각성수준의 변화를 도모하는 역할을 한다.

주의 · 각성과 지각수준이 점선으로 표시된 것은 그 자체가 관광자 · 자극 · 연출을 연계시켜주는 기능을 하는데, 그 수준이 일정하게 고정된 것이 아니라 변화될 수 있음을 나타내기 위한 것이다.

이상에서 제시된 지각수준결정 모형에 내재된 전제조건은 다음 3가지를 들 수 있다.

- 관광객에 따라서 주의 · 각성정도가 다르며,
- 개인의 지각능력과 지각성향이 충분히 제 기능을 발휘하지 못하고 있고,
- 관광자의 주의 · 각성정도에 따라서 자극에 대한 지각수준이 달라진다.

4) 지각수준의 강화수단

(1) 강화가능성

① 지각능력의 발달

갓 태어난 어린이도 지각능력을 가지고 있고, 고양이와 원숭이의 경우 새끼가 어미와 유사한 지각능력Receptive Fields을 가지고 있다. 이와 같이 우리들의 지각의 많은 부분은 선천적이다(Goldstein : 313-314). 그리고 시각의 예민성은 생후 3~6개월이면 정상적으로 지각하며, 형태에 대해서는 생후 2개월이면 부분적으로 지각하다가 점차 전체적으로 지각하는 것으로 보고되고 있다(Goldstein : 290, 294-295; Schiffman : 338).

이상에서 보면, 우리들의 지각능력은 선천적이거나 초기에 많은 부분이 결

정되어 버림을 알 수 있다. 따라서 중요한 것은 개인의 지각능력의 차이가 근본적인 것에 있다기보다는 자신이 가지고 있는 지각능력을 어느 정도 활용하느냐에 차이에 따라서 우리들의 지각수준이 결정되는 것으로 볼 수 있다. 이것은 훈련에 의해서 지각세트Perceptual Set의 변화를 가져옴으로써 또는 의식을 제어하는 방법을 개발함으로써 변화시킬 수 있다(Goldstein : 282; Csikzentmihalyi : 31)는 사실로 뒷받침된다.

② 무의식의 의식화

우리들의 지각의 특성이 선택적 노출 · 선택적 주의 · 선택적 이해 · 선택적 보유에 있기 때문에 일정한 적응수준을 벗어나는 자극은 역하지각이 되어 무의식 속으로 잠재된다. 그런데 무의식은 혹이 아니고, 샘물과 같은 것으로서 거기에는 무한한 가능성으로 향하는 에너지가 저장되어 있다. 그것은 떼어버리거나 없애버려야 할 성질의 것이 아니라 생명의 원천이며, 창조적 가능성을 지닌 것이다. 그것은 방어해야 할 위험한 충동이기보다는 체험하여 의식의 것으로 동화시켜야 할 것들이다(이부영 : 53).

따라서 자신의 적응수준의 변화를 통하여 지각수준을 강화함으로써 자신의 의식세계로 들어오는 지각의 범위를 넓힘은 물론 체험을 통하여 무의식을 의식의 것으로 동화시키도록 노력해야 할 것이다.

③ 지각수준의 강화

이상에서 보면 지각수준은 강화될 수 있음을 알 수 있다. 따라서 개인의 지각수준의 왜곡현상에 유의하면서, 지각수준 결정요인 가운데 개인의 변경용이 요인과 공급자 측면요인, 그리고 자극자체 요인에 대하여 적절한 수단을 강구하게 되면, 개인의 지각수준에 변화를 가져올 수 있다.

(2) 강화수단의 모색

관광은 일상생활의 문제를 해결하듯이 골똘하게 궁구해야 하는 것이 아니라, 자유로운 가운데, 여가시간의 활용을 통하여 관광욕구를 충족시키는 가운데 관광 경험을 쌓는 것이다.

여기서 관광 경험의 질을 높이기 위해서는 관광자의 각성수준을 높여야 한다. 이를 위해서는 관광자의 각성수준을 높여 관광자의 주의Attention가 관심의 대상에 정확하게 초점이 맞추어지게 해야 한다. 따라서 여기서는 관광자의 주의를 효과적으로 집중시키는 측면에서 지각강화 수단을 모색해 보기로 한다.

① 지각수준 결정영향요인의 고려

벨즈너D. E. Belzne는 각성강화 방안을 정리하고 있다(Belzne : 137-161). 즉 각성을 강화시키기 위해서는 자극이 신기성, 복잡성, 갈등Conflict, 다의성Multimeaning, 불안정성을 띠게 하거나 또는 생소함Dishabituation을 지니게 해야 한다고 하였다. 이들 각성강화 방안과 지각수준 결정을 연계시키면서 강화수단을 모색해보면 [그림 4-8]과 같다.

즉 변경 용이한 개인적 요인과 공급자측면 요인을 중점적으로 고려하면서 주의를 집중시키고 각성을 강화시키기 위해서는 전환 · 충주의 집중 · 긍정적 자극수용태도 · 적절한 도전 · 기구와 장치 · 회상 · 해설 · 지각강화 설계 · 연출 등 9가지 수단이 모색될 수 있다. 여기서 연출은 공급자에 의해 제공될 수 있는 지각강화 수단인데, 이것은 다른 수단이 적절하게 구사될 수 있도록 종합적인 차원에서 다루어진다. 그리고 연출이 효과적으로 이루어지기 위해서는 관광자의 변경 난이 개인적 요인과 지각왜곡 요인도 아울러 이 연출에서 고려해야 한다.

[그림 4-8] 지각수준 강화수단의 모색

② **관련측면의 고려**

관광은 기본적으로 관광자 자신, 관광서비스와 시설을 공급하는 공급자, 그리고 관광해설사 등 관광이 원활하게 이루어지게끔 돕는 중간자의 협연에 의해 이루어지므로 이들 세 측면에서 지각강화수단이 모색될 수 있다.

지각수준을 결정하는 영향요인을 연계시키면서 모색된 지각강화수준을 관련 측면별로 정리해보면 〈표 4-3〉과 같다.

〈표 4-3〉 관련 측면별 지각수준 강화수단

관광자 측면	공급자 측면	중간자 측면
· 전환 · 총주의 집중 · 긍정적 수용태도 · 적절한 도전 · 기 구 · 회 상	· 전 환 · 해 설 · 지각강화 설계 · 적절한 도전 · 기구 · 장치 · 연 출	· 전 환 · 해 설 · 기구 · 장치

(3) 지각강화 수단

이상에서 지각강화를 위해 모색된 수단을 간략하게 설명하면 다음과 같다.

① 전환(Diversion)

전환의 수준은 재미로 해보는For Fun 놀이활동을 통한 아주 약한 정도의 전환, 아주 인기 있는 책을 읽듯이 몰입된 상태의 전환, 그리고 참선과 같은 명상 방법에 의해 오랫동안의 훈련을 통한 철저한 전환 등으로 구분한다(Quarrick : 8-11). 이러한 전환은 물리적이나 사회적인 변화를 통하여 이루어질 수 있다. 물리적으로는 활동과 입지를 변경함으로써 전환이 가능하고, 사회적으로는 규칙과 역할을 변경함으로써 전환이 가능하다(Quarrick : 40). 이를테면, 휴가여행은 전환을 가져올 수 있는 좋은 방법이며, 새롭거나 색다른 환경에 놓임으로써 주의가 환기되고 새로운 것을 경험함으로써 그 사람의 지각수준이 높아지게 된다.

그러나 지나치게 많은 신기성이 공급되는 것은 피해야 한다. Beard와 Ragheb은 관광지에서 활동이 적절하게 반복되는 경우에 참가자가 흥미를 느끼고 몰입되며, 즐거움이 솟아나며 탐험 · 발견을 돕는다고 한다(Beard and Ragheb : 23).

② 총주의 집중

이것은 전체 환경에 우리들의 주의를 기울인다는 것이 아니고, 총주의Total

Attention를 한 가지One Point에 집중시키는 것을 가리킨다. 일상생활에서는 우리가 무엇에 관하여 알지 못할 때, 우리는 그것을 궁구하려고 애를 쓴다. 그런데 우리가 총주의력을 집중하게 되면 외경감Sense of Awe이 고양되고, 그러면 그곳에서는 말로는 표현할 수 없는 직관적 밝음Intuitive Illumination이 존재하게 된다. 몰입된 상태에서는 심적 혼란이나 평가적 사고에 의해 방해받지 않은 가운데서 자연스럽고도 시원한 느낌의 흐름A Flow of Feeling을 맛볼 수 있다(Quarrick : 4, 46). 호흡을 세는 수식관數息觀을 한다든지 하면서 마음을 조용히 가라앉히면서 계속하여 총주의 집중력을 키워나가면 우리는 우리들 신체의 모든 부분에서 지각·경험할 수 있게 된다고 한다(인경 : 108-109).

③ 긍정적 자극 수용태도

태도는 반응조건·기구조건·사회적 학습 등에 의해 형성된다(Fisher et al. : 45-49). 그리고 자극에 대하여 어떠한 수용태도를 갖느냐에 따라서 그 자극을 소화할 수 있는 정도가 달라진다(Csikszentmihalyi : 32). 따라서 평소에 강한 자극에 노출을 피하여 적응수준을 낮게 함은 물론 관광공급자 측면에서는 제공 가능한 서비스 이상으로 판촉을 해서는 안되며, 관광자도 현실성 있는 기대감Realistic Set of Expectations)을 갖고서 관광여행을 나서야 한다(Wei, Lu et al. : 331). 그리고 관광현지에서는 자신이 가지고 있는 고정관념을 버리고 피부로 체험하려는 능동적 자세를 가져야 한다.

이와 같이 외부자극에 대하여 비판적이고 분석적인 태도를 갖는 것보다는 변화를 받아들이며 그 자체에 젖어드는 능동적인 자극 수용태도를 취하는 것이 바람직하다. 분별·비판하게 되면 몰입되어 현상을 지배하는 법칙에 한 덩어리가 될 수 없다.

④ 적절한 도전

주어진 상황에서 지각되는 도전성과 그 도전에 적합한 기술 간에 균형이 유지되는 상태에서 최적경험Optimal Experience(Flow)을 맛볼 수 있다. 즉 자신이 일정한 기술수준에 도달해 있고, 그 기술수준이 자신과 맞는 도전을 하여 성공적으로 그 도전을 극복해 낼 때 주의와 집중에 의하여 의식이 극도로 맑아지게 되고, 이 상태에서는 일상생활에서 맛볼 수 없는 즐거움을 맛볼 수 있다(Csikszentmihalyi : 30).

관광 경험을 통하여 자신의 지각수준 발달과 같은 자신의 내면적 성장에 이르기 위해서는 어느 정도의 스트레스는 받아들일 수 있어야 한다. 야생지의 자연환경이 보다 험하고 힘들수록 야생지 관광을 통한 인간적 성장 가능성은 더 높다는 것이 일반적인 믿음이다(Hendee et al. : 6-7).

⑤ 해설

여기서 해설이란, 현재 상태에서 의미의 풀이Releasing of Meaning를 말하는데 (Fuller : 190), 관광자에게 관광자원을 해설해준다는 것은 그들에 대한 교육적 활동이고, 지각발달 도모 활동이며, 새로운 이해 · 새로운 통찰력 · 열광 · 흥미를 불러일으키는 활동일 뿐만 아니라, 자원보전에 기여할 수 있는 기술이라고 요약 · 정의될 수 있다(박석희 : 262). 그리고 해설의 목적은 방문하는 곳에 대하여 보다 예리한 인식능력 · 감상능력 · 이해능력을 갖게끔 도와주는 데 있다.

이상에서 보면, 관광자 자신이 자원을 해석하는 것이지만, 관광자가 특징의 파악 · 호오好惡분석 · 의미부여 등의 해석활동을 잘할 수 있도록 공급자가 프로그램을 개발하고 일정한 기법을 동원하여 해설해 주거나, 여행해설사 등 중간자에 의해서도 해설활동이 제공될 수 있다.

⑥ 기구 · 장치

물리적 현상 가운데는 우리가 가지고 있는 감각기관 만으로는 전혀 관찰되지 않는 것이 많다. 관찰되지 않으면 지각될 수 없다. 너무 크거나 너무 작은 것, 그리고 방사선 에너지 등을 지각할 수 있는 감각기관을 인간은 갖지 못하고 있다. 성적매력 · 예술성 · 풍미 등을 측정할 수 있는 기구 및 장치는 아직 없으나 물리적 기구 및 장치로 인간이 관찰할 수 있는 영역이 크게 넓어졌다(이창우 : 14-15).

이러한 기구에는 지도 · 사진기 · 쌍안경 · 망원경 · 테이프 레코더 등이 있고, 높이 올라갈 수 있는 또는 깊이 내려다 볼 수 있게 마련된 장치도 있으며, 자신들이 관광하던 모습이 출구 부근의 영상화면에 나타나게 장치해 둔 곳도 있다. 물리적 기구나 장치는 우리가 주시할 수 있는 범위를 확대시켜 주거나 시간을 길게 해줌으로써(Mayo & Jarvis : 34) 우리들의 지각을 강화시켜 준다.

⑦ 회상

클로선과 네취, 그리고 첩과 첩 등은 관광 경험을 단계화시키면서 모두 회상단계를 맨 끝에 독립시키고 있음을 앞에서 보았다. 이와 같이 관광여행이 끝나고 나면, 관광자는 그의 전체경험 가운데서 인상적이었던 부분을 회상한다. 여기서 미처 몰랐던 사실을 알게 된다거나 잘못 알았던 사실을 바로 알게 되면, 그리고 같은 것에도 새로운 의미를 부여함으로써 관광자는 회상을 통하여 다시 지각과정을 거친다. 따라서 회상은 지각수준을 강화시킬 수 있는 좋은 수단이다.

⑧ 지각강화 설계

자극이 보다 특징적일수록 각성정도가 더 강해지고, 받게 되는 감동은 더 강해지며(Yi : 40), 우리가 자극을 지각할 때 유사한 것끼리, 가까운 것끼리, 대칭적인 것은 전체적으로 그리고 같은 맥락 속에서 일정한 유형Pattern을 이루면서 지각하게 되므로(Mayo & Jarvis : 25-28), 지각수준을 강화시키기 위해서는 이러한 것이 관광지 설계과정에서 고려되어야 한다.

⑨ 연출

관광자원에서 일정한 테마를 찾아내고, 이것을 방문자에게 효과적으로 전달하기 위하여 연출구성 요소인 연기 · 장치 · 조명 · 음향 · 의상을 테마와 유기적으로 결합시키는 것이 연출이다. 이렇게 함으로써 관광자는 그들의 주의를 집중시키고, 탄성을 발하거나, 환상에 젖거나, 호기심이 충족되거나, 사진을 찍거나, 매료될 수 있게 된다(박석희 : 223). 여기서 관광자에게 노출되는 자극은 대부분 공급자에 의해서 조정 · 공급된다.

이상에서 언급한 것 이외에 충분한 시간 또한 공간 환경을 지각하는데 영향을 미칠 수 있다. 익숙한 환경이 아닌 경우에 방향 감각을 상실하는 것은 환경지각에 일정시간이 필요하다는 것을 의미한다.

제3절 몰입

앞 절에서 우리는 대상을 경험하는 행위에 수준이 있음을 알았다. 높은 수준의 경험은 우리가 우리 자신의 자아를 놓아버리게 하는 몰입의 단계라는 것도 알게 되었다. 관광을 비롯한 일상 속에서도 우리는 종종 시간이 가는 것을 잃어버리거나 내가 사회적으로 어떤 위치와 역할을 지닌 사람인지를 잃어버리고 대상에 빠지는 경우가 있다. 이런 경험은 우리에게 만족의 경험으로 남으며 그 대상에 더욱 긍정적인 관계를 갖게 한다.

1. 칙센트미하이의 최적경험 : 플로우

1) 플로우(Flow)

미하이 칙센트미하이(1988)는 몰입의 상황에 대한 Flow라는 용어를 사용하고 있다. 그가 이런 몰입의 상황에 대해 Flow라는 명칭을 쓰게 된 것은 그의 연구 중 인터뷰했던 많은 사람들이 최적 경험을 묘사할 때, '마치 하늘을 자유롭게 날아가는 느낌' 또는 '물 흐르는 것처럼 편안한 느낌'이라고 하였기 때문이라고 한다. 그럼 그가 말하는 Flow의 상황은 어떤 상태인가? 그가 여러 연구에서 언급한 '몰입Flow'은 다음과 같다.

- 현재의 순간에 강렬하게 흡수되어 빠져있는 상태로 삶이 고조되는 순간에 물 흐르듯 행동이 자연스럽게 이루어지는 느낌을 표현하는 말이다. 즉 자아를 잊은 채 하고 있는 일에 집중하고 완전히 몰입하는 것이다.
- 사람들이 다른 어떤 일에도 관심이 없을 정도로 지금하고 있는 일에 푹 빠져 있는 상태(三昧境)로 심리적 엔트로피의 반대되는 의식의 질서상태(사라지는 자의식)이다. 자신이 자신의 주의를 통제하고 있는 상태이다.
- 플로우는 스스로 정한 행위에 극도로 몰입하고 있는 상황으로 자신의 경험 중 가장 행복한 경험이며 최적의 경험이라고도 한다.
- 완전한 몰입상태에 있는 사람들이 느끼는 기분의 7단계인, 주의집중A Centering of Attention, 변화Transitoriness, 더 풍부해진 인식Richer Perception, 몰입Forgetting Oneself and Becoming Totally Involved in the Activity at Hand, 시간과 공간에 대한 감각상실Disorientation in Time and Space, 기쁨Enjoyment, 그리고 이탈Momentary Loss of Anxiety and Constraint의 총체적인 기분이며 감정이다(1975).
- 도전의욕과 기술수준이 모두 높으며 균형감각을 지녔을 때, 최적 경험Optimal Experience이 형성되는데, 이때 사람들은 그 순간을 즐길 뿐 아니라 자부심도 향상된다.
- 사람들이 활동에 고관여로 참여하는 상태로, 다른 어떤 것도 중요하게 여기지 않은 상태이며, 체험 그 자체가 너무나 즐거워서 그것을 위해 큰 비용을 치르더라도 기꺼이 참여하는 상태(1990)이다.
- 어떤 행위에 몰두하여 자신에 대한 생각까지도 잊어버리게 된 상태로 심리적 엔트로피의 정반대 개념인 까닭으로 네겐트로피Negentropy[2]라 불리기도 한다.

---

2) Negentropy = Neg(반대의) + Entropy(엔트로피)

이런 칙센트미하이가 이야기하는 플로우를 경험하고 난 후 우리의 모습은 어떻게 달라질 수 있을까? 플로우 경험을 하고 나면 이전과 비교해서 더욱 복합적인 자아로 성장하는 경향을 보인다고 한다. 복합적인 자아가 됨은 자아가 성장하였음을 의미한다. 이때 복합성Complexity이라는 것은 두 가지 심리적 과정을 거친 결과이다. 이 두 가지 과정은 하나는 분화Diffentiation의 과정이고 다른 하나는 통합Intergration의 과정이다. 분화라는 것은 자신이 유일하고 고유한 존재라는 생각으로 나아가려는 움직임이고, 또한 본인을 다른 사람으로부터 분리하고 차별화하려는 경향이다. 한편 통합이라는 것은 그와 반대의 과정이다. 즉 다른 사람들이나 다른 생각들과 합하려는 경향을 말한다. 복합적 자아란, 이러한 두 가지 경향을 성공적으로 결합시킨 자아를 일컫는다. 플로우를 경험한 자아는 분화가 더욱 심화되는 경향이 있다. 자신이 특별한 절정의 경험을 하고 난 후 스스로에 대해서 유능하고 특별하다고 생각하기 때문이다. 플로우의 경험이 쌓여가면서 사람들은 자신을 더욱 특별한 존재로 인식하고 기술적으로도 더욱 숙련되어 감을 느낀다. 그러나 몰입은 자아를 통합하도록도 하는데, 깊게 몰입을 통해 선승들이 수행의 고비를 넘으며 경험하듯이 또는 한 분야의 달인들이 일정수준의 인격을 갖추듯이 의식의 질서가 바로잡아져 간다. 이런 현상은 사고, 의도, 감정 그리고 모든 다른 감각들이 하나의 목적에 집중되기 때문이다.

이런 의식의 구조에 대해 칙센트미하이는 앞서 언급된 커뮤니케이션이론 중 정보처리이론에 플로우이론의 원칙들을 채택하여 의식구조를 다음과 같이 설명하고 있다. 그는 우리의 의식이 '주의, 자각, 기억'이라는 하부구조로 이루어져 있으며 이들은 각각 다음과 같은 특성을 지녔다고 언급하였다(2004).

- 주의Attention : 정보에 주목하는 행위로 동시적이거나 거대한 양을 한 번에 주목할 수 없는 유한성을 갖고 있다. 주의경로로는 선택적인 주의, 생물학적 또는 사회적 명령에 순종하는 습관화된 주의 경로의 2가지 차원이 존재한다. 그리고 간혹은 고통, 공포, 불안, 분노, 질투 등과 같은 감정상태로

인해 주의 집중하여 목표를 수행하는 능력을 상실하게 하는 상태가 있는데 이런 상태를 내적 무질서 상태로 자아 기능의 효율성을 손상시키는 상태라는 의미의 '심리적 엔트로피' 상태라 한다.

- 자각Awereness : 정보를 해석하고 그 정보를 범주화, 단위화 하는 행위이다. 사람은 새로운 정보의 유입이나 경험의 단계에서 정보에 대해 자극으로 인식하게 되고 그 자극에 대해 자신의 선호選好 여부를 결정하게 되는 단계이다.
- 기억Memory : 자각한 정보를 자신의 기억장치인 뇌에 저장하는 행위이다. 그리고 일반적으로 자각하여 저장을 위해서는 정보를 범주화, 단위화 하여 인식하게 된다. 이 순간이 지난 후 지금의 정보를 추억하거나 회상하기 위해 뇌에 저장해두는 행위이다.

2) Flow[몰입]의 특징들

칙센트미하이는 최적의 경험을 규정하는 8개의 특징Characteristics of Flow을 다음과 같이 정리하였다. 그리고 이들 단어의 첫 알파벳을 따서 PACIFICS라 한다.

- 의도Purpose : 모든 활동은 왜하는지, 무엇을 이루어야 하는지가 분명할 때 적극적일 수 있다. 그러므로 몰입을 위해서는 명확한 목적이 필요하다.
- 관심Attention : 본인이 하고 있는 행위에 집중할 수 있어야 한다. 집중이 가능하기 위해서는 환경적인 요인과 자신의 기술수준이 하고 있는 행위와 동등할 때만이 가능하다.
- 도전Challenge : 수행하는 과제가 자신의 기술능력에 비해 지나치게 높거나 낮을 때 우리는 불안과 초조함을 느끼거나 관심을 잃을 수 있다. 그러므로 활동은 수준이 자신의 지식이나 기술과 동등해야 한다.
- 관여Involvement : 일상에 대한 걱정이나 좌절을 의식하지 않고 자연스럽고도 깊은 몰입상태로 활동하는 것이다. 칙센트미하이는 몰입을 위해서는 자신

이 수행하고 있는 활동에 완전하게 참여하고 동화되어 행동과 지각이 하나가 되는 병합의 수준이어야 몰입이 가능하다고 하였다.

- 피드백Feedback : 활동의 과정과 결과에 대해 스스로 인식할 수 있어야 몰입이 가능하다. 그리고 피드백이 잘 이루어지는 경우 참여자는 스스로 자신의 기술을 향상시키려는 노력을 할 수 있는 자극요인이 되기도 한다.
- 열중Immersion : 몰입의 순간에는 자아에 대한 의식이 사라진다. 그러나 역설적으로 플로우 경험이 끝나면 자아감이 더욱 강해진다.
- 통제Control : 즐거운 경험은 본인이 스스로 주변이나 나의 행동에 대한 통제감을 느낄 때 가능하다. 사람들은 몰입의 상황에서 현재 하고 있는 과제의 성공을 위해 다른 단순한 즐거움이나 기타의 다른 욕구를 통재할 수 있다.
- 시간감각Sense of Time : 시간의 개념이 왜곡된다. 즉 몇 시간이 몇 분인 것처럼 느껴지고, 몇 분이 몇 시간처럼 느껴지기도 한다. 이렇게 실제 시간보다 느리거나 빠르게 느끼는 시간의 감각을 잃어버리는 경험은 즐거움을 경험하는 필수적인 조건이다.

2. 몰입(Flow)에 관한 모형들

칙센트미하이Csikszentmihalyi(1975)의 최적경험에 대한 최초모형인 1975년의 모형은 [그림 4-9]를 보면 도전과 기술 사이의 관계를 나타내는 모형으로 단순 비율모형이다. 이모형은 도전과 기술 사이에 서로 균형을 이루는 활동이 되었을 때 Flow가 발생될 수 있음을 보여주고 있다. 이 모형을 읽어보면, 도전에 비해 기술이 높으면 지루함을, 도전에 비해 기술이 낮으면 초조와 불안함을 느끼는 것으로 나타내고 있다. 대신에 기술과 도전의 수준이 같을 때, 즉 둘 모두 높을 때 또는 둘 모두 낮을 때는 몰입이 가능한 것으로 나타나 있다. 이는 기술과 도전의 조화에 의해 몰입의 가능성이 생기는 것을 의미한다. 즉 이 모형은 개인의 능력과 과제의 난이도가 균형을 이루었을 때 최고의 각성수준, 내적동기

유발, 자유감, 그리고 긍정적 정서 등이 발생될 수 있다고 보여주고 있다.

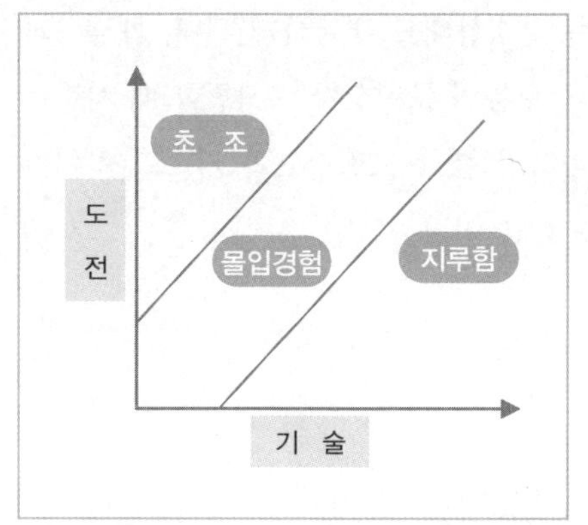

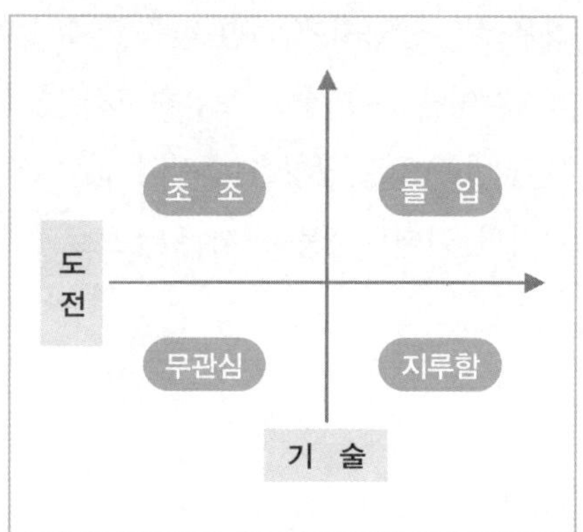

출처 : 칙센트미하이(2003). 몰입의 기술. p. 111.
Carli, M. & Massmini, F.(1986). 박동규(2007) 재인용. p. 66.

[그림 4-9] 기술과 도전에 대한 직선모형(1975)과 Carli & Massimini 4채널 모형(1986)

그 후 칙센트미하이와 칙센트미하이 부녀의 1988년 연구에서는 시간이 지나면서 기술과 도전의 상황이 점차 증가되면서 복잡성과 함께 최적을 경험하는 내용을 4개의 채널로 분류하고 정리하였다. 한편, 1990년에 발표한 칙센트미하이의 모형은 몰입을 위한 또 다른 변수를 포함하고 있다. 그 변수는 명랑하고 활달함이라는 의미를 지닌 자발적 흥미Playfulness이다. 이 변수는 개인의 즐거움과 심리적 자극 또는 관심의 인지를 포함하는 복합적인 변수로 도전과 기술에 대해 밀접한 관련성을 지니고 있는 변수이다. 즉 개인의 과제에 대한 도전의식이나 도전에 대한 긍정적인 성향이 도전과 기술에 밀접한 관련이 있음을 의미한다.

또 1993년의 칙센트미하이와 래썬데Csikszentmihalyi & Rathuunde(1993)의 최적 경험에 대한 연구에서는 1988년의 4채널 모델을 근간으로 하여 발전시킨 8개 채널을 구상하였다. 이모형은 도전과 기술의 정도에 따라 [그림 4-10]에서 확인되는 8개의 상태로 나타난다고 한다. 그림의 8채널 Flow 채널을 살펴보면, 채널 2는 높은 기술을 지니고 높은 도전이 필요한 행위를 하는 경우로 자신의 기술을 활용해 어려움을 통제하며 몰입하고 있는 상태를 설명하고 있는데, 그와 달리 도전상황과 보유한 기술의 수준이 창이가 나는 채널 3과 4, 그리고 채널 7, 8의 경우에는 불일치에 의한 만족할 수 없는 감정상태를 경험하게 된다. 채널 3과 4와 같이 높은 기술을 보유하고서 낮거나 보통의 도전상황을 경험할 때 사람들은 일반적으로 상황을 긴장감 없이 조절하거나 그 도전정도와 기술의 차이가 커지면 권태로움을 느끼는 것으로 설명하고 있다.

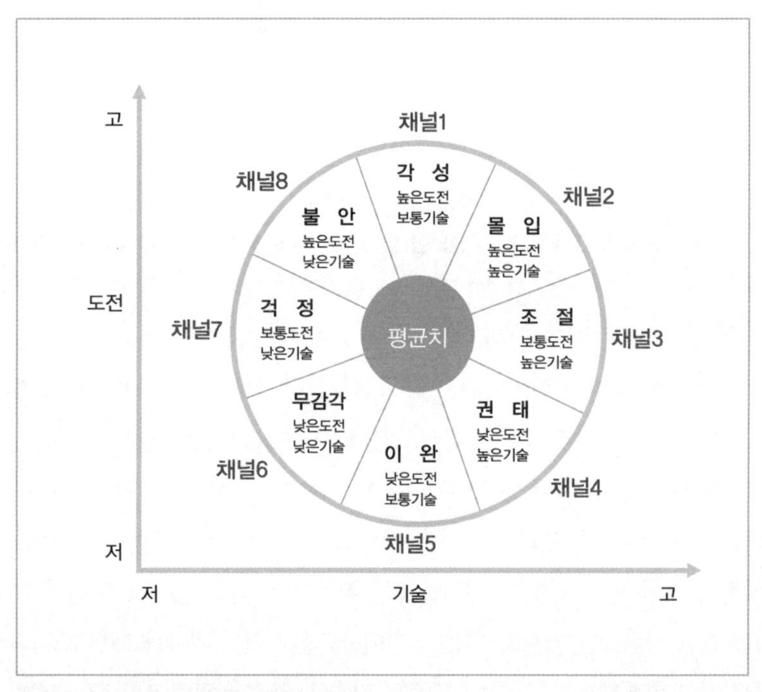

출처 : Csikszentmihalyi(1997). Finding Flow. p. 31.

[그림 4-10] 칙센트미하이의 몰입의 8채널 모형(1997)

그러나 기술이 낮은데 높은 도전상황을 경험하는 경우에는 기술과 도전상황의 차이가 적을 때는 걱정을 하지만 그 차이가 커지면 불안감을 경험하고 있다. 이렇게 기술에 비해 도전의 정도가 더 큰 경우에는 과잉모험Disadventure을 하고 있는 것으로 각성이 높아지고, 걱정이 되어 수행에 곤란을 주지만 사람들은 이런 도전의 상황에서 각성, 즉 집중과 조심스러운 수행을 통해 자신의 성장을 확인하기도 한다. 그러나 채널 8과 같이 도전상황이 자신의 기술에 비해 지나치게 높아 불안을 느끼는 경우에는 극단모험Devastation & Disaster이라 하여 개인적 성향에 따라 수행을 포기하기도 하고 간혹은 도전의식을 키워 도전하고 성취감을 맛보기도 한다.

그 외의 다른 채널들의 경우는 지나치게 낮은 도전상황에 대해 낮거나 보통의 기술을 보유한 경우에는 채널 6과 5와 같이 자신이 무엇을 경험하고 있는지 무감각하거나 지나치게 긴장감이 없는 경험을 하게 되어 추억을 생성하는데도 효과적이지 못한 것으로 나타나고 있다. 이와 같이 8채널 Flow 모형은 우리들이 몰입을 하기 위해서는 자신의 능력Competence에 맞는 위험Risk을 가졌을 때 절정경험Peak Experience을 하고 즐거움을 경험하여 오랜 추억을 창조하는 최적경험이 가능하다는 것을 보여준다(Malslow, 1994).

그리고 기술에 비해 높은 도전상황의 경우에는 그 차이가 커지는 정도에 따라 각성, 불안, 걱정으로 이어져 심리적 불안상태를 야기할 수 있으며 반대로 도전의 상황이 자신의 기술보다 낮은 경우에는 그 차이의 정도가 점차 커지는 정도에 따라 집중이 약해지는 조절, 권태, 이완, 무감각하게 느낀다고 한다.

제4절 체험

관광지에서 관광객이 재미를 느끼고 관광자원에 대해 가장 쉽게 이해하고 감동받는 것은 대상과 관련된 이야기와 그것을 현장에서 경험하도록 도와주는 체험이다. 이야기와 체험은 감동과 재미, 그리고 오랜 추억을 가장 손쉽게 생산한다. 체험의 종류도 기존의 제작관련, 생산관련, 생태관련 분야에서 주고 사용되었으나 최근에는 역사문화관광은 물론 사회전반의 모든 마케팅활동에 활용되고 있다. 이는 크리펜도르프Krippendof(1987)가 지적했듯이 관광행태가 기존 소비적 관광에서 자기개발 및 자아실현을 추구하는 행태로 전환되어 다양한 경험을 통하여 학습과 참여의 기쁨을 추구하고 있기 때문이다. 이런 관광객의 변화된 요구, 즉 체험에 대한 요구를 만족은 전체방문(구매, 브랜드)만족, 그리고 재방문(재구매) 의도에 긍정적인 영향을 주고 있다.

1. Pine과 Gilmore(1998, 2000, 2002) 체험

파인과 길모어는 체험경제Experiential Economic라는 단어를 사용하며, 단순한 서비스만을 파는 것으로는 충분하지 않으며 서비스를 오래 기억되는 체험Memorial Experience으로 바꾸어서 제공해야 한다고 주장하였다(Gilmore & Pine, 2002). 소비자는 독특하고 특이한 기억을 추구하고 이에 대응하여 기업이 성장하기 위해서는 기업이 제공하는 서비스와 재화에 가치를 더 보태 오래 기억되는 만족감 높은 체험을 제고해야 한다고 것이다(1998).

이렇게 단순한 제화나 서비스가 아닌 체험이 관광에 중요한 역할을 한다고 지적한 연구는 이전에도 보인다. 맥커널McCannel(1973, 1993)은 사람들이 관광을 통해 일상생활에서는 찾을 수 없는 진정성의 체험Authentic Experience을 추구한다고 하여 체험이 관광의 중요한 요인임을 언급하기도 했다. 이와 비슷하게 리차즈Richards(2001)는 관광의 가장 중요한 동기가 "새로운 것에 대한 체험"이라고 주장하며, 특히 문화관광의 발전은 "체험에 대한 갈망"을 충족시키기 위한 노력의 결과라고 주장하였다. 체험적 측면의 마케팅에 대해 연구한 홀브룩과 히슈만Holbrook & Hirschman(1982)은 체험의 영역이 소비의 상징적Symbolic, 쾌락적Hedonic, 미적Esthetic 특성을 지닌다고 하여 체험영역에 관한 연구를 진행하기도 하였다.

그리고 슈미트Schumitt(2002)는 파인과 길모어가 주창하는 체험경제의 부상은 최근 비즈니스 환경의 세 가지 변화에 따른 것이라며, 그 세 가지로 "정보기술의 보편화Omnipresence of Information Technology, 브랜드의 우월적 지위Supremacy of the Brand,

커뮤니케이션과 오락의 일상화Uniquity of Communication and Entertainment"를 꼽았다. 슈미트의 지적처럼 현대사회는 이제 보편적으로 제공되는 다양한 정보와 다양한 정보 속에서 각인된 브랜드의 지위, 그리고 감성과 여가를 중시하는 이 시대의 특성이 가장 잘 드러난 활동이라고 할 수 있다.

파인과 길모어는 체험의 경제적 의미를 확인하고 체험의 영역에 대한 규정과 각 영역이 지닌 성격을 규정하였다. 파인과 길모어(1998)의 체험영역에 대한 정리는 체험을 참여의 정도(수동적/능동적)와 향유의 정도(흡수/몰입)를 기준으로 하여 각 특성의 정도에 따라 4개의 영역으로 구분하였다. 4개의 영역에 대해서는 '오락Entertainment(수동적-흡수), 교육Education(능동적-흡수), 도피Escapist(능동적-몰입), 심미Esthetic(수동적-몰입)'라는 이름을 붙였다. 이 내용에 대한 도식은 다음의 [그림 4-11]과 같다.

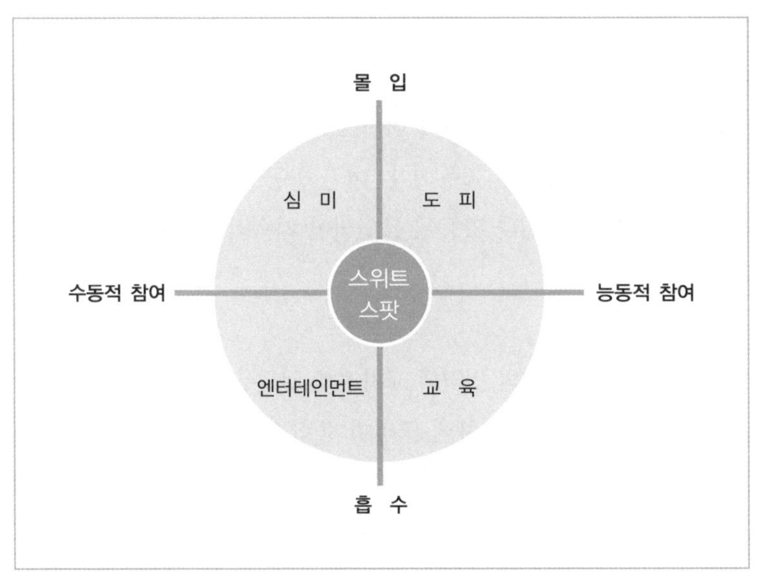

출처 : Pine, B. J. Ⅱ & Gilmore, J. H. (2000). The Experience Economy : Work is Theatre & Every Business a Stage. Boston : HBS Press. p. 30.

[그림 4-11] Pine과 Gilmore(1998)의 체험영역 모델

도식적으로는 분류되어 있지만 실제로 체험의 성격이 이 4개의 영역으로 명확하게 구분되는 것은 아니다. 다만 4개의 영역적 특성이 반영된 활동들이 있다.

첫 번째 영역, 오락영역은 주로 참여의 수준이 낮고 향유의 수준이 높은 활동으로 영화를 감상하거나 전시회 등을 관람하는 활동이 이에 속한다. 이 영역의 활동은 참여는 하고 있지만 자신을 투영하지 않고 상대가 주는 자극에 대해 반응만을 하고 있는 수준의 활동이다.

두 번째 영역, 교육영역은 강좌에 참석하거나 운동, 교육에 참여하거나 레슨을 받는 것처럼 능동적으로 참여는 하고 있지만 기술이 부족해 완전하게 향유하지 못하는 몰입이 안 되는 활동이다.

세 번째 영역은 도피영역이다. 이 영역은 직접 작품 활동을 하거나 연주를 하는 능동적이고 몰입의 수준이 매우 높은 활동으로 설명할 수 있다. 이 영역에서의 활동은 참여자를 완전히 현실에서 벗어나 새로운 세계를 경험할 수 있게 한다고 한다.

네 번째 영역은 심미영역으로 이 영역의 체험은 국립공원이나 열대우림지역 같은 대자연을 직접 여행하는 것이 아닌, 그렇게 꾸며진 곳에서 그 상징이나 분위기만을 감상하는 것같은 활동이다. 이런 활동에 대해 사람들은 참여가 능동적이지는 않지만 환경이나 활동에 몰입되어 지속적으로 이 경험을 유지하고 한다.

파인과 길모어는 이 4개의 영역의 교차점에 일정부분을 스위트 스팟Sweet spot[3]이라 명명하고, 이곳이 4개의 체험 영역이 융합되는 최적의 체험을 제공할 수 있는 부분이라고 했다. 이 위치의 활동이 가장 '이상적인 위치'라 할 수 있으며 4가지 영역의 체험특성이 골고루 섞일 수 있는 부분이다.

위의 4영역의 경험에 있어서 참여자는 '희생Sacrifice'을 강요당할 수 있다. 여

3) 스포츠 영역의 용어로, 야구방망이나 테니스라켓의 가장 정확하게 또는 가장 효율적으로 공을 보낼 수 있는 위치를 의미하는데 일반적으로는 최적점最適点을 의미한다.

기서 희생이란 참여자 자신이 '원하는 바로 그 수준의 활동'과 '꼭 원했던 수준은 아니지만 특별히 불만을 표현하지는 않는 수준의 활동' 사이의 차이이다 (Pine & Gilmore, 1998, 2000). 이런 참여자의 희생을 줄이고 만족을 키우기 위해서는 스위트 스팟에 가까이 가야 한다. 즉 체험에 오락, 교육, 도피, 심미의 영역을 조율하여야 한다.

2. 체험에 대한 또 다른 연구

무엇인가를 기획하고 경험하는 일을 체험의 측면에서 살펴보면 여러 단계가 있다. 관광지를 찾아 현장을 체험하고 추억하는 과정에서도 방문을 기대Anticipation하고 관광지로 이동Travel to하여 현장에서 체험On-Site Experience을 하고 자신의 일상으로 돌아가Travel Back 오랫동안 방문의 경험을 추억Recollection하는 단계를 지닌다(Clawson & Knetsch, 1966). 현장에서의 체험만이 아닌 과정 전체가 체험이라 할 수 있다.

보통은 이 중 현장에서의 경험을 체험이라고 하는데, 현장체험은 참여자의 특성에 따라 서로 다르게 이해하고 또한 자극받고 추억은 모두가 다르게 적어나간다. 참여자가 지각하는 감정적, 물리적, 지적, 영적인 상태가 모두 다르기 때문이다. 같은 체험을 하면서도 모두가 다른 마음의 상태이며 지각에 의한 감응의 정도가 다르기 때문이다.

그래서 마케팅 분야에서는 체험에 대해 마음의 상태와 관련해 쾌락적이고 향유적인 가치에 대해 더 큰 관심을 가지고 있다. 체험 참여자가 체험을 경험하는 것은 기쁨, 꿈, 추억 등을 향유하고 즐거움, 쾌락을 경험하고자 하는 헤도닉Hedonic한 요구에 의한 것이라는 주장이다(Hirschman & Holbrook, 1982; Pine & Gilmore, 1998, 1999; 한숙영, 2005). 그리고 체험을 통해 경험한 향유와 쾌락은 참여자의 만족과 재방문(의도), 그리고 대상과의 긍정적인 관계형성을 가능하게 한다고 한다.

예를 들어, 우리는 역사적 유물에 대해 책이나 사진을 통해 읽거나 보기 보다는 박물관에 진열되어 있는 진품을 볼 때 더 많은 기쁨과 상상력의 자극을 받는다. 그런가 하면 한 단계 더 나아가 그 역사적 유물이 사용되던 당시의 모습을 재현해 놓은 공간에서 유물의 모조품을 직접 사용해 보거나 유물을 배경으로 사진을 찍어보는 체험으로 더 큰 기쁨, 추억, 그리고 즐거움을 경험한다. 이런 경우는 영화제나 축제에서도 흔하게 목격된다. 그러나 이런 놀이적 체험이 쾌락적 가치만을 가지고 있지는 않다. 동시에 이런 체험은 역사적 유물에 대한 물리적(크기, 모양, 문양 등) 정보에 대한 실질적인 전달은 물론 정서적(촉감, 분위기, 시대정신 등) 정보까지도 더 잘 전달할 수 있는 실리적 가치도 지니고 있다.

또다른 예로, 영화제는 문화콘텐츠와 관광이 어우러져 복합적인 문화체험으로 우리나라 사람들이 가장 흔하게 경험하는 영화관람을 체험관광으로 변형시킨 예라 할 수 있다. 영화관의 스크린이나 대중매체를 통해 보았던 감독이나 배우 등과의 대화를 나누고 함께 한 공간에 있다는 짜릿한 경험을 할 수 있는 쾌락적 가치의 체험이다. 동시에 영화제의 행사를 통해 영화에 대한 더 많은 정보와 감독의 의도를 이해하는 교육적 체험의 특성을 지닌 실리적 체험이기도 하다.

Holbrook과 Hirschman(1982)은 체험이 주는 가치에 대해 전통적인 상품이 주로 실용적 가치를 추구하는 경향이 있다면 체험상품은 쾌락적이고 감성적인 가치를 요구하는 경향이 있다고 주장하였다. 여기서 실용적 가치는 경제적 관점에서 소비를 결정하며, 목표지향적인 활동으로 유용성과 효용을 높이기 위한 다양한 정보탐색을 실시한다. 그리고 감정적인 부분에서는 태도나 선호 수준 정도의 감정을 파악한다. 반면에, 체험상품은 소비한 시간의 효용성까지 생각하며 즉각적인 쾌락이나 희열을 지향하기 때문에 정보탐색에 있어서 즐거움, 쾌락과 같은 감정을 기반으로 오락적 정보만을 탐색한다. 감정적인 부분에서는 매우 다양하고 구체적인 감정의 전 영역을 파악하고자 한다고 주장하였다.

Holbrook과 Hirschman(1982)은 "사람들이 전통적인 상품을 소비하는 것은 상품의 기능, 즉 실용적인 가치를 소비하는 것인 반면, 체험 상품을 소비하는 것은 헤도닉 가치를 소비를 하는 것"이라고 하였다. 여기서, 헤도닉 가치란 체험 상품을 소비하면서 얻어지는 것으로, 개인의 오감을 자극하고, 판타지와 감성을 유발하는 것을 의미한다(Hirschman & Holbrook, 1982). 그러나 이러한 헤도닉 가치를 추구하는 체험 상품은 서비스상품과 배타적인 별개의 것이 아니라, 그 영역을 서비스상품의 실용적 가치를 포함하여 확장한 것(Hirschman & Holbrook, 1982; Pine & Gilmore, 1998, 1999)이라고 할 수 있다. 즉 체험상품은 서비스상품의 실용적 가치를 기반으로 발전하여 헤도닉 가치까지 지닌 소비상품(Hirschman & Holbrook, 1982; Pine & Gilmore, 1998, 1999)이라고 할 수 있다(한숙영, 2005 재인용).

실제로 관광객이 역사적 유물을 가져야만 유물에 대해 잘 알고 만족하는 것은 아니다. 그 유물과 관계된 감각적이고 감정적인 경험만으로도 참여자는 만족하고 대상과의 긍정적인 관계를 형성하는 것이 가능하다(Hirschman, 1982; Maslow, 1994).

기존의 마케팅 학자들의 연구와 궤적을 같이 하여 체험상품의 경험을 통해 참여자가 얻게 되는 쾌락적 가치에 중점을 두고 있다고 하는 O'Sullivan과 Spangler(1998)는 체험상품이란 사회적, 정신적, 영적, 감성적인 내적 요구Inner Needs와 자아감Sense of Self를 충족시켜 줄 수 있으며, 긍정적인 느낌을 갖게 하여 스스로 참여하도록 유도하는 상품이라고 한다. 여기서 자아감은 자기 확신, 자아 존중, 성취감, 자기의존 등에 의해 확인되는 요구이다. 그리고 감성적인 부분은 도전, 흥분, 도피, 휴식, 즐김, 향수 등의 요구이다. 사회적 영역은 대인관계, 우정, 동료애, 소속집단의 인정, 지역사회의 소속감 등에 대한 요구이다. 영적인 부분은 사색, 숙고, 갱신, 이타심 등이 있다. 끝으로, 정신적인 영역은 학습과 같은 지적인 것과 영적인 성장을 도와주는 탐색 등에 대한 요구이다.

체험에 대한 요구는 이제 놀이동산이나 생태공간으로 멈추지 않고 사회 전 분야에서 요구되고 있다. 특히 최근 문화유산관광객의 이러한 요구는 박물관을 비롯한 문화유산관광지의 전시 및 운영방안을 변화시키고 있다(Urry, 2003).

체험에 대한 요구는 대상지에 따라 그 성격을 달리하는데, 문화유산관광지나 박물관은 교육적인 요인과 놀이적 요인이 포함된 체험(Hargrove, 2002; Light, 1995)이 중요해서 최근의 박물관 해설서비스는 진열된 전시물의 정보만을 제공하는 것이 아니라, 시 · 청각매체의 활용을 위한 터치스크린 또는 터치뮤지엄, 그리고 참여를 위한 후각을 자극하는 체험공간의 활용 빈도를 늘이고 있다(Boniface, 2001). 그 외에도 실생활 속에서 진행되고 있는 현재의 정치와 경제 분야까지 확대되어 현실의 직업들을 체험해보는 놀이화된 공간의 제공이나 실제 주식을 추위를 쫒으며 가상의 돈으로 투자와 이익배당을 받아보는 주식투자대회 등도 개최되고 있다.

대상의 특성을 규정하여 연구한 Hull 등(1992)은 90명의 도보 여행자들의 활동을 좇으며 체험의 특성에 대해 다면적Multi-Phase이며 역동성Dynamic Nature을 가지고 있다고 하였다. 체험을 통해 참여자는 주변환경과 시간의 변화에 따라 다양한 감정을 나타냈으며, 다양한 감정이 자주 변하는 역동적인 감정의 변화를 보였다. 주로 보여지는 감정은 기쁨Enjoyment · 즐거움Fun, 기분전환Relaxation, 자유감Freedom of Choice, 걱정Anxiety, 지루함Dullness, 흥분Excitement, 평온Calmness, 사랑Love, 집중력Power of Concentration, 자긍심Self-Esteem 등으로 나타났다. 이 중 자긍심, 평온, 자유감은 시간이 지남에 따라 증가하고, 걱정이나 지루함 같은 부정적인 체험 속성들은 감소하는 것으로 나타났다. 그리고 독특한 한 가지 현상을 알렸는데, 등산을 하며 사람들은 산을 오를 때는 주변경관에 대해 관심이 적었다. 그러나 정상을 정복하고 나서 내려오는 동안에는 주변경관에 대해 관심을 갖고 경관의 아름다움에 따라 등산의 만족정도를 평가하는 것으로 나타났다.

체험에 대해 현상심리학에서는 경험의 질을 준거로 하여 체험을 분류하고 있다. 그 중 하나는 체험의 종류를 '견분훈 체험'과 '상분훈 체험'으로 나누었다(박석희, 1999). 이 분류의 특징은 체험의 결과에 의해 참여자가 갖게 되는 추억의 질에 따라 나누었다는 것이다. 우선 껍데기 체험 또는 피상적 체험을 의미하는 견분훈 체험은 참여자들에게 대상의 참의미와 대상과 관련된 영감을 주지 못하고 단순히 보고 듣는 체험만이 이루어지는 경험이다. 다음은 실질적 체험 또는 알맹이 체험이라 불리는 상분훈 체험은 견분훈 체험과는 달리 대상의 의미와 가치를 이해하고 장기적으로 긍정적인 관계를 설정하는데 도움을 줄 수 있도록 잘 알고 오래도록 기억할 수 있도록 돕는 체험이다.

다른 하나는 체험의 종류를 체험에 참여자의 몰입 정도를 가지고 나누었다. 몰입의 정도가 대상의 특성을 파악하고 자기 자신의 대상에 직접적으로 개입시키기보다는 자아를 중심으로 자신의 참여목적과 부합하는 내용들을 지각하는 '지각적 체험'과, 칙센트미하이가 지적한 몰입 혹은 최적의 경험을 하는 것으로 자아와 시간을 잃어버리고 대상에만 온전히 집중하는 단계의 '몰아적 체험'으로 나누었다.

그러나 현재까지 관광분야에서 체험에 관한 연구가 활발하지는 않은 편으로 체험마케팅 부분의 Yuan & Wu(2008), Oh, Fiore, & Jeoung(2007), 한숙영과 엄서호(2005), Quan & Wang(2004) 등의 연구가 발표되었다. 이 중 콴과 앙(2004)은 관광을 체험경제의 선구적인 사례로 주목되는데, 문화예술과 관광이 결합한 문화관광은 체험경제, 체험마케팅 원리의 풍부한 적용이 가능함을 보였다(박조원 · 정헌일 · 심원섭, 2010).

제5절 관광자의 태도 형성과 변화

1. 설득커뮤니케이션에 의한 태도 형성

Allport(1955)는 태도를 4가지 특성으로 분류했는데, 첫째, 태도는 외적 자극에 대하여 특정한 방향으로 이끄는 심리적 준비상황이고, 둘째, 태도는 직접 눈으로 관찰할 수 없으며, 셋째, 선천적 경험에 의해 획득되는 것으로 수용이 가능하며, 넷째, 태도는 피동적被動的인 것이 아니라 능동적能動的인 것으로 어떤 자극에 대한 반응을 적극적으로 지배하는 것이라고 주장하였다. 특히, 태도의 개념을 정의함에 있어 태도와 행위 간의 일관성을 중요시하여, 만약 태도와 행위 간의 일관성이 부족하면 태도가 없는 것으로 보았다.

태도의 형성은 모든 설득커뮤니케이션 과정의 결과물이며, 설득커뮤니케이션의 효과를 보여주는 가장 중요한 단계라고 할 수 있다. 설득커뮤니케이션에 의한 영향 정도는 수신자의 태도형성의 유형이나 형성의 정도로 알 수 있는데, 이는 수신자의 태도를 송신자가 의도한 방향으로 적절하게 변화시키거나 변화의 정도를 크게 하는 것을 의미한다. 변화된 수신자의 태도를 확인하기 위해서는 태도와 그 태도의 변화원리를 이해하여야 한다.

설득커뮤니케이션에 의한 태도변화의 원리를 설명하는 연구의 접근방식으로는 행태주의적 커뮤니케이션의 접근이론과 정신분석학적 접근이론을 들 수 있다. 이 두 접근방식에 의한 실증적 연구의 공통적 특징은 설득커뮤니케이션의 효과를 태도변화에 두고 있다는 것이다.

1) 태도에 대한 행태주의적 접근

설득커뮤니케이션에 의한 태도의 연구에 있어서 가장 자주 논의되어온 행태주의적 접근이론은 태도형성과 태도의 변화이론이다. 설득커뮤니케이션에 의한 태도변화에 대해 Fotheringham(1966)은 설득적 커뮤니케이션의 목표이자 효과는 태도변화로, 수신자의 태도를 송신자가 의도한 태도와 행동으로 변용시키는 것이다.

행태주의 이론의 기초를 굳힌 학자로는 Pavolv, Thorndike, Watson 그리고 Skinner 등이 있다. 이 접근방식의 기본적인 틀은 한 개인의 태도변화 과정에서의 독립변인으로 송신자, 메시지, 매체, 수신자를 설정하고, 이들 독립변인의 특성 차이에 따라 태도변화의 정도가 달라진다는 것을 가정하고 있다(이재민, 1978). 이러한 가정을 중심으로 행태주의적 태도와 그 태도의 변화원리에 관한 모형이 Hovland학파의 메시지 학습적 모형이다.

Hovland학파는 이전의 심리학자들이 다루었던 감각, 인지, 본능과 같은 주요 개념들이 내성적內省的이고 관념적觀念的인 것들이기 때문에 과학적 연구에는 적합하지 않다고 주장하고, 직접 관찰할 수 있는 어떤 유기체에 주어지는 자극과 이로 인하여 생기는 반응을 중심으로 인간 행위가 연구되어야 한다는 입장이다(차배근, 1997). 즉 외부에 나타난 현상을 파악하기 위해 자극과 반응의 모형을 채택했다(강미희, 1999; 여호근, 1999; Littlejohn, 1992). 이 메시지 학습적 모형은 중개요인으로서의 태도개념을 SR의 기본모형에 개입시킴으로써 커뮤니케이션과 태도변화 사이의 관계를 경험론적 실증연구를 통해 정립하였다(강미희, 1999).

2) 태도에 대한 정신분석학적 접근

설득커뮤니케이션에 의한 태도의 형성에 관한 연구 중 정신분석학적 접근으로 개별적인 자아형성의 방식에 의한 개념화과정으로 이해된다. 이러한 접근방식의 연구자로는 Sarnoff, Katz, McClintock, Stotland 등을 들 수 있다(전영우, 1994). 이들은 개인의 특정 태도나 의견에는 개인들의 성격이 중요한 기능을 하고 있다는 전제를 가지고 있다. 개인의 성격에 따라서 태도나 의견이 수행하는 기능에 대해서는 다음과 같이 설명하고 있다.

개인의 태도나 의견은 하나의 외적 표출기능Externalization인데, 이는 개인이 자신들의 내적 문제Internal Issue들에 의해 유발된 근심이나 걱정으로부터 자아를 방어하기 위한 경우에 흔히 볼 수 있다(Aderson, 1971). Frenkel-Brunswik 등(1950)은 이러한 기능을 담당하는 것이 선입견 혹은 편견이라 하여 커뮤니케이션의 결과를 다르게 할 수 있는 중요한 요인이라고 지적했다. 이러한 요인들에 연구의 초점을 맞추어야 한다고 주장했다(McQuail, 2000에서 재인용).

Katz(1960)는 태도의 기능을 다음의 4가지로 분류 · 정리하고 있다. 첫째로, 커뮤니케이션의 정보가 수신자에게 보상을 주는 내용인 경우에는 송신자 혹은 전달된 정보에 대해 호의적인 태도를 보이고, 형벌이 가해지는 경우에는 반감적 태도反感的 態度를 갖는 적응적 기능이 있다. 둘째, 수신자가 자신 혹은 자신의 상태에 대해 불안감을 가진 경우에는 송신자를 멸시 혹은 무시하려는 편견을 갖는 자아방어적自我防禦的 기능을 수행한다. 그러나 셋째 기능인 가치표출 기능의 경우는 민주적 가치를 가진 사람이 그것을 옹호하는 행위에 참여하려는 것으로 자신이 중요하게 여기는 가치를 드러내는 기능이라고 하겠다. 넷째 기능은 개인이 알고 있는 사실과 상반되는 경향을 가지면 일관성을 갖기 위해 그것을 재구성하려는 지식기능이다. 이와 같은 태도의 기능은 태도의 형성과 변화, 그리고 태도의 행위로의 변화 가능성을 암시하고 있다고 한다.

2. Hungerford의 KAB 태도형성 모형

학습에 의한 태도를 규명한 짐바르도와 에배슨Zimbardo & Ebbesen(1969)은, 태도란 일반적인 평가적 반응에 일정하게 영향을 주는 지적 준비성이나 암시적인 성질의 경향성이라고 정의하면서 상당히 지속성을 띠지만 선천적이라기보다 학습된 것으로 서서히 점진적으로 변하는 것이라고 하였다. 이러한 지식의 자극에 의한 태도와 행위를 연결하는 연구로는 행태변화체계 이론을 들 수 있다.

이는 현대 해설기법의 기초를 세운 Tilden(1977)의 해설을 통한 지식의 습득으로 자원을 보호하는 행동을 이룩할 수 있다는 주장을 뒷받침하는 것으로, 행태변화체계의 사회심리학적 이론의 배경이 되었다. 행태변화체계의 KAB모델, 즉 지식Knowledge → 태도Attitude → 행위Behavior모델은 지식의 습득이 태도의 변화를 가져오며 결국은 행동이 변화한다는 이론이다.

이 과정은 [그림 4-13]과 같은 순서에 따라 진행된다. 이 모형에서는 사물이나 사건에 대한 지식을 얻게 되어 한 개인의 믿음이 변화한다면 그것에 대한 개념이 확립되는 과정을 갖게 되며, 이 과정의 결과로 태도를 형성한다. 그리고 이러한 태도는 다시 행동으로 나타난다. 이 내용은 1950년대 이후 꾸준히 연구의 틀이 되어왔으며, 근래에 와서 Hungerford(1990)가 이러한 지식과 태도 그리고 행동 간에 다양한 변인들의 영향을 고려한 새로운 변형모형인 KAB모형을 정립하였다.

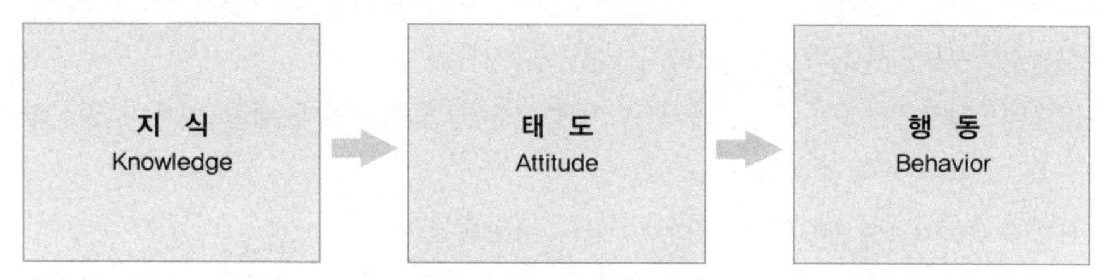

출처 : Hungerford, H. R. L. (1990). Changing Learner Behavior Through Environmental Education. Journal of Environmental Education, 21(23) : 10-21.

[그림 4-12] KAB 모형

참고문헌 Reference

강상현(1991). 유럽커뮤니케이션 연구의 최근 동향 : 비판미디어이론의 신수정주의 경향을 중심으로, 『말글마당』, 2 : 40-50.

고동완(2005). 여가활동의 감정적 반응에 관한 연구, 『한국조경학회지』, 33(1) : 19-32.

김광수(1994). "광고비평", 광고연구 : 149.

김근배 · 한상필(1993). "유명인의 광고 중복출연 : 중복출연에 대한 업계의 인식과 효과 연구", 광고연구, p. 122.

김영석(2005). 『설득커뮤니케이션』, 파주 : 나남출판사.

박동규(2007). 익스트림 스포츠 참여자의 스포츠사회화 연구, 고려대 대학원 박사학위논문.

박상현(2002). 관광지 웹사이트에서의 플로우 선행변수와 결과변수에 관한 연구. 『관광레저연구』, 14(3), pp. 229-247.

박석희(1999). 『나도 관광자원해설가가 될 수 있다』, 서울 : 백산출판사.

박영목(1996). 국어 표현과정과 표현전략, 『독서연구』, 제4호, 한국독서학회.

박조원 · 정헌일 · 심원섭(2010). 파인과 길모어의 체험 경제 영역이 영화제 방문객의 만족도에 미치는 영향, 『미디어경제와 문화』, 8(3), pp. 93-129.

박희주(2006). 해설서비스가 관광객 만족과 행위의도에 미치는 영향, 경기대학교 대학원, 박사학위논문.

윤병훈(1992). 광고와 모델-모델의 기능과 역할, 『앨지애드 사보』 12월호, pp. 14-16.

이규종(1989). 『현대사회와 매스커뮤니케이션』, 문화원.

이재수(1999). 『광고 심리학』, 조형사.

이호배 · 정이규(1977). 유명인 광고모델이 광고태도와 상표태도에 미치는 영향, 『광고학 연구』, 12:170.

차배근(1976). 『커뮤니케이션학 개론(상)』, 서울 : 세영사.

______(1985). 『커뮤니케이션 이론연구, 태도변용이론』, 파주 : 나남출판소.

천영수 · 김윤숙(2001). 관광객의 웹탐색 활동에서 플로우의 결정요인과 효과, 산경논집 제15집 제2호, pp. 341-362.

한숙영(2005). 문화관광 체험영역에 관한 연구-유산관광자를 대상으로, 경기대학교 박사학위논문.

한숙영 · 엄서호(2005). Pine과 Gilmore의 체험영역 모델에 관한 검증 : 한산모시축제 체험 활동 참가자 만족을 중심으로, 관광학연구, 29권 2호, pp. 131-148.

Allport, H. H.(1955). *Theories of Perception and The Concept of Structure*. New York: Jone Wiley & Son.

Chris Argyris et al.(2009). 심영우 역, 『효과적 커뮤니케이션』 Effective Communication, 파주 : 21세기북스.

Clawson, M. & Knetsch, J. L.(1966). *Economics of Outdoor Recreation*. Baltimore : The Johns Hopkins Press.

Csikszentmihalyi Mihaly(1975). *Beyond Boredom and Anxiety : Experiencing Flow in Work and Play*. San Francisco : Jossey-Bass.

____________________(1997). *Finding Floe*. New York : Basic Books.

____________________(2003). 이삼출 역, 『몰입의 기술』 Beyond Boredom and Anxiety : Experiencing Flow in Work and Play, 25th anniversary special edition, 서울 : 더불어책.

____________________(2004). 최인수 역, 『Flow(미치도록 행복한 나를 만나다)』 *Flow, The Psychology of Optimal Experience*(1990), NY : Harper and Row Publisher Inc, 서울 : 한울림.

Debevec and Kernan(1984). "More Evidence on the Effects of a Presenter's Physical Attactivess", *Advances in Consumer Research*, 11, p. 129.

Fortheringham, W. C.(1966). Perspective and persuasion. Boston : Allyn and Bacon.

Gilmore, J. H. & Pine II, B. J.(2002). Differentiating hospitality operation via experience. *Cornell Hotel and Restaurant Administration Quarterly*, 43(3), pp. 87-96.

Holbrook, M. B., & Hirschman, E. C.(1982). The experiential aspects of consumption : Consumer fantasies, feelings, and fun. *Journal of Consumer Research*, 9(2) : 132-140.

Hungerford, H. R. L.(1990). Changing Learner Behavior Through Environmental Education. *Journal of Environmental Education*, 21(23) : 10-21.

Hull, R. B. Ⅳ, Stewart, W. P. & Yi, Y. K.(1992). Experience patterns : capturing the dynamic nature of a recreation experience. *Journal of Leisure Research*, 24(3) : 240-252.

Krippendorf, J.(1987). The Holidaymakers : Understanding the Impact of Leisure and Travel. London : Heinerman.

MacCannel, D.(1993). 오상훈 편역, 『관광객』, 서울 : 일신사.

Maslow, A. H.(1998). *Maslow on Management*. Denver : John Wiley & Sons, INC.

McQuail, D.(2002). 양승찬 · 강미은 · 도준호 역, 『매스커뮤니케이션 이론』. Mass Communication Theories(4th ed. 2000), London : Sage, 파주 : 나남출판사.

O'Keefe, D. J.(2002). Persuation : Theory and Research(2nd ed.). Thousand Oaks, CA : Sage.

Pine, B. J. Ⅱ & Gilmore, J. H.(1998). Welcome to the experience economy. *Harvard Business Review*, 76(4) : 97-105.

Pine, B. J. Ⅱ & Gilmore, J. H.(2000). *The Experience Economy : Work is Theatre & Every Business a Stage*(2000). Boston : HBS Press.

Richards, G.(1996). Production and consumption of european cultural tourism. *Annals of Tourism Research*, 23(2) : 261-283.

Richards, G.(1996). Culture and tourism in Europe. In Richards, G. (Ed.), *Cultural Tourism in Europe*, 1-18. Wallingford : CAB International.

Schramm, W.(1977). 최종수 역, 『커뮤니케이션이란 무엇인가』 Men, message, & Media : A look at human communication. NY : Harper & Row. 서울 : 전예원.

Schumitt, B. H.(2002). 박성연 옮김, 『체험마케팅』 *Experiential Marketing : How to get consumers to sense, feel, think, act, relate to your company and brands*, 서울 : 세종서적.

Tan, Alexis S.(1985). *Mass Communication Theories and Research*, New York; John Wiley & Inc : 115.

Tilden, F.(1977). Interpreting Our Heritage(revised ed.), Chapel Hill, North Carolina : The University of North Carolina Press.

Timothy, D. J.(1996). Tourism and the Personal Heritage Experience. *Annals of*

Tourism Research, 23(4) : 751-754.

Walster, E., E, Aronson, and D, Abrahams(1966). "On Increasing the Persuasiveness of a Low Prestige Communicator", *Journal of Experimental Social Psychology* : 325.

제5장

테마가 있는 해설

제1절 테마와 테마개발

1. 테마란?

당신이 오늘 만나는 사람에게 꼭 하고 싶은 이야기의 핵심 내용, 상대에게 전하고 싶은 글의 목적이 잘 드러난 문장, 그것이 바로 테마이다. 해설사에게는 해설프로그램에 목적과 해설의 대상을 통해 참여자에게 '전하고 싶은 메시지'가 있을 것이다. 이 메시지가 오늘 해설프로그램의 테마이다. 테마는 이렇게 간단한 것이다.

그런데 테마를 선정하는 과정은 그리 간단하지 않다. 해설사의 충분한 대상에 대한 학습과 이해는 물론 참여자가 사는 사회와 해설의 대상이 사는 세계를 바라보는 눈, 그리고 세상을 보는 가치관까지도 테마를 선정하는 과정에서 다듬고 고민해야 하는 내용이다. 단순하게 오늘의 해설에서 참여자들에게 무엇을 보여주고 무슨 이야기를 들려줄까를 넘어선 참여자가 함께 생각을 하고 자극을 통해 영감을 받을 수 있도록 돕기 위한 중심메시지, 중심생각이 테마이다.

이렇게 이야기하면 테마는 다시 또 무척 어려운 과제가 된다.

틸든Tilden(1977)은 해설사와 함께 한 경험 후 "그의 마음속에 그 장소의 핵심이 무엇인지 이해할 수 있는 한 가지 이상의 장면을 기억하게 하는 것이 좋다"라며 정돈하지 않고 나열하는 다량의 정보는 혼란만을 줄 수 있다고 강조하였다.

그럼, 정돈되지 않은 정보의 나열을 피하기 위한 방법이 필요하다. 정보를 이슈의 크기순으로, 연대순으로, 유명한 정도의 순서로, 가장 많이 활용되는 해설대상지의 가장 효율적인 동선에 나열되어 있는 대상물의 정보순서로 하는 것이 좋을까? 우리 모두가 알고 있듯이 아니다. 정보의 선택과 나열, 이야기의 선택과 나열은 오늘 해설의 테마를 준거로 하여 선택하고 나열하여야 할 것이다. 틸든이 주장한 내용도 이것이다.

틸든이 주장한 테마에 의해 이야기를 선정하고, 테마를 중심으로 전개되는 해설이 지속적으로 지지받고 있는 이유는 인간의 기억력과도 관계가 있다. 인간의 기억력은 한계가 있어서 일정시간에 많은 정보를 습득하여 기억하는 것이 어렵다. 그래서 해설사는 꼭 필요한 핵심적 정보를 정돈하여 전달하거나 자극적인 요소나 재미요소를 곁들여 해설을 기획한다.

그러면 테마는 무엇으로 구성되어야 하는가? 테마는 다음과 같이 2개의 부분으로 이루어지며(Hollinshed : 26), 잘 선택된 사고와 잘 구성된 문장으로 만들어진 테마는 해설프로그램을 가장 효과적으로 운영할 수 있도록 돕는 핵심도구가 된다고 했다(박석희, 1999).

테마 = 이야깃거리 + 독특한 이야기 각도

이야깃거리는 장소, 유물, 인물, 시대, 자연 등 대상과 관련된 모든 정보들을 품고 있는 상징적이고 함축적인 것으로, 흔히 대상물이나 대상지로 이해될 수도 있다. 이러한 특성의 이야깃거리들에 대해 해설사의 관심과 해설의 목표에 따라 자원이 지닌 여러 분야의 이야기들 중 독특한 이야기의 갈래를 선택하는 것을 의미한다.

예를 들어, 수원화성을 이야깃거리로 선정한다면, 이야기의 각도에는 정조의 인생, 정조와 사대부의 정치적 대립, 아버지 사도세자에 대한 아들 정조의 아픔, 왕권강화를 위한 수원화성의 건축, 수원화성에 담은 효사상 등 다양한 이야기의 각도를 잡을 수 있어서 다양한 테마의 구상이 가능하다.

이런 테마의 구상이 없이도 해설프로그램은 진행될 수 있다. 다만, 해설프로그램에 테마가 없는 것은 뼈대 없이 세워진 건조물 같아서 완성된 모습에서 단단함이나 간결함, 또는 강한 여운을 기대하기 어렵다. 르위스Lewis(1980)는 테마가 있으면 해설프로그램이 어떤 장점을 지닐 수 있는지를 다음과 같이 정리하고 있다.

- 테마의 존재는 해설 내용에 대해 이해를 분명하게 한다.
- 테마는 이야기할 범위를 한정해 해설의 내용에 통일감을 줄 수 있다.
- 테마는 해설의 이야깃거리들이 지닌 숨은 의미와 가치까지 전달할 수 있게 한다.
- 테마를 이용해 내용을 물리적 혹은 시간적으로 나열하거나, 지나치게 사소한 이야기들을 담은 해설이 되는 것을 방지할 수 있다.
- 테마를 단어와 문장으로 표현함으로써 다양한 내용들의 중심을 확보하여 이야깃거리를 정교하게 다듬을 수 있다.

실제로 다양한 생태문화해설에서 사용될 수 있는 테마를 몇 가지 살펴보기로 하자.

- 모기도 자연생태계에서는 중요한 배역을 가지고 있다.
- 자연은 우리에게 병도 주고 약도 준다.
- 모든 살아있는 생명체는 태양을 피하고 싶지 않다.
- 인간의 역사에 대해 인간은 기록하지만 자연은 침묵한다.
- 정도전은 경복궁에서 성리학을 완성했다.

- 세종대왕의 생애는 자주정신의 발로 그 자체이다.
- 정조는 수원화성에서 강한 조선, 강한 조선의 왕을 보여주고 싶었다.
- 반달곰의 생존이 위협받고 있다.
- 반달곰의 건강상태 가슴의 반달이 말해준다.
- 물은 대규모 동굴을 만들기도 하고 부수기도 한다.
- 소쇄원은 양산보 처사공이 조성한 조선의 원림이다.
- 소쇄옹은 무등산자락 아래 조선스타일의 별장에 숨었다.
- 소쇄원의 아름다움은 자연과 인공의 행복한 조화에 있다.
- 소쇄원은 가사문학의 산실이다.

해설사는 자신의 해설의 목표나 참여자와 대상자원의 특성을 이해하여 자신만의 독특한 이야기의 각도를 설정할 수 있다. 우리는 이런 테마의 선정을 위해 앞 단계에서 대상과 참여자의 특성을 파악하고 이해하려는 노력을 하였다. 테마의 성격이 이렇게 두 가지 부분으로 이루어져 있다는 것이 내용구성에 대한 이해라면 이제 테마를 구체적으로 표현하기 위한 몇 가지 조건을 알아보자.

2. 테마의 연구와 선택

가치관은? 나쁜 사람은 벌을 받고 착한 사람은 행복해진다는 권선징악으로 선정할 것인가, 어떤 테마로 그들의 생각의 방향을 유도할 것인가. 감성은? 인간이 느끼는 공포나 스릴? 사랑의 환희나 슬픔? 등등 시나리오를 통해 어떤 감정의 변화를 느끼도록 할 것인가?

1) 테마의 연구

테마를 개발하는 과정 또는 개발한 테마를 다듬는 과정을 가리켜 테마의 연구라고 한다. 아이디어 창출과정을 통해 아이디어가 얻어지면 서서히 끓여서 과다한 물을 수증기로 날려보내야 맛있는 요리가 되듯이 테마에 대하여 연구를 해야 한다.

틸든이 지적하였듯이 문화유산해설의 재료는 정보이다. 그런데 정보가 바로 상품Products은 아니다. 여러 가지 재료를 가지고 요리를 만들듯이 정보를 가지고 상품을 만들어야 한다. 이를 위해서는 조사도 하고 연구도 해야 한다.

먼저 도서관에서 시작하자. 바킨Barkin의 이야기를 들어보자. "나는 이러한 것들을 대학에서 배우지 않았다. 도서관에서 책을 뒤져서 찾아냈다." 신문과 잡지를 뒤지고, 정기간행물을 읽어보고, 연구보고서도 찾아보아야 한다. 공공기관에도 정보는 대단히 많다. 컴퓨터 정보망이나 대학부설 또는 사설연구소도 좋은 정보원이다.

지역에 관한 정보는 지역전문가에게 물어보자. 향토사학자들은 지역의 역사에 대하여 누구보다도 밝으며, 향토의 자연보호단체에서는 그 지역 야생동식물의 생태에 관하여 더 많은 정보를 가지고 있다. 그리고 각종 동호인 그룹에서도 그들 나름대로 지역에 관한 각종의 정보들을 가지고 있으며, 물론 지역의 박물관이나 문화원 등에서도 좋은 자료들을 발견할 수 있다.

부지런히 쫓아다니는 것이 최상이다. 물론 연구를 통해 알게 된 모든 것을 활용할 수는 없다. 그러나 깊게 알게 되면, 테마를 발전시키는데 필요한 통찰력을 얻을 수 있다.

2) 테마의 선택

관광자원해설사는 성공적인 메시지 전달에 테마가 아주 중요하다는 것을 잘 알고 있다. 틸든은 다음과 같이 이야기하였다.

"방문자는 그의 마음속에 한 가지 이상의 전체적인 모습을 담아가지고 가는 것이 훨씬 낫다. 여러 가지 정보를 잔뜩 가지고 혼란스러운 상태에서 떠나면, 정작 그곳의 핵심적인 것이 무엇이었던가를 모르고 만다." 그의 이러한 지적은 인간의 기억력 기능에 관한 연구에서 뒷받침된다. 즉 사람들은 핵심적인 아이디어에 관련된 사실을 그렇지 않은 경우보다 더 잘 떠올릴 수 있다. 그것이 담화, 전시, 기사, 팸플릿, 슬라이드 프로그램, 또는 다른 어떤 매체를 이용하여 전달되든지 간에 모든 해설메시지는 하나의 테마를 가지고 있어야 한다.

여기서 테마는 들려주는 이야기를 짜임새 있게 구성해 준다. 이야기의 짜임새는 이야기를 들려주려고 계획할 때 마음속에 간직해야할 가장 중요한 것이다.

예를 들면, 새들에 관해서 이야기한다고 하자. '새들'이라는 것은 하나의 프로그램에서 다루기에는 너무나 큰 이야깃거리이다. 새들이라는 이야깃거리에서 하나의 짜임새 있는 프로그램을 만들 수 있는 가능성은 무수히 많다. 이때 우리는 테마의 범위를 세상에서 가장 빠른 약탈자인 '송골매'로 축소시킬 수 있다. 즉 '송골매는 세상에서 가장 빠른 약탈자다'가 테마가 된다. 그러면 테마는 특정범위로 한정되고 분명해진다. 이제 초고속으로 다이빙하는 송골매 그림을 그릴 수도 있고, 송골매가 공중에서 다른 새들을 움켜쥐는 커다란 발가락에 관해서도 이야기할 수 있다. 그리고 낚아챈 새의 척추를 잽싸게 분리해내는 화살처럼 꼬부라진 부리를 보여줄 수도 있다. 물론 송골매에 관련된 생태학적 테마를 연결시킬 수도 있다. 즉 살충제, 얇은 알껍데기, 보호문제 등에까지 송골매를 테마로 한 이야기를 엮어낼 수 있다.

테마선택을 보다 잘하기 위하여 다음과 같은 5가지의 의문을 떠올려 볼 수 있다(Regnier et.al. : 12).

첫째, 나의 테마가 한 문장으로 진술될 수 있을까?

위의 송골매 이야기에서 테마의 진술은 "송골매는 다른 새들을 다 잡아먹도록 특이하게 적응되어 있다"는 것이 될 수 있다. 이 한 개의 문장을 마음속에 새겨두면, 테마에 관해 더 많은 연구에 도움이 될 수 있고, 그리고 이야기가 다른 방향으로 빗나가게 되는 위험도 줄일 수 있다.

둘째, 나의 테마가 방문자의 경험을 풍부하게 해줄 수 있을 정도로 이 지점에 관한 중요한 이야기를 들려주고 있는가?

왜 내가 지금 이 지점에서 이야기하려는가? 한 지점의 중요성은 일상적인 사람, 즉 그냥 지나치는 사람에게는 흔히 미미하거나 놓쳐버릴 수 있다. 선택하는 테마는 이러한 미미한 것에 통찰력을 제공해 주어야 한다.

셋째, 이야기를 듣고 있는 청중들이 관심을 가질 수 있는 테마인가?

관광자원해설사는 그 지점에 관하여 아주 기술적이고 과학적인 관찰내용에 도취되어 있을 수 있다. 이게 청중들에게 어울리는가? 어쩌면 청중들은 송골매보다는 야생 카나리아에 관해서 들려주는 것을 좋아할 수도 있다.

넷째, 내가 개인적으로 좋아하는 테마인가? 테마에 대하여 연구해 볼 자료를 가지고 있는가?

틸든은 이에 대해 아주 적절하게 이야기하고 있다. 즉 열광 없이 냉냉하게 들려주는 문화유산해설은 관심 없이 받아들여진다는 것이다. 우선 생태문화해설사가 해설프로그램을 위해 선택하는 테마를 좋아해야 한다. 열광은 전염성이 있다Enthusiasm is Contagious. 거짓자료를 가지고 열광할 수 있을 것인가? 해설자는 신뢰성을 유지하기 위하여 적절한 자료를 이용해야 한다. 청중은 거짓을 금방 알아챈다.

다섯째, 만약 어떤 방문자에게 이야기해주고 있던 것에 관해 물어볼 때 그들은 나의 테마를 알아낼 수 있을까?

누군가의 앞에서 이야기를 연습할 수 있다면 그들에게 지금 이야기하고 있는 내용의 테마를 아는지 물어보라. 만약 그들이 당신이 지금 들려주는 이야기의 테마를 모른다면, 테마 전달방법이 적절하지 못하거나 테마선정이 잘못된 것으로 볼 수 있다.

3) 테마의 개발

테마를 선택하고 나면 여기서 다시 테마를 더욱 다듬어야 한다. 이것은 테마를 단순히 정교하게 한다는 차원이 아니라 테마를 개발하는 것을 가리킨다. 레위스(Lewis : 40-43)가 제시한 설명을 중심으로 살펴보자.

자원해설작업을 위한 전체구조의 유형은 다음과 같다.

Ⅰ. 머리말
Ⅱ. 테마
Ⅲ. 테마의 개발
Ⅳ. 맺음말

여기서는 앞에서 언급되었던 테마 하나를 가지고 테마를 개발해보자.

Ⅰ. 머리말
Ⅱ. 테마 : 간헐온천은 3가지 변수에 의존한다.
Ⅲ. 테마의 개발
1. 간헐온천은 많은 양의 열이 필요하다.
2. 간헐온천은 물이 있어야 한다.
3. 간헐온천은 압축식 수심 측량기기가 있어야 한다.
Ⅳ. 결론

최초의 테마개발은 테마 그 자체에서 바로 유도될 수 있다. 위의 3개의 문장(1, 2, 3)은 테마의 머리말Main Headings이라고도 부른다. 주된 제목이 다음의 경우라면 아주 유용하다.

- 짧고, 간단하고, 그리고 완전한 문장으로 진술되어 있고,
- 3~4개의 단어를 초과하지 않으며,
- 흥미롭고 동기유발적인 단어로 표현되어 있을 경우

테마 머리말을 붙였으면 다음 단계는 그것을 발전시키는 것이다. 앞의 간헐온천의 예를 가지고 계속해보면 다음과 같다.

1. 간헐온천은 많은 양의 열이 필요하다.

⑴ 그 열의 기원은 화산이다.

⑵ 그 열의 원천은 지하 수천미터 아래 묻혀 있다.

2. 간헐온천은 물이 있어야 한다.

⑴ 간헐온천수의 대부분은 눈・비・우박 등의 형태로 땅에 내린 것이다.

⑵ 간헐온천수의 얼마만큼은 간헐온천 바닥에 가로놓인 마그마로부터 직접 나온다.

3. 간헐온천은 압축식 수심 측량기가 있어야 한다.

⑴ 번센이라는 사람이 최초로 간헐온천의 기능을 설명하였다.

⑵ 간헐온천의 수심 측량은 지구의 껍질, 즉 지각에 금이 가게하고 틈을 만든다.

⑶ 이러한 금과 틈은 간헐온천에 미량원소가 스며들게 한다.

이와 같이 테마 머리말에 다시 부제 머리말Sub-Headings을 붙이는 작업은 예, 인용, 설명, 이야기, 추억담 등을 사용하여 해볼 수 있다. 물론 여기서 테마개발 작업이 끝난 것은 아니다. 어떤 순서로 테마 머리말을 정렬하는가 하는 것이 문제가 될 수 있다. 역사적 사실을 근거로 테마를 개발한 경우에는 연대순으로 테마 머리말을 정렬할 수 있다. 어떤 경우에는 작은 것에서 큰 것으로 옮겨갈 수 있으며, 공간구성을 따라 테마 머리말을 정렬할 수도 있다. 경우에 따라서는 작업과정의 순서대로 테마 머리말을 정렬할 수도 있으며, 순서에 아무런 문제가 없는 경우라면 상황에 따라서 테마 머리말을 정렬할 수 있다.

제2절 메시지 작성을 통한 테마개발

많은 해설사들이 글쓰기는 생략하고, 해설을 기획하고 해설을 진행하며 모니터링을 받는 것을 주변에서 쉽게 볼 수 있다. 그러나 이런 방법은 잘못된 생각이다. 콜린스와 젠트너Collins & Gentner(1980)는 쓰기의 인지적 과정을 아이디어의 생산 과정, 텍스트의 생산 과정, 그리고 고쳐 쓰기 과정의 세 가지 특징적인 과정으로 구분하였다. 이들 세 가지 과정들은 표현의 과정에서 동시적이며 상호작용적으로 작용하는 것으로 설명하였다.

이 과정을 따라 메시지를 작성해 보면,

첫 단계인 아이디어 생산은 혼자 또는 여럿이 할 수 있는데, 여럿이 함께 준비한다면 브레인스토밍이라 한다. 이 단계에서 모여진 아이디어들에 대해 간결한 설명과 세부적으로 활용하고 싶은 대상지의 대상물, 해설을 위한 내용, 체험의 종류 등을 정리한다.

다음 단계는 텍스트 생산과정으로 앞서의 내용들 중 가장 하고 싶거나 가장 대상에게 적합하다고 생각되는 아이디어와 그 세부 내용을 가지고 초고를 작성한다.

마지막 단계는 고쳐쓰기 과정이다. 이 과정은 작성된 초고를 수정하거나 보완, 연결하며 메시지를 완성한다. 메시지 작성과정에서 해설사는 해설서비스 참여자의 관심, 요구 및 상황에 따라 가장 적합한 메시지의 유형, 적절한 세부 내용 및 논리전개 양식, 문체와 어조, 그리고 상대에게 적합한 유머적 표현 등이 필요하다. 그리고 메시지는 간단명료하게 작성한다.

처음으로 작성하는 경우, 스스로 새로운 메시지의 형식과 내용을 완성할 수도 있겠지만, 조금 더 쉽게 메시지 작성을 연습하기 위해 기존 메시지(안정적이고 관습화된 메시지, 기존해설 매뉴얼)의 재활용, 특정 메시지의 전체적 구조와 방식 모방, 유명인의 연설문이나 작문 모델의 참조도 가능하다. 정보의 성질로는 오래된 정보와 새로운 정보, 관련된 정보, 대등적 정보와 종속적 정보 등 다양하게 사용할 수 있다.

메시지를 작성하는데 있어서 각 단계별로 몇 가지를 확인해야 한다.

• 아이디어를 개진하는 과정에서는
- 아이디어 하나하나에 대해 자신이 정확이 알고 있는가?
- 상대의 관심을 받고 이야기를 나누기에 적합한가?

• 내용을 정리하는 단계에서는
- 해설사는 그 내용에 대해 자신이 갖고 있는 이미지는 어떤 것인가?
- 이번 해설의 목표를 잘 반영할 수 있는 내용인가?
- 오늘의 해설을 들은 사람들이 재방문했을 때 발전시킬 내용은 무엇이 될 수 있을까?
- 체험을 진행할 내용은 무엇이 있나?
- 이야기를 나누기에 내용의 수준이 적합한가?
- 내용을 전체적으로 보았을 때 체계적으로 정리되었나?

• 초고를 정리하는 단계에서는
- 참여자의 지식, 태도, 요구 등에 대한 분석이 반영되었나?
- 참여자의 반응을 예상하였나?
- 아이디어나 내용의 요지를 드러내는 핵심 어휘Code Words를 갖고 있는가?
- 내용은 쉽고도 전하고 싶은 전체의 내용을 잘 요약하고 있는가?
- 중심 생각인 메시지가 명쾌하게 드러나고 있는가?
- 경험을 강화할 체험부분은 적절한가?

• 최종적인 수정과 보완단계에서는
- 체계적이고도 단순한 문장으로 정리되어 있나?
- 참여자가 주도적으로 내용을 끌고 갈 수 있게 구성되었나?
- 가르치려 하는 것이 아니라 참여자의 관심을 자극하고 있는가?
- 메시지가 목적을 달성할 수 있을까?

이끌어 온 메시지를 테마문장을 완성할 때에는 '6하 원칙'을 대부분 지키는 완성된 문장을 하나 만든 후 대상자의 특성을 반영하거나 관심을 이끌기 용이하도록 6하 원칙 중 일부를 제외시켜 나가는 것이 편리하다.

6하 원칙의 거의 모든 부분이 들어 있는 문장을 완성해 보는 이유는 6하 원칙 속에 있는 '누가, 언제, 어디서, 무엇을, 왜, 어떻게' 하였는지를 확인하는 과정에서 중심인물과 시대, 그리고 사회적 환경은 물론 '어떻게'와 '왜'가 지닌 비구상적인 특성으로 인해 상상력을 키우며 해설사가 지닌 지식정보를 바탕으로 하는 해설의 스토리를 차별화시킬 수 있는 핵심적 이미지를 찾는 것이 가능하기 때문이다. 그리고 '누가'와 '무엇을'을 확인하며 구상적인, 즉 실제 정보의 확인과 스토리 확장의 근간을 확보하는 것이 가능하다. 다음은 대상지와 그 특성을 고려한 몇 개의 테마이다.

- 해인사는 정신과 육체의 자연회귀 연습마당이다(해인사).
- 가장 편안하고 아름다운 명당지에서 만나는 나옹선사(신륵사)
- 조선인의 삶의 방식은 지금보다 더욱 디지털화 되어 있었다(수원화성).
- 불국사, 당신이 짓는다면?(불국사)
- 세계문화유산을 직접 선정해 보세요(창덕궁).
- 당신의 아들과는 친하신가요?(청계천 또는 정릉, 조선 신덕왕후 묘)
- 세계 3대 미남 중 한 명을 직접 만나다(석굴암).
- 당신이 아는 탑의 상식을 깬다!(운주사)
- 배워보자, 건강히 잘 먹고 잘사는 법(Slow Food)
- 오늘 이곳에서 정신적 안정감을 찾아주는 '슬로우 투어'를 경험하자(신안 증도).
- 당신은 지금 중국 땅에 서있다(인천 차이나타운).
- 조선의 왕과 달랐던 고려의 왕을 만나라(숭의전).
- 태어난 자, 꼭 한 번은 이곳으로 돌아온다(조선의 왕릉).
- 한국인도 모르는 지리산의 비경을 알려주는 시간(지리산 국립공원, 외국인 대상)
- 한국의 석탑은 이렇게 시작되었다(미륵사지 석탑).

- 가족이 모두 함께 자연이 되자(제주 비자림).
- 늪은 습한가?(창령 우포늪)

제3절 마인드맵을 활용한 테마연구와 개발

마인드맵Mind Map은 마음의 지도라는 뜻으로 두뇌를 구체적으로 사용하는 방법 중 하나이다. 두뇌 속에 저장되어 있는 정보들을 논리적이고 구체적으로 사용할 수 있도록 훈련하는 방법이다. 사람의 두뇌는 복잡한 신경조직이 크게 두 부분으로 나누어져 있는데, 좌뇌와 우뇌이다. 우리의 좌뇌 학문적이고 일차적인 행동을 담당하고, 우뇌는 상상력이 필요한 행동을 담당한다. 이 두 부분은 서로 도우며 창의적이고 논리적인 활동을 진행한다. 하나의 활동에 이 두 부분 중 어느 쪽의 뇌가 더 많은 활동을 하느냐에 따라 감성적이냐 논리적이냐의 비중이 달라진다. 그러나 창의적인 활동에는 양쪽 뇌 모두가 적극적으로 활동해야 한다.

이제 대상에 대한 생각을 마인드맵으로 그려보려고 한다. 머릿속에 여기저기, 그리고 조각조각으로 담겨져 있는 생각들을 지도로 그려보자. 이 과정은 우리의 대뇌와 소뇌를 모두 참여시켜 정리하고 나의 눈에 다시 보여주는 과정이다. 인간의 두뇌는 정보가 문자로 제시되었을 때보다 시각적으로 제시되었을 때 더욱 잘 처리할 수 있다. 우리가 지닌 오감기관이 받아들인 정보를 정리하고 적절한 관계도를 만들어 보는 것은 각각의 정보가 지닌 의미와 위치를 파악하는데 도움이 된다.

마인드맵의 가장 큰 장점은 우리의 생각을 자유롭게 풀어주면서도 관계도를 통해 조각정보들의 분류와 분석이 가능하다는 점이다. 이런 조각정보 또는 각론적인 부분들이 관계를 형성하면서 총론적으로 성장하기도 하고, 총론적으로 이해하고 있던 대상에 대한 생각이 관계도를 구성하는 과정에서 각론적인 것을 확인할 수 있는 기회가 된다. 이 과정은 연상작용을 지속적으로 이어져 브레인스토밍 및 창조적인 뇌의 활동이 가능하게 한다고 한다. 그리고 마인드맵을 여러 사람이 함께 하는 경우에는 여러 사람의 생각 차이도 확인할 수 있어서, 특히 대중적인 서비스를 제공하는 해설사의 경우 다른 사람의 생각을 확인할 수 있는 좋은 기회가 되기도 한다.

이런 특성을 활용하기 위해 해설프로그램의 주제를 선정하고 해설의 이야깃거리들을 정리하는 과정에서도 마인드맵의 구성형식이나 활용방법을 차용하고자 한다. 해설프로그램의 테마에 대해 연구와 개발에 마인드맵을 만드는 과정과 주안점은 토니부잔Tony Buzan(2010)의 마인드맵 훈련과정과 제이미 내스트Jamie Nast(2007)가 아이디어 맵핑Idea Mapping에서 제안한 내용에 도움을 받아 구성되었다.

(1) 목표 확인하기

항상 먼저 목표를 정의하라. 해설프로그램을 구상하는 과정의 첫 단계로 해설하는 나의 목적과 목표에 대한 의식이 분명해야 한다. 해설프로그램을 통해 오늘의 해설참여자들과 이루고자 하는 목표를 정하자. 정해진 목표에 의해 좀 더 구체적이고 실천적인 테마의 선정이 가능해질 것이다.

(2) 대상에 대한 조각정보 정리하기

조각조각 대상에 대한 생각들을 모으는 단계이다. 대상에 대해 생각을 집중하며 머릿속에 떠오르는 모든 것을 적어보자. 하나의 아이디어나 단어가 떠오르면, 그 단어와 연관되는 또 다른 아이디어나 단어가 떠오를 것이다. 떠오르는 모든 것을 적자. 그리고 하나의 아이디어가 자연스럽게 다른 아이디어를 이끌어내는 연상 사고를 막지 말고 진행시키자.

아이디어들을 정리해 보면, [그림 5-1] 중 하나의 형식을 갖게 될 것이다. 유형 1처럼 하나의 이야깃거리가 지속적으로 같은 성격의 하위 단어들을 이끌 수도 있다. 또 어떤 이야깃거리는 유형 2처럼 서로 다른 특성의 연상단어를 가지고 있을 수도 있다. 그런가 하면 유형 3의 모양으로 하나의 단어에서 서로 다른 특성을 연상시키는 단어를 찾고, 거기서 또 다시 각각의 연상단어가 각각의 하위나 또 다른 연상단어를 가질 수도 있다.

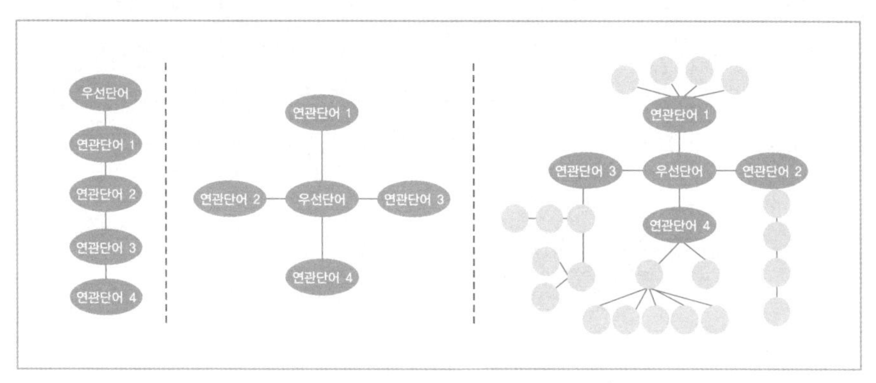

출처 : Jamie Nast(2007), Idea Mapping. p. 57.

[그림 5-1] 아이디어 유형 1, 2, 3

아이디어 지도를 그리는데 있어 가능하면 최대한 많은 아이디어를 적어 보는 것이 중요하다. 모든 것을 우선 기록해 보면 다음에는 선별이 가능해진다. 그렇게 하여 처음에는 하찮게 보지만, 나중에는 매우 유의미한 것으로 판명되는 것들을 누락하는 일을 방지할 수 있다.

모든 사람의 아이디어 지도는 모두 다르다. 오늘 내가 만든 아이디어 지도와 내일의 내가 만드는 아이디어 지도도 다르다. 옳고 그름도, 위계와 분별도 없는 것이 아이디어 지도이다. 연상되는 모든 생각들을 적어나가자. 아이디어 지도에 세부적인 것을 추가하고 점점 밖으로 뻗어나가면서 나의 생각의 고리들을 만들어 갈 수 있다. 이렇게 연쇄고리를 만들며 관계를 형성해가게 된다.

PS 하나의 생각을 정리하는 도중 다른 생각이 떠오른다면, 일단 기록하자.

(3) 마인드맵 만들기 시작

- 이제 본격적으로 종이를 펴고 종이의 중앙에 이야깃거리를 적어 넣자. 종이는 클수록 좋다.
- 중앙의 이야깃거리를 중심으로 앞서서 준비한 우선단어들을 정리해 둔 단어, 그림, 문장, 이모티콘, 아이콘, 사진 등을 추가해 나간다. 색을 표현할 수 있는 도구가 있다면 어울리는 색깔로 그리거나 색칠을 해도 좋다.
- 우선 단어가 이끌고 있는 연관단어들과 생각들을 바깥으로 퍼트려 나간다. 가장 작은 세목들은 지도의 가장 변두리에 나타난다. 간혹은 중간에 빈 원이나 빈 선을 두는 것도 좋다. 남겨 둔 원이나 선은 나중에 다른 생각이나 다른 연관단어를 추가할 수 있기 때문이다.

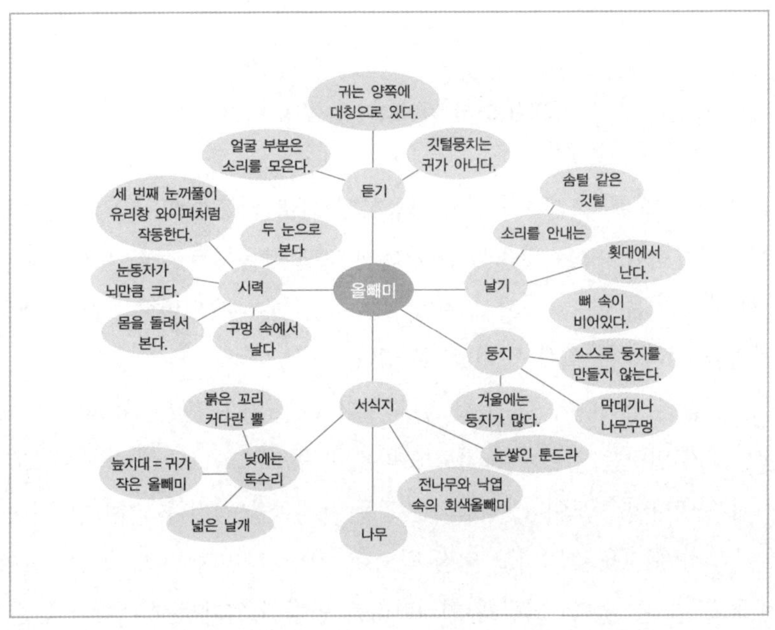

자료 : Regnier et al. 1992, p. 17.

(4) 테마의 성격 찾기

적어 놓은 것이 많거나 연결이 풍부한 부분에 담겨있는 이야기들이 해설사 본인이 가장 좋아하고, 좋아하기에 가장 많이 알고 잘 아는 부분이다.

(5) 테마문장을 위한 메시지 정리하기

선택된 부분을 다른 사람에게 이해시키기 위한 문장을 만들어 테마로 선정될 내용의 간략한 메시지를 만들어보는 과정이다.

(6) 테마(문장) 만들기

마인드맵에서 선택한 부분의 중심 단어를 포함해 앞의 5에서 정리한 메시지를 함축할 수 있는 문장을 만들자. 이제 테마문장은 완성되었다.

(7) 반복연습

이제는 연습이다. 다양한 목표와 용도에 따라 다양한 마인드맵을 만들어 보자. 여럿이 함께 만들어 보기를 시도해 보자. 더 많은 생각과 더 많은 테마에 대한 생각과 접근방식을 찾을 수 있다.

{ 주의사항 }

첫 시도에서 완전한 지도 그리기를 기대하지 말자. 누구나 처음은 있다. 처음부터 완벽할 수 없고 여러 번 하면서 또 다른 것, 그리고 더 나은 것을 얻게 된다.

다음은 마인드맵을 통해 신속하게 독특한 테마를 찾지 못했다고 실망하지 말자. 테마를 찾고 연구하는 과정 속에서 점점 나아지고 있다.

제4절 다양한 분야의 해설

관광자원해설이란, 실제로 모든 분야의 지식을 가지고 다양한 세계를 종합하는 것이다. 특정 도시나 지역의 해설사는 그 지역의 역사, 건축, 자연과학, 현재 정치 상황에 관한 질문을 받는다. 어떤 때는 해설사가 특정 주제를 가지고 여행을 인솔해야 한다. 최근 들어 특화된 여행이 인기를 얻고 있다. 다음에서 자연, 역사, 예술, 그리고 건축을 해설하는 지침을 살펴보자(Pond : 152-156).

1) 자연자원 해설

지식이 풍부한 자연주의자는 훈련을 받지 않은 사람은 이해할 수 없는 숲, 초원, 도시 공원에 걸어 들어갈 수 있다. 모든 자연은 서로 연결되어 있으므로 자연을 해설하는 사람은 땅이나 식물, 그곳의 바위 생성을 설명하고, 나뭇잎이나 곤충을 살펴보기도 하며, 또는 새 종류를 알아내고 짐승 발자국을 찾아내면서 커다란 주제 속으로 대화를 이끌어간다.

관광객이 너무 질리지 않도록 해설사는 특정 주제를 선택하기도 한다. 이를테면, 지역 생태계나 특이한 현상의 인과관계, 또는 특정계절에 일어나는 자연의 변화를 개관하는 등이다.

자연자원을 해설할 때는 모든 감각에 호소해야 한다. 많은 사람들은 자연을 감상하는 방법을 배운 적이 없다. 새들의 노랫소리를 들으면, 그것이 어떤 새인가 그리고 지금 어떠한 행동을 하고 있는가를 자연 애호가들은 안다. 나뭇잎이 흔들리는 것을 보면, 짐승의 크기가 어느 정도이고 얼마나 가까이 있는가를 알 수 있다. 향기를 따라가면 더덕 숲을 찾을 수 있거나 인동 덩굴이 덮인 곳을 발견할 수 있다. 뱀의 살갗을 만져본 적이 없는 사람에게 뱀의 질감質感은 놀랍고 섬뜩할 수 있다.

자연 속에서 강하게 체험한 경험이 있는 사람이 자연을 잘 해설할 수 있지만, 모든 해설사는 자연자원을 모든 해설과정 속에 짜 넣을 수 있음을 명심해야 한다. 최근 들어, 자연과 위기에 처한 지구에 대해 많은 사람들이 관심을 가지고 있으므로 해설사는 자기지역의 자연의 특성을 곁들여서 해설함으로써 그들의 해설 질質을 높일 수 있다. 도시 지역의 자연현상도 좋은 해설 거리가 될 수 있다.

2) 역사유적 해설

많은 지역에서 역사는 가장 보편적인 해설 대상의 하나가 되고 있다. 역사 해설사는 과거의 사건을 오늘의 관광객들에게 흥미롭고 의미 있게 해주는 일을 한다. 역사가, 철학자, 그리고 다른 학자들은 역사를 가르치는 것이 현재와 미래의 삶을 생산적이게 하는데 중요하다고 믿어왔다.

불행하게도 역사 선생님들이 사건이 발생한 날짜와 사실을 암기하도록 요구함으로써 많은 사람들은 역사를 멀리해왔다. 전쟁이나 운동, 과거에 대한 통계 등은 암기하더라도 대부분은 잊어버리게 된다. 해설사가 학교 교과과정에 비해 유리한 점 가운데 하나는 사건을 현재와 관련시켜 이야기할 수 있다는 점이다. 역사 속의 주인공이 살던 집, 가구, 그리고 개인 소장품을 보여줌으로써 보다 잘 기억할 수 있게 해준다.

역사를 이야기함에 있어 또 한 가지의 효과적인 기법은 역사 속의 인물에 관한 개인적 이야기에 초점을 맞추는 것이다. 실제로 역사에 관심을 갖는 사람들은 자신의 삶과 관련이 있는 듯한 역사 속의 인물이나 사건에 처음으로 매료됨으로써 영감을 받는다. 역사 속에 등장하는 많은 인물들은 매혹적이며, 종종 반대인물들의 괴상함도 최소한 오늘의 뉴스잡지에 나타나는 인물만큼 재미있다. 역사적 인물의 인간적인 면과 그들의 삶에 관한 이야기를 들려줌으로써 해설사는 역사적 영웅과 역할 모델을 창조할 수 있다.

3) 농촌지역 해설

60년대만 해도 농업이 주된 산업이었으나, 오늘에는 소수의 농민이 도시지역 사람들의 먹거리 원료를 생산하고 있다. 농업도 이제는 기술이 상당히 발달하였다. 가뭄, 폭풍우, 각종 병충해 등 농민을 괴롭히는 것들과 농민은 부단히 싸우면서 농업기술이 발달하게 된 것이다.

살아있는 농촌The Living Farm 개념도 살아있는 역사도시처럼 스웨덴에서 유래하였다. 미국에서는 농무성과 스미소니언박물관 그리고 국립공원청의 공동 노력으로 살아있는 농촌에 대한 연구가 이루어졌다.

그리고 살아있는 농촌은 농촌 야외박물관으로 발전되어 왔다. 그러한 박물관은 수많은 옛날 농기구들을 전시하고 있다. 그러나 대부분 그 농기구가 어떻게 사용되는지에 대한 설명글은 이해하기 어렵다. 그렇다면 사용하는 모습을 보여주어야 한다. 이를 발전시켜 우리는 살아있는 야외 농경박물관을 만들 수 있다. 기본적으로 전국에 걸쳐 농업발달과 농사분포를 보여줄 수 있는 농사방법 야외전시 연결망을 구성하는 것이다. 어떤 지역에서는 18세기 농사법을, 또 다른 지역에선 19세기 농사법을, 그리고 또 다른 지역에선 20세기 농사법을 보여줄 수 있도록 연결망을 만들 수 있다. 어떤 곳에서는 감자농사법을, 그리고 또 다른 곳에서는 옥수수 농사법의 변천과정을 야외공간에서 보여줄 수 있다. 시대와 지역에 따라 농사방법이 다르게 변천되어온 모습을 야외공간에서 그대로 보여줄 수 있다. 그리고 그 시대 그 지역의 농민들 삶 자체도 보여줄 수 있다. 이를 위해서는 '당시의 노동력은 어떻게 공급되었나, 어떠한 작물이 재배되었나, 어떤 농기구를 사용하였나, 종자는 어떻게 확보하였나, 토종은 무엇이었나' 등등을 각종 기록과 조사를 통해 밝혀내야 한다. 자료조사 시에는 향토 사학자들의 도움도 받아야 한다.

농촌지역 해설에서는 안전에 대한 문제가 중요하다. 농기계를 작동하면 사고가 날 수 있고 염소몰이를 하다가 성난 염소가 달려들면 다칠 수도 있다. 따라서 옛날 농부들이 필요하다고 느껴 둘러친 울타리보다 더 많은 울타리가 필요할 수도 있다.

4) 예술작품 해설

예술은 특히 위협적인 대상이다. 학술적 그리고 개인적인 신비로움 때문에 많은 사람들은 예술을 창작하고 감상하는 자신들의 능력에 대해 의구심을 가지고 있다. 아마도 너무나 많은 사람들이 전시관에 끌려가서 이해할 수 없고, 또 호기심이 발동되지도 않는 예술작품을 감상하도록 강요받는다.

어떤 의미에서는 전시관에서 구경하는 것은 쇼핑하는 것과 같다. 만약 흥미도, 호기심도 느끼지 못하는 품목으로 가득 찬 이곳저곳을 구경하도록 강요를 받는다면, 그 구매자는 곧 싫증을 느끼게 될 것이다. 예술작품과 박물관을 해설하려는 해설사는 관광객이 다음의 권리가 있음을 알고 있어야 한다(Pond : 154).

- 관광객은 자신의 호기심에 대한 권리를 가지고 있으므로 그들의 호기심을 충족시켜줄 보물을 탐색할 수 있다.
- 관광객은 박물관이나 전시물을 좋아하지 않을 권리도 있다.
- 관광객은 박물관에서 알게 된 것에 의해 혼란스러워할 권리도 있다.
- 관광객은 흥미로운 것이 아무 것도 없는 곳에서는 지루해질 수도 있다.
- 관광객은 박물관에서는 탐색하고 생각할 시간을 가질 권리도 있다.
- 관광객은 집으로 돌아가기를 원할 권리도 있다.
- 관광객은 자신들의 견해가 아니라 다른 사람의 의견을 들을 책임도 있음을 인정해야 한다.

예술 작품 해설사는 관광객의 감상에 영향을 미치려고 하기보다는 차라리 그들에게 어필하는 것을 찾게 하고, 그 이유를 물어보면서 감상을 고무하는 것이 낫다. 거기서 관심을 보이면 그 예술가의 생애, 작품유형, 기법, 그리고 그

작품의 목표 등에 대하여 이야기를 나눌 수 있다.

5) 건축물 해설

기초교육도 받지 않은 사람들에게는 건축이 단지 움직이지 않는 건물로 보일 수도 있다. 그러나 건축을 이해하는 사람들은 건축이 인간이 남긴 가장 위대한 업적 가운데 하나라고 믿는다. 건축은 몇 세대 동안 내려온 한시대의 시멘트와 망치로 이루어진 예술작품이자 은신처이다. 그것은 한 문화의 단서가 되면서 그 문화의 번성 또는 쇠락과 그 시대의 분위기를 나타내고 있다. 건축가, 건축사 연구가 그리고 건축에 대하여 조금이라도 배운 사람은 어떤 건물이라도 그 지붕을 바라보면서 다른 시대의 음악의 가락을 보게 된다. 건축물 해설사는 그와 같은 목표 달성을 위해 노력해야 한다.

다른 테마와 마찬가지로 건축물 해설사는 테마의 기본 요소와 용어에 대해 이해하고 있어야 한다. 다양한 건축양식에 대하여, 단지 이것은 무슨 양식이고 저것은 무슨 양식이고 하는 식이 아니라 어떤 시대에 가장 번창했던 곳은 어느 곳인가를 알고 해설해주어야 한다. 해설사는 또 어떤 건축양식이 그것이 탄생된 시대의 특성을 반영하는 면을 설명할 수 있어야 한다.

참고문헌 Reference

김봉군(1993). 『문장기술론(3판)』, 삼영사.

박석희(1999). 『나도 관광자원해설가가 될 수 있다』, 백산출판사.

박영목(1987). 작문의 인지적 과정에 대한 제약, 『국어교육』, 61-62호, 한국국어교육연구회.

______(1994). 의미의 구성에 관한 설명 방식, 『선청어문』, 22집, 서울대학교 사범대학.

______(1994). 작문능력 신장방안 연구 『교육연구』, 10집, 홍익대학교 교육연구소.

문덕수(1986). 『문장강의』, 시문학사.

Collins, A. & Gentner, D.(1980). *A framework for a cognitive theory of writing.* In L. Gregg & E. Steinberg(Eds.), Cognitive processes in writing. N.J. : LEA.

Jamie Nast(2007). *Idea Mapping*, Wiley.

Lewis, W. J.(1980). *Interpretation for Park Visitors.* Eastern Acom Press.

Tilden, F.(1977). *Interpreting Our Heritage*(revised ed.), Chapel Hill, North Carolina : The University of North Carolina Press.

Tony Buzan(2010). 마인드맵 북, 권봉중 옮김, 비즈니스맵.

제6장

스토리텔링과 스토리텔링을 활용한 해설

21세기는 '이야기를 소비하는 시대', '감성마케팅의 시대', '감성적, 비물질의 사회' 등으로 표현된다. 과거로부터 현대로 이어지며 사회는 채집의 사회, 농업 사회, 산업화 사회, 정보화 사회로 발전해 왔다. 이제 우리는 정보를 근간으로 감성과 이야기를 생산하고 소비하는 사회를 살고 있다. 롤프 옌센은 "훌륭한 이야기꾼을 가진 나라가 세계를 지배할 것"이라고도 하였다. 그리고 지역적인 이야기보다 범세계적인 이야기가 시장을 지배할 것이라고 하였다. 실제로 SNS 등의 매체의 발달로 인해 이제 우리는 지리적 국경도 문화적 국경도 자유롭게 넘나들며 이야기를 생산하고 소비하고 있다.

제1절 스토리, 스토리텔링[1] : 스토리에 색깔(감정)을 입혀라!

이야기를 통해 상대를 이해하고 이야기를 지닌 차를 사는 시대, 또 이야기의

---

1) 박희주(2010), 한국문화자원의 이해 중 '현대문화자원' 부분 재정리, 방송대출판부.

흐름을 지니고 있으며, 이야기를 키워나갈 수 있는 게임을 즐기는 시대, 현대는 설명이 아닌 감정의 변화를 유도하여 재미가 있고 감동이 있는 이야기를 추구하는 시대이다(강심호, 2005).

미래학자 롤프 옌센Rolf Jensen(2005)은 "사람들은 쓸모 있는 상품보다 자신의 꿈과 감성을 만족시키는 것을 구매하려는 경향이 있다. 사람들을 매혹시키는 것은 상품의 사용가치나 교환가치가 아니라 그 상품에 깃들어 있는 이야기이다"라고도 하여 이야기에 특성이 꿈과 감성을 만족시켜주는 것이어야 한다는 것을 지목하기도 하였다. 그럼 그 이야기Story란 무엇인가?

1. 이야기(스토리, Story)

1) 스토리에 대한 생각

흔히 우리가 이야기라 부르는 것들은 내용적으로는 사실적 정보Fact가 아니거나 정보를 쉽게 이해하고 기억하도록 꾸며진 거짓된 것Fiction으로 이해하는 경향이 있다. 그리고 사실적 정보는 진실이라는 점에서 높이 평가되지만, 스토리는 일부의 내용이 꾸며졌다는 사실로 인해 사실적 정보에 비해 신뢰도가 낮고 부정확하다고 인식되어 왔다. 그러나 이제는 스토리에 대한 이런 생각을 전환할 필요가 있다. 스토리란 관객에게 어떤 영향을 주려는 의도를 가진 스토리텔러로부터 적어도 한 명 이상의 사람에게 정보를 전달하는 과정을 수반한다(Howard, 2007).

그리고 전달된 사실적 정보가 우리를 계몽하려 하고 무언가를 밝혀내려는 특성이 있어서 심리적 안정을 주기 어려운 반면에, 스토리는 사실을 좀더 쉬우면서도 명확하게 이해하도록 도울 수 있으며, 기분을 전환시키고 즐겁게 해주는데 효과적이다.

또한 과거에는 핵심정보들이 자금력이 풍부한 기관이나 전문가들만 접근할 수 있도록 지극히 사유화된 데이터베이스에 저장되어 있었지만, 현대는 사실적 정보를 곳곳에서 거의 무료로, 그것도 빛의 속도만큼 빠르게 얻을 수 있게 되었다. 즉 사실적 정보의 가치는 급속히 떨어졌다.

슈미트Schumitt(2002)가 현대 소비자가 전통의 실질적 가치보다 감성과 오락성을 더 큰 가치로 판단하는 이유에서 이야기했듯이, 이 사회는 정보기술의 보편화로 인해 일정수준 이하의 정보에 대한 접근이 쉬워졌다. 현대의 소비자는 이제 사실적 정보들을 엮어 하나로 만든 문맥Contex이나 사실적 정보를 풍부한 감정처리가 곁들어진 문맥으로 만들어 제공하는 감성적 스토리를 만들어 제공하는 체험성 높은 상품을 더 큰 가치로 평가하고 있다.

도널드 노먼Donard Norman(1998)은 "스토리는 정식 의사결정방법으로는 다루지 못하는 요소들을 정확히 포착하는 데 적절한 능력을 갖고 있다. 논리는 일반화를 시도하고 특정 문맥으로부터 판단을 내지 않으며, 주관적인 감정을 배제한다. 반면, 스토리는 문맥과 감정을 포착한다. 스토리는 중요한 인식작용이며, 스토리는 정보 · 지식 · 문맥 · 감정 등을 하나의 치밀한 패키지로 압축한다"고 하여 스토리가 지닌 정보력을 강조하기도 했다.

그러나 스토리가 감정이나 오락성을 위해 무작위적으로 내용이나 사실을 변형하는 것은 아니다. 사실적 정보의 활용과 변형은 이야기 대상의 특성이나 이야기 대상의 중심가치, 그리고 커뮤니케이션의 목표가 학습이나 단순한 여가, 기분전환 등 어느 것이냐에 따라 그 변형의 방식과 그 정도는 매우 달라진다. 일반적으로 스토리는 사실을 좀더 쉬우면서도 명확하게 이해하도록 만들기 위해서 전달형식을 일상적인 언어, 이야기체, 구어체를 사용하고 있다.

스토리는 커뮤니케이션에 참여하는 사람들의 마음을 움직이는 커뮤니케이션 도구이다. 이야기를 주고받으며 상대를 설득하고 의미를 공유하며, 의사소통을 하고 자기이해를 도모할 수 있기 때문이다. 커뮤니케이션은 실제 이야기의 내용도 중요하지만 많은 감정적 교류가 가능한 감성적 강조점Impact과 표현방식이 필요한데, 이야기는 감성적이고 직관적이며 이성보다 감정에 주의를 집중시키는 특징이 있어서 좋은 커뮤니케이션 도구가 되고 있다.

그뿐 아니라 이야기는 인간이 사회를 이해하고 배우는 방법의 하나이다. 또 우리는 한 사회의 구성원으로 그 사회의 가치관에 대해 배우는 도구이다. 할머니나 부모님이 전해준 권선징악의 옛날이야기를 듣거나, 위인전 속 위인의 이야기를 읽으며 착하게 살고 열심히 살아야 하는 도리를 배웠고, 무엇이 이 사회의 가치관인가를 배웠다. 그리고 우리는 자라면서 학교에서는 교과서와 참고서, 일상 속에서는 다양한 다큐멘터리, 뉴스 등의 정보적 이야기를 통해 지식을 쌓아왔다. 그리고 어릴 적 읽은 동화, 청소년기에 읽은 소설 속 이야기, 예술작품이 전해주는 이야기들은 우리에게 아름다운 미래의 사랑과 예술의 매력에 빠지기도 했다. 이렇듯 우리는 태어나면서부터 이야기를 듣고 만들며 산다. 앞서의 언급에서 보듯이 이야기를 전달하는 매체는 다양하다. 스토리를 전달하는 방식들을 살펴보면 구술, 인쇄물, 영상, 다양한 형태의 예술작품 등 다양한 방식의 매체를 단독으로 혹은 혼합하여 이야기를 전달하고 있다. 우리는 이렇게 다양한 매체를 통해 이 사회의 구성원으로 필요한 많은 정보를 이야기하고 정보의 의미와 가치를 전달하거나 나누고 있다.

왜 사람들은 이야기 형식을 즐기고 이야기 형식으로 이루어진 정보를 잘 기억할까? 이야기를 좋아하는 것은 인간의 본성이라고 한다. 우리의 뇌구조와 사고의 구조를 살펴보면, 우리가 왜 이야기, 이야기의 형식을 발달시켜 왔는지 알 수 있다. 우리 뇌의 구조에 맞는 정보는 이야기 형식을 지녔을 때 더욱 쉽게 이해하고 기억할 수 있다. 스토리의 전개와 함께 하는 우리의 감정변화는 인간이 사건에 대해 또는 사물에 대해 '기억을 하는 방식'이기 때문이다. 그래서 우리는 이야기 형식의 정보를 쉽게 이해하는 것은 물론 기억도 잘하게 된다고 한다.

해설의 원칙에 대해 이야기한 틸든(1977) 역시 사실적 정보보다는 이야기 형식을 통해 정보를 다루는 것이 유익하다고 하였는데, 그 내용을 살펴보면 다음과 같다.

- 해설은 교육과 정보에 관한 것이다. 하지만 사실과 숫자의 단순 제시 이상

의 것이다. 또한 해설은 공개하는 것이고 즐기는 것이다. 최근에는 Intertainment로 불린다.

- 해설은 청중 각각에 대해 연관되어야 한다. 자신들이 듣는 정보가 자신에게 중요한 것이라고 청중들이 생각하게 만들어야 한다. 그럴 때에야 비로소 기억에 남고 행동에 옮겨질 수 있다.
- 해설은 하나의 예술이다. 다른 예술과 같이 가르칠 수 있는 요소를 가지고 있다. 하지만 진정한 예술과 같이 좋은 해설은 해설을 하는 사람의 인성과 성격에 많은 영향을 받는다.
- 해설은 정보와 사실의 작은 조각이 아닌 '큰 그림'을 제시해야 한다. 해설은 방문객에게 생각, 관계, 이면에 담긴 깊은 의미를 전달함으로써 방문객에게 영감을 주고 그들을 계몽시켜야 한다.
- 해설은 피상을 넘어 실상으로, 부분을 넘어 전체로, 진실을 넘어 보다 중요한 진실로 인도해야 한다.

2) 스토리 소비

우리는 일상을 살아가며 많은 물건과 경험, 시간을 소비한다. 간혹은 무의식적으로 간혹은 나의 의지에 의해 소비를 한다. 미래학자 롤프 앤센은 현대의 우리, 21세기를 살고 있는 우리가 제품이 아닌 이야기를 소비한다고 지적한다. 우리가 필요로 하는 제품을 구매할 때 그 제품의 기능, 가격, 나의 취향 등을 고려하는 행위가 제품의 실질적 편익은 물론, 제품이 보유하고 있는 기능 중 감성적 이야기를 만들어내는 기능, 가격이 내게 전하는 합리 타당성뿐만 아니라 타인과의 차별성을 제공하는 이미지, 브랜드와의 친밀감 등 감성적이고 이야기로 꾸려진 제품을 선호하고 소비한다고 지적한다.

그 한 예로, 도널드 노먼(1998)의 『생각 있는 디자인Things That Make Us Smart』에는 부동산중개업자의 편지글이 소개되어 있다. 그 내용은 판매물건으로 나온

집에 대한 광고지에 그 집의 구조와 가격의 강점을 소개하던 방식에서 소개의 글의 내용과 형식을 바꿨다는 것이다. 이전과는 달리 보다 더 눈에 잘 띄게 사진과 함께 그 집에 살았던 사람이 그 집에서의 겪었던 인생이야기 그리고 행복했던 추억을 광고에 넣었다. 그 결과 주택을 구매하고자 하는 사람들로부터 더 많은 관심을 받고 쉽게 그 집을 판매할 수 있었다고 한다. 이것이 바로 스토리텔링이 이루어진 이야기이다. 현대를 살고 있는 우리들은 그 집이 가지고 있는 객관적인 사실보다 마음을 움직이는 이야기에 더 많은 관심을 보인다는 것을 알 수 있다.

3) 콘텐츠(Contents), 문화콘텐츠(Culture Contents)

콘텐츠는 각종 매체에 담길 내용물로, 사전적으로, Contents는 '내용이나 목차'라는 의미를 지닌다. 의미적으로는 '내용'에 해당된다. 이 중 특히 문화적 요소를 함유한 대중매체 혹은 문화상품을 흔히들 문화콘텐츠라 불린다.

문화콘텐츠의 핵심은 그 원형이 함유하고 있는 풍부한 이야기성이다. 흔히 자연, 기후, 문화, 인물, 역사적 사건, 신화, 전설, 민담 등 우리주변에 그리고 우리의 역사와 상상 속에 묻혀있는 스토리를 끌어내 무대화시키는 것을 자주 본다. 이들은 그 스토리가 지닌 단편적인 정보나 텍스트Text에 영상, 음악, 무대장치 등의 감성적 자극이 가능한 매체를 활용해 생동감을 더해주고 상품화한 영화, 애니메이션, 무대공연, 캐릭터상품 등이다. 최근에는 이렇게 묻혀 있던 조각의 스토리를 스토리텔링하여 상품으로 만들어 성공을 거두는 경우가 많아지고 있다.

대표적인 예로 '대장금', '광해, 왕이 된 남자'에서 보듯이 스토리텔링을 통하여 한국의 문화 속에서 잠시 존재했던 인물이나 잠시 존재했던 시간을 원형으로 새로운 문화콘텐츠로 만든 창조적인 스토리텔링 작품이다. 이와 함께 '겨울연가'의 이야기는 있을 법한 이야기 또는 누구나 겪는 사랑의 이야기를 활용한 스토리텔링 작품이다. 특히 이들 작품들은 현재 대장금 테마파크, 수원화성, 바우덕이 공연장, 바우덕이 축제, 남이섬 등을 스토리를 지닌 관광지로 만들었다. 최근 관광분야에서는 이런 대중매체를 통한 스토리텔링 작품을 근간으로 하는 관광지의 활용은 물론, 지역이나 대상물의 스토리를 경험할 수 있도록 조성된 스토리텔링 장소의 개발이 활발히 이루어지고 있다. 관광산업에서 역시 스토리텔링은 관광객의 관심과 재미를 유도하는 좋은 관광기법으로 활용되고 있다. 이런 적극적인 스토리텔링은 문화유산이나 자연자원도 문화유산의 가치와 경쟁력이 높이고 관광자원으로서의 이미지가 향상시키는데 활용되고 있다.

이렇듯 최근에 주로 언급되는 스토리텔링을 위한 문화콘텐츠는 문화상품화를 목적으로 하여 개발되고 활용되고 있어서 창의력과 기술력을 중요시 한다. 이러한 이유로 문화콘텐츠라는 용어가 '테크놀로지를 전제로 하거나 테크놀로지와 결합된 내용물'을 의미하기도 한다. 실제적으로 미디어의 사용을 전제로 하는 내용을 의미하고 있다. 테크놀로지와 결합된 문화콘텐츠 상품의 유형으로는 게임, 영화, 방송, 만화, 애니메이션, 캐릭터산업, 전시, 테마파크, 에듀테인먼트, 관광 등 다양하다. 현대의 디지털 기술이 발달함에 따라 더 많은 매체를 활용한 더욱 다양한 상품들이 개발될 것으로 기대되는 분야이다.

현대적 문화서비스에 있어서 내용은 미디어의 개성이 잘 반영되어야 감동을 전달하기 쉬워진다. 미디어 평론가 마샬 맥루언은 "미디어는 곧 메시지다.The medium is the message"라 하여 미디어가 지닌 개성 그 자체도 미디어를 통해 전달하는 내용과 더불어 메시지를 전달할 수 있다고 한다(Pink, 2006). 스토리 그 자체가 주는 울림보다 스토리를 확인시키는 무대, 조명, 의상 같은 1차적인 부분에서부터 3D영상, 컴퓨터그래픽(CG), 홀로그램에 이르기까지 다양한 도구들이 사용되어 감동을 배가시키고 있다.

2. 스토리텔링

1990년대 중반부터 미국에서 각광 받기 시작한 '스토리텔링' 혹은 '이야기하기 기술'은 1995년 미국 콜로라도에서 열린 '디지털 스토리텔링 페스티벌'을 계기로 대중화되어 다양한 분야에서 널리 사용되었다. 스토리텔링의 역사를 살펴보면, 과거 구전역사가나 이야기꾼들이 구사했던 구술적 서사부터 탄탄한 각본과 다감각적 세계에 가상 몰입토록 기획된 디지털 스토리텔링으로 발전해 왔다(Salmon, 구은영 역, 2010). 현재는 문화는 물론 정치, 경제에 이르기까지 다양한 분야에서 워낙 다양한 의미와 형태로 창조되고 제공되어 있어서 '이것이다!'라 한마디로 정의하는 것은 어렵다. 우선, 스토리텔링 단어의 구조로는 함께 '이야기하다. 혹은 이야기를 함께 나누다'라는 세 의미의 합성어이다.

Storytelling = Story + Tell + Ing

그 의미를 살펴보면, 가장 보편적으로는 이야기의 내용과 이야기를 하는 행위로, 의도를 지닌 이야기를 대상이나 매체의 특성에 맞게 표현하거나 전달하는 방법으로 이해되고 있다. 오늘날에는 과거의 단순한 '이야기를 하다'의 의미를 넘어 기획과 개발, 마케팅까지를 고려해 완성하는 커뮤니케이션 기술을 가리킨다. 즉 스토리텔링은 이야기를 만들어내 감성을 유혹하고 사로잡는 가장 효과적인 커뮤니케이션 방법으로 알려져 있다.

『늑대와 인간에 대하여』의 저자인 배리 로페즈Barry Lopez는 "스토리텔링이 분석적인 사고를 대체하는 것은 아니다. 대신 새로운 관점과 새로운 세상을 상상할 수 있도록 함으로써 분석적인 사고를 보완할 수 있다"라고 하여 스토리텔링이 새로운 안목을 갖게 할 수 있음을 지적하였다.

순수한 의미의 스토리텔링은 타인과의 소통을 위한 단순한 커뮤니케이션 기술이었다. 그러나 20세기 말 미국에서 일상 커뮤니케이션의 차원을 넘어 각 문화분야에서 활용되며 '기교적인' 성격을 띠기 시작했다. 과거의 문예창작에 한정되어 대학에서 문학의 구연 및 영화의 비주얼 효과를 위한 내러티브[2]의 한 장치로 논의되기 시작해 이제는 정치, 경제, 문화, 관광, 교육, 미디어 등 사회 전 분야에 걸쳐 사용되고 있다. 특히 마케팅 분야에서의 스토리텔링은 상품과 관련한 인물이나 배경, 소비자의 소구요인 등을 설명하거나 강조하여 소비자의 감성적 자극을 시도하는 기술로 사용되고 있다.

스토리텔링의 형식적 특징은 현장성, 재연성, 소통성으로, 이는 시공간적(현장성), 다감각적(재연성), 상호작용적(소통성)으로 달리 설명될 수 있다. 그러므로 이들 특성 중 하나 이상을 지녔을 때 우리는 스토리텔링형식의 이야기라 칭한다. 즉 상대와 동일한 '시공간'에서 말, 이미지, 소리, 제스처 등의 '다감각적' 지각경험을 활용하며 서로 이야기를 주고받는 '상호작용'을 위한 담화형식인 것이다.

스토리텔링의 내용적인 부분의 특징은 '사건이나 사실에 대한 정보Fact를 단순히 전달하는 것이 아니라 주관적이고 개인적인 해석과 의미를 한정된 장소에서 나누고 싶어 하는 의사소통의 한 방법이다. 사건과 사물에 대한 사실Fact 뿐 아니라 사건의 배경이나 인물, 관련 환경에 대한 이해를 통해 사건의 해석과 의미를 달리하며 이야기하는 것이다.

의사소통의 방식으로써의 스토리텔링은 구비전승의 이야기꾼들이 구사했던 구술적인 서사부터 잘 꾸며진 감성과 감각의 기재를 포함하거나, 이미지화를 추구하거나, 도구 특성에 소구된 디지털스토리텔링에 이르기까지 매우 다양한 결과물을 내놓고 있다. 오늘날 스토리텔링은 구술(연설, 강연, 대담, 협상, 리더십, 구연동화 등) 및 다감성(만화, 드라마, 연화, 공연, 축제 등), 디지털(인터넷, SNS, 게임

---

2) 실제 혹은 허구적인 사건을 설명하는 것 또는 설명하는 행위에 내재되어 있는 이야기적인 성격. 시간과 공간에서 발생하는 인과관계로 엮어진 실제 혹은 허구적 사건들의 연결을 의미하며 문학이나 연극, 연화와 같은 예술 텍스트에서는 이야기를 조직하고 전개하기 위해 동원되는 다양한 전략 관습, 코드, 형식 등을 포괄하는 개념으로 사용되고 있다.

등) 매체의 담화양식으로 나타난다. 그리고 여기서 특히 디지털 매체의 담화양식을 가리켜 디지털 스토리텔링이라 한정하고 있다.

제2절 스토리텔링을 활용한 해설

1. 교육과 놀이

여러 스토리텔링의 분야 중 특히 해설과 연관을 지닌 인포메이션 스토리텔링이 있다. 정보를 전하는 방식에 있어서 스토리텔링 기법을 활용하는 것으로 여가, 문화, 오락 등의 다양한 정보를 가공, 디자인, 재구성하여 제공하는 서비스이다. 인포메이션 스토리텔링의 상품은 단순한 정보의 데이터베이스로부터 인터넷상의 콘텐츠, 전시나 축제, 여행상품, 테마파크, 에듀테인먼트, 공연상품 등이 있다.

특히 에듀테인먼트는,

Edutainment = Education + Entertainment

'교육'과 '놀이'라는 두 단어의 조합이 보여주듯이 스토리텔링의 또 하나의 가치를 분명히 보여주고 있다. 정보학습이나 정보의 활용에 있어서도 소비자들은 가능하다면 재미있게 그리고 쉽게 목적을 이루고 싶어하고 이를 가능하게 하는 좋은 기법이 스토리텔링일 수 있다. 에듀테인먼트는 교육적 성격을 지닌 오락행위에서만 사용되는 것은 아니다.

최근에는 정규 교육현장에서 자주 사용되고 현대의 교육방향을 제시하고 있는 단어로 사용되고 있다. 놀이를 표방한 교육이며, 표면적으로는 재미를 추구하는 듯 보이지만, 그 속에 교육적 기능인 이해와 가치인식을 가능하게 하려는 행위이다. 에듀테인먼트를 성공시키기 위한 필요조건은 '재미'이고, 충분조건은 '교육적 효과'인 샘이다. 많은 사람들이 21세기는 무엇이든 즐길 수 있는 것이어야 하는 시대라고 한다. 교육현장도 예외는 아니어서 학교의 정규교육도 학문에 대한 관심 유도와 학문과의 좋은 관계 형성을 위해 재미를 놓치지 않으려 노력하고 있다.

재미나 여흥이라고 하면 가볍게 여기거나 가치적으로 낮은 것으로 여기는 경우가 많지만, 여흥의 실제적인 감성은 행복이고 불안감이 없는 안정이다. 에듀테인먼트를 지향하는 교육은 이런 재미를 통해 안정감과 행복에 대한 인간의 욕구를 놓치지 않으려는 현대인의 요구를 반영하고 있다. 이는 우리가 현재 살고 있는 현실세계에서 놀거리를 찾고 싶고, 놀이 하는 놀이형 인간Homo Ludens의 기질을 살펴주려는 노력의 일환이다.

이 중 관광객은 일상을 벗어나 찾은 관광지에서는 모든 행위를 놀이화 시키고 싶은 욕구가 더욱 큰 부류이다. 그리고 관광자원해설은 재미를 추구하는 관광객을 대상으로 구조적으로는 내러티브 구조이며 기법적으로는 구술이나 비구술기법을 사용하며 교육적 효과를 기대하는 전형적인 에듀테이먼트의 한 분야라 하겠다. 그리고 하워드(2007)는 "스토리텔링은 참여자가 얻게 될 체험을 창조하고 조직화 할 수 있으며, 참여자의 체험은 그들이 따라가는 사건이나 캐릭터에게서 창출되는 것이 아니라 스토리텔러인 해설사에 의해 결정된다"고 하여 관광자원해설사의 스토리텔링 기술의 필요성을 언급하기도 했다.

2. 해설을 위한 스토리텔링 기술

그림을 읽어주는 사람, 오페라를 얘기해주는 사람, 요리를 들려주는 사람, 동물과 대화하는 사람, 패턴을 읽는 사람…

세상은 바뀌고 있다. 기존의 시각과 기존의 감각만으로 커뮤니케이션하지 않는다. 이제는 다양한 사고와 다양한 방식으로 커뮤니케이션을 시도한다. 이런 다양한 시도를 하고 있는 사람들 중에 스토리텔러, 해설사, 해설하는 가이드 등도 한 자리를 차지하고 있다. 해설사는 상징적 의미들을 담고 있는 대상에 대해 이해하고 그 내용을 구술과 다양한 체험의 기회를 제공하여 커뮤니케이션을 시도하는 사람들이다. 다니엘 핑크는 새로운 미래가 온다(Pink, 2006)에서 "숫자로, 정보로의 교육과 전달은 산업화시대를 벗어나며 점차 쇠퇴하고 있다"고 했다.

'Interpretation is Emotional Skill(for Knowledge Delivery)'
'Interpretation is the Art of Narrative'(Danial Pink, 2005)

그리고 "해설은 지식정보의 전달을 위한 감성적 기술이며, 내러티브 기술이다"라고 지적해, 해설의 감성적이고 상상을 자극하는 내러티브적 요인에 대해 강조하였다. 관광지에서 관광객이 관광자원해설사와 함께 하는 이유는 해설대상에 대해 쉽게 알아보고 충분히 향유Enjoyment하고자 하는데 그 목적이 있다. 이런 목적을 지닌 현대의 많은 관광객은 일정수준 이상의 교육을 받은 경험이 있어서 정보를 이해하는 능력을 가지고 있다. 그리고 현대사회의 정보접근의 용이성은 관광객 스스로 대상에 대한 정보를 구하기 쉽게 만들었다. 다만 대상에 대해 적극적으로 학습을 하거나 정보를 찾고자 하는 의지나 필요성이 적은 경우가 대부분이다. 그리고 해설프로그램에 참여한 경우에는 해설 내용이 어려운 경우보다는 해설의 내용이 정리되어 있지 않거나 지나치게 전문적이고 재미가 없어서 해설프로그램의 참여가 대상을 이해하거나 대상과의 좋은 관계를 형성하는데 도움이 되지 않는다고 한다(문화체육관광부, 2009).

우리는 간혹 '이야기가 밑도 끝도 없다'는 표현을 쓸 때가 있다. 이야기가 어떤 모습을 갖춰야 밑과 끝이 있는 것일까? 이야기는 이야기를 이끄는 인물과 인물이 주도하거나 인물이 행하고 있는 행동이 있다. 이런 인물의 행동들이 이해할 수 있는 범위 안에서 장소, 시간, 사건 등이 맥락을 형성해야 우리는 이야기가 '자연스럽다'라 하고, 이렇게 맥락의 치밀하게 꾸며져 있을 때 재미를 느낀다.

관광자원해설의 사실적 정보Fact는 무엇보다도 중요하다. 그러나 이 사실적이고 객관적인 정보의 중요성만을 강조해 해설의 내용이 시간흐름의 순서를 고집하거나 사건의 전개가 역사가 기록하고 있는 위정자 중심으로만 이루어진다면 관광자원해설을 통해 새로운 시각을 얻기는 힘들다. 역사적 사건의 전개 속에서 인물의 인간적 고뇌와 감정변화, 자연 생태계 속에서의 나무의 입장표명, 생태계 속 포식자들의 스트레스, 역사 속 피지배층의 역사적 사건의 영향 등에 대한 이야기와 체험이 필요하다. 또 다른 스토리텔링 기법의 접근은 기존의 이야깃거리를 감정의 흐름과 이야기 전개의 리듬감을 부여한 스토리로 만들어 제공하여 스토리 속에 들어 있는 사실에 대해 쉽게 접근하고 감정적인 변화를 경험하는 방법도 있다.

우리의 관광자원해설 프로그램에 활용되는 자연이나 문화유산 역시 재미와 감동이 있는 작품이 되기도 하고 그렇지 못한 경우가 있다. 즉 해설스토리텔링이 잘되는 경우와 그렇지 못한 경우인데, 어떤 스토리를 사용하고 어떤 방식으로 구성하느냐가 중요하다.

예를 들어, 조선의 왕릉 40기 중 몇몇기를 방문한 경우, 우리는 조선의 왕릉이 세계문화유산으로 등재된 훌륭한 문화유산이라는 것을 알게 된다. 그러나 객관적으로 문화적 가치가 매우 높아 세계적으로 인정된 곳의 경우에도 일반의 관광객이 스스로 즐기는 것도, 이해하는 것도 쉬운 일이 아니다.

왕릉을 비롯한 역사유적지나 유물의 경우 가까이 접근하는 것이 가능한 경우는 거의 없어 직접경험하고 즐길 수 있는 방법이 제한적이다. 그리고 일반인의 안목으로는 40기 왕릉의 차이와 시대정신을 이해하는 것도 어려운 일이다. 그럼, 해설사가 있으면 가능한가? 물론 이해를 도모하고 즐기는 방법을 이끌어 줄 해설사가 있다는 것은 아주 좋은 경험의 환경을 만들어 줄 수 있다. 다만, 그

해설사가 그곳의 왕릉이 보여주는 역사건조물로써의 특징을 나열하거나, 그곳의 풍수적 장점을 학술적으로 풀어주거나, 시간의 흐름만을 고집하며 그곳에 잠들어 계신 분의 일대기를 읊지 않는다면 말이다. 사실적 정보가 아닌 감정의 기복과 강조점을 지닌 해설이 되기 위해서는 왕릉과 왕릉의 주인이 겪었던 사건, 그리고 그 사건 속에서 왕릉의 주인이 겪었을 심리적 변화, 왕릉의 구성물이 지닌 의미와 그 시대 문화반영 사례, 왕릉조성 당시의 일화, 왕릉조성에 필요한 노동력 확보의 방법이나 노동의 강도 등을 전해줄 수 있다면 해설참여자는 지루함이나 어려움보다는 좀더 친근함과 재미를 느낄 수 있을 것이다.

3. 스토리텔링 기법을 활용한 해설시나리오

1) 관광자원해설을 위한 스토리

스토리는 어떤 방식으로 구성되는 것이 관광지에서 해설서비스를 선택한 사람들을 쉽게 설득할 수 있을까? 스토리를 구성하기 위해서는 사건의 부분부분들을 붙이는 능력, '분석'에서 끝나는 것이 아닌 분석의 결과와 과정들을 '통합'하는 것이 중요하다.

> "스토리는 정보 · 지식 · 문맥 · 감정 등을 하나의 치밀한 패키지로 압축한다 (Danial Pink, 2005)."

즉 큰 그림을 볼 수 있고 새로운 전체를 구성하기 위해 이질적인 조각들을 서로 결합할 수 있는 능력이 필요하다. 능력의 배양을 위해 해설시나리오 속에서 집중해야 할 것이 있다.

시나리오를 작성하는데 있어서 가장 중심이 되는 것은 테마이다.

① 테마는 하나

스토리를 모으고 선정하는 기준이 되는 것은 물론 이야기를 꾸미는 방향과 정도를 정하는 데도 테마가 중심되어야 한다. 선택의 기준이며 꾸밈의 중심인 테마는 한 번의 해설에 한 가지만이 존재하는 것이 좋다. 여러 개의 기준과 중심을 가지고 있다면, 해설은 지나치게 화려하거나 여러 개의 목표점을 지니게 되어 해설스토리를 준비하는 관광자원해설사는 지나치게 다양하고 정돈된 해설을 준비하기 어렵고, 전해 듣고 경험하는 해설참가자는 대상지의 방문경험과 대상에 대한 향유의 경험을 혼란스럽게 할 수 있다.

현대의 대부분의 문화자원은 감동과 추억을 생산하기 위해서 기존자원에 공감이 가능한 스토리를 발굴하고, 감성적 자극이 가능한 자극요소를 넣어 만들고 있다. 해설프로그램에 대한 해설참여자의 요구를 살펴보아도 일반의 관광분야에서 요구되듯이 해설대상에 대해서도 이해와 공감을 기초로 마음을 움직이는, 신기한, 재미있는, 즐거운 문화콘텐츠가 다양하게 존재하기를 원한다(최연구, 2006).

② 참여자의 마음을 움직여라.

스토리에 감성적 요소를 확인하여 관광객의 감동을 유도하자. 관광지는 감성에 호소하는 공간이다. 그러면 감성은 무엇인가? 감성은 자극이나 자극의 변화를 느끼는 성질로, 오관으로 감각하고 지각하여 표상을 형성하는 인간의 인식능력을 이르는 말이다(뉴에이지 새국어사전, 2011). 우리가 인식하여 감동을 받게 되는 감성의 경로는 여러 가지가 있을 수 있다. 눈으로 보고 있는 다양하고도 아름다운 풍광, 커다란 소리를 통해 전해지는 전율, 경험해 보지 못한 맛있는 음식, 부드럽고 사랑스런 느낌의 감촉 등 다양한 감각기관을 통해서도 가능하다. 그리고 해설사의 잘 정돈되고 기획된 감동적인 이야기의 배치에 의해서도, 관광자원해설사의 감성적인 전달방식에 의해서도 감동받을 수 있다. 내용이나 오감으로 대표되는 감각에 의해서도 가능하지만 이런 내용이나 감각을 통해 얻어지는 이미지, 상상, 주어진 것을 넘어서는 스스로의 창작적 스토리에 의해서도 감동은 가능하다.

③ 참여자의 관심(관점)과 수준을 고려하자.

모든 사람들이 같은 요구와 같은 사전경험을 가지고 있지는 않다. 모두가 다른 배경지식, 대상에 대한 사전 이미지, 이전 학습정도, 문화적 성향을 가지고 있다. 이렇게 서로 다른 사람들을 대상으로 하는 일반적 다수대상 해설의 경우에는 상식의 범위 내에서 해설을 시작하게 된다. 일반적이고 상식적이라 칭하게 되는 해설의 수준은 초등학교 3, 4학년의 수준을 가리킨다. 초등학교 3, 4학년 정도의 수준이라 함은 아직 전문적인 용어나 해설 대상에 대한 전문지식은 없지만 학습방식이나 태도에 대한 교육은 이루어진 정도이다.

2) 스토리 라인(Storyline) 만들기

사람의 행동과 말에는 반드시 동기나 목적이 있다. 하물며 해설을 기획하고 진행하는 해설사가 자신의 이야기에 주제가 없다면 그야말로 수레에 잔뜩 짐을 싣고 오고가기는 하지만, 왜 옮기는지, 무엇을 옮기고 있는지 모르며 오고가는 형상일 것이다.

해설스토리텔링을 만드는 여러 가지 방법

① 시간의 흐름을 중심으로

- 역사적 사실, 사건, 전설이나 민담처럼 예부터 전승되어 오는 과거이야기 전달하기
- 현재 이슈가 되고 있는 이야기, 혹은 드라마나 영화 촬영지 등에 얽힌 현재 진행형 이야기 전달하기
- 관광지의 특징을 기반으로 새롭게 창조된 미래형 이야기 전달하기

② 복합기법

- 가상체험 스토리텔링 : 시간의 경계를 넘어 상황을 바라보고 이해하도록 만들기 위해서는 미래의 광경을 보여주는 방법이 가장 효과적이고 확실하다. 즉 이야기를 통해 완공 이후 휴양지의 모습을 가상적으로 체험하는 경우이다.
- 경험담 스토리텔링 : 소비자가 제품에 대한 경험담을 이야기하는 형식으로 이루어진 것으로, 신뢰감을 줄 수 있으며 호소력이 크다.
- 드림케팅dreamketing : 드림과 마케팅의 합성어로 사람들에게 꿈을 파는 마케팅, 롤프 옌센은 정보화 사회가 지나면 소비자에게 꿈과 감성을 제공해주는 것이 핵심사업이 되는 드림 소사이어티가 도래할 것이라고 말했다.

해설스토리의 중심에는 대상자원의 물리적 특징만이 있는 것이 아니다. 늘 그곳에는 사람이 있다. 감정을 중시하는 스토리텔링에서 가장 쉽게 상대의 감정을 이끌어낼 수 있는 스토리는 바로 사람이기 때문에 사람을 확인하며 주제를 만드는 것이 가장 쉬운 방법이다.

주제를 인식시킬 인물과 에피소드를 찾자.

주제가 정해지면 주제를 잘 드러낼 수 있는 인물과 몇 가지의 에피소드를 찾는 과정이 필요하다. 에피소드는 주제를 나타낼 수 있는 작은 사건이나 상황에서부터 다양하게 수집하고 종합 · 분석한다. 이때 해설사는 에피소드가 주제를 드러내는데 어떤 연관성을 가지고 있는지를 생각하면서 수집하고 정리할 필요가 있다. 그래야 해설의 내용이 하나의 주제를 분명하게 보여주고 전체 이야기가 힘을 받아 자연스럽게 진행될 수 있다. 그리고 이렇게 주제와 결부된 크고 작은 이야기들을 적절하게 구성하였을 때 참여자들은 감정의 증폭을 가져올 수 있다.

스토리 라인 만들기

준비한 대상 관련 이야기, 지식정보들을 우선은 시간적인 순서나 에피소드의 크기에 따라 정리하는 것도 쉽게 스토리라인을 만드는 방법이다. 이럴 경우 이야기의 흐름이 자연스럽게 발전될 수 있다. 이야기 속 중심인물을 설정했다면 주인공의 행동에 대한 그 행동의 원인과 동기를 설명하며 해설시나리오의 주제를 부각시키는 것이 가능하다.

예를 들어, 수원화성과 화성행궁을 '정조는 어머니의 회갑연을 통해 자신이 유교국가의 왕임을 보였다'라는 주제를 가지고 스토리텔링을 하고자 한다면, '정조'와 '혜경궁 홍씨'를 중심인물로 설정하고 중심 에피소드로 혜경궁 홍씨의 회갑연을 설정할 수 있다. 시간적 범위는 창덕궁에서 출궁하여 환궁까지 8일간의 시간이지만 각 장소나 각 행사마다의 이야기를 중심으로 정조와 혜경궁 홍씨의 일생, 그리고 정조의 애민사상, 아버지에 대한 그리움 등에 관한 이야기를 풀어낼 수 있다.

구성상으로는 좀 복잡해 보일지 모르지만 이야기를 순차적으로 정리하면 생각하는 것보다는 간단하게 시나리오의 스토리라인을 구성할 수 있다.

- 사도세자와 동갑인 어머니 혜경궁 홍씨의 회갑
- 회갑연을 위해 창덕궁에서의 출궁과 이동거리에서 보여준 정조의 애민사상
- 어머니에 대한 효심으로 보여준 유교국가 통치자의 위상
- 현륭원 성묘를 통해 자신의 친부가 사도세자임을 천명天命하는 아들 정조
- 행궁에서의 과거시험을 통해 드러낸 지역탕평의 의미
- 사미賜米, 양로연養老宴, 진찬례進饌禮를 통해 보여준 애민과 효사상

등으로 구성할 수 있다. 한시도 자신이 유교국가의 임금이며 동시에 불우한 가정사를 지닌 한 가정의 장손으로써 지켜낸 유교적 철학을 보여줄 수 있다.

매력적인 스토리

참여자에게 감동을 주거나 재미, 관심, 행복, 영감 등을 주거나 참여자에게 대상에 대한 다시 한번 생각해 볼 수 있는 기회를 줄 수 있다면 그것이 바로 매력적인 스토리이다. 대상자원에 대한 사소하고 작은 정보를 가지고도 해설사의 역량에 따라서 매력적인 이야깃거리를 지닌 대상이 되게 할 수도 있고, 그저 그런 오래된 대상이나 그저 그런 주변의 나무나 숲으로 만들 수도 있다.

소재는 지극히 평범하지만 해설사가 그것을 어떻게 발견하고 극화시키는 가는 바로 해설사가 지닌 가치관, 대상을 바라보는 시각, 대상에 대해 알고자 하는 노력, 해설사의 대상과의 교감 등이 해설스토리를 매력 있게 만든다. 매력적인 요소들이 해설사의 독특한 시각과 그것을 풀어가는 방식이 절묘할 때 해설스토리는 더욱 그 가치를 지니게 된다.

어떤 내용들이 스토리를 풍성하게 하는 시나리오의 소재가 되는가

자연, 우주, 기후, 추억, 미움, 사랑, 공상, 철학, 밥, 반찬, 가족, 성별, 직업, 돈, 생각, 사고방식, 집, 연필 등 모든 사물과 감정이 모두 스토리를 구성하는 소재가 될 수 있다. 해설스토리는 해설사가 다양한 소재를 자신의 능력 안에서 숙성시키고 이야기적 요소를 가미하여 극화시키면 바로 해설시나리오가 되는 것이다. 해설사는 대상의 정보라는 씨앗을 싹띄우고 키워내는 농부이다. 물도 영양도 햇빛도 주고, 앞에서도 보고 뒤에서도 보는 시도와 노력이 필요하다. 해설사가 지닌 많은 지식정보와 이야깃거리들 중 어느 것을 재조명하고 극대화시키는가는 해설사의 역량이 발휘되어야 한다. 이때 해설사는 주제를 중심으로 일관성 있게 풀어나가야 한다. 그래서 똑같은 대상자원과 똑같은 해설 매뉴얼을 가지고도 서로 다른 해설사가 서로 다른 해설스토리를 완성해 낼 수 있어야 한다.

제3절 창조적 해설기법

가장 성공적인 프로그램은 참신하고 독창적인 것이다. 배우, 이야기를 잘하는 사람, 설교자 그리고 영화 제작자 모두는 영감의 근원이 된다. 해설에서 메시지를 전달하는 몇 가지 창조적인 기법에는 다음과 같은 것들이 있다.

- 캐릭터 창조 : 테마를 알 수 있게 해주는 역사적 캐릭터나 혹은 가상의 캐릭터를 이용하는 기법
- 이야기하기 : 다른 사람에게 가치를 전하거나 역사를 전수하는 오래된 기법
- 안내된 이미지 : '상상을 통한 현장여행'을 이용하여 청중을 멀리 떨어진 장소나 직접 방문하기에는 너무 위험한 장소로 데려가는 기법
- 인형극 : 실물보다 더 큰 손가락 인형은 추상적 개념을 이해가능하고 재미있게 해준다.
- 살아있는 동물이용 : 청중의 모든 경험 중에서 가장 오래 기억되는 것 가운데 하나이다. 그러나 계획이 잘되지 않으면 문제가 발생할 수 있다.

이밖에 해설용 극장, 음악, 예술 등의 기법들에 대하여 살펴보기로 하자 (Knudson et al. : 346-356; Regnier et al. : 45-64).

1. 캐릭터 창조

1) 시대에 맞는 복장을 갖추고 하는 해설

자기 자신이나 캐릭터에게 시대에 맞는 의상을 입히고 해설을 할 것인가를 결정하는 것은 그 프로그램의 상황에 달려 있다. 역사유적지에서 캐릭터를 내세우더라도 그 캐릭터가 행하는 것은 일정한 시대에 맞추어야 하므로 너무 제한적이다. 역사적 장소인 경우에 해설사 본인이 직접 시연해 보이는 것이 더

효과적이다.

그러나 청중이 준비되고 장면이 설정되면 캐릭터 창조는 최고의 선택일 수 있다. 캐릭터는 관광객을 또 다른 시간으로 데려갈 수 있다. 캐릭터는 상상력을 끌어내고 모든 감정을 불러일으킨다.

캐릭터들은 사건과 개념들을 인격화하고 관광객에게 인간적이고 실제적으로 느끼게 한다. 캐릭터를 등장시킬 경우에 셰익스피어 같은 연출을 할 필요는 없다. 단지 관광객들에게 극적이고 자극적인 상황을 전달하기만 하면 된다.

2) 수로 해설사 사례

미국 5대호 주Great Lakes States에는 목재를 벌채하던 시대에 관한 많은 사실과 자료가 수집되어 있다. 이러한 사실들은 본질적으로 흥미롭지 않고 분명히 지루한 것이다. 해설사의 임무는 그것을 생생하게 보여주는 것이다.

위스콘신강Wisconsin River은 19세기에 피너리Pinery로 가는 주요 통로였다. 매년 겨울에 나무를 지류에 놓으면, 이듬해 봄에 홍수에 의해 신흥도시와 강 하류에 위치한 제재소로 떠내려간다. 아이오와Iowa주나 네브라스카Nebraska주와 같이 멀리 떨어져 있는 대초원의 농부들은 많은 양의 소나무가 필요하였다. 그래서 건장한 남자들은 목숨을 걸고 거칠게 자른 판자를 위스콘신강 아래까지 뗏목으로 날랐다.

사람들은 페리스Ferris의 눈을 통해 그 시대를 회상할 수 있다. 그는 과거에서 걸어 나와 관광객들과 함께 그의 꿈을 공유한다. 무릎까지 젖은 바지에, 손에는 굳은살이 박이고, 담재를 피우며, 모험의 불꽃으로 가득한 눈으로, 그는 큰 목소리로 위스콘신강에 대하여 이야기를 시작한다.

3) 캐릭터 맞이를 위해 청중을 준비 시키기

페리스Ike Ferris는 위스콘신강의 역사를 그 지역 사람들과 공유하기 위해 자연적 장소 한 곳을 이용하였다. 일요일 관광은 일반적인 정보를 다루는 모임에서 시작하였으며, 나중에는 강의로의 여행으로 이어졌다. 페리스는 관광객 그룹을 화강암 절벽 아래의 숲을 통과해서 흐르는 강가로 데리고 갔다. 그들은 햇빛으로 따뜻해진 둥근 강독 위에 앉았다.

"이 5억년 된 바위는 물과 얼음에 의해 수천 년 동안 깎여왔습니다. 125년 전에 깎인 이곳은 사람들이 두려워하는 샤우렛 급류Shaurette Rapids가 되었습니다. 이 마을 사람들은 둑을 만들어 강에서 뗏목 타는 사람들이 이 위험한 급류를 통과하도록 도와주었습니다. 많은 젊은 남자들은 몇 달러 때문에 그의 생명을 잃었습니다. 뗏목을 탔던 사람이 지금은 모두 죽어 샤유렛 급류를 타던 얘기를 해줄 수 없다는 사실이 안타깝습니다.

희미한 사람의 형상이 갑자기 관광객 그룹 위쪽의 바위에 나타난다. 태양에 의해 역광으로 비춰진 것이다. 그는 "Bullroar"라고 고함을 친다. "위스콘신강은 결코 페리스를 데려가지 않았습니다. 나는 급류를 타고 위스콘신강 하류로 가는 것에 관해 여러분에게 이야기하겠습니다." 그는 재빠르게 바위 아래로 내려가다가 그의 뒤로 흐르는 강 위쪽 바위에서 멈추고는 관광객들을 자세하게 바라본다.

무릎까지 젖은 페리스는 그의 중절모를 뒤로 밀어낸다. 파이프 담배에 불을 붙이고, 엄지 손가락을 바지 멜빵 속에 밀어 넣으며, 강에서 보낸 시절에 대하여 긴 이야기를 시작한다.

청중을 준비시킨다.

- 청중을 편안하게 하라. 야외에서는 얼굴에 햇빛과 바람을 맞게 해서는 안 된다.
- 청중이 캐릭터가 나타났을 때를 준비하기 위하여 배경 정보를 제고한다.
- 캐릭터를 받아들일 수 있는 장소에 청중이 자리하도록 한다.
- '무대' 장소를 고를 때는 여러 가지 다른 시간과 햇빛 상태를 고려하여 선택한다. 직사광선은 선명한 것을 흐릿하게 바꿀 수 있다.
- 소리와 냄새는 분위기를 조성하는데 있어 중요하다. 흐르는 물소리가 해설을 압도하지만 않는다면 즐거운 배경이 된다. 녹음된 소리는 실내에서 효과적이지만 야외에서는 인공적으로 보일 수 있다.

극적인 등장

- 항상 무대를 선택한다.
  예를 들어, 그루터기, 언덕, 개울, 낡은 농기구 등이 있다.
- 캐릭터가 처음 하는 말로 청중을 사로잡아야 한다.
- 캐릭터의 신체적 모습은 눈에 띄어야 한다.
- 캐릭터의 행동은 그의 말처럼 주의 깊게 인지되어야 한다.

4) 고유 캐릭터 만들기

페리스와 같이 뗏목 타는 사람에게는 소품이 금시계와 엉덩이까지 내려온 금줄, 그리고 어린 소년이 돌보는 말로 제한된다. 페리스의 생계는 그가 하루에 할 수 있는 항해의 횟수에 달려 있다. 페리스는 말이 뚝 위에서 풀을 뜯어먹고 있음을 언급하면서 "나는 이 급류의 상류까지 말을 타고 돌아갑니다"라고 설명한다.

고유의 소품과 도구는 캐릭터 창조에서 극적 효과를 줄 수 있다. 양쪽으로 날이 달린 도끼는 식료품 직원을 벌목꾼으로 변화시켜준다. 시계와 시곗줄은 백년 전의 모습을 보여준다. 그러나 손목시계는 갑작스럽게 현재로 돌아오게 만든다. 따라서 시대를 나타냄에 있어서도 실제적으로 보여주어야 한다.

소품은 관광객들을 매료시킨다. 부싯돌과 강철에서 이는 불꽃이 불로 바뀌는 것은 매혹적이다. 나이든 목동이 담배를 말고, 이가 빠진 법랑컵으로 커피를 마실 때 믿을 수 있게 된다. 캐릭터의 세부적인 사항에 대한 주의도 필수적이다.

조그만 사적인 터치는 캐릭터에 대한 결정적인 신뢰감을 줄 수 있다. 벌목꾼의 손은 딱딱하게 굳어 있고 힘이 있어야 한다. 여성 개척자는 거친 손과 손톱이 뜯어진 상태이어야 한다. 말을 부리는 사람은 손바닥에 더러워진 가죽이 있어야 한다. 뗏목을 타는 사람은 무릎까지 젖어 있어야 한다. 일하는 사람에게 묻어있는 먼지를 유심히 보라. 얼굴은 거의 더럽지 않지만 목과 손은 더럽다. 땀도 지나치지만 않다면 효과적일 수 있다.

현재 한국의 관광해설현장 중에도 캐릭터와 캐릭터를 도울 환경을 조성하여 운영하고 있는 곳 몇 곳을 확인해 보자. 가장 대표적으로는 한국민속촌 내의 대장간, 도자기 체험장 등에서 이루어지고 있는 체험과 해설이 있다. 한국민속촌이라는 테마공간이 지닌 환경을 십분 활용하면서 장소와 해설대상과 어울리는 캐릭터를 완성하여 장소가 전하고 싶어 하는 테마를 잘 전하고 있다. 다음으로 영월의 김삿갓 테마파크에서는 김삿갓을 캐릭터로 활용한 삿갓을 쓴 해설사의 활동을 통해 참여자의 장소지각 능력과 경험의 강도를 키우고 있다. 청학동의 해설과 체험프로그램을 진행하고 있는 훈장님, 이 중 청학동의 훈장님의 경우는 실제로 생활하고 있는 지역민이기는 하지만 마을의 테마를 더욱 강화하는데 도움을 주고 있다. 끝으로, 아산의 외암마을에서는 마을의 여성 노인들이 모여 다듬이를 두드리며 이런저런 수다를 즐기는 모습을 보여주어 옛 시절의 향수를 자극하여 마을의 분위기를 완성 짓게 하고 있다.

고유의 캐릭터를 만드는 법

- **의상**은 편안해야 하며, 적당하게 먼지가 있고 닳아 헤어진 자리도 보여주어야 한다. 옷은 연출을 위한 복장처럼 보여서는 안 되며, 그 캐릭터가 살아서 일하는 것처럼 자연스러운 모습을 보여줄 수 있어야 한다.
- **분장**은 하게 된다면 가볍게 해야 한다. 해설하는 캐릭터는 보통 가까운 곳에서 보게 된다. 분장은 인위적으로 보일 수 있다.
- **소리**와 냄새는 청제적인 효과를 더한다. 김빠진 맥주, 담배연기, 벤조음악 등은 20세기 초 선술집의 모습이다. 배가 불룩 튀어나온 스토브에서 끓인 신선한 커피는 시골가게의 모습이다.
- **조명**은 가장 중요한 시각적 효과를 주는 것이다. 그 기회를 놓치지 말라. 등유를 이용한 등불과 양초는 이야기를 더욱 풍부하게 해준다. 실내의 경우 조광기 스위치가 있는 2~3개 작은 각광은 캐릭터를 비춰주는데 적절하다. 한쪽에서는 차가운 색을 띠고, 다른 쪽에서는 따뜻한 색을 띠는 측면 광은 설명하는 사람의 얼굴에 깊이를 준다. 훌륭한 조명은 조명 그 자체가 아니라 테마에 관심을 갖게 해준다.

5) 사실적 캐릭터 개발하기

상투적인 배우가 아닌 개성 있는 배우를 개발하라. 한 배우를 과거 경험과 내적 동기를 지닌 사실적인 개인으로 생각하라. 어떻게 유사한 배우들과 다르게 고유한 배우를 만들 수 있을까?

예를 들면, "선술집 주인"은 1870년대의 위스콘신 마을에서의 삶을 적절하게 보여줄 수 있다. 그러나 글린스키Leo Glinski라는 이름을 가진 선술집 주인은 더 다양한 모습을 가지고 있다. 그는 폴란드 이민자로서 1857년 이후 선술집을 운영하였다.

여러분의 경험에서 자신의 배우를 만들어 내라. 배우에게 감정이입을 하기 위해서는 자신만의 삶을 이용하라. 자신에게 "왜 이 배우는 특수한 상황에 있으며, 이 배우가 관광객 그룹과의 상호작용을 통해 이루려는 것은 무엇인가?"라고 스스로에게 질문하라.

배우를 개발하는 동안 이러한 질문을 하라 : 나는 누구인가? 집안에서 나의 역할은 무엇인가? 나는 어떠한가? 내가 가지고 있던 버릇은 무엇인가? 나의 신체적 특징은 무엇인가? 내가 가장 흥미를 느끼는 것은 무엇인가? 내가 청중을 좋아하는가 아니면 싫어하는가?

배우를 개발할 때, 말이 아닌 행동의 면에서 생각해 보라. 펠트를 당기고 있는 선원은 펠트가 떨어지자 괴로워하면서 푸념을 한다. 이런 소리는 지면에서는 별다른 효과가 없으나 실제 역할을 수행할 때에는 많은 효과를 준다. 행동을 상상해보고 그것을 기록하라.

해설할 개념이나 시대에 대해 알고 있는 배우를 고른다. 유명한 배우는 피해야 한다. 관광객은 링컨과 루스벨트에 대해서는 알고 있다. 이 사람들에 대해 설명을 하려 할 때에는 링컨의 마부나 루스벨트의 비서와 같이 덜 관계되는 사람을 이용하는 것이 좋다.

6) 기억할만한 캐릭터

(1) 소방관

청중은 한껏 기대를 하면서 자리에 앉았다. 해설하는 사람이 노란색의 딱딱한 모자를 쓰고, 숯으로 더러워진 도끼를 들고 안으로 들어왔다.

그도 역시 숯으로 더러워져 있었다. 그의 빰과 손에는 검은 얼룩으로, 줄이 그어져 있었다. 흩어진 옷에서는 재냄새가 났다. 관광객 그룹은 그가 소방관임을 쉽게 알았다. 그리고 소방관이 마른 솔잎과 시든 나뭇가지를 마루에 펼치는 것을 보았다. 관광객들은 소방관이 불쏘시개 위에 등유를 붓는 모습을 보며 긴장한다.

'불'이 이야깃거리였다. 그것은 특별히 더운 여름날로 때를 맞춘 것 같았다. 건조한 기간이 길어지면서 큰 화재의 위험이 증가한다고 해설사는 말한다. 그리고 나서 그는 화재의 위험을 증가시키는 요인을 설명하였다.

이야기하는 동안에 그는 오래 타고 있는 성냥개비를 잡고 있었다. 오렌지

빛 불을 불쏘시개 쪽으로 불안하게 가져가면서 그는 말했다. “화재는 바로 이렇게 시작될 수 있다.” 해설하는 사람은 솔잎마를 나무에 불을 붙이기 바로 전에 또 다른 사항을 말해주어야 함을 기억해야 할 것이다. 그는 항상 아슬아슬할 때에 불을 다시 끌어당겼다.

해설사는 결코 불을 붙이지 않았다. 화재에 관해 모두 말하고 나서 그는 시계를 보았다. “오! 성스러운 연기”라고 그는 소리쳤다. “나는 늦었습니다.” 소방관은 그의 도끼를 집어들고 그곳을 떠난다.

사람들은 친숙한 소방관에게 관심을 갖는다. 재냄새가 나는 옷과 숯으로 더러워진 도끼 등을 통한 실제성은 신뢰감을 높인다. 불쏘시개 쪽으로 불을 가져가는 동작과 긴장은 사람들의 관심을 끈다.

(2) 밤의 혼령

관광객 그룹은 즐겁게 이야기하면서 소원을 담은 불빛이 비추는 길을 따라 어두운 숲으로 들어갔다. 그 길로 계속 가면 그들이 앉을 야외 계단식 관람석으로 가게 된다.

해설사는 두 번째 사람 형체가 관광객 그룹 뒤로 갑자기 나타났을 때, 밤의 생물체들에 대해 이야기하기 시작하였다. 그녀는 사람들 앞으로 나아갔다. 갑자기 나타난 캐릭터는 털 달린 옷을 입고 횃불을 들고 있었는데, 자신을 숲속에 있는 ‘밤의 혼령’이라고 소개한다.

혼령은 “왜 이렇게 시끄러워?”라고 날카롭게 내뱉는다. 그리고 나서 그녀는 조용히 걸었더라면 볼 수 있었을 것에 대해 이야기한다. 이따금 그녀는 자신의 설명을 도와줄 자원자를 뽑았다.

혼령은 단 10분만 관광객 그룹과 함께 있었다. 그녀는 첫 번째 해설사에게 관광객들을 계속 걸어가게 하라는 말을 남기고 숲속으로 다시 사라졌다.

극적인 등장은 두 번째 해설사가 캐릭터를 소개할 때 더 두드러진다. 소원을 담은 불빛은 분위기를 만든다. 혼령은 특별한 지점에서 신비롭게 나타났다가 다시 신비롭게 사라졌다.

2. 이야기 들려주기

이야기하기는 효과적인 해설기법이다. 스토리는 역사와 자연에 대한 관심과 정서를 불러일으킨다. 그리고 단조로운 테마에 대한 통찰력을 주고 인간적이게 해준다.

모든 문화는 가치, 태도, 철학을 가르쳐주는 이야기하기 전통을 가지고 있다. 이러한 문화적 통찰은 사람들의 구전을 통해 공유할 때 가장 잘 이해된다.

이야기는 종종 사물이 왜 그렇게 존재하는지를 설명해준다. 우리 모두는 경험과 관련되어 있거나, 우리 세계를 더 잘 이해하도록 도와주는 이야기를 좋아한다.

이야기하기의 주의사항

- 단조롭게 말하는 것
- 야생동물에 대한 지나친 의인화
- 꾸며낸 가짜 목소리를 내는 것
- 자연에 대한 잘못된 정보 전달
- 다른 문화를 모욕하는 것
- 너무 빨리, 그리고 두서없이 말하는 것
- 서툴고 반복적인 제스처 사용
- 자신이 싫어하는 스토리를 말하는 것

이야기 들려주기에 대한 조언

- 자신에게 무언가를 의미하면서 말하고 싶은 이야기를 선택하라. 훌륭한 이야기는 한 그룹의 공통 경험과 관련되어 있어야 한다. 그리고 훌륭한 이야기는 듣는 사람이 해결해야 하는 문제를 제시해야 한다.
- 자신의 해설목표와 관련되는 이야기를 선택하라. 예를 들어, 환경에 관한 메시지를 담고 있는 이야기를 고를 수 있다.
- 이야기에 관한 사실을 조사하라. 단순히 즐거움을 주는 것 이상이 되려면 테마에 대해 알아야 한다. 예를 들어, 고궁의 역사 이야기를 하려 한다면 조선시대의 문화와 역사에 대해 알아야 한다.
- 관점을 선택하라. 3인칭(그 또는 그 여자)을 써서 능력이 뛰어난 관점에서 이야기할 것인가 아니면 마치 그 일이 자신에게 일어났던 것과 같은 1인칭(나)을 써서 이야기를 할 것인가? 때때로 이야기의 관점을 바꿔 참신하게 만들 수도 있다.
- 이야기를 위한 일련의 이미지 연속성sequence을 기억하라.
  - 이야기를 큰소리로 읽는다(서면으로 된 자료에서 뽑았다면).
  - 이야기를 시각화해 본다. 줄거리를 일련의 사진으로 상상한다.
  - 당신이 갖고 싶은 이미지를 그린다.
  - 나중에 기억을 새롭게 하기 위해 개요를 적어둔다.
- 이야기를 할 때, 듣는 사람들이 연속적인 이미지를 상상하게 하라.
  - 행동에 맞게 목소리를 변화시킨다.
  - 제스처를 이용해 이미지를 그린다.
  - 극적 효과를 위해 소리를 만들어낸다. '삐거덕' 같은 문소리, '위이잉' 같은 모기소리
  - 다른 캐릭터를 만들어 서로 말하도록 한다. 적절하게 사투리를 사용한다. 문화적인 사투리를 잘못 사용하면 다른 사람을 모욕할 수 있다.
- 이미지가 펼쳐지도록 자주 멈추어 쉰다. 그러나 아무렇게나 해설하여 주의를 산만하게 해서는 안 된다. 긴장감을 줄 정도로 길게 멈추고 쉰다.
- 이야기 들려주기는 친숙한 방법이다. 모든 사람이 자신에게 직접 얘기해 주는 것처럼 느끼게 해야 한다. 자연스럽게 시선접촉을 하면서 개인에게 초점을 맞춘다.
- 소품 사용을 피하라. 이미지가 이야기하는 사람의 도구이다. 소품이 사용되면 청중은 이야기보다 소품에 집중하게 된다.
- 요점을 말하라. 과잉설명이나 너무 자세한 설명은 피한다.
- 자신을 믿어라. 자신의 몸짓언어가 경직되고 자신감이 없으면 청중은 그 점을 인지하게 된다. 자신이 하는 일을 즐겨라. 그러면 청중도 역시 즐길 것이다.

3. 안내된 이미지

안내된 이미지는 사람들을 먼 장소나 시대로 데려간다. 해설사는 관광객 그룹을 임진왜란이나 벌집 속으로 데려갈 수도 있다. 이 방법은 오래 전 구리광산이나 버려진 터널과 같이 실제로는 너무 위험한 장소를 탐험할 수 있게 해준다. 묘사하는 언어가 '환상여행'에서 출발점과 같은 역할을 한다. 그리고 나서 각각의 개별적 상상이 이어지게 한다.

낙동강을 탐험하는 생태 관광객들에게 해설사는 시간을 뛰어넘는 강에 얽힌 삶의 이야기를 전해 주려고 한다. 시간을 오가는 여행을 하기 위해 그룹은 보트를 타고 하류쪽으로 여행하게 된다. 그들은 옛날 인물의 옷이나 벌목꾼을 만나기 위해 나루터에서 멈춘다. 인삼밭과 강의 수달을 보기도 한다. 그러나 관광객 그룹은 강이 어떻게 변화해 왔는지 이해할 수 있을까?

안내된 것을 경험하는 것은 이러한 변화를 이해하는 최선의 방법이다. 그 방법을 통해 관광객은 강을 물의 흐름인 동시에 시간을 나타내주는 것으로 인지하게 된다.

1) 조사와 각본 쓰기

조사는 환상여행을 전개하는 첫 단계이다. 자원해설사는 묘사하려는 과거에 대해 알아야 한다. 각본을 쓸 때 장면을 상상하고 감각과 시각 이미지를 적어라. 관광객들의 공통적인 경험과 관련된 이미지를 구체적으로 만들어라.

2) 여행 시작하기

안내된 이미지 여행은 사람들이 편안한 장소에 앉아서 시작해야 한다. 관광객들을 편안하게 하고 다른 생각을 없애야 한다.

관광객이 과거의 생활을 상상하도록 하는데 이용된 각본의 예를 하나 살펴보자. 캐릭터 해설을 하기 위해 무대를 설정한다.

낙동강 상류 인간의 역사-안내된 이미지

비바람과 물에 의해 깎인 이 고대의 화강암 바위에 앉아서, 짙은 물의 흐름이 100년 전으로 흘러가는 것을 보라. 강물은 빙하로 인해 가루가 된 바위와 함께 우유 빛 파도를 만들며 흐르고 있다.
강은 수만 년에 걸쳐 흘러간다. 강에 비친 나무들은 단풍든 나무의 붉은빛으로 바뀐다. 먼 데서 개 짖는 소리가 들리고 마을에서는 저녁연기가 피어오르고 있다.

나무가 자라는 초봄이 다가오면, 그들은 나무에 칼자국을 내어 수액을 받고, 수액으로 가득한 구멍에서는 자작나무의 상큼한 향기가 나온다. 아이들은 즐거운 소리를 내며 놀고, 눈쌓인 도랑 길 아래로 미끄럼을 타기도 한다. 그들은 서로들 행복하게 이야기를 나눈다.
그들이 갑자기 멈추고 강 쪽으로 달려간다. 자작나무로 만든 쪽배에 노를 젓는 남자와 검은 옷을 입은 사람이 타고 상류에서 내려온다.

3) 여행 공유하기

안내된 이미지 여행은 창조적 사고를 불러일으키는 전달방법이다. 그것은 해설사와 관광객 그룹 간의 믿음에 의존하는 조용한 활동이다. 해설사는 사람들 개개인이 자신만의 경험을 상상하게 하면서 구체적이고 정확한 이미지를 제시한다.

경험을 공유함으로써 사람들은 자원에 대한 자신의 태도를 더 잘 통찰하게 된다. 그들은 또한 다른 사람의 아이디어에서 통찰력을 얻을 수 있다.

다음과 같은 질문을 하라 : 당신은 사람들이 어떤 옷을 입고 있었다고 상상했는가? 그 강의 둑은 어떻게 변화했는가? 사람들은 수액을 끓였는가?

안내된 이미지를 위한 조언

- 사람들을 물리적으로 갈 수 없는 장소나 시대로 데려가는데 안내된 이미지를 이용하라.
- 정확한 이미지를 만들기 위해 자신의 테마를 연구하라.
- 스토리 형식으로 연속적인 이미지와 연관되는 각본을 만들어라.
- 청중을 그들이 상상하는 데 도움을 줄 수 있는 환경에 위치시키고, 평화롭고 신뢰할 수 있는 분위기를 만들어라.
- 경험을 통해 관광객 그룹을 안내하기 위한 좋은 이야기하기 기법을 이용하라.
- 사람들이 그 장면을 상상하게 하려면, 많은 시간이 걸리고 긴 멈춤이 필요하다.
- 관광객 그룹이 자신들이 경험을 한 것을 떠올릴 수 있도록 하라.

4. 인형에 의한 해설

인형은 무엇이든지 가능한 환상의 세계로 들어가도록 해준다. 나무들도 말할 수 있고 영혼들도 실제화 되고 야생동물들도 귀여워질 수 있다. 심지어 어른들도 새로운 방식으로 그들의 세계를 보고 싶어한다. 인형을 사용하는 여러 가지 방법들이 있다. 인형을 여러분의 프로그램에 포함시켜라.

인형 사용의 이점

- 무대 중앙을 마음대로 쓸 수 있다.
- 청중과 상호작용을 한다. 참가시킬 수 있고, 쌍방 의사소통을 최대한으로 활용할 수 있다.
- 복잡한 개념과 추상적인 아이디어를 인형을 사용하여 실제적으로 설명할 수 있다.
- 유머러스하고 위협적이지 않은 방법으로 논란이 많은 무제들을 제시할 수 있다.
- 인형은 3차원적이다. 전기나 비싼 건물이 없이도 동작한다. 배낭 속에서 계속적으로 출현할 수 있다.
- 최소한의 유지를 필요로 한다. 고통 없이 육체적인 학대나 고문을 잘 견딘다.
- 저렴하게 만들 수 있고 보관이 쉽다.
- 예상 가능한 방식으로 행동한다. 실제의 동물들과는 달리 여러분이 그렇게 하도록 원하지 않는 이상은 물거나 배설하거나 숨지 않는다.

1) 미네소타 동물원의 카펫 동물

미네소타 동물원에 있는 스카이탐방로Skytrail 해설사들은 카펫폼Carpet Foam을 발명했다. 그것들은 스펀지로 만든 것으로 사슴가면에서 80개의 발을 가진 괴물에 이르기까지 무엇으로든지 변할 수 있다.

카펫폼은 극장용으로 알맞다. 즉 사용하기 쉽고 재미있다. 이것을 지지하는 사람들은 혼잡한 동물원 건물이나 모노레일 카에서 쉽게 볼 수 있도록 크고 대담하게 만든다.

카펫폼은 식목일의 이야기하는 나무, 산호초 전시장의 불가사리, 또는 도깨비를 위한 큰 갈색 방망이가 되어 관중의 주의를 끈다. 항상 보존, 교육 그리고 흥미를 조심스럽게 배합한 메시지는 동물원의 동물 관리자와 지구상의 생물 간의 유대를 강화하도록 지지해 준다.

카펫폼 지지자들의 리스트에는 소규모의 스카이 탐방로 택시를 포함하여, 경쾌하게 날아가는 바퀴벌레, 두 마리의 사슴, 발톱이 있는 발을 가진 적응력 있는 습지괴물, 좋은 깃털을 갖고 있는 부엉이, 선사시대의 형광 물고기, 해부학상으로 교정한 가재, 해파리, 큰 깡통의 이야기를 해 줄 수 있는 알루미늄 깡통들이 있다.

카펫폼은 내장 지지대가 없이도 그 모양을 유지할 만큼 충분히 강하다. 그러면서 그것은 또한 가정용 가위로도 자르 수 있다. 잘린 가장자리 혹은 두 폼의 표면이 연결된 가장자리 표면은 결합된다. 카펫에는 에나멜 라텍스 또는 수성 페인트를 바로 칠할 수 있다. 그것은 계속하여 다시 사용하기 위해 저자아기도 쉽다.

스카이 탐방로 해설사들은 카펫폼 형태와 사용법을 보여주는 비디오들도 개발해두고 있다.

손가락인형 프로그램을 위한 10단계

- 해설을 위해 중요시되는 문제 혹은 개념을 확인하라.
- 아이디어를 가장 적절하게 보여줄 수 있는 상황을 확인하라(특별한 이벤트, 학교수업, 오리엔테이션 등).
- 청중을 확인하라. 어떻게 그들을 인형 쇼에 관여시킬 것인가?
  그들의 관심거리는 무엇인가?
- 프로그램을 명확하게 정의하기 위한 하나의 테마를 단 하나의 문장으로 쓰라.
- 관광객 반응을 위한 목표를 명확히 하라.
  - 청중들은 무엇을 배울 것인가?
  - 그들은 어떻게 느낄 것인가?
  - 당신이 추구하는 청중의 반응은 어떤 것인가?
- 손가락 인형쇼를 위한 적절한 장소를 확인하라. 그 장소가 어떻게 당신의 프리젠테이션에 영향을 줄 수 있는지 고려하라.
- 필요한 소도구, 시간계획 그리고 과제 리스트를 작성하라.
- 각본을 개발하라. 인형을 만들거나 선택하라.
- 공연을 사전에 연습하고, 시간과 각본을 세밀히 조사하라.
- 생생한 공연을 평가하고 미래를 위해 수정하라.

손가락 인형 사용의 주의점

- 말함과 동시에 인형의 입을 움직여라.
- 말을 시작할 때 입을 열고, 각각의 음절에 따라 입을 열고 닫아라. 거울 앞에서 연습해라.
- 아래턱을 움직여라. 인형의 머리 부분을 툭툭 치지 마라. 아래턱이 움직일 때 머리는 수평인 상태여야 한다.
- 인형이 살아있다는 인상을 받게 하라. 캐릭터로서 말이다.
- 인형은 청중과 눈을 맞추어야 한다. 청중들을 돌아가며 훑어보고, 가끔씩 한곳에 시선을 두어라.
- 인형이 프로그램을 이끌어 나가도록 해라. 손에 있는 인형과 함께 강의하려 하지마라.
- 각각의 인형의 성격에 맞는 독특한 성격과 목소리를 개발하라. 인형의 목소리나 연기가 당신과 전혀 닮지 않을수록 환상을 만드는데 성공하게 된다.
- 프로그램을 짧게 그리고 동적으로 진행하라. "청중이 더 원하게 내버려 둬라."
- 긴 프로그램이 이제야 끝났다는 안도를 하게 하지 마라. 어떤 역할이든지 5~10분이면 충분하다.
- 인형이 얘기할 때 그것을 보아라. 청중이 믿든지 말든지, 당신은 자신의 역할의 실재를 믿어야 한다. 훌륭한 청취자가 되어라.
- 이야기를 개발하라.

2) 살아있는 동물 이용하기

살아있는 동물은 여러분의 프로그램에서 잊을 수 없는 요소가 될 수 있다. 동물은 활동적이고 예측할 수 없다. 사람들은 동물을 가까이서 보는 것을 좋아한다. 그러지 않으면 볼 수 없기 때문이다. 살아있는 동물은 진정한 이해의 계기를 마련해 준다. 동물들을 체험하는 동안 배울 시회를 갖기 때문이다.

어떤 동물들은 다른 동물에 비해 사람들에게 잘 적응한다. 살아있는 동물에 관한 프로그램을 계획하기 전에 그 동물의 습성과 욕구를 먼저 알아내라. 예를 들어, 줄무늬 부엉이는 큰뿔부엉이보다 길들이기 쉽다. 여우뱀은 물뱀보다 다루기 쉽다. 동물을 알고 있어야 제대로 활용할 수 있다.

법규를 알아야 한다. 만일 애완동물 가게에서 동물을 사지 않았다면, 자연 속에서 잡기 위한(아무리 짧은 기간 동안이라도) 허가가 필요하다.

3) 살아 있는 동물을 이용한 프로그램 계획

2m 크기의 뱀이나 대머리 독수리같이 힘센 육식동물은 동물을 이용한 프로그램이 가질 수 있는 가장 큰 관심조장의 자료이다. 살아있는 동물은 관광객들이 해설사에게 향하는 시선을 빼앗아간다. 그리고 청중들이 동물들을 보고 난 즉시 질문을 한다. 그러면 해설사는 능숙하게 그 질문에 대처해야 할 것이다.

기대감을 조성할 때까지 관광객들에게 비밀로 해라. 관광객들에게 조용하고 고요한 분위기를 조성해 달라고 부탁해라. 부드러운 불빛은 물론이거니와 부드러운 목소리는 동물이 안전함을 느끼게 해준다.

만일 프로그램 진행 중에 동물을 다루기로 했다면, 전문가와 함께 미리 확실히 연습해 두어라. 적절한 도구, 즉 뱀 가방, 날카로운 발톱으로부터 피할 두툼한 장갑을 가져가라. 알맞은 새장 역시 가져가야 한다. 관광객은 해설사가 말로 설명하는 것으로부터 얻는 것만큼이나 많은 것을 당신이 동물을 다루는 방법을 보면서 배우게 된다.

살아있는 동물을 다룰 때의 주의점

- 관광객의 행동을 예측하고, 동물을 우리에 넣기 전에 그들을 배려해 주어라.
- 동물의 건강이나 편의를 위협하지 마라. 관광객이 동물을 다루는 것은 제한되어야 한다. 동물이 압박감을 드러내면 멈춰라.
- 야생동물의 압박감은 특별한 보살핌을 필요로 하는데, 그들은 애완용이 아니기 때문이다. 왜 이 동물들이 야생에서 프로그램으로 옮겨져 왔는지 설명하라.
- 동물에 의해 해를 입지 않도록 관광객들을 보호라라.
- 예기치 않은 일에 대비하라.
- 준비된 말을 하라 : 테마, 관심조장, 연결, 본론, 결론
- 동물을 인격화하지 마라(애완동물의 이름을 사용하는 것처럼).
- 자연적인 동물 행동을 설명하고 시연하라.
- 이것도 야생에서 그들의 역할에 대한 잘못된 개념을 만든다.
- 동물의 생태학에 관한 사실이 중요하다 할지라도 생태계에서의 동물의 역할과 관련된 경우에만 중요한 것이다.

4) 흔한 동물을 설명하라

비록 흔한 동물이라도 놀라운 것이다. 예를 들어, 장님거미는 실제로 거미가 아니지만, 그들은 앞다리 근처의 악취선으로 스스로를 보호하며, 심지어 굽혔다 폈다도 한다.

'느릿느릿 기어다니는 동물'에 관한 프로그램을 개발하는 것은 어떠한가? 진드기, 모기, 다양한 딱정벌레 같은 작은 동물은 쉽게 볼 수 있을 것이다. 습지대에서 진드기, 모기, 가재, 개구리와 소금쟁이는 흥미진진한 이야깃거리이다.

5. 음악

여러 가지 유형의 음악이 해설에 사용될 수 있다. 한 가지 가능성은 해설하려는 그 시대의 사람들이 연주도 하고 노래도 하는 것과 같은 전통음악을 사용하는 것이다. 전통음악과 춤은 청중이 서로 다른 생활 형태 또는 사람들과 직접 만날 수 있게 해준다. 민속음악은 역사의 기록이다. 계획만 잘 짜여진다면

중간중간에 적절하게 설명도 해줌으로써 음악은 여흥을 교육적인 테마와 관련지을 수도 있다.

음악을 해설의 한 부분으로 하는 것은 오래된 일이다. 옐로우스톤 초기에 와일리 캠프Wylie Camp에서는 매일 저녁 캠프파이어에서 노래와 공연이 주요한 구성요소로 이용되었다. 해설사들은 오래 전부터 인디언 가수와 기타 · 아코디언 연주자들을 불러와서 캠프파이어 프로그램을 풍요롭게 하였다. 슬라이드 쇼를 하면서 음악을 배경으로 깔아주는 것은 그러게 어려운 일이 아니고 값도 비싸지 않다.

펜실베이니아주에 있는 사설 해설센터인 롱 우드Long Wood 캠프에서는 색다르게 음악을 활용하고 있다. 그곳에는 방대한 면적의 정원이 있고, 숲이 있으며, 그리고 커다란 역사가 오래된 건물과 옛날 물건들이 있다. 그리고 그곳에서는 매년 300회의 예술공연이 제공되고 있다. 이 야외극장은 크고 오래된 나무를 자연의 배경으로 하고 있다. 이곳의 음악장비로는 대형 파이프 오르간이 있다. 사람들은 아름답게 설계된 상태의 꽃과 식물들을 본다. 그러는 가운데 아름다운 음악이 연주되고 춤, 드라마, 조각, 조명분수가 어우러진다.

음악은 몇 가지 점에서 해설기능을 수행한다(Knudson et al. : 352).

첫째, 참여자에게 말과 사실이 마음속에 파고들도록 해준다.

둘째, 상상의 세계로 뻗어나가게 한다.

셋째, 사람의 정서에 다가간다.

어떤 노래는 강하게 정서를 확인시킴으로써 잊을 수 없게 한다. 공연 이후에 상당한 여운이 남게 하기도 한다. 특히 노래는 어린이들에게 이용될 수 있다. 거미와 뱀을 노래로 부르면서 그 유용성을 배우게 되면 거미와 뱀에 대한 두려움도 없어진다.

6. 예술

예술 박물관에서는 해설활동이 활발하게 이루어진다. 그들은 박물관 관광객들에게 사진 촬영, 그림 그리기, 조각 만들기에서부터 예술감상에 이르기까지 다양한 기술들을 가르친다. 강의도 하고, 단기과정도 만들고, 국외로 여행을 가기도 한다. 소규모 박물관에서는 회원들 간에 해설기술을 터득하기 위하여 많은 노력을 하고 있다. 그 가운데 한 가지가 어린이와 성인에게 예술작품을 해설해 주기 위하여 3개 학습과정을 개설하고 있는데, 그것이 아트 스마트Art Smart이다.

아트 스마트 프로그램은 인디아나주 라파예테 예술박물관이 개설한 프로그램이다. 첫째 과정이 150개 슬라이드와 교재로 구성되어 있는데, 여기서 어린이와 어른들에게 인디아나의 예술가와 작품을 소개한다. 두 번째 단계에서는 예술작품의 우열을 비교하는 것이 아니라 관광객들이 좋은 예술작품을 구성하는 것이 무엇인가에 관하여 비판적으로 생각해 보도록 한다. 그렇게 함으로써 관광객들이 왜 어떤 작품이 보다 더 자신들의 느낌에 좋아 보이는가에 관하여 알게 함으로써 그들 자신의 느낌을 믿을 수 있게 해준다. 셋째 과정은 감정가처럼 감정하게 하고 아름다움을 발견하도록 촉진해 준다. 당시의 지방예술가들의 작품을 전시해 두고 품질 평가, 도자기의 효과와 창의성, 그림, 그리고 석판화 등에 관한 방법을 가르쳐 주었다.

아이온텍 박물관에서는 방대한 그림 전시홀이 있었고, 그 속에 그림이 가득 찼으며, 시연해 보이고 예가 되는 작품을 보여주면서 관광객들에게 가르쳐 주었다.

그 이후 미국과 캐나다의 국립과 주립공원에서는 서로에게 도움이 될 수 있게끔 협조체계를 구축하였다. 공원당국은 홍보효과를 얻을 수, 예술가들로부터 배울 수 있는 상호 협조체계가 이루어진 것이다. 이 경우에는 관련회사들이 스폰서가 될 수도 있다.

사람들은 자원의 역사적 가치를 지적이고 과학적으로 뿐만 아니라 정서적으로 인식한다. 인간의 본성은 먼저 정서적으로 반응하고 그 다음에 상황을 이해하고 설명하기 위하여 지식을 활용한다. 사람들은 먼저 감정을 활용하고 그 다음에 지성을 활용한다. 해설사와 관리자도 자원에 관한 정보와 이야깃거리를 전달하기 위하여 정서적 접근법과 지적 접근법을 활용할 수 있다. 이를 위해서는 다양한 창조적 기법이 고안·적용될 수 있다.

이상에서 다양한 창조적 기법에 대하여 간략하게 그 내용을 살펴보았다.

실제 현장에서 적용하면서 문제점을 발견·보완해가면서 해설사 자신의 기법으로 만든다면 보다 효과적인 해설이 이루어질 수 있을 것이다.

참고문헌 Reference

강심호(2005). 『디지털에듀테인먼트』, 스토리텔링, 살림출판사.

김계섭(1998). 『교육관광 길눈이』, 한국 여가레크리에이션학회.

문화관광해설사제도 운영실태 및 개선방안(2009), 문화체육관광부.

박석희(1999). 『나도 관광자원해설가가 될 수 있다』, 서울 : 백산출판사.

최연구(2006). 『문화콘텐츠란 무엇인가』, 살림.

최혜실(2006). 문화콘텐츠, 스토리텔링을 만하다(SERI 연구에세이 66), 삼성경제연구소, 『뉴에이지 새국어사전』(2011), 교학사.

Christian Salmon(2010). 류은영 옮김, 『스토리텔링(이야기를 만들어 정신을 포맷하는 장치), Storytelling』, 현실문화.

Danial Pink(2005). 김명철(2006역), 『새로운 미래가 온다,(A)whole new mind : why right-brainers will rule the future』, 한국경제신문.

David Howard(2007). 심산스쿨 옮김, 『시나리오 마스터(필름 스토리텔링의 건축학), How to Build a Great Screenplay : A Master Class in Storytelling for Film』, 한겨레출판사.

Donard Norman(1998). 인지공학심리연구회 역, 『생각있는 디자인, Things That Make Us Smart』, 학지사.

Knudson, Douglas M., TedT. Cable and Larry Beck(1995). *Interpretation of Cultural and Natural Resources*, Venture Publishing, Inc.

Regnier, Kathleen, Michael Gross, and Ron Zimmermaqn(1992). *The Interpreter's Guidebook*, UW-SP Foundation Press, Inc.

Rolf Jensen(2005). 『Dream Society』, 서정환 옮김, 리드리드 출판.

Schumitt, B. H.(2002). 『체험마케팅』, *Experiential Marketing : How to get consumers to sense, feel, think, act, relate to your company and brands*, 박성연 옮김, 서울 : 세종서적.

Tilden, F.(1997). *Interpreting our Heritage*, The University of Northcarolina Press, Chapel Hill.

제7장

시나리오 쓰기, 해설체계 구축

시나리오를 쓰려고 하면, 우선 시나리오에 어떤 내용을 넣을지, 대상에 대해 어떻게 통찰해야 하는지, 내용들에 대해서 어떻게 표현해야 하는지, 또 어떻게 상대방의 공감을 이끌어낼 수 있는지를 고민하게 된다.

세계적인 피겨스케이팅 선수인 김연아 선수나 유명한 볼쇼이발레단의 연습 과정을 보며 그들은 어떻게 전하고 싶은 메시지를 언어도 사용하지 않으면서 전하는지를 살펴보자. 그들은 새로운 공연을 준비할 때, 공연해야 할 작품의 동작을 익히기 전에 먼저 작품에 사용할 음악을 느끼는 시간을 갖는다고 한다. 이때 음악만을 단순히 듣고 느끼는 것이 아니라, 그 음악을 만드는 과정 속에서 생겨난 일화, 작품의 배경, 작품 속 주인공에 관한 이야기, 관련 인물과의 관계 등을 이야기로 듣고 음악과 연관지으려 노력한다고 한다. 그래야 음악을 이해하고 그 음악 속에서 진행되는 동작 하나하나에 이야기를 담을 수 있기 때문이다. 해설도 이와 다르지 않다. 시나리오 작성하는 흐름을 살펴보자.

제1절 시나리오 작성의 흐름

관광자원해설사는, 해설의 대상물은 완전히 느끼기 위해 대상의 구성과 배경, 관련 인물과 그들 사이의 관계를 생각하며 대상을 이해하여야 한다. 그리고 이 과정을 통해 이해한 모든 것들을 해설프로그램에 참여한 대상자에게 전달하는 것이다. 따라서 이를 위한 작업이 바로 해설시나리오를 기획하고 작성하고 운영하는 것이다. 그리고 이 과정의 끝은 이해하고 느낀 음악과 동작에 대해 끊임없이 반복하며 연습하는 것이다. 해설사의 준비과정도 많은 운동선수나 공연예술가들이 하듯이 철저히 반복연습으로 마무리되어야 한다.

자 시작해 볼까요? 다음의 순서를 따라서 해보자. 한두 번 해본 후에는 내게 가장 효과적이고 효율적인, 내게 딱 맞는 처방전을 쓸 수 있을 것이다. 그러다 답답하면 다시 본 교재가 제안한 방식을 살펴보고, 따라서 진행해 보면 도움이 될 것이다. 어디가 답답한지, 어디가 맘에 드는지 확인하고 재정리하는 과정을 거치면서 자신만의 해설시나리오 작성의 노하우는 생겨날 것이다.

관광자원해설 시나리오의 구성을 위해서는 3가지 측면의 특성을 확인하고 활용한다. 그 하나는 해설의 대상이고, 다른 하나는 참여자 그리고 마지막 하나는 다른 두 측면의 특성을 조율하고 해설프로그램을 운영하는 해설사이다. 관광자원해설은 해설사의 성향과 의식을 근간으로 대상을 이해하고 참여자에게 응대하여 진행되는 프로그램이기 때문이다. 해설사는 스스로 자신에 대해서 평소 자신이 좋아하는 분야, 연구가 잘되어 있는 분야, 잘할 수 있는 개인기 등에 대해 알아두는 것이 필요하다. 해설사의 성향은 해설프로그램의 성격을 차별화하고 특징짓는 중요한 요인이 된다. 그리고 해설사 자신이 지닌 장기를 해설프로그램에 반영하고 자신이 가진 약점을 보완하는 과정에서 특화된 해설이 가능하다.

그럼, 이제 시나리오의 작성을 위해 시나리오 작성의 흐름을 다음의 [그림

7-1]을 통해 살펴보자. 시나리오 작성 방법은 다양하지만 기존의 연구들과 현장에서의 검증을 통해 정리한 아래의 방법을 따라 한다면 좀더 쉽고도 정돈된 해설시나리오를 작성할 수 있을 것으로 기대된다.

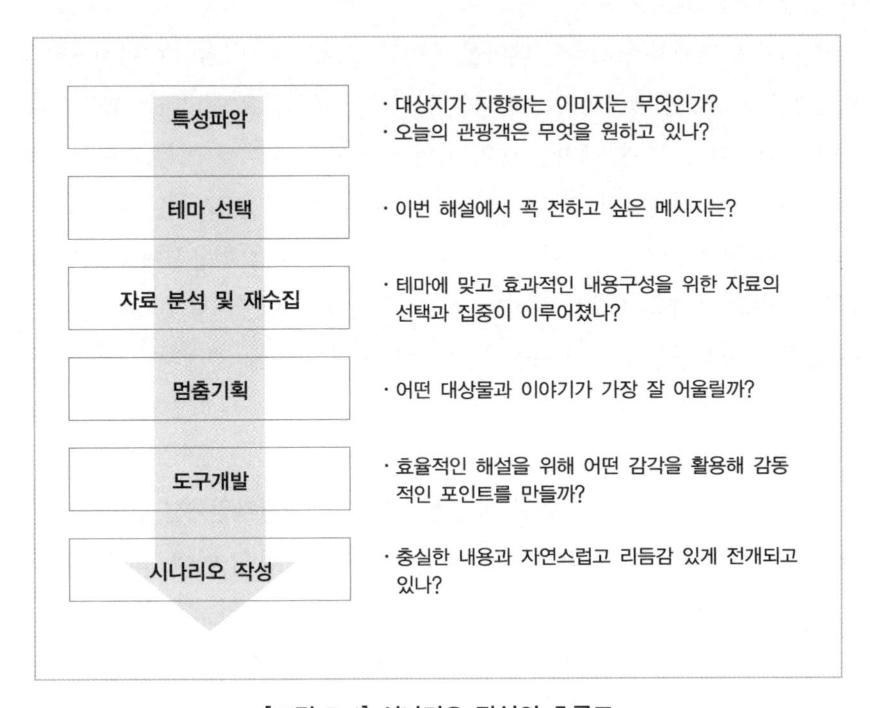

[그림 7-1] 시나리오 작성의 흐름도

각 단계별로 상세히 알아보기 전에 위의 내용을 대략적으로 살펴보면, 첫 단계에서는 해설을 하는 목적인 대상의 가치이해와 긍정적 관계형성을 위해 대상지 또는 대상물이 지닌 다양한 특징 그리고 참여자의 연령을 비롯한 관심분야, 교육정도 등으로 표현되는 참여자의 특징을 파악하고 이해하는 단계이다.

두 번째 단계에서는 앞서의 특성파악을 통해 알게 된 성향들을 종합해 오늘 해설의 테마를 정하고 테마문장을 만드는 과정이다 이 과정에서 가장 중요한 것은 자신이 참여자에게 대상을 이해시키고 싶은 이야기(해설)의 각도이다. 테마는 대상에 대한 정보의 지식을 정리하고 대상에 대한 이해의 방향을 제시하는 것으로 해설스토리텔링 전개의 중심이 되는 가장 중요한 부분이라 할 수 있다. 그러나 해설프로그램의 테마를 선정하는 일은 그리 쉽지 않아 많은 시도와 연습이 필요하다.

세 번째 단계에서는 결정된 테마를 풀어갈 정보, 정보 이외의 이야깃거리와 보조자료들에 대한 테마와의 연관성을 확인하며 분석하고 정리하는 과정이다. 이때 주의해야 할 것은 테마를 놓치지 않는 것이다. 테마를 모든 자료분석의 기준으로 삼고 정리하여 일관성 있고 정돈된 이야기들을 모으는 과정이다.

네 번째 단계에서는 선정한 이야기를 어떤 대상자원을 활용하여 해설할 것인지, 그리고 테마를 기준으로 하여 이야기의 우선순위는 어떻게 정리할 것이며, 효율적 동선구성을 위해 이동경로는 어떻게 할지 등을 결정하는 단계이다. 이 단계는 순서와 적절성을 통해 참여자들이 실제로 느끼는 세련된 기획을 평가받게 되는 중요한 단계이다.

다섯 번째 단계는 자원에 대한 지각을 크게 하고 관광자원해설 경험의 강화를 위한 체험을 준비하는 단계이다. 해설의 테마와 내용의 이해, 그리고 지각을 위해 오감을 활용하는 과정으로 단순한 자극에서 끝나는 것이 아닌 일상 속 영감 또는 창작으로 연결될 수 있으면 더욱 좋은 도구라 할 수 있다. 이 단계에서 주의할 사항은 해설의 내용에 따라서는 일정시간의 해설 내용보다 한 번의 체험이 더 강한 자극과 추억으로 남을 수 있기 때문에 테마와의 어울림, 지속적인 추억 생산의 단초역할에 대한 고려이다.

여섯 번째 단계는 마지막 단계로 시나리오를 직접 작성하는 단계이다. 이 단계에서는 해설이 커뮤니케이션임을 잊지 않는 것이 가장 중요한 부분이다. 커뮤니케이션은 상호 의사소통이며 생각의 나눔이다. 그러므로 일방적인 연설이 아닌 대화가 이루어질 수 있도록 대화체로, 구어체로 그리고 커뮤니케이션을 쉽게 하는 표정이나 제스처, 시선처리 등의 비언어적 도구에 대한 계획도 함께 구상한다.

제2절 대상의 특성에 대한 이해 : 나는 누구에게 무엇을 대상으로 해설을 하는가?

해설을 준비함에 있어서 첫 단추는 내가 해설해야 하는 대상이 무엇이고 누구인가를 파악하는 것이다. 앞서의 무엇은 해설의 대상일 것이고 뒤의 누구는 해설을 통해 대상지를 경험하고자 하는 해설참여자이다. 해설사로서 역할을 충실히 수행하기 위해 이제 이 두 대상 모두를 고려하고 철저히 연구하여 이 두 대상이 모두 현장에서 생명력을 가질 수 있도록 잘 기획된 해설프로그램을 개발해 보자.

1) 대상자원의 특성 파악

대상물 또는 대상지의 특성을 파악하는 방법 중에는 몇 가지 내용을 확인하는 것으로 시작할 수 있다.

첫 번째 내용은, 대상이 지닌 이미지를 파악해 보는 것이다. 많은 경우 해설대상에 대한 특성을 파악하는 과정에서 대상에 대해 일반인이 가지고 있는 이미지를 파악하는 것을 놓치는 경우가 있다. 일반적 이미지의 확인이 필요한 이유는 많은 사람이 대상에 대해 가지고 있는 이미지를 확인하거나 해당 이미지에 대한 이해를 도모하는 해설의 내용은 참여자들의 이해를 용이하게 하기 때문이다. 또한 일반적 이미지에 반하는 해설의 내용은 상식에 대한 반전에 해당되어 관심을 이끌거나 참여의 의지를 키우는데 도움이 되기 때문이다 그래서 해설사는 대상에 대한 이미지를 확인하는 일을 빠트릴 수 없다.

두 번째 내용은, 자원의 분류에 따른 특성 파악이다. 해설의 대상자원을 자연자원, 인문자원으로 분류하거나 자연적, 문화적, 사회적, 산업적, 관광·레크리에이션, 인적, 비인적 등 관광분야에서 흔히 가지고 있는 분야로 나누어 볼 수 있다(한국관광공사, 1993). 이런 방식의 분류는 각 자원의 특징을 쉽게 판단하게 하고 해설준비를 위한 접근시각을 결정하는 것을 용이하게 한다. 예를 들어, 자연자원의 경우에는 다음단계로 자원의 생태적 분류와 생태적 환경을 확인하고 대상자원과 인간과의 관계, 그리고 인간에게 미치는 영향 등을 중심으로 자원의 의미와 가치를 보여 줄 방법을 찾아가는 것이 가능하다.

인문자원의 경우에는 고고학적 장소, 박물관, 성곽, 궁, 역사적 건물, 유적, 사건 등은 물론 예술, 축제, 공연에 이르기까지 매우 다양한 인간과 함께 우리의 문화를 이루어온 것들로 이에 대한 해설의 방향을 설정하기 위해서는 전통이나 해당예술에 대한 이해, 민족특유의 역사, 사회관습 등을 이해하고 확인하는 것이 필요하다. 이를 통해 해설사는 해설의 시각을 설정하고 이해를 도모하려 노력하게 된다. 기타 더욱 자세한 분류를 통해 각 분야별 특성을 활용하는 방식도 가능하다. 특히 최근에는 현대의 드라마나 연극, 영화를 통해 방문이 빈번해지는 관광지들이 늘어나고 있어서 해당 연극이나 영화가 무슨 내용을 가지고 있는지 어떤 감성으로 감동을 유도했는지도 파악해야 하는 대상이 되고 있다.

세 번째 내용은, 대상이 가지고 있을 수 있는 문화재에 대한 파악과 목록화 작업이다. 문화재는 등록문화재와 비등록문화재로 나누어 자원에 대한 목록을 만들어 둘 필요가 있다. 이 목록은 사람들이 그 장소를 찾으며 관심을 가지고 있거나 언급하였을 때 쉽게 관심을 유도할 수 있기 때문이다. 그리고 테마를 중심으로 대상을 선택하여 해설을 하는 과정에서 제외되는 대상지의 보유 자원 중 등록문화재의 분류에서 국보나 보물정도의 수준은 대상지의 홍보에 활용되어 다양한 매체에 대상지를 소개하는 대표적 자원으로 자주 언급되어 있어서 해설사가 해설과정에서 제외시키면 불만의 요소가 될 수 있다. 따라서 테마와 관계없이 언급이 필요하다.

네 번째 확인할 내용은, 대상지나 대상자원과 관련이 있는 인물, 시대, 사건, 아름다움 등에 관한 이야기들이다. 이 정보는 출처와 기록이 분명한 것들과 그렇지 않은 것들을 분리하여 정리할 필요가 있다. 특히 출처와 기록이 분명한 이야깃거리에 대해서는 그 출처를 기록해 두는 것도 이 단계에서 해야 할 일 중 하나이다. 그러나 많은 경우 우리는 전설, 설화, 증언 등의 이야기를 활용할 기회가 많으므로 출처가 분명한 것들과는 분리하여 이야깃거리들도 파악해두어야 한다. 위의 내용들 외에도 해설프로그램의 대상에 대한 정보, 이야깃거리들을 파악하고 연구하기 위한 몇 가지 항목들을 정리하면 다음과 같다.

- 정치, 경제, 사회, 사상, 종교, 생활, 교육, 여가, 건축, 풍수 등
- 그 시대의 소수집단의 특별한 성격과 활동내용
- 최근 대상과 관계되는 이슈issue거리
- 대상과 관계되는 인물들의 태도와 활동
- 모든 전달이 가능한 이야기

그럼, 이런 이야깃거리들은 어디서 구할 수 있을까? 해설사는 많은 양의 기록정보에 의한 이야기는 물론 구술로 전해지거나 맥락으로 이해되는 이야기 등의 많은 이야기들을 확보할 필요가 있다. 물론 가장 좋은 답은 도서관이다. 도서관을 찾아 각 분야별, 대상지별로 지니고 있는 이야기들을 찾는 것이다. 간혹은 어느 분야를 찾아 어떤 내용을 확인하고 정리해야 할지 모를 때가 있다. 이럴 때는 전문연구자의 교육을 통해 해설 대상에 대한 이해와 스토리를 확보하는 것도 가능하다. 오랜 연구를 진행한 전문가의 도움을 받는 것은 쉽게 이야깃거리를 정리하는 하나의 방법이 될 수 있으며, 해설사의 자질을 향상시키는데도 큰 도움이 된다.

현재 활동하는 많은 관광자원해설사들의 경우에도 대부분 서적과 함께 전문가의 강의를 통해 이야기를 모으고 자원에 대한 이해를 도모하고 있다. 그러나 해설사는 일반적인 서적이나 공공기관이 제공하는 분야별로 전문화된 정보와 인증된 포괄적인 정보에 의한 이야깃거리도 필요하지만, 한 분야에 대해 정통하거나 집중된 정보가 필요하기도 하다.

그럴 때는 지역전문가나 향토사학자를 찾자. 이 경우 관광자원해설사는 지

역의 희귀정보와 현장에서 정보를 확인한 현장감 있는 이야깃거리를 얻을 수 있다는 장점이 있다.

그러나 이들의 정보는 간혹 다른 분야와의 연관성을 고려하지 않거나, 지나치게 특정 부류의 입장을 대변할 때가 있다. 또는 해당정보 그 자체보다는 그 정보를 뒷받침하는 내용의 출처가 분명하지 않을 수 있다. 그러므로 개별적 연구를 진행하여 얻은 이러한 정보에 대해서는 사전학습을 통해 비교하고 확인하는 노력이 필요하다. 이런 일반적이지 않은 관광자원의 경우 잠재적 가치가 높음에도 불구하고 바른 관심을 받지 못해 가치의 축소 또는 일반적 대상물로 취급받고 있다. 그렇지만 해설사의 역사적 · 문화적 · 생태적 정보의 학습이나 그 가치에 대한 정확한 이해와 해석작업을 통해 관광지를 찾는 참여자들에게 더욱 친근하고 가치 있는 대상으로 부각될 수 있다.

최근에 많은 사람들은 정보를 찾을 때 가장 먼저 컴퓨터의 전원을 켜는 경우가 많다. 특히 공공기관의 자료실은 대단히 많은 정보를 담고 있는 경우가 있다. 공공기관이나 자원의 관리운영을 맡고 있는 주무기관의 사이트는 학계나 일반적으로 확인된 정보들로 쉽게 기초정보를 확인하는 매체로 사용하는 것이 가능하다. 이런 사이버상의 내용들은 전반적인 이미지와 일반적인 의미를 파악하거나 최근의 상황을 이해하는데 활용될 수 있다. 그러나 사이버상의 정보들 중 특히 개인의 블로그나 동호인의 카페의 글들의 경우 검증되지 않거나 잘못 인용된 경우가 많으므로 사용에 주의를 기울여야 한다.

끝으로, 꼭 잊지 말고 찾아가 봐야 할 곳이 있다. 그것은 바로 자신이 해설할 대상지이다. 해설사 자신이 해설현장을 많이 찾고 다양한 방법으로 경험하는 것이다. 부지런해지자! 해설을 기획하고 진행해야 하는 해설사 자신이 대상지와 대상물을 자주 만나고 자신의 경험을 늘리는 것 역시 매우 중요한 이야깃거리의 원천이다. 같은 장소, 같은 대상물이지만 어느 날은 학습한 정보를 현장의 대상물을 두고 확인하며 경험해보자. 어느 날은 자신의 오감을 자극시킬 수 있는 다양한 지각요인을 찾아보자.

예를 들어, 음악을 들으며 바라보고, 대상지나 대상물을 찍은 전문가의 사진을 보며 바라보자. 무슨 소리를 들을 수 있을지, 어디를 만지거나 무엇을 맛볼 수 있을지, 그리고 참여자를 어떤 상상의 세계로 이끌 수 있을지 찾아보자. 해설사의 다양한 시각과 다양한 방법으로의 경험은 참여자의 단 한 번의 방문을 다양한 시각과 다양한 경험으로 이끌 수 있는 훌륭한 이야깃거리와 체험거리를 찾게 할 것이다.

2) 참여자의 특성파악

관광객은 선택적으로 관심을 기울이며, 이들의 관심은 개개인이 지닌 자신만의 개인적 또는 사회적 맥락에 따라 다르다. 이들 관광객은 스스로의 관심에 따라 대상의 상징에 대해 다르게 접근하고 각자 다르게 경험한다(Falk & Dierking, 이보아 역, 2008). 예를 들어, 문화적 경험, 교육적 경험은 물론 해설을 듣고자 하는 목적도 다양하다. 그러나 그들의 공통적 특징에는 관광의 본질이며 인간의 본질적인 욕구인 즐거움에 대한 기대, 일상으로부터 벗어난 자유로움 만끽, 대상에 대한 지적호기심, 평소의 관심사항에 대한 확인과 같은 욕구들을 해결하고 싶어한다.

일반적으로 이런 관광객의 심리에 대해서는 3장의 관광자원해설의 구성요인에서 다루었다.

이런 일반적인 특성과 관광자원해설프로그램에 참여하는 참여자들의 개별적인 요구와 성향을 파악하고 적절한 대응을 하기 위한 가장 기초적인 방법은 인구통계적 항목을 확인하는 것이다. 그러나 해설프로그램의 경우 인구통계적 사항인 나이, 직업, 교육정도, 수입정도 등도 중요한 참여자의 특성이 되겠지만 이보다는 문화적 취향과 방문경험 등의 참여자의 성향과 요구가 더 중요하기 때문에 해설을 위한 몇 가지의 사전조사 항목을 가지는 것이 좋다. 간혹 항목을 지정해 두지 않을 경우 쉽게 간과하거나 빠트려 참여자의 특성을 반영하지 못할 수 있기 때문이다. 어떤 특성을 지닌 사람들이 오늘 나와 함께 하는가를 다음의 〈표 7-1〉를 활용하여 확인해 보자.

누가 참여하는가, 몇 명인가, 여럿이 함께 하고자 한다면 그 단체의 성향은 어떠한가, 그리고 이들 서로는 얼마나 잘 알고 있는가, 이들과 나 사이에 공통의 경험이 있는가, 연령과 문화적 관심정도는 방문의 경험이 있나, 대상자원에 대해 얼마나 알고 있는 사람들인가, 해설에 참여해 본 경험은 있나.

맞춤형의 특화된 해설을 위해서는 참여자에 대한 더 많은 정보와 이해가 필요할 때도 있다. 예를 들어, 해설을 듣고자 하는 동기는 무엇인가? 무엇에 대해 관심이 있어서 또는 무엇이 특히 궁금해서 해설프로그램에 참여하게 되었나? 일반적으로 특별관심 관광객은 사물에 관심이 있지만, 일반관광객은 문화에 관심을 보인다고 한다(Tilden F., 조계중 역, 2007).

여기에 참여가 자발적인가? 얼마나 적극적인 참여의 의지를 지니고 있나? 등에 대해 알 수 있다면 해설사는 좀더 해설의 방향을 설정하기가 쉬울 것이다. 이런 세부적인 특성과 특성에 대한 대응전략은 자원해설의 핵심요인에서 참여자의 특성에서 살폈으므로 다시 한번 확인하기 바란다.

이와 함께 최근에는 신체적 혹은 정신적으로 불편함을 지닌 참여자의 해설 요구도 늘어나고 있어서 참여자의 신체적 또는 정신적 장애 종류와 장애의 정도를 파악하는 것도 필요하다. 참여자의 참여 정도와 이해의 수준은 어떠한지? 참여자가 불가능하거나 불편함을 느끼는 활동은 무엇인가? 등에 대해 아는 것은 해설프로그램 운영방식의 결정적인 단서가 될 수 있다. 그러나 많은 경우 해설사는 대상자원의 특성에 대해서는 파악이 가능하지만 참여자의 특성에 대해서는 사전에 미리 알지 못하는 경우가 많다. 그저 현장에서 만나 눈으로 확인하거나 분위기로 짐작하고 단순하고도 불쾌감을 주지 않는 정도의 질문을 통해 확인하는 정도일 수 있다.

〈표 7-1〉 참가자에 대한 사전조사 양식

해설 참가자 사전 조사(예시)		
프로그램 진행 예정일		
참가자 특징		
프로그램 참여 목적		
	개 인	그 룹
참가 유형	□ 혼 자 □ 자녀 동반 가족 □ 자녀 동반 없는 가족 □ 친구/동료 □ 기 타	특징 소개 :
인 원		
연 령		
신체적 특징		
방문 경험 (해당일 이전 이곳에 방문 경험)		
참여 경험 (해당일 이전 해설 참여 경험)		
프로그램에 대한 관심정도		
기타 특이사항		

제3절 테마선정 : 내가 전하고자 하는 나만의 메시지

이번 과정은 테마를 개발하고 테마를 하나의 문장으로 정리하는 단계이다. 그런데 우리는 앞서 4장에서 테마란 무엇이며 테마를 개발하는 몇 가지 방법을 확인하였다. 그래서 이번 절에서는 간략히 앞서의 내용을 정리하고 시나리오를 작성하는데 테마의 필요성과 테마문장 작성과정을 진행하고자 한다.

해설프로그램을 기획하고 운영하는데 테마는 꼭 필요한 것인가? 테마가 없어도 해설은 가능하지 않을까? 물론 가능할 수 있다. 그러나 대부분의 해설사는 자신이 별도의 테마를 선정하지 않았다고 하지만 자신의 평소 생각이나 의식을 해설하는 동안 지속적으로 전달하여 테마가 존재하는 것과 동일한 효과를 내기도 한다. 다만 정돈되고 기획된 테마가 아니다보니 분명하게 전달되지 못하고 있다.

테마를 선정하지 않고 해설을 준비하는 경우 해설사는 많은 정보 중 어떤 이야깃거리를 이번 해설의 내용 속에 넣을지를 고민하게 된다. 간혹 현장에서 머리에 떠오르는 이야깃거리들을 두서없이 전달하게 되어 해설이 대상물 중심의 백화점식 나열형이 되기도 한다. 이 경우 내용의 중심생각이 없는 산만한 해설이 될 수 있다. 정보의 나열에 의한 산만한 해설을 피하고, 정돈되고 세련된 해설을 위해 시나리오작성에 있어 테마 선정은 꼭 필요한 부분이라 하겠다.

테마는 해설시나리오 및 해설과정을 통해 해설사가 하고 싶어 하는 이야기의 핵심이다. 해설사의 가치관이나 시각을 잘 드러나게 하는 부분이기도 하다. 이야기의 핵심을 얼마나 재미있게 혹은 강렬하고 효과적인 이야기와 체험을 통해 참여자에게 전달하느냐에 대해 해설사는 많은 연구와 고민, 그리고 갈등을 겪기도 한다.

앞서 언급했듯이 테마는 해설의 내용을 대표하는 중심 생각이며, 전달하고자 하는 내용의 핵심 메시지를 정리한 것으로 테마는 '이야깃거리와 독특한 이야기의 각도'라는 2개의 부분으로 이루어져 있다. 우리는 앞 단계에서 이 두 가지 부분 중 대상이 지닌 특성을 파악하는 과정에서 대상의 다양한 물리적, 정서적 이야깃거리들을 출처와 함께 확인하였다.

이제 해설사는 이야깃거리에 대해 자신이 더 많이 강조하고 확인시키고 싶은 부분이 어디인지를 결정하고 테마문장을 작성할 때이다. 그럼 이제 테마를 개발하고 테마문장을 작성해 보자.

해설사는 참여자의 경험의 질을 높이고 추억의 핵심을 만들기 위해 많은 주의가 필요한데, 르위스Lewis(1980), 레그니에르Regnier(1992) 등이 제시한 몇 가지

조건을 바탕으로 '문화유산해설 기초이론연구(문화재청, 2011)'에서 제시되었던 다음의 사항들을 확인하며 자신의 테마를 개발하고 선정한다면 조금 더 최적화된 테마를 선정하는 것이 가능할 것이다.

① 해설수용자의 풍부한 경험과 향유를 도울 수 있나?

테마가 해설사 자신만의 만족을 위해 준비된다면 참여자는 참여를 거부할 권리가 있다. 참여자는 언제든 떠날 준비를 하고 있는 사람들이다. 참여자는 오늘의 경험이 자신의 생활에 활력소가 되고 경험 이후에는 좋은 추억이 되기를 원한다.

② 해설수용자의 관심과 흥미를 이끌 수 있나?

평소에 관심을 가지고 있거나 최근의 이슈가 되고 있는 이야기들에 대해 참여자들은 쉽게 관심을 보인다. 그러나 해설의 테마가 참여자의 관심과 흥미를 이끌어야 하는 이유는 쉽게 관심을 끌기 위해서만은 아니다. 관심과 흥미는 이해와 기억을 용이하게 하고 이해를 통해 더 큰 관심과 참여의지를 지닐 수 있기 때문이다.

③ 해설수용자에게 새로운 정보를 주기에 적합한가?

새로운 장소를 방문하거나 해설사가 있는 프로그램에 참여하는 경우에 참여자는 내가 평소에 알지 못했던 새로운 정보나 정확한 정보를 알고 싶어 하는 지적욕구가 있다. 단, 새로운 정보가 어렵거나 관심을 벗어나지 않도록 주의할 필요가 있다.

④ 구체적인 테마여서 이해가 쉽고 인식이 용이한가?

자세하고 구체적인 테마의 선정은 대상의 사소한 부분까지 꼼꼼하고 찬찬하게 확인할 수 있도록 도울 수 있는데, 이런 자세한 테마를 활용하게 되면 하나의 대상에 대해 다양한 테마를 구성하는 것이 가능해진다. 그리고 문장에 있어서도 자세한 설명은 대상에 대한 이해와 자신과 대상과의 관계를 확인하는 것이 쉽다.

⑤ 해설을 제공하는 궁극의 목적에 부합하는가?

이는 해설이 운영되는 목적을 실현하기 위함이다. 해설프로그램을 운영하는 관광지에서는 해설운영이 필요로 하는 이유가 있다. 해설의 운영을 통해 관리단체는 여러 가지 목적을 가질 수 있다. 예를 들어, 대상에 대한 이해를 통한 가치의 인식, 그 장소에 대한 홍보, 또는 대상의 보호와 지속적인 보전 등이다. 해설의 테마가 이러한 해설운영의 목적에 도움이 될 수 있다면 또 하나의 해설이 지닌 편익을 달성할 수 있다.

⑥ 하나의 생각, 하나의 개념만이 담긴 테마인가?

테마는 해설프로그램의 중심선이며 이야기를 분석하고 선택하는 기준이다. 그러므로 테마가 여러 개의 아이디어나 철학을 담고 있다면 여러 기준으로 이야기를 선택하고 전개하게 되며, 이런 경우 기획과정이나 전달과정이 어려워지거나 혼란스러워질 수 있다.

⑦ 해설사도 좋아하는 테마인가?

해설사는 테마를 개발한 뒤에도 다시 기존의 이야깃거리들을 정리하고 분석해 해설시나리오에 넣을 이야깃거리들을 확정해야 한다. 이뿐 아니라 이런 이야깃거리들을 쉽게 지각시키고 이해시키기 위한 체험요소도 찾아 진행하여야 한다. 테마를 선정하고도 많은 시간과 노력이 필요하다. 그런데 해설사 자신이 좋아하지 않는 테마라면 더 많은 노력과 집중, 그리고 깊이 있는 이야깃거리를 찾고 경험을 강화하기 위한 체험요소를 찾는 것은 어렵지 않을까?

해설사는 참여자의 만족한 경험을 위해 위와 같은 사항들을 확인하며 시나리오의 방향을 설정했다면 이제 테마를 구체적인 테마문장으로 표현해 보자. 테마문장을 만들기 위해서 우리는 기존의 연구들을 정리한 몇 가지 항목을 가지고 확인하며 표현하고자 한다(Lewis, 1980; Regnier et al., 1992).

① 테마는 짧고도 간단한 그리고 완전한 문장의 형태를 지녀야 한다.

문장의 종류는 문제가 되지 않는다. 긍정문, 부정문, 의문문, 감탄문 등 다양한 문장의 형식을 이용할 수 있다, 다만, 문장을 주어, 동사가 갖추어진 완전한 문장으로 만드는 것이 중요하다. 완전한 문장으로 이루어져 있는 경우, 그렇지 못한 경우에 비해 상대는 그 문장의 의미를 상상하고 영감을 얻는 것이 용이하기 때문이다.

② 가능하면 흥미롭고 동기를 유발하는 단어로 표현하자.

사람들은 지루하고 재미없는 것을 특히 즐기는 성향은 적다. 대부분 즐거운 분위기, 재미있는 것, 관심을 유발시키는 것 등에 쉽게 접근하고 선택한다. 특히 잘 알지 못하는 장소에서 행해지는 해설프로그램의 경우 지루하고 따분할 것으로 추측되는 것보다는 무엇인지는 몰라도 또는 자신이 이해하는 범위 내에서 흥미롭거나 자신의 관심을 충족시켜줄 것으로 기대되는 것을 쉽게 선택하고 참여한다.

제4절 자료의 분석 및 종합

이번단계는 학습과 연구를 통해 해설의 대상자원과 참여자의 특성에 맞게 잡은 테마를 부각시킬 수 있는 이야깃거리들을 정리하고 취사선택하는 일이다. 어떤 이야깃거리를 사용하면 대상을 더 잘 인식시키고 이해시킬 수 있을지, 그리고 내가 사용하고자 하는 이야깃거리는 사용하는 것이 적합한지를 확인하는 과정이다.

해설사가 해설프로그램의 내용으로 사용하는 정보 및 이야깃거리들은 일반적으로 사실에 입각한 것들이다. 그러나 해설시나리오가 해설사의 학습과 연구를 통해 구성된 사실적이고 단편적인 정보fact만으로 이루어지는 것은 바람직하지 않다. 대상과 관련된 사실적 정보들을 나열하는 것이 해설을 위한 시나리오라 할 수 없다. 해설의 스토리들은 정보 그리고 정보를 쉽게 이해하고 경험하도록 기획된 특별한 이야기, 주제를 쉽게 이해할 수 있도록 선택한 이야기, 해설수용자가 쉽게 이해할 수 있는 쉬운 이야기, 수용자의 관심과 흥미에 상응할 수 있는 이야기, 재미와 환기를 위한 반전이나 상식을 뒤엎는 부분을 지닌 이야기 등을 포함하여 구성되는 것이 바람직하다.

이렇게 구성되는 스토리 안에는 인물과 사건, 사건의 전개과정, 그 속에 사건의 전개를 이해하는데 도움이 되는 시대적 또는 관계를 지닌 사건의 내용, 그리고 주인공의 성격이나 성향에 영향을 준 성장배경이나 영향요인 등이 있어서 해설참여자의 이해를 돕고 관심을 이끌 수 있도록 구성되어야 한다. 이런 이야깃거리들은 대상과 관련된 전문적이고 다양한 분야에 대한 학습은 물론 최근의 문화계 및 사회전반의 소식과 흐름에 대한 관심과 이해가 필요하다.

위에서 언급된 내용들을 확인하고 정돈하기 위해 다음의 순서를 따라가면 더욱 편리하고 효율적으로 이야깃거리들을 확보할 수 있다.

① 사전에 가지고 있던 이야깃거리들 중 테마와 관련되는 것들을 고른다.
② 선택된 내용들을 두 가지인 사실논거와 감정논거로 나누어 분리한다.

- 해설내용의 신뢰성을 높이기 위한 이야깃거리로 논리의 귀결을 도출하는 사실 논거에 사용할 이야깃거리이다. 이와 같은 사실적 논거를 제시하기 위한 자료들로는 다음과 같은 것들이 있으며, 사실적 논거는 추론 제시, 믿을만한 출처 제시, 객관적인 표현 수단 등을 통해 신뢰성을 확보하는데 도움이 된다.
  - 전문가 인용 : 전문가의 이름, 연구분야, 출전, 인용문 제시
  - 참고자료 : 인용인물이나 인용문구, 참고자료의 중요성에 대한 이유 전달, 출처, 사실내용 제시
  - 통계 : 만든 학자, 학자의 능력, 출처와 의뢰처 제시, 가능한 쉽게 이해되는 빈도, 그래프로 이해시킴
  - 연구결과 : 연구 실행 또는 발행 날짜, 참가한 연구자, 의뢰 기관과 소재지, 연구의 진행과 결과 제시
- 참여자의 감정에 호소하기 위한 감정적인 효과를 주는 감정 논거에 사용할 이야깃거리이다. 해설참여자의 특성과 잘 맞아 호기심과 기대를 불러일으키는 이야깃거리들도 감정적인 효과를 내기 쉽다.
  - 시연 : 명확히 표현하고 시연의 대상자나 참여자를 다감하고 적극적인 사람을 고르는 것이 중요하다.
  - 최근 뉴스나 이슈
  - 전해지는 다양한 이야기 : 대상자원과의 관계를 긍정적으로 유도할 수 있는 이야기들로 교훈적 이야기, 동화와 우화, 역사적인 일화, 소설, 희곡, 영화, 전설, 증언 등
  - 경험담 : 사람들은 선경험자의 경험담 듣기를 좋아한다.
  - 테마와 관련된 모든 종류의 예술작품과 작품 속 이야기
  - 유머나 선입견을 깨는 반전이 있는 이야기

③ 위의 내용 중 참여자의 성향이나 수준을 고려해 적합한 이야깃거리들을 고른다.

④ 참여자 그룹의 특성상 자주 묻는 공통적으로 질문에 대해 명료하게 이해할 수 있도록 도울 이야깃거리를 준비한다.

⑤ 이야깃거리들을 분류하고 정리하고 나서는 전달하고자 하는 메시지를 강화하는데 도움이 되는 순서로 우선순위를 정한다.

제5절 멈춤 기획

이번 단계는 앞 단계에서 선정된 이야기들을 어느 장소 또는 대상물을 활용해 전달할 것인가와 그 순서를 정하는 단계이다. 여기서 사용하는 멈춤이라는 용어는 이야깃거리를 지닌 대상을 의미한다. 그러므로 하나의 대상물이 여러 개의 멈춤을 가질 수도 있다. 예를 들어, 석가탑은 석가탑을 만든 석공 아사달에 대한 멈춤, 석가탑의 의미와 구성형식에 대한 멈춤, 다보탑의 형식과 석가탑의 형식을 비교하기 위한 멈춤, 석가탑에 얽힌 나의 수학여행의 추억의 멈춤 등을 가질 수 있으므로 지금 같은 경우 하나의 대상물인 석가탑이 4개의 멈춤을 가지고 있다. 즉 멈춤이란 대상물이 아닌 이야기를 기준으로 하는 단위이다.

우리는 흔히 모든 이야기를 이끌고 가는 원동력이며 이야기들을 꿰어주는 실이 테마라고 한다. 그러므로 멈춤을 기획하는데 있어서도 놓치지 않도록 주의해야 하는 것은 바로 테마이다. 이미 앞에서 우리는 테마를 중심으로 하는 이야깃거리들을 모아 놓은 상황이므로 또 다른 주의사항을 확인하고자 한다. 바로 지루함이다. 한 대상물을 두고 긴 시간 이야기를 하는 것은 그 이야깃거리의 중요성, 재미와는 별개의 문제이다. 사람은 움직이는 것, 색이 선명하거나 자극적인 것, 큰 것, 오감을 자극하는 것 등을 따라 자연스럽게 관심을 옮긴다.

그런데 한 대상물을 가지고 많은 이야기를 하게 된다면 근처의 지나가는 다람쥐, 손에 들고 있는 휴대폰, 해설사의 외모 등으로 관심을 옮기는 것이 일반적인 참여자들의 습성이다. 이런 인간의 습성에 대해 '톰소여의 모험' 등의 작가이자 사회 풍자가였던 마크 트웨인Mark Twain은 "설교가 20분이 넘어가면 죄인도 구원받기를 포기해 버린다"라 했다. 그럼 많은 이야기, 즉 많은 멈춤을 가지고 있는 대상은 어떻게 해야 할까? 답은 멈춤마다 다른 지각요인을 활용하는 것이다.

멈춤별로 오감의 활용을 달리하거나 같은 오감요소를 활용해야 한다면 활용의 방식을 바꿔야 한다. 예를 들어, 시각요소만을 사용해 앞에 제시된 석가탑의 4개의 멈춤을 모두 사용하고자 한다면,

- 석가탑은 다보탑을 만든 석공 아사달에 대한 멈춤은 정면을 볼 수 있는 먼발치에서의 해설하고,
- 다보탑의 의미와 구성형식에 대한 멈춤은 가깝게 다가와 석가탑의 부분부분을 확인하며 해설하고,
- 다보탑의 형식과 석가탑의 형식을 비교하기 위한 멈춤에서는 석가탑과 다보탑이 균등하게 보이는 자리에서의 비교하며 해설하고,
- 석가탑에 얽힌 나의 수학여행의 추억의 멈춤은 석가탑의 뒷모습을 볼 수 있는 자리에서의 해설을 계획할 수 있다.

이제 우리는 테마를 놓치지 않으면서 해설프로그램의 내용을 풍성하게 만들고 참여자의 방문경험의 질을 높일 수 있도록 다음의 순서를 따라 정리해 보자.

1. 앞에서 정해두었던 이야깃거리의 우선순위에 맞춰 각 이야기와 관련된 대상을 선정한다.
2. 멈춤을 세 부류로 분리하자. 하나는 테마의 내용을 분명하게 할 수 있는 멈춤을 선택하자. 다른 하나는 참여자의 관심과 흥미를 고려해 선정한 이야기의 멈춤을 선택하자. 또 다른 하나는 해설대상지의 대표적 멈춤을 선택하자.

4. 총 해설시간에 맞춰 멈춤의 총 개수를 정한다. 이때 각 멈춤은 5분으로 계산하고 이동과 다음단계에서 설계할 체험부분을 염두에 두고 시간을 조율해 보자.
5. 전체 멈춤수에 대해 위의 2에서 분류한 부류별로 몇 개씩을 넣을지 개수를 정한다. 가장 우선은 테마와 관련된 멈춤이다. 비율은 전체 100%를 기준으로 하여 테마와 관련된 이야깃거리를 품은 멈춤을 50~70% 정도 선정하고, 나머지는 테마성 이야기의 대상에서 빠진 대상의 관심과 흥미를 이끌 멈춤과 해설지의 대표적 멈춤을 포함시킨다.

이제 우리는 이야깃거리와 이야깃거리를 지각시킬 수 있는 멈춤을 결정했다. 이번 순서는 해설현장에서 이를 운영하기 편리하도록 이동 동선을 구성할 차례이다. 동선설정은 먼저 해설지의 안내도나 자신이 그린 지역의 그림을 펴놓고 시작하자.

1. 자신이 멈춤으로 선정한 대상물들을 표시하자.
2. 대상물 중 멈춤이 여럿인 경우에는 대상 아래에 멈춤의 개수를 ①, ②, ③ 순으로 적어두자. 앞에서 예로 들었던 다보탑의 경우 다음처럼 적을 수 있다. ① 석공 아사달, ② 의미와 구성형식, ③ 석가탑과 형식을 비교, ④ 나의 추억 등
3. 지리적 확인을 마쳤다면 이제 동선을 정하자. 동선은 참여자의 지루함이나 해설프로그램 운영의 번거로움이 없도록 가능한 효율적으로 선정한다.

제6절 체험도구 개발과 진행계획

관광자원해설은 참여자를 대상으로 사회문화적 혹은 자연생태적 자산을 사용하는 경제적 활동이며 창조적 활동이다. 단순히 관광지의 독특한 특성만을 설명하여 이해를 추구하는 것이 아니라 방문객의 문화적 동기나 경험, 그리고 지각(Poria et al., 2001)에 근거하여 더 좋은 경험을 유도하려는 활동이다. 이번 단계에서는 해설대상에 대해 더 잘 지각하고 해설프로그램 참여의 경험을 풍요롭게 하기 위한 도구를 개발하고 활용하는 방법을 정리하는 단계이다.

이제 우리는 관광지에서 할 수 있는 체험을 구상하려고 한다. 체험의 장점에 대해서는 4장에서 언급하였듯이 체험은 참여자의 적극적 참여를 유도하는 것은 물론 더 쉽게 경험을 강화할 수 있는 장점을 가지고 있다. 그리고 쉽고도 강한 자극은 더 행복하고 길게 남는 추억을 만들 수 있어서 체험은 현대의 모든 산업분야에 전방위적으로 활용되는 기법이다. 해설도 예외는 아니다. 특히 해설이 지닌 교육적 기능이나 마케팅적 기능을 동시에 그리고 확고히 하기 위해서 해설현장의 체험 또는 도구의 개발과 운영은 매우 중요한 사항이 되었다.

사람의 기억 능력 그리고 신뢰도에 미치는 영향 등 비언어적 의사소통에 대한 많은 연구 결과를 발표한 미국의 사회학자 알버트 메러비안Albert Mehbrabian에 의하면, 인간은 의사소통에 있어서 언어적인 부분보다 비언어적인 부분이 훨씬 많은 의미를 전달한다고 한다. 그리고 시각, 청각, 후각, 미각, 촉각 등의 오감을 활발히 활용한 경험이 지식적 정보를 언어적으로, 즉 글로 보거나 듣기만 하는 것보다 경험의 질을 높이고 더 오래 기억할 수 있도록 돕는다고 한다. 그리고 인간의 지식정보의 저장, 즉 기억하는 정도에 대한 연구들은 우리가 귀로 들은 것의 10%, 눈으로 읽은 것의 20%, 눈으로 보고 행한 것의 80%를 기억한다고 한다. 이런 연구결과는 우리가 해설프로그램 안에 오감을 활용하는 체험을 넣는 것이 기억량을 현저하게 증대시킬 수 있음을 의미한다. 아마도 우리

인간은 우리 스스로 참여하고 능동적으로 상황을 풀어가는 과정에서 더 잘 이해하고 더 많이 기억하는 모양이다.

가장 먼저 확인해 볼 우리의 오감이다. 주변이 전해주는 모든 정보를 받아들이는 장치이며 관광자원해설을 활기차게 만들어주는 기재이다. 하이델베르크 대학의 만프레드 짐머만 교수는 "사람은 매초 천백만 비트 이상의 정보를 중추신경계가 받아드린다(Braun, 2003). 그 중 눈은 초당 천만 비트를, 피부는 백만, 귀는 십만, 미각은 천 비트를 뇌로 보낸다. 그러나 깨어있는 의식은 초당 40비트를 처리한다. 즉 들어오는 정보의 28만분의 1밖에 안 된다"라고 지적하며, 정보를 학습하는 방법에도 시각적 자극을 중심으로 다양한 오감의 자극을 활용하는 것이 우리 뇌의 활동에 적합하다고 주장한다. 그럼 우리가 각 지각요소들에 대해 어떻게 다른 반응을 보이는지 그리고 관광자원해설사는 이를 어떻게 활용할 수 있는지를 알아보자.

눈을 즐겁게 만들자(볼거리 찾기)

오감 중 가장 활용이 쉬우며 활용도가 높은 것은 시각이다. 해설프로그램의 참가자는 듣는 것뿐 아니라 보는 것도 원한다. 가까이에서 멀리서 눈으로 확인하고 자신의 이해를 돕고 싶어한다. 그러나 현장의 대상을 보는 것만으로는 부족한 이야깃거리들도 있다. 이럴 때는 평범하게는 참고자료나 모형, 견본, 동영상, 애니메이션, 슬라이드, 차트 등을 활용할 수 있다.

어떤 공간이든 볼거리는 있기 마련이다. 다만, 그 중 무엇을 참여자에게 지각시키고 향유할 수 있도록 할 것인가는 해설사의 의도에 달려있다. 우리의 해설현장에는 많은 종류의 멈춤이 가능한 시각적 요소들이 있다. 이들은 일반적으로 볼거리는 선, 형태, 색, 질감 등의 4가지를 요소로 구성되어 있으며, 이 4가지의 요소를 결합해 대상만의 특성을 드러낸다(박석희, 1999).

이 요소들이 결합된 대상을 참여자는 각각의 요소를 분리하여 하나씩 지각하기도 하고 또는 4가지의 요소가 복합된 종합적인 분위기를 중심으로 바라보기도 한다. 혹은 그 어떤 방식으로도 지각하지 못하고 존재여부만을 확인하는 경우도 있다. 이런 여러 상황 중 관광자원해설사는 해설프로그램의 참여자에게 맞는 대상과 멈춤을 선택하여 다양하고 질 높은 경험이 될 수 있도록 유도할 수 있다. 이 4가지 요소들에 대한 이해를 돕기 위해 한 요소씩 그 성격과 예를 다음과 같이 정리하였다.

① 선(Line)

대상물이 지닌 선으로 해안선, 나무의 선, 호수와 산이 만나는 곳에서 선, 초원의 가장자리, 건물지붕의 선, 탑의 각층 옥개석들이 만들어 내는 전체적 비율, 금동불에 표현된 가사의 선, 서예작품의 획선 등 나무줄기 등에서 선이 나타난다. 그 외에도 큰 강도 쉽게 눈에 뛰는 좋은 선의 예이다.

② 형태(Form)

통합되어 있는 것처럼 보이는 대상의 덩어리나 또는 대상의 조합의 덩어리를 가리킨다. 예를 들어 바닷가 마을의 다랑이 논들, 전통마을의 한옥들이 어우러져 보여주는 모습, 기기묘묘한 바위들로 이루어진 월출산의 모습, 안견의 몽유도원도 속 도원桃源의 모습, 금동대향로의 도가적 공간의 모습 등이 형태에 해당된다. 이들 중 평면적일 때는 형태Shape라고 한다.

③ 색(Color)

색은 경관에서 대상물을 차별화 하는데 중요한 역할을 한다. 색깔의 지각은 종종 관찰자의 위치에 따라 다를 수 있는데, 먼 곳의 색깔은 희미하게 보이나 가까운 곳의 색깔은 강하게 그리고 더 우세하게 보인다. 대비Contrast도 서로 다른 색깔 요소로 만들어진다. 색깔은 또 명도와 채도가 있다. 아주 가까운 곳에서 보는 경우를 제외하고는 명도가 채도 보다 우세하다. 그러나 채도의 변화가 명확한 경우에는 경관을 보다 명확하게 해준다. 예를 들면, 하얀 눈꽃 속에 피어난 노란 복수초나 파란 바닷물과 흰색의 요트 등은 명확한 대조를 이뤄 우리의 시선을 끌고 머물게 한다.

④ **질감**(Texture)

경관의 질감은 거리에 따라서 변한다. 가까운 거리에서는 개별 나무와 잎의 모양이 우세하다. 그러나 거리가 멀면 숲이 우세한 질감을 형성한다고 한다. 아주 먼 거리에서는 전체 조망지역의 질감이 조화를 이룰 수 있다.

이런 시각적인 정보의 특성을 이해하고 활용하여 해설의 내용을 회화적으로 만들거나 해설에 필요한 자료를 제작하는데 활용할 수 있다. 또는 대상과 대상 주변의 특성을 이해하고 참여자들의 관심을 쉽게 유도할 수 있는 대상을 선정이나 시선의 방향을 설정하는데 활용할 수 있다. 지루함을 방지하기 위해서는 사람들의 지각요소 중 가장 크고 강하게 지각하는 오감기관인 시각을 놓칠 수 없다. 많은 경우 시각적으로 자극하는 경우 사람들의 반응을 이끌거나 지루함을 떨치는데 많은 도움이 된다. 시각적 흥미요소와 더불어 다양한 매체를 배치하고 활용하는 것도 중요한다.

이외에도 우리의 오감자극을 위해 현장에서 실연實演되거나 확인되는 내용들을 살펴보자.

- 청각을 활용하는 이야기 듣기를 비롯한 음악, 합창, 특정 대상이나 참고적 음향의 녹음된 테이프 등을 활용할 수 있다. 이런 청각의 자극을 활용할 경우 정보의 전달을 섬세하게 할 수 있다는 장점도 있지만 분위기를 좋게 하는 효과가 크다.
- 만져보며 느끼기는 촉각적인 자극에 대해서 많은 참여자들이 만족하는 것으로 나타나고 있다. 촉각적인 체험으로는 생태관광자원의 경우 탐방로를 걸으며 탐방로 주변의 나무를 만져보고 숲 속에서 찾을 수 있는 곤충을 직

접 만져보는 것이 가능하다. 이런 촉각적인 체험은 역사문화해설지도 가능한데, 역사문화제의 경우 직접 만져보는 것이 어려워 모조품이나 고건축물의 경우에는 보수 후 남겨 둔 폐기와 폐구들장 등을 직접 만져보는 체험이 가능하다.

- 냄새 맡기와 맛보기는 미각과 후각을 이용하는 것으로 생태체험을 비롯한 음식체험이나 과학체험에서 많이 활용되는 감각이다. 그러나 이 역시도 다양한 분야에서 사용이 가능하다. 그리고 이런 감각을 활용하는 체험과 전달하는 이야기의 분위기가 통일될 수 있다면 더 좋은 반응을 기대할 수 있다. 예를 들어, 우리는 냄새를 통해서 기억을 촉진시킬 수 있으며 관심과 주의를 끌어 새로운 경험을 만들 수 있다(Tilden F., 조계중 역, 2007). 탄약 냄새를 맡으며 전쟁에 관계되는 이야기를 듣거나 빨치산에 관한 이야기를 듣고, 그 당시 그들이 주식량이었다는 소금만 넣은 주먹밥을 먹어보는 것은 전해주는 정보를 더욱 강하게 기억하게 할 수 있다.

우리의 오감과 영감은 모두 지각을 즐길 준비가 되어 있다. 다만, 사용하지 않을 뿐이다. 그런데 우리의 오감은 하나나 둘만을 열어두었을 때 더 크고 예민하게 지각하는 것으로 알려져 있다. 예를 들어, 우리는 눈을 가려놓으면 손으로 만지거나 코로 냄새를 맡아서 대상을 파악하려고 후각과 촉각에 온 신경을 집중시킨다. 이렇게 제한된 감각만을 통해 얻은 정보는 자신이 일상 속에서 알고 있던 대상의 특징과 다를 수 있다. 그리고 이런 경험을 통해 대상의 다른 특성을 알게 되는 과정에서 우리는 재미를 느끼고 대상에 대한 특별한 추억을 갖게 된다. 이런 오감을 활용하는 체험은 쉽고 재미있게 정보를 전달하는 교육콘텐츠로써의 해설의 역할을 충실히 할 수 있도록 한다. 그리고 해설대상물에 대한 신선한 경험이 가능하게 하고 자신이 직접 경험한 느낌을 통해 대상과 개별적인 추억을 갖게 된다.

이렇게 개발된 도구의 활용에 있어서 주의해야 할 사항이 있다. 가장 중요한 사항이라면 안전이다. 체험은 참여자가 직접 자신의 신체나 신체의 일정부위를 사용해 경험하게 되는 행위로 같은 도구를 활용해 같은 방식으로 진행하여도 사람에 따라서 서로 다른 강도의 자극이나 감동을 받을 수 있다. 좋은 풍광을 선사하기 위해 높은 곳의 안전한 장소에서의 전망을 선사하는 경우에도 어떤 이는 아름다움을 선사한 해설사에게 감사하지만 어떤 이는 높은 곳까지 와서 봐야 할 가치를 이해하지 못하거나 높은 장소에 대한 두려움을 호소할 수도 있다. 그런가 하면 똑같이 나비의 생태를 이해하기 위해 나비를 20cm 앞에서 확인하는 경우, 어떤 사람은 나비의 날개의 모양은 물론 날개 위의 가루를 확인하며 새로운 경험에 대한 행복감을 느끼지만, 어떤 사람은 나비날개의 가루로 인한 알레르기 반응을 보일 수 있다. 이렇듯 도구의 개발을 통한 체험의 구상은 좀더 다양한 성향의 사람들에 대한 배려와 안전에 대한 의식이 꼭 필요한 부분이다.

다음으로 체험을 준비할 때는 체험의 각 단계를 자세히 정리해 두는 것이 좋다. 가능한 여러 단계로 나누고 각 단계의 활동내용, 소요시간, 준비물, 강조사항, 주의사항 등을 자세히 작성하는 것이 좋다. 세부적인 부분까지 작성하는 과정에서 체험의 진행을 예견하는 것이 가능하다.

다음으로 체험의 진행을 미리 예행연습을 하자. 실제 현장의 해설프로그램 속에서 소요시간은 적절한지, 어떤 환경적 요인에 영향을 받을 수 있는지 그리고 어떤 준비상황과는 다른 어려움이 있는지를 확인하기 위해서다.

끝으로, 오감을 활용하는 체험에서 주의할 것이 있다. 지나치게 많은 자극과 많은 도구의 활용이다. 지나치게 많은 체험은 참여자를 쉽게 지치게 하거나 산만하게 하는 부정적인 효과를 낼 수도 있음에 주의하자.

소도구는 호기심을 더욱 고조시키는데, 특히 그것이 자극적인 것일 때 그렇다. 소도구 사용에 대한 관광객의 태도와 반응, 그리고 소도구 사용 시에 알아둘 점에 대한 몇 가지 정리를 다음과 같이 확인할 수 있다(박석희, 1999).

① 그 대상이 혁신적인 방법으로 사용될 경우 사람들은 친숙한 대상에 반응한다.

그런 소도구는 당신이 흔한 대상과 자연계 사이의 비슷한 점을 끌어내도록 도와준다. 손전등과 상호의존의 개념을 명백하게 보여주는 배터리 등 모든 것을 한데로 모아라. 서로 다른 부분들이 함께 작용하여 하나의 체계를 이룬다는 것을 보여 줄 수 있다.

② 색깔이 주의를 끈다.

빨간색은 사람들을 흥분시킨다. 녹색과 파란색은 긴장을 완화시킨다. 색깔은 또한 관습적 함축성을 지니고 있다. 빨간 구두를 보았을 때 누구라고 생각하겠는가? 청중을 노란색 벽돌 길로 안내하기 위해 이러한 비유적인 소도구를 이용함이 어떠한가?

③ 소도구에 다른 감각들을 몰입시킨다.

냄새와 소리는 청중의 주의를 사로잡는다. 예를 들어, 올빼미 소리는 올빼미의 모습만큼이나 청중의 관심을 끌 수 있다. 스컹크 냄새가 나는 항아리를 열어서 큰부리 올빼미가 스컹크를 먹이로 한다는 것을 알려라(재빨리!).

④ 사람들을 소도구에 몰입시킨다.

올빼미의 부드러운 깃털을 만지는 사람은 올빼미의 조용한 비상을 알 것이다. 청중이 올빼미의 알을 잡아보았다면, 그 모양과 색깔을 결코 잊지 않을 것이다. 우리는 경험한 것을 기억한다.

⑤ 사람들이 역사적인 골동품에 관심을 갖게 한다.

골동품은 지난 시대의 분위기를 자아낸다. 갈고리 달린 막대기로 큰 통나무를 굴리거나 곤룡포에 달린 단추를 만지는 것은 시간을 여행하는 방법이다.

제7절 시나리오 작성

시나리오는 테마를 구현하기 위한 수단이다. 그리고 촘촘한 직물처럼 빈틈없이 잘 짜여진 해설프로그램의 진행을 위한 각본을 말한다. 이야기의 순서와 흐름이 자연스럽게 이어져 설득력 있게 언어적으로 그리고 비언어적 행동을 현장에서 시연할 수 있도록 계획한 것, 그것이 바로 시나리오다. 가장 중요한 것은 시나리오를 제작하는 동안 테마를 잃어버리지 않는 것이다. 테마를 놓치지 않고 시나리오의 내용을 진행하는 방법은' 몇 가지가 있다.

첫째, 첫인사에서 오늘의 테마를 설명하고 테마선정의 이유를 간략히 언급하기

둘째, 해설시나리오의 중간 중간에 테마를 환기시키기. 환기시키는 방법으로는 장소의 이동이 있을 때 또는 대상물을 새롭게 소개할 때 장소나 대상물이 테마와 어떤 관계가 있는지 소개한다.

셋째, 끝인사에서 테마를 다시 한번 언급하며 오늘의 해설을 정리하기

이제 우리는 앞에서 한 단계 한 단계 진행시켜 온 시나리오의 각 부분의 내용들을 시나리오의 형식에 맞춰 정리하기만 하면 된다. 해설시나리오는 구성과 형식에 있어서는 일반의 시나리오와 기본적으로 동일하다고 볼 수 있다.

일반적인 시나리오의 구성에 있어서 가장 하위의 단위는 장면Scene이다. 관광자원해설에 있어 장면은 각 멈춤으로 하나의 대상물이 여러 개의 멈춤을 가지고 있을 수 있다. 해설시나리오는 해설대상물이 있는 장소와 대상물이 지닌 이야기에 따라 여러 개의 신Scene으로 구성된다. 이야기에 따라 서로 다른 시놉시스(간추린 줄거리)가 구성된다. 그리고 시놉시스는 몇 개의 시퀀스Sequence로 구성되어 있고, 시퀀스는 또 다시 여러 개의 신Scene으로 구성된다. 이 중 시퀀스는 일반적으로 시간과 장소들의 특성에 따라 구성되는데, 예를 들어 '태조 이

성계가 위화도 회군'에 관한 시놉시스를 구성한다면 장군 이성계가 나라에 대해 고민하고 전장의 장졸들에 대해 함께 회군을 지휘할 장군들에게 토로하는 시퀀스, 위화도에서 함께 회군을 진행할 장군들을 모으는 시퀀스, 위화도에서 개성으로 회군을 벌이는 시퀀스, 궁궐로 들어가 왕과 고려의 미래에 대해 담판을 하는 시퀀스 등의 시퀀스가 있을 수 있다. 디시 시퀀스는 여러 개의 하위 시퀀스를 구성하게 되는데, 예를 들어, 위화도에서 회군하는 시퀀스에서 장졸들을 회유하기 위해 길고도 강력한 연설을 하는 시퀀스, 군대가 회군을 하며 장졸들이 흥분하며 희망을 이야기하는 시퀀스 등을 해설에 활용할 수 있다. 특히 구성면에서는 일반의 시나리오가 갖는 특성과 배려를 모두 수용하면 좀더 효과적인 관광자원해설 시나리오를 완성하는 것이 용이하다. 그럼 일반의 시나리오가 구성하고 있는 요소들과 각 요소들의 역할을 해설 시나리오에 대응해 실제로 작성하는 연습을 해보자(강석균, 2004; Syd Field, 1992).

① **등장인물**

이야기의 중심으로 스토리텔링을 이끌어갈 주체, 중심 대상이다.

관광해설 시나리오의 경우에는 대상물, 대상과 관련된 인물이나 동물 혹은 식물들이 될 수 있다. 이왕이면 평면적인 대상물 보다는 입체적이고 독특한 성향을 가지고 있는 대상물이면 더욱 좋겠다. 혹은 대상의 일부 특성을 개발하여 강한 캐릭터의 등장인물로 만드는 것도 가능하다. 캐릭터가 분명한 경우에는 캐릭터를 활용한 인형이나 캐릭터의 성격을 들어낼 수 있는 목소리톤을 활용한 생동감 있는 해설이 가능하다. 이렇게 잘 선택한 중심 대상은 스스로 이야깃거리를 만들고 관심을 모으는 힘을 지닐 수 있다.

② **대사**

영화를 보거나 연극을 보면 대사 없이 영상만으로 혹은 몸짓만으로 의미를 전달하기도 한다.

- 각 멈춤의 대사(내용)는 5분 내외로 정리한다. 각 멈춤에서의 이야깃거리를 5분 내외로 구성하는 것이 참여자의 관심을 유지하는데 도움이 된다.
- 각 멈춤마다 핵심 단어와 핵심문장을 기획해 두자. 핵심 단어와 핵심문장을 멈춤의 서두에서 언급해 이 후의 내용전개에 도움을 주도록 배치하면 해설내용을 좀더 쉽게 전개할 수 있다.
- 해설사의 대사는 구어체로 작성한다. 관광자원해설사가 해설의 대상으로 하는 자원의 특성상 해설사는 학습과정에서 익힌 문어적이고 전문적인 언어를 구사하는 경우가 있다. 간혹은 자신의 문어적이고 학술적인 표현이 자신을 학자적이라거나 전문가로 보이도록 한다고 생각하는 경우가 있다. 하지만 참여자들의 의견은 그렇지 않다. 참여자들은 평소에 자신들이 쓰는 편안한 구어체의 구사에 대해 더 호감과 신뢰도를 높이는 경향이 있다 (박희주, 2009).
- 해설의 내용은 구체적으로 표현한다. 정보를 전달하기 위해서 사용되는 언어적 표현양식에는 구상언어Thing Words와 추상언어Nothing Words가 있다. 해설사는 참여자의 이해를 돕기 위해 정보를 구체적 표현하고 내용의 이미지를 그릴 수 있도록 구상적인 말을 많이 사용하는 것이 이해를 용이하다. 반면에, 내용을 왜곡하거나 미루어 짐작할 여지가 많은 추상적인 말은 적게 사용할수록 해설내용에 대한 이해가 쉽다.
- 해설사와 참여자가 대화를 주고받는 형식으로 정리한다. 대사를 정리할 때는 해설사와 참여자로 나누어 시나리오를 정리한다. 관광자원해설프로그램을 완성하는 것은 해설사 단독으로는 가능하지 않다. 해설프로그램에 참여하는 관광객이 가장 중요한 등장인물이며 평가자라는 사실을 잊어서는 안 된다. 그러므로 해설하고자 하는 내용에 대해 상대역인 참여자의 반응을 추정해가면서 해설의 이야깃거리를 전개하고 조율하는 것이 중요하다.
- 분명하고 다채로운 언어를 구사하자. 관광자원해설사의 최대무기는 구술적인 언어라 해도 과언이 아니다. 해설사는 많은 경우 직접 오감을 통해

확인할 수 없는 많은 이야기를 나누고 지각시키려 노력하게 된다. 이럴 때 해설사의 언어구사 능력은 해설의 품질을 좌우하는 결정적인 요인이 될 수 있다. 참여자가 시대를 넘나들며 또는 인격을 바꿔가며 해설대상에 대해 상상하고 마음에 그림을 그리게 하는 해설의 도구가 언어이다. 바르고 아름다운 상상이 용이하도록 다채롭고 풍부한 언어의 사용을 위해서 해설사는 국어사전을 비롯한 다양한 사전을 자주 확인하고 활용하는 노력이 필요하다.

- 유행어나 축약된 표현을 쓸 수도 있다. 일상의 대화를 하듯 자연스러운 구어체를 구사하며 간혹은 유행어를 구사할 수도 있다. 유행어는 그 시대의 패러다임이나 시대 감성을 담고 있어서 내용의 이해를 돕거나 즐거운 분위기를 만드는 유머의 기능도 할 수 있다.
- 전문용어의 사용은 자제한다. 가능한 전문용어나 고어를 줄이고 일상적 표현을 주로 하지만, 꼭 필요한 경우에는 그 용어가 지닌 정확한 의미와 오늘의 해설대상에 있어서의 활용의 의미를 모두 알려주어 참여자의 이해를 돕는다. 특히 가족단위 참여자나 어린이 위주의 참여그룹의 경우 간단한 언어, 어린이들도 이해할 수 있는 쉬운 단어를 구사하는 것이 참여자의 경험을 좋게 할 수 있다.

③ 지문

지각과 감성적 자극을 위해 구사하는 관광자원해설사의 해설연기를 기획하고 연출하기 위한 부분이다.

- 관광자원해설에서 해설사는 꼭 구술적 언어를 사용하는 것은 아니다. 해설사가 지어보이는 표정, 보여주는 몸짓, 그리고 의미를 담은 시선처리에 따라 참여자는 집중을 필요로 한다거나 매우 심각한 상태라는 것 등을 이해할 수 있다.
- 대사의 내용을 좀더 분명하게 지각시키고 오감을 통한 감동을 이끌기 위

한 시각적 자극, 분위기 조성, 지시동작, 감정표현 등도 가능하다.

- 대상을 바라보는 각도를 정하기, 목소리톤 규정하기, 손동작이나 몸동작을 이용하여 설명하는 방식, 지시하는 방향 등을 정리해 둔다.

④ 장소

연극이나 영화에서는 화면을 통해 장소의 특징, 이야기가 진행되는 계절 등을 표현하여 이야기에 대한 이해를 돕는다. 그러나 관광자원해설은 정해진 계절과 정해진 장소에서 해설을 하기 때문에 장소적 제약이 그래서 관광자원해설의 시나리오를 작성하는 과정에서 우리는 이야기의 소개가 가장 적절한 장소, 멈춤 장소를 선정했다.

기존의 해설은 대상물위주의 해설이라 장소나 대상물을 따라가며 대상에 관한 이야기를 전하는 것이 일반적이다. 그러나 스토리텔링기법을 활용하는 관광자원해설의 경우에는 테마와 이야깃거리들을 정리하고 나서 이에 맞는 대상을 선정했다. 이야기를 풀어가기에 가장 적합한 장소의 선정이 이루어진 것이다.

이제 해설사는 시나리오 안에서 그 장소에서 이야기를 가장 잘 전할 수 있고 가장 큰 감동을 줄 수 있는 방향, 즉 해설프로그램에 참여자들이 바라보게 할 방향과 대상과의 거리만 설정하면 된다. 이 방향이나 거리는 계절, 날씨, 이야기의 분위기, 참여자의 특성 등이 고려되어 설정하게 된다.

⑤ 감동포인트(클라이맥스)

관광자원해설의 목적은 다양하다. 정규교육의 보조수단으로, 대상지에 대한 단순한 관심으로, 여가시간을 활용한 기분전환을 위해, 또는 새로운 해설활동을 위한 목적을 갖기도 한다. 어떤 목적을 가지고 관광자원해설이 기획되고 운영되든 모든 해설에서 사람들은 감동을 기대한다. 무엇을 통해 감동을 받는가의 차이가 있을 뿐이다. 오감경험을 통해서, 이야기의 감동적 전개에 의해서, 특정 감성의 자극에 의해서도 가능하다. 관광자원해설의 경험과정에서 참여자의의 마음을 움직이게 하는 한 번 이상의 감동포인트가 필요하다.

- 감성의 종류를 무엇으로 할 것인가. 해설의 대상은 행복, 사랑, 슬픔, 억압 등 다양한 감성의 이야깃거리를 가지고 있다. 이들 중 오늘의 테마와 가장 어울리는 감성을 무엇으로 선정하는가는 해설의 대상에 대한 이미지를 형성하는데 결정적인 역할을 할 수 있다. 그리고 이렇게 형성된 이미지는 대상과의 관계를 설정하는데 결정적인 역할을 할 수 있어서 해설사는 해설내용의 특성과 테마의 특성을 고려해 주의 깊게 선택할 필요가 있다.
- 감동포인트의 위치는 어디에 둘 것인가. 관광자원해설사는 대상지의 이미지는 긍정적으로, 그리고 대상과의 관계는 우호적으로 유도하려고 한다. 이런 목적을 달성하기 위해 해설사는 감동포인트의 감성이 부정적인 이미지를 형성할 수 있는 것은 해설내용의 전반에 배치하지 않는 것이 좋다. 일반적으로 사람들은 부정적인 내용이 전달 내용의 전반부에 있을 때 전체 내용을 부정적으로 인식하는 경향이 있기 때문이다(Greenberg & Miller, 1966; Husek, 1965).

이제 시나리오를 마무리하자. 우리는 테마를 선정했고 그에 맞춰 기존의 자료를 다시 분석하고 재수집했으며 정리된 이야깃거리들이 가장 잘 맞을 수 있는 멈춤장소를 기획했다. 그리고 멈춤장소들을 이어 전체 동선을 구성하고 그 중 가장 지각요인이 탁월한 부분을 찾아 체험을 구상하고 도구를 결정하였다. 다음으로 이런 모든 내용을 구술형태로 정리하는 시나리오의 작성도 마무리했다. 이제 남은 것은 인사말이다. 인사는 관광자원해설이 진행되는 동안 두 번의 격식을 갖춘 인사가 필요하다. 하나는 첫인사, 그리고 다음은 끝인사이다. 이제 이 두 인사에 필요한 필수요소와 주의사항을 살펴 작성하여 시나리오의 양 끝에 넣으면 시나리오는 완성된다.

우리는 어떤 장소에 처음 방문했을 때 처음 겪은 일에 대해 더 자극적으로 느끼거나 많은 경우 이 첫 느낌이나 기분이 마지막까지 이어지는 경우가 종종 있다. 이렇듯 모든 일에 있어서 맨 처음과 맨 끝이 가장 잘 기억된다. 예를 들어, 해설서비스에 있어서는 해설사가 해설사 안내소에서 나와 해설참여자들과 눈인사를 주고받고 있는 상황, 또는 해설을 시작하기 위해 첫인사를 전하는 상황 그리고 모든 해설을 마치고 마무리 정리 내용과 끝인사를 전하는 때이다. 이 중 해설서비스를 제공하는데 있어 해설을 시작하는 첫인사의 5분여, 마지막 인사의 3분여가 매우 중요한 시간이다. 이 시간의 기억이 관광자원해설사를 만난 참여자의 주의력과 관심을 이끌어내거나 가장 오랫동안 기억하는 해설사와의 추억이 될 수 있기 때문이다. 그러므로 해설사는 가장 중요한 테마의 소개와 동선의 소개, 그리고 해설이 진행되는 동안 반듯이 유의해야 할 등은 첫인사와 끝인사에서 다루는 것이 좋다.

① 첫인사

시작이 반이다. 하지만 처음 만나는 사람과의 첫인사는 그렇게 쉽지 않다. 너무 공식적으로 보이거나 너무 성의 없어 보이지 않으면서 오늘의 관광자원 해설프로그램의 성공적인 진행을 위해 필요한 첫인사의 필수요인들을 살펴보자. 우선 시간적으로는 5분 내외가 좋다. 처음 방문이든 재방문이든 관광지를 찾은 사람들은 얼른 새로운 것들을 경험하고 싶어 한다. 첫인사를 나누기 위해 방문지의 문지방을 넘지 못하고 서있는 시간을 즐거워하는 관광객은 적다. 이 순간 해설사는 꼭 전해야 하는 내용만을 간략히 정리해 전하고 바로 방문경험이 시작됨을 선언하자.

- 방문과 해설프로그램에 참여에 대한 고마움을 표현한다.
- 경우에 따라서는 인용문을 이용한다.
- 편안하고 정확하게 자신을 소개한다. 자기소개는 자신의 소속, 역할, 자신의 장점이나 특기, 별명 등으로 신뢰감과 친근감을 확보할 수 있도록 노력한다.
- 오늘의 해설의 테마와 테마를 선정하게 된 이유를 간략히 설명한다.

- 오늘의 테마와 관련된 선정된 동선, 소개할 내용을 간략히 알려준다.
- 동선의 소개 후 동선 내 편의시설의 유무와 편의시설 이용에 대한 공지를 한다.
- 오늘 해설의 소요시간, 해설경험을 향상시킬 수 있는 마음의 자세나 행동의 제안사항, 위험요소 등을 주의사항을 공지한다.

첫인사의 내용을 세부적으로 결정하고 적는 것은 해설 시작 한 시간 전쯤 하는 것이 바람직하다. 당일의 날씨나 방문자의 여건 등을 고려해 해설을 시작하기 얼마 전에 작성하는 것이 가장 참여자의 입장을 고려한 첫인사가 될 수 있다.

② 끝인사

우리 속담에 '끝이 좋으면 다 좋다'라는 말이 있다. 관광자원해설프로그램에 있어서 참여자와 함께 하는 마지막 단계가 끝인사이다. 우선 시간적으로는 3분 내외가 좋다. 해설프로그램이 이제 종료되고 있음을 참여자들도 알고 있다. 이런 순간에 이야기가 길어지면 조금은 미련이 남도록 그리고 오늘의 전체 경험이 풍성했다는 느낌을 주기 위해 끝인사의 내용들을 정리해 보자.

- 오늘 해설의 테마를 재확인시키며 전반적인 내용을 정리한다.
- 경우에 따라서는 적절한 인용문을 제시한다.
- 오늘 해설의 내용과 관련해 생활 속 태도나 실천내용을 언급한다.
- 해설프로그램 참여에 대한 참여자의 평을 듣는다.
- 자원에 대한 기타의 질문이나 의견을 듣는다.
- 다른 테마, 다른 자원, 다른 방문지의 존재를 확인시켜 재방문의 필요성을 강조하고 재방문을 당부한다.
- 해설프로그램 참여에 대해 구체적인 고마움을 표현한다.
- 작별 인사를 한다.

참고문헌 Reference

강석균(2004). 『맛있는 시나리오』, 파주 : 시공사.

문화유산해설 기초이론연구(2011). 명지대학교 산학협력단, 문화재청.

박석희(1999). 『나도 자원해설가가 될 수 있다』, 서울 : 백산출판사.

박희주(2009). 『관광자원해설서』, 서울 : 삼양서관.

Falk, J. H., & Dierking, L. D.(2008). 이보아 역, 「관람객과 박물관, The Museum Experience」, 서울 : 북코리아.

Greeberg, Bradley S. and Gerald R. Miller(1966). *The Effect of Low-Credible Sources on Message Acceptance*, Speech Monograph, 33, pp. 127-136.

Husek, T. R.(1965). *Persuasive Impacts of Early, Late or No Mention of a Negative Source*, Journal of Personality and Social Psychology, 2, pp. 125-128.

Lewis, W. J.(1980). *Interpretation for Park Visitors*. Eastern Acom Press.

Poria, Y., Butler, R., & Airey, D.(2001). *Clarifying heritage tourism*. Annals of Tourism Research, 28 : 1047.

Regnier, K., Gross, M., & Zimmerman, R.(1992). *Interpreter's Guidebook*. Wisconsin : University, Wisconsin Stevens Point Foundation Press, Inc.

Roman Braun(2003). 엄정용 역, 『말의 힘』, Die Macht der Rhetorik, 서울 : 이지앤.

__________(2009). 이미옥 역, 『기막힌 말솜씨』, Die Macht der Rhetorik. 서울 : 흐름출판.

Syd Field(1992). 유지나 역, 「시나리오란 무엇인가(Screenplay)」, 서울 : 민음사.

Tilden, Freeman(2007). 조계중 역, 「숲자연문화유산해설」 Interpreting Our Heritage (1951), 서울 : 수문출판사.

제8장

한국의 대표 문화자원 소개

제1절 유네스코 세계유산

우리나라는 장구한 역사를 근간으로 다양한 문화자원을 지닌 지구상의 대표적인 나라이다. 긴 역사가 보유한 문화는 반도국가이며, 지구의 북반구 중위도에 위치한 지리적 여건과 외래로부터 유입된 불교·유교는 물론 근대사 속의 서양종교에 이르기까지 우리의 토착문화와 융합되어 형성된 독특한 문화를 보유하고 있다. 기후나 지리적 특성은 자연생태적으로 빼어난 화산섬, 중생대와 신생대에 형성된 산악지대와 동굴들, 공룡서식지 등의 관광자원을 다수 보유하고 있다. 그러나 이러한 많은 관광지들, 관광자원들이 제대로 된 관광자원해설이 존재하지 않거나 관광객의 이해를 돕고자 하는 준비가 결여된 해설에 의해 그 자원에 대한 가치를 제대로 평가받지 못하고 있는 경우들이 있다.

해설사의 잘 기획된 시나리오와 숙련된 진행은 우리 관광자원에 대한 이해를 높이고 가치를 인식시켜 우리문화자원에 대한 자긍심과 관리의식을 키우는데 일조할 수 있다. 뿐만 아니라 관광자원에 대한 적절한 가치의 평가와 이해는 관광지에 대한 만족을 가져와 다시 그곳을 찾고자 하는 재방문의 기회를 늘릴 수 있는 가장 분명하고도 확실한 방법이라 할 수 있다(박희주 · 박석희, 2002). 이제 성공적인 관광자원해설을 위해 우리나라의 대표적인 자원 중 세계가 인정한 유네스코에 등재되어 있는 UNESCO세계유산을 알아보자.[1)]

1. 세계유산의 정의

유산이란, 우리가 선조로부터 물려받아 오늘날 그 속에 살고 있으며, 앞으로 우리 후손들에게 물려주어야 할 자산이다. 자연유산과 문화유산 모두 다른 어느 것으로도 대체할 수 없는 우리들의 삶과 영감의 원천이다. 유산의 형태는 독특하면서도 다양하다. 아프리카 탄자니아의 세렝게티 평원에서부터 이집트의 피라미드, 호주의 산호초와 남미대륙의 바로크성당에 이르기까지 모두 인류의 유산이다.

'세계유산'이라는 특별한 개념이 나타난 것은 이 유산들이 특정 소재지와 상관없이 모든 인류에게 속하는 보편적 가치를 지니고 있기 때문이다. 유네스코는 이러한 인류 보편적 가치를 지닌 자연유산 및 문화유산들을 발굴 및 보호, 보존하고자 1972년 세계 문화 및 자연 유산보호협약(Convention concerning the Protection of the World Cultural and Natural Heritage; 약칭 '세계유산협약')을 채택하였다. 세계유산이란, 세계유산협약이 규정한 탁월한 보편적 가치를 지닌 유산으로서 그 특성에 따라 자연유산, 문화유산, 복합유산으로 분류한다.

출처 : 유네스코 한국위원회

[그림 8-1] 세계유산 상징 도안

1) 아래의 내용은 유네스코 한국위원회 '유네스코와 유산'의 내용을 발췌정리함.

2. 세계유산의 종류

문화유산Cultural Heritage에 대하여 유네스코(1972)에서는 유산을 '한 세대에서 다른 세대로 전해진 것으로 역사적 가치를 지니며, 사회의 문화적 전통의 일부로, 인위적Mam Made인 것들이 주가 되며 탁월한 보편적 가치Outstanding Universal Value를 지닌 것'이라고 정의하였다. 인류 전체의 유산으로 인정되는 것들을 세계유산World Heritage으로 지정하고 그 안에 문화유산Cultural Heritage, 자연유산Natural Heritage, 복합유산Complex Heritage으로 나누고 있다. 각 유산의 특징에 대해 유네스코의 정의를 살펴보면 〈표 8-1〉과 같다.

〈표 8-1〉 유네스코 세계유산의 정의

구 분	정 의
문화유산	· 기념물 : 기념물, 건축물, 기념 조각 및 회화, 고고 유물 및 구조물, 금석문, 혈거 유적지 및 혼합유적지 가운데 역사, 예술, 학문적으로 탁월한 보편적 가치가 있는 유산 · 건조물군 : 독립되었거나 또는 이어져있는 구조물들로서 역사상, 미술상 탁월한 보편적 가치가 있는 유산 · 유적지 : 인공의 소산 또는 인공과 자연의 결합의 소산 및 고고 유적을 포함한 구역에서 역사상, 관상상, 민족학상 또는 인류학상 탁월한 보편적 가치가 있는 유산
자연유산	· 무기적 또는 생물학적 생성물들로부터 이룩된 자연의 기념물로서 관상상 또는 과학상 탁월한 보편적 가치가 있는 것 · 지질학적 및 지문학地文學적 생성물과 이와 함께 위협에 처해 있는 동물 및 생물의 종의 생식지 및 자생지로서 특히 일정구역에서 과학상, 보존상, 미관상 탁월한 보편적 가치가 있는 것 · 과학, 보존, 자연미의 시각에서 볼 때 탁월한 보편적 가치를 주는 정확히 드러난 자연지역이나 자연유적지
복합유산	· 문화유산과 자연유산의 특징을 동시에 충족하는 유산

출처 : 유네스코 한국위원회.

위와 같은 세계유산으로 등재되기 위해서는 유네스코가 제시하는 기준을 만족시켜야 한다. 유네스코는 아래와 같은 10가지 평가기준을 제시하고 있다.

세계유산은 '탁월한 보편적 가치(OUV ; Outstanding Universal Value)'를 갖고 있

는 부동산 유산을 대상으로 한다. 따라서 세계유산 지역 내 소재한 박물관에 보관한 조각상, 공예품, 회화 등 동산 문화재나 식물, 동물 등은 세계유산의 보호 대상에 포함되지 않는다.

〈표 8-2〉 세계유산 등재기준

구 분		기 준
문화유산	Ⅰ	인간의 창의성으로 빚어진 걸작을 대표할 것
	Ⅱ	오랜 세월에 걸쳐 또는 세계의 일정 문화권 내에서 건축이나 기술 발전, 기념물 제작, 도시계획이나 조경 디자인에 있어 인간가치의 중요한 교환을 반영
	Ⅲ	현존하거나 이미 사라진 문화적 전통이나 문명의 독보적 또는 적어도 특출한 증거일 것
	Ⅳ	인류 역사에 있어 중요 단계를 예증하는 건물, 건축이나 기술의 총체, 경관 유형의 대표적 사례일 것
	Ⅴ	특히 번복할 수 없는 변화의 영향으로 취약해졌을 때 환경이나 인간의 상호작용이나 문화를 대변하는 전통적 정주지나 육지*바다의 사용을 예증하는 대표사례
	Ⅵ	사건이나 실존하는 전통, 사상이나 신조, 보편적 중요성이 탁월한 예술 및 문학작품과 직접 또는 가시적으로 연관될 것 (다른 기준과 함께 적용 권장)
	※ 모든 문화유산은 진정성(authenticity; 재질, 기법 등에서 원래 가치 보유) 필요	
자연유산	Ⅶ	최상의 자연 현상이나 뛰어난 자연미와 미학적 중요성을 지닌 지역을 포함할 것
	Ⅷ	생명의 기록이나 지형 발전상의 지질학적 주요 진행과정, 지형학이나 자연지리학적 측면의 중요 특징을 포함해 지구 역사상 주요단계를 입증하는 대표적 사례
	Ⅸ	육상, 민물, 해안 및 해양 생태계와 동 · 식물 군락의 진화 및 발전에 있어 생태학적, 생물학적 주요 진행 과정을 입증하는 대표적 사례일 것
	Ⅹ	과학이나 보존 관점에서 볼 때 보편적 가치가 탁월하고 현재 멸종위기에 처한 종을 포함한 생물학적 다양성의 현장 보존을 위해 가장 중요하고 의미가 큰 자연 서식지를 포괄
공 통	· 완전성integrity : 유산의 가치를 충분히 보여줄 수 있는 충분한 제반요소 보유 · 보호 및 관리체계 : 법적, 행정적 보호 제도, 완충지역buffer zone 설정 등	

출처 : 유네스코 한국위원회.

어떤 유산이 세계유산으로 등재되기 위해서는 한 나라에 머물지 않고 탁월한 보편적 가치가 있어야 한다. 세계유산 운영지침은 유산의 탁월한 가치를 평가하기 위한 기준으로 다음 10가지 가치 평가기준을 제시하고 있다.

기준 Ⅰ부터 Ⅵ까지는 문화유산에 해당되며, Ⅶ부터 Ⅹ까지는 자연유산에 해당된다. 이러한 가치평가기준 이외에도 문화유산은 기본적으로 재질이나 기법 등에서 유산이 진정성Authenticity을 보유하고 있어야 한다. 또한, 문화유산과 자연유산 모두 유산의 가치를 보여줄 수 있는 제반요소를 포함해야 하며, 법적, 제도적 관리정책이 수립되어있어야 세계유산으로 등재할 수 있다. 〈표 8-2〉는 세계유산 등재기준이다.

3. 세계유산의 가치

우리나라의 문화재보호법은 문화유산이 아닌 '문화재文化財'로 명명하고 다음과 같이 정의하고 있다. 문화재는 인위적이거나 자연적으로 형성된 국가적·민족적 또는 세계적 유산으로서 역사적·예술적·학술적 또는 경관적 가치가 것을 의미한다. 그리고 문화재는 유형문화재, 무형문화재, 기념물, 민속문화재로 분류하고 있다.

문화재가 지닌 가치를 규정하고 있는 문화재보호법의 각 가치에 대해 '문화유산해설 기초이론 연구'에서 제시하고 있는 내용을 살펴보면 다음과 같다.

① 역사적 가치

역사적 가치란 일차적으로 시간이 오래 경과함에 따라 갖게 된 희소성稀少性의 가치이다. 희소성의 가치는 기본적으로는 시간이 오래 경과할수록 커진다고 할 수 있다. 그러나 예외가 없지는 않다. 오래 경과된 것일지라도 같은 문화유산이 다수 전해지면 희소성의 가치는 떨어진다.

역사적 가치로서 희소성의 가치보다 더 의미 있는 가치는 정보情報 가치이다.

문화유산은 기본적으로 그것이 생성되는 단계의 시대상 및 기술 수준, 미적 감성 등을 품고 있다. 또 오랜 세월 전승되어 오는 과정에서 변화를 겪으면서 그 변화의 원인과 결과에 대한 정보를 품고 있다. 문화유산이 품고 있는 이러한 정보의 분량과 정확성에 비례하여 정보 가치는 증대한다. 예를 들면, 같은 시기에 만들어진 동종의 물건이라 하더라도 연도나 만든 사람 또는 사용하던 사람이나 기관 등을 가늠할 수 있는 각자刻字 등이 있는 것이 훨씬 큰 정보 가치를 갖는다.

② 학술적 가치

어떤 문화유산이 갖고 있는 역사적 가치는 그 문화유산이 알려지지 않았을 경우, 또는 알려졌다 하더라도 그 진가를 알아차리지 못하면 정당하게 평가받지 못한 채 묻혀 있게 된다. 문화유산을 발굴, 수집, 분석, 평가하여 그 가치를 규명해 주어야 비로소 그 가치가 평가받고 널리 인지認知된다. 이렇게 평가되어 인지된 가치가 학술적 가치이다.

학술적 가치는 문화유산 본연의 고정된 가치는 아니다. 연구자에 따라서, 또 시대 환경에 따라서, 관점과 평가기준에 따라서 각각 다르게 평가될 수 있다. 학문 수준이 높아져 잊혀지거나 묻혀있던 문화유산을 새롭게 연구하여 규명할 때 그 가치는 새롭게 평가되기도 한다.

③ 예술적 가치

문화유산 가운데는 실용적인 목적이 아니라 종교적 상징이나 감정을 표현하기 위해 만든 것들이 있다. 실용적인 목적을 갖고 만든 것이라 하더라도 전체 디자인이나 또는 부분적인 장식에서 실용이 아닌 미적 감동을 위한 조형물이 들어 있는 경우도 적지 않다. 이러한 요소들은 아름다움을 비롯하여 슬픔과 기쁨, 흥과 신명 등 각종 감동을 느끼게 하는 힘을 갖는다. 이를 예술적 가치라 할 수 있다.

예술적 가치는 그 문화유산을 보는 사람의 감성과 안목에 따라서 감지感知되는 내용이나 감동의 강도가 다르다. 객관적인 평가기준을 마련할 수 있는 성질의 것이 아니다. 그러므로 다른 예술 분야와 마찬가지로 문화유산이 갖는 예술적 가치는 적절한 인도와 해설을 통하여 수용자에게 전달할 필요가 더욱 크다고 할 수도 있다.

④ 경관적 가치

자연은 그 자체 많은 가치를 갖고 있다. 천연기념물처럼 자연유산이면서 동시에 문화유산적인 성격을 갖고 있는 것들도 적지 않다. 그러한 자연에 사람이 그것을 인정하고 문학, 예술, 전승, 전설, 흔적 등을 남길 때 자연 그대로 있는 것보다 더욱 큰 가치를 갖게 된다. 자연 경관이 이렇게 인문적인 흔적과 결합되어 더욱 가치를 갖게 된 곳을 가리켜 명승名勝이라 한다.

명승뿐만 아니라 어떤 문화유산이 주위의 자연 환경 및 인문 환경과 어울려 조화를 이룰 때 그 자체가 갖고 있는 가치보다 더욱 큰 가치를 획득하게 된다. 어느 경관이 아름다운 곳에 문화유산이 자리잡음으로써 더욱 그 경관이 돋보이게 된다면 그 문화유산은 경관적 가치를 더하게 하는 요소가 된 것으로서 그 자체 경관적 가치를 갖게 되는 것이다. 예를 들면, 경치 좋은 연못가나 계곡, 강변, 해변에 정자가 하나 놓임으로써 그곳의 경관이 더욱 아름다워지고 이야기할 소재가 풍부해지는 경우, 그 정자는 그곳의 경관적 가치를 증대시키는 효과를 갖는 것이요, 따라서 그 자체 경관적 가치를 갖는 것이다. 또 다른 시각으로 보자면, 어느 연못가나 계곡, 강변, 해변에 있는 정자는 그 자체가 갖고 있는 경관적 가치도 있지만 그것보다는 그곳에서 바라보이는 경관의 아름다움 때문에 더욱 큰 가치를 갖게 되기도 한다. 종합하자면, 어떤 문화유산이 주위 자연 및 인문 환경에 긍정적 효과를 발휘하면서 경관적 가치를 증대시킬 때 이를 그 문화유산의 경관적 가치라고 할 수 있다.

다음의 〈표 8-3〉은 우리나라의 문화자원 및 자연자원 중 UNESCO 세계유산에 등재된 내용들이다. 이들 유네스코세계유산 중 세계문화유산을 비롯한 자연유산, 무형유산, 기록유산 중 몇 가지를 좀더 자세히 살펴보자.

〈표 8-3〉 국내 세계유산(2013년 1월 현재)

- 세계문화유산 : 석굴암 불국사(1995), 해인사 장경판전(1995), 종묘(1995), 창덕궁(1997), 수원화성(1997), 경주역사유적지구(2000), 고창 · 화순 · 강화 고인돌 유적(2000), 조선왕릉(2009), 하회와 양동(2010)
- 세계자연유산 : 제주도 화산지형과 오름(2007)
- 세계무형유산 걸작 : 종묘제례 및 제례악(2001), 판소리(2003), 강릉단오제(2005), 처용무(2009), 강강술래(2009), 남사당놀이(2009), 제주 칠머리당영등굿(2009), 영산재(2009), 가곡(2010), 대목장(2010), 매사냥(2010), 줄타기(2011), 택견(2011), 한산모시짜기(2011), 아리랑(2012)
- 세계기록문화 : 훈민정음(1997), 조선왕조실록(1997), 승정원일기(2001), 직지심체요절(2001), 조성왕조의궤(2007), 고려대장경판 및 제경판92007), 동의보감(2009), 일성록(2011), 5 · 18 민주화운동기록물(2011), 새마을운동기록물(2013)

제2절 한국의 대표적 문화유산의 소개[2]

1. 종묘(宗廟), 사적125호

종묘는 제왕을 기리는 유교사당 건축물의 표본으로서 16세기 이래로 원형이 보존되고 있으며, 세계적으로 독특한 건축양식을 지닌 의례공간이다. 종묘에서는 의례와 음악과 무용이 잘 조화된 전통의식과 행사가 이어지고 있다.

세계문화유산기준(IV)(VI)에 해당한다.

---

2) 이후 유산에 관한 소개 내용은 박희주(2009), 「관광자원해설서」와 유네스코한국위원회의 소개, 문화재청 및 각 장소의 홈페이지가 보유하고 있는 소개 글을 참조하였음.

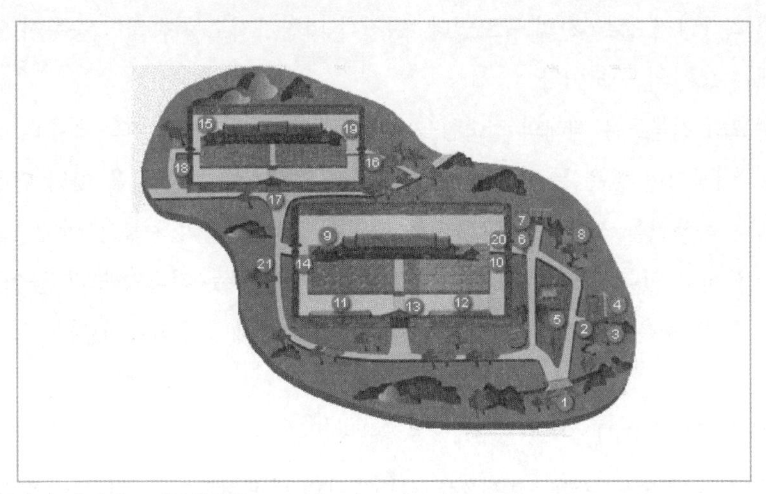

출처 : 유네스코 한국위원회.

[그림 8-2] 종묘 배치도

종묘는 제례를 위한 공간으로, 조선왕조의 역대 왕(25명)과 왕비, 추존 왕(9명)과 왕비, 마지막 황태자와 태자비의 신주를 모시고 제사를 지내는 곳이다. 이곳은 1995년 유네스코 지정 세계문화유산으로 등재되었다. 현재 신주는 정전에 49위, 영년전에 34위, 총 83위를 모시고 있다. 조선시대에는 해마다 정시제로 봄, 여름, 가을, 겨울 그리고 12월에 정전에서 대제를 지냈으며 영녕전에서는 봄, 가을 연 2회를 지냈다. 현재는 매년 5월 첫째 일요일에 종묘제례가 행해지고 있다.

종묘의 정전은 1394년 12월에 착공하여 1395년 9월에 완공되었다. 당시의 건물은 태실 5칸, 동서 익랑의 각 2칸의 규모였다. 이곳에는 태조의 4대조인 목조, 익조, 도조, 환조의 신주를 모시며 제사를 시작하였다. 이후 1546년(명종 원년) 태실을 11칸으로 증축하였다. 1592년 임진왜란 때 모든 건물이 불타자 1608년(광해군 원년) 11칸으로 재건하였다. 1726년(영조 2) 15칸으로 증축하고, 1836년(헌종 2)에는 19칸으로 마지막 증축이 이루어졌다.

1421년(세종 3)에는 별묘인 영녕전을 지었다. 최초에는 태실 4칸, 동서의 협실이 각 1칸씩으로 6칸의 규모였다. 정전과 마찬가지로 지속적인 증축이 있어 현재는 16칸의 규모이다.

종묘의 건물들은 제례의 정숙함을 상징하듯 간결하면서도 기능 위주의 건물들로, 대칭성이 좋은 특징을 가지고 있다. 유교의 검소한 기품을 따라 단청은 적색과 녹색만을 사용하고 망묘루를 제외한 모든 건물의 지붕은 맞배지붕의 형식을 하고 있다. 또한 유교의 위계적 관계를 보여주듯 건물의 크기, 높이, 기둥의 굵기 등은 건물에 모셔지는 대상의 격에 맞춰 조율되어 있다.

(1) 외대문(外大門)

창엽문이라고도 한다. 정면 3칸, 측면 2칸의 맞배지붕이다. 문 아래쪽은 판문이고, 위쪽은 홍살문 형식이다. 앞에 높은 계단이 있었으나 일제강점기 때 도로를 만들면서 묻혔다.

(2) 삼도(三道)

거친 박석이 깔린 길은 외대문에서 재궁을 지나 정전, 영녕전까지 이어진다. 가운데는 왕과 왕비의 혼령이 다니는 신로神路, 동쪽은 왕이 다니는 어로御路, 서쪽은 세자가 다니는 세자로世子路이다.

(3) 연못

종묘에는 세 곳의 못이 있다. 네모난 못 가운데 둥근 섬이 있는데, 천원지방 사상을 표현한다. 섬 안에는 향나무를 심었다.

(4) 공민왕 신당(恭愍王 神堂)

종묘를 창건할 때 세웠으며, 임진왜란 후 증축했다. 공민왕과 노국대장 공주가 함께 있는 영정과 준마도가 봉안되었다.

(5) 망묘루(望廟樓)

왕이 신전 쪽을 바라보며 선왕의 업적과 나라를 생각한다는 뜻으로 붙인 이름이다. 종묘에서는 망묘루만이 팔작지붕이다.

(6) 향대청(香大廳)

향, 축문, 폐를 보관하고 제향에 나갈 제관들이 대기하던 곳이다.

(7) 어숙실(御肅室)

재실이라고도 하며 임금이 제례를 시작하기 전까지 머물게 되는 공간이다. 임금을 비롯한 제관들은 제사 7일 전부터 가무, 음주를 하지 않고, 문상도 가지 않았다. 제사 3일 전부터는 매일 목욕을 하며 하루 전에는 이곳에 온다. 목욕 후 제례복으로 갈아입고 서문으로 나가 신전 동문을 통해 정전으로 들어간다. 가운데 건물은 왕, 동쪽은 왕세자가 거처하는 곳이며 서쪽은 욕실이다.

(8) 종묘 정전(正殿), 국보 제227호

이 건물은 조선의 건국과 함께 건축되었으며 임진왜란으로 전소되었다가 광해군 원년에 이전의 모습대로 11칸의 태실로 중건되었다. 이후 영조(1726) 때와 헌종(1836) 때 증축하였다는 기록이 있다. 현재는 정면 25칸, 측면 4칸이고 동서에 익실 3칸이 붙어 있다. 현재의 규모는 1,270m²로 동시대의 단일 목조건축물로는 세계에서 그 규모가 가장 큰 건축물이다.

현재 우리의 종묘는 총 19칸으로 종묘제도가 시작된 중국의 종묘와는 다른 모습을 보이고 있다. 중국의 경우에는 7대 봉사로 시작되어 직계 7대를 대상으로 제사를 모셔왔으며, 명나라에 와서 9묘제도로 바뀌어 태실이 9실이다.

그러나 한국의 종묘는 19칸이 수평으로 자리하고 있으며 수평적으로 위치한 신실의 위계는 서상제西上制라 하여 가장 서쪽에 가장 위계가 높은 분을 모시고 이후로 위계의 순서에 의해 위치를 정하고 있다. 정전의 각 실은 태실 또는 신실이라고도 하며, 정전 내 태실들은 동당이실同黨異室이라 하여 벽체가 없이 칸으로만 분리된 커다란 하나의 방으로 이루어져 있다. 신실의 내부에는 제례 때 신주를 올리는 신탑神塔, 신주를 넣어두는 신주神主장, 책冊을 보관하는 책장, 그리고 도장을 보관하는 보장이 있다.

건물 앞에는 상월대와 하월대가 있고, 하월대 밑 동쪽에 공신당, 서쪽에 칠사당이 있다. 사방에 담장이 있고, 남쪽문이 정문인데 남신문이라 한다. 동쪽문은 제관들이 드나드는 곳이고 서쪽문은 악사, 악원들이 드나드는 문이다. 월대 중앙에는 신로가 있고, 신로 서쪽에는 부알위(위패를 이송하는 가마가 잠시 머무르며 열성조에게 아뢰는 단)가 있다. 동익실 앞에는 판위대(임금이 천막에 들기 전에 잠시 대기하는 곳)가 있다. 정전 서북쪽 축대 밑에는 망료위(축문과 폐를 불사르는 시설)가 있다.

(9) 전사청(典祀廳)

음식을 장만하는 곳이며, 제사에 쓸 음식은 하루 전에 만든다. 제사 그릇은 주로 대나무, 나무, 놋그릇을 사용한다. 양념은 소금만 쓰며 젓가락과 수저는 올리지 않는다.

(10) 수복방(守僕房)

정전을 지키며 제사를 돕는 관리나 노비가 거처하던 방이다.

(11) 공신당(功臣堂)

공이 높은 신하들의 위패가 모셔져 있다. 입구의 왼쪽으로부터 총 83위의 신위가 시계방향으로 배치되어 있다.

(12) 악공청(樂工廳)

종묘제례시에 주악하는 악사들이 대기하는 곳이다.

(13) 영녕전(永寧殿), 보물 제821호

1421년(세종 3)에 태조의 4대조를 모시기 위해 태실 4칸, 동서익랑 각 1칸으로 건축했다. 임진왜란에 의해 전소되었다가 광해군 즉위년인 1608년 10칸의 규모로 재건되었다. 이후 현종(1667), 헌종(1836) 때 협실을 각각 증축하여 영녕전은 16실을 가지고 있다.

2. 창덕궁(昌德宮), 사적 제122호

창덕궁은 동아시아 궁궐 건축사에 있어 비정형적 조형미를 간직한 대표적 궁으로 주변 자연환경과의 완벽한 조화와 배치가 탁월하다.

세계문화유산기준(II)(III)(IV)에 해당한다.

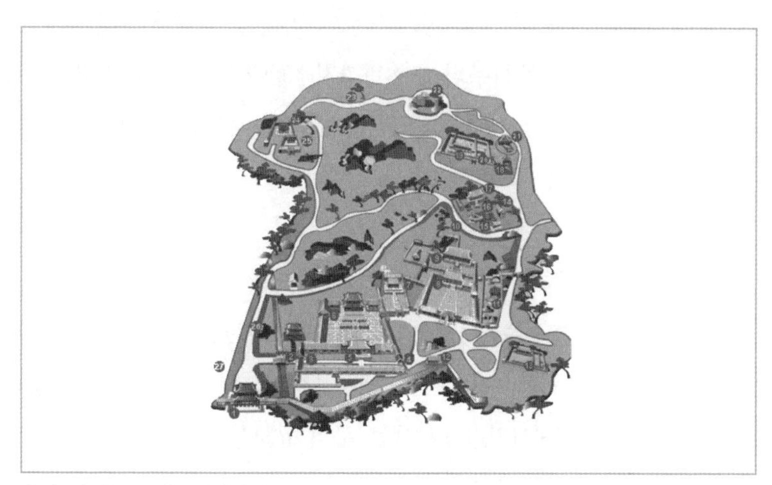

출처 : 유네스코 한국위원회.

[그림 8-3] 창덕궁 배치도

창덕궁은 1405년(태종 5)에 이궁離宮으로 조성되었으며, 이곳은 1997년 유네스코 지정 세계문화유산으로 등재되었다. 창건 당시 창덕궁은 정전인 인정전, 편전인 선정전, 침전인 희정당, 대조전 등으로 구성되어 있었다. 궁궐의 배치는 지세에 따라 자연스럽게 전각들을 배치하여 조선시대 5대 궁궐 가운데 가장 자연스러운 모습을 하고 있다. 창건 후 태종 12년(1412)에 돈화문을 세우고 세조 9년(1463)에는 대규모의 후원 확장공사를 하여 그 규모를 키웠다.

임진왜란 때 궁궐이 전부 불탄 것을 1607년(선조 40)부터 다시 짓기 시작하여 1613년(광해군 5)에 재완공되었다. 그러나 1623년(인조 1) 인조반정 때 인정전仁政殿을 제외한 대부분의 건물들이 불타 1647년에 다시 복구되었다. 그 후에도 크고 작은 화재가 있었으며, 특히 1833년(순조 33)의 큰 화재 때 대조전大造殿과 희정당熙政堂이 불탔으나 곧 다시 중건되었다. 1908년에 일본인들이 궁궐의 많은 부분을 변경했으며, 1917년에 큰 불이 나자 일제는 불탄 전각들을 복구한다는 명목 아래 1920년에 경복궁의 교태전, 강녕전 등의 수많은 전각들을 헐어 창덕궁을 변형 · 복구했다.

조선시대의 정궁은 경복궁이었으나 임진왜란으로 소실된 뒤 1868년 복원되기 전까지 창덕궁은 조선의 정궁, 법궁으로의 역할을 수행한 공간이다. 그 기간은 광해군 때인 1610년에서부터 1868년까지 300여 년이다. 그리고 창덕궁은 후원지역을 통해 창경궁과 이어져 있고, 이 뒤쪽의 후원은 비원秘苑으로 더 유명한 창덕궁의 후원이다.

(1) 돈화문(敦化門), 보물 제383호

창덕궁의 정문이며 조선중기 1608년에 세워진 건물로, 정면 5칸, 측면 2칸의 중층의 다포식 우진각지붕의 건물이다. 태종 13년(1413)에는 이 문에 동종을 걸게 하였다고 하고, 광해군 12년(1506)에는 문의 규모를 크게 했다고 하니 초기의 모습은 지금과는 다른 모습을 하고 있었을 것이다.

(2) 인정전(仁政殿), 보물 제225호

이궁離宮의 법전으로 창건되었으며, 태종 18년(1418) 7월에 다시 짓기 시작하였는데, 이 공사는 이듬해 9월에야 준공되었다. 임진왜란 때 불에 타고, 다른 전각과 함께 1609년에 중건되었다. 인조반정 때 실화로 전각들이 불길에 싸였을 때 인정전만은 불길을 면하였다. 정조 6년(1782) 9월에 마당에 품계석을 설치하였다. 이후로 이것을 모범 삼아 다른 궁궐에도 품계석을 설치하였다. 순조 3년(1803)에 또다시 불에 타, 이듬해 12월에 중건이 끝났다. 지금의 건물은 이때에 중건된 모습이다. 철종 8년(1857) 윤 5월에 개수 공사가 있었고, 고종황제의 등극에 즈음하여 개수가 있었으며 이화李花장의 설치 등 개화문물의 채택이있었다. 전기설비가 채택되어 샹들리에 조명시설도 하였다.

법전은 외형은 중층이나 내부는 상·하통층으로 이루어져 있다. 상층의 결구를 위하여 구고주를 세운 점이 주목된다. 고주 사이에 보주를 높이 달고 그 아래에 일월오악병을 배광 삼아 삼절구룡병을 세웠으며 그 앞에는 어탑을 두었다. 공포는 외삼출목, 내사출목의 다포형인데 기법은 매우 섬약해져 '명전전' 등 초기의 강인한 선조의 표현과 상이하다. 겹처마 팔작기와 지붕 위 용마루의 양성한 바탕에 이화장을 새겼다.

보물 제813호인 인정문으로 출입할 수 있다.

(3) 대조전(大造殿), 보물 제816호.

창덕궁의 정침正寢. 1405년에 건립되었으며 임진왜란 때 불탄 것을 광해군 때 중건했다. 인조반정 때 다시 소실된 것을 1647년에 다시 지었고, 1833년에 또다시 화재로 소실된 것을 복원했다. 1917년에 원인을 알 수 없는 불이 나자 일본인의 주도로 경복궁의 전각을 헐어 그 재목으로 대조전과 그 일곽을 복원했다. 중앙에 높은 돌계단을 둔 높은 기단 위에 솟을대문이 있고, 그 좌우로 행각을 둘러 대조전 몸체를 'ㅁ'자형으로 감싸고 있다. 대조전은 대문과 마주하는 곳에 장대석으로 쌓은 높은 월대 위에 자리잡고 있다. 월대와 대문 사이에는 어도御道가 있고 월대 네 귀에는 드무(무쇠로 만든 솥)가 있다. 대조전은 앞면 9칸, 옆면 4칸으로 중앙 3칸이 대청이고, 좌우에는 온돌방을 두었다.

(4) 선정전(宣政殿)

보물 제814호로 창덕궁의 편전으로 조선 중기 건물이다. 정면 3칸, 측면 3칸의 단층 팔작기와집이다. 창덕궁을 창건할 때 건립되었으나 인조반정 때 소실되어 1647년에 중건했다. 장대석으로 만들어진 한 단의 월대 위에 넓은 장대석으로 기단을 만들고 다듬은 초석들을 놓은 다음 그 위에 12개의 평주와 2개의 고주를 세웠으며 다포식 구조이다. 공포의 짜임은 외삼출목 · 내사출목으로 짜여져 있으며, 대들보 위는 우물천장을 이루고 있다. 바닥에는 현재 카펫이 깔려 있는데, 이곳은 본래 전돌바닥이었던 것을 근대에 변형시킨 것이다. 어칸에는 어좌와 일월오악병풍을 두었으며, 그 위쪽은 보개천장으로 꾸몄다. 축부의 중앙 어칸에는 띠살문짝을 달았고, 나머지 칸에는 높은 머름을 두고 그 위쪽으로 띠살창호를 달았다. 처마는 겹처마이고, 양성을 하지 않은 채 치미와 용두를 얹어놓았다.

(5) 연경당(演慶堂)

순조28년(1828)에 진잠각珍藏閣이 있던 터에 지은 민가풍民家風의 건물이다. 《궁궐지宮闕誌 : 1908》에는 당호堂號가 연경당인 사랑채 14칸과 내당內堂인 안채 10칸 반과 사랑채 동쪽의 선향재善香齋 14칸, 북쪽의 농수정濃繡亭 1칸에 북행각 · 서행각 · 남행각이 둘러싸이고 그 밖에 외행각이 있다. 우선 바깥 행랑 가운데의 솟을대문 장락문을 들어서면 행랑마당이 있고 건너편으로 중문이 둘이 있는 행랑채가 나타난다. 그 중 우측이 사랑채로 통하는 장양문長陽門을 들어서면 사랑채가 전면에 나타난다. 그 좌측에는 안마당과 사랑마당을 경계 짓는 담장이 있고, 가운데 통용문인 정추문正秋門이 있다. 사랑채의 좌측 첫째 칸은 마루이다. 이 마루의 뒤로 안채에서 뻗은 온돌방 2칸이 연접되어 있다. 연경당 사랑채의 좌측에는 책을 보관하고 읽기도 하는 일종의 서재 구실을 하던 선향재라는 건물이 사랑채를 바라보고 서있다.

(6) 후원(後苑)

창덕궁과 창경궁의 뒤쪽 13만 5,200여 평에 조성된 조선시대 궁궐의 정원. 본래 창덕궁의 후원으로 후원後苑 또는 왕의 동산이라는 뜻에서 금원禁苑이라고 불렀으며, 비원秘苑이라는 명칭은 일제 때 용어이다. 《태종실록》에 1406년(태종 6) 4월 창덕궁 동북쪽에 해온정解溫亭을 지었다는 기록이 있는 것으로 보아 이 정원은 이때 세워진 것으로 추정된다. 후원의 구성은 낮은 야산과 골짜기 그리고 앞에 펼쳐진 편평한 땅 등 본래의 모습을 그대로 유지하면서 꼭 필요한 곳에만 인공을 가해 꾸며놓았다. 따라서 우리나라 조원造苑의 특징을 가장 잘 반영하고 있는 예이다. 1459년(세조 5)에는 후원 좌우에 연못을 만들고, 열무정閱武亭을 세웠다. 1463년에는 후원을 확장하여 경계가 거의 성균관까지 이르렀다고 한다. 임진왜란 때 창덕궁과 함께 후원도 불타 광해군 때 복원되었다. 1636년(인조 14)에 지금의 소요정逍遙亭인 탄서정歎逝亭, 태극정太極亭인 운영정雲影亭, 청의정淸亭 등을 세웠고, 청의정 앞쪽 암반에 샘을 파고 물길을 돌려 폭포를 만들었으며 옥류천玉流川이라는 인조의 친필을 바위에 새겨놓았다. 1642년에는 취규정聚奎亭을, 1644년에는 지금의 관덕정觀德亭인 취미정을, 1645년에는 희우정喜雨亭인 취향정醉香亭을, 1646년에는 청연각淸閣인 벽하정碧荷亭을, 1647년에는 취승정聚勝亭과 관풍정觀豊亭을 세웠다. 1688년(숙종 14)에는 청심정淸心亭과 빙옥지를, 1690년에는 술성각 옛 자리에 사정기비각四井記碑閣을 세웠다. 1704년에는 대보단을 축조했고, 1707년에는 택수재澤水齋를 세웠다. 1776년에는 왕실의 도서를 두는 규장각을 세웠는데 이는 주합루宙合樓라 부르는 중층 누각이며, 그 아래 연못 남쪽에 자리잡고 있던 택수재를 지금의 부용정芙蓉亭으로 고쳤다. 1921년에는 선원전이 지어졌다.

후원은 크게 네 영역으로 나눌 수 있다. 첫째 영역은 부용지를 중심으로 부용정, 주합루, 영화당暎花堂, 사정기비각, 서향각書香閣, 희우정, 제월광풍관霽月光風觀 등의 건물들이 있는 지역이다. 둘째 영역은 기오헌寄傲軒, 기두각奇斗閣, 애련지愛蓮池, 애련정, 연경당이 들어선 지역이다. 셋째 영역은 관람정觀纜亭, 존덕정尊德亭, 승재정, 폄우사가 있는 지역이다. 넷째 영역은 옥류천을 중심으로 취한정翠寒亭, 소요정, 어정御井, 청의정, 태극정이 들어서 있다. 그밖에도 청심정, 빙옥지, 능허정陵虛亭 등이 곳곳에 있다.

(7) 부용정(芙蓉亭)

창덕궁 후원에 있는 조선 후기의 정자로 1707년에 지은 택수재를 1792년(정조 16)에 고쳐 지으면서 부용정이라 명했다. 건물은 정면 5칸, 측면 4칸의 아亞자형을 기본으로 하며 남쪽 일부가 돌출되어 있다. 장대석 기단 위에 다듬은 8각형의 초석을 놓고 원주를 세우고, 기둥 위에는 주두와 익공 2개를 놓아 굴도리를 받치고 있는 이익공집이다. 처마는 부연을 단 겹처마이고, 지붕은 팔작지붕이다. 정자의 기단 남면과 양 측면에 계단을 두어 툇마루로 오르게 되어 있으며, 정자 북측에 파놓은 넓은 연못方池를 향하도록 되어 있다. 북쪽 연못에는 정자의 두리기둥 초석들이 물속에 있어 운치를 더하고 있다. 바닥은 우물마루이고 툇마루에는 아름다운 평난간을 돌렸다. 부용정 앞의 부용지는 네모난 모양이고 연못의 가운데에 둥근 섬이 있으니 이는 신선들이 논다는 삼신선산의 하나인 방장方丈이나 봉래蓬萊 또는 영주瀛州를 상징한 것으로 보인다. 연못에는 서북쪽 계곡의 물이 용두로 된 석루조를 채우고 넘치는 물은 연못의 동쪽 돌벽에 있는 출수구로 흘러나가도록 되어 있다.

(8) 옥류천(玉流川) 주변

후원 중 가장 깊은 골짜기에 샘으로 구비진 물길을 내고 그 주변에 정자를 지었는데 제일 위쪽에 청의정清義亭, 그 아래에 태극정太極亭, 그 아래에 소요정逍遙亭과 농산정籠山亭, 제일 밑에 취한정翠寒亭을 지었다. 소요정 바로 위에는 임금의 우물이라는 의미의 어정御井이라는 샘물이 있고 그 아래 바위를 다듬어 샘물이 돌아 흐르도록 하였다. 바위에는 옥류천이라는 글씨를 새기고 "비류삼백척飛流三百尺 요락구천래遙落九天來 간시백홍기看是白虹起 번성만학뢰潼成萬壑雷"란 시구를 새기고 그 아래로 작은 폭포를 만들었다.

3. 불국사(佛國寺)와 석굴암(石窟庵)

불국사는 불교교리가 사찰 건축물을 통해 잘 형상화된 대표적인 사례로 아시아에서도 그 유례를 찾기 어려운 독특한 건축미를 지니고 있다.

세계문화유산기준(Ⅰ)(Ⅳ)에 해당한다.

1995년 세계문화유산으로 지정된 불국사는 사적명승 제1호로 그 창건에 대해서는 몇 가지 설이 전하고 있다. 그 중《삼국유사》권5〈대성효 2세부모〉조 전하는 경덕왕 10년(751) 김대성이 전세의 부모를 위하여 석굴암을, 현세의 부모를 위하여 불국사를 창건하였다고 하였다는 설이 가장 유력하다. 이 때 김대성은 이 공사를 완공하지 못하고 사망하여 국가에 의하여 혜공왕 당시 774년에 완공되었다. 불국사의 위치는 토함산 서쪽 중턱의 구릉지에 자리하고 있으며, 당시의 건물들은 대웅전 25칸, 다보탑 · 석가탑 · 청운교 · 백운교, 극락전 12칸, 무설전 32칸, 비로전 18칸 등을 비롯하여 무려 80여 종의 건물이 있었던 장대한 가람의 모습이었다고 전한다.

불국사는 신라인의 이상국인 불국토를 형상화 한 것으로 법화경에 근거한 석가모니불과 사바세계와 무량수경에 근거한 아미타불의 극락세계 및 화엄경에 근거한 비로자나불의 연화장세계를 형성화한 것으로 알려져 있다. 건물의 구조로 보면 대웅전을 중심으로 하는 사바세계와 극락전을 중심으로 하는 극락세계로 나눠진다. 건물의 주위를 두르고 있는 회랑은 1960년대에 복원된 것이며 대부분의 목조건축물은 조선 후기인 18세기에 재건된 것이다.

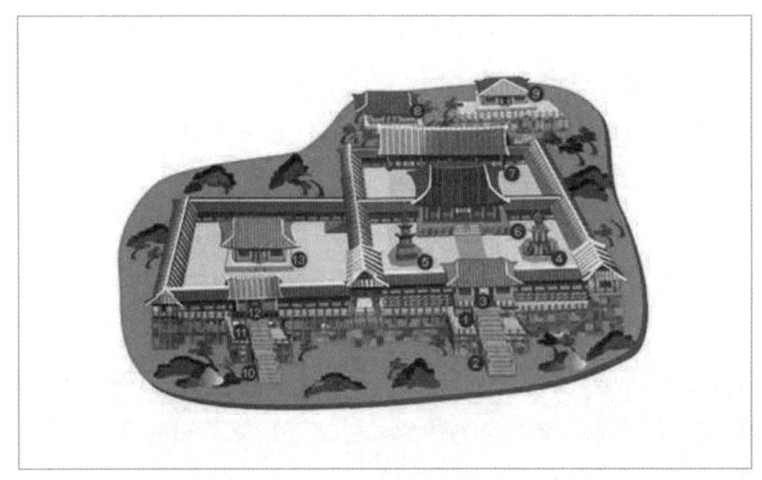

출처 : 유네스코 한국위원회.

[그림 8-4] 불국사 배치도

(1) 청운교(靑雲橋)와 백운교(白雲橋) : 국보23호

대웅전 일곽이 극락전 일곽보다는 규모가 커서 극락전 앞의 연화교 · 칠보교보다 청운교 · 백운교가 장대하다. 거석의 자연석을 사용하여 만든 이 단축대로 그 위에 석주를 세우고 석교를 걸었다. 거의 45도의 경사도를 갖는 구배이다. 열여덟 단의 디딤돌이 있는데 중앙에 와장대석의 설치가 있어 양분되었다. 좌우 끝에도 와장대가 있는데, 이것이 돌난간의 받침돌이 되는 소맷돌이 되었다. 중앙의 장대석 표면은 능선으로 치장되었다. 여기의 난간은 법수에 돌난대를 걸고 중간에 하엽동자를 세워 받치도록 되었는데, 법수에는 주두와 동자주가 조각되어 있다. 이 주두와 동자주는 신라시대 건축을 고찰하는데 귀중한 자료가 된다.

(2) 연화교(蓮華橋)와 칠보교(七寶橋), 국보 제22호

연화교는 화엄의 세계로 들어서는 다리로 축대 위에 안양문을 지나 극락전에 이르게 한다. 아홉 개의 디딤돌마다에 연화를 안상에 조각하였으며, 층층다리의 디딤돌은 좌우로 나누어져 있다. 이 다리는 석축 높이의 중간쯤에서 끝났다. 끝난 부분에 참이 설치되어 있다. 홍예처럼 약간 융기한 참에서부터 다시 층교기(층층다리틀, 석계)가 시작되어 안양문 앞 석대에 이른다. 칠보교는 역시 이구로 좌우가 구분되어 있는 석교로 연화교와 마찬가지의 구배로 가설되어 있다. 층층다리 좌우의 소맷돌은 다듬은 직선의 와장대로 설치하고 법수와 동자로 돌난대를 받는 돌난간을 설비하였다. 법수 중 마당 쪽에 서 있는 것은 특별히 장대하게 하여서 마치 법수와 같은 표계도 겸하도록 의도하였다.

(3) 자하문(紫霞門)

자하紫霞는 도교에서 신성이 거처하는 곳을 의미한다. 다리 이름을 피안교라 함으로써, 이 다리를 생사의 세계인 차안에서 열반의 세계인 피안으로 건너가는 뗏목에 비유한 것이다.

(4) 극락전(極樂殿)

현재의 건물은 임진왜란으로 불탔던 것을 영조26년(1750)에 오환, 무숙 등에 의해 중창된 것이다. 건물은 정면 3칸, 측면 3칸이며, 특이한 점으로는 뒷면의 도리칸 주칸은 정면과 달리 4칸으로 되어 있으며, 정면의 경우에는 중앙칸에 2개의 샛기둥을 넣어 3칸의 중앙칸을 5칸처럼 보이게 한 것이다. 공포는 다포식으로 내 · 외 모두 2출목이며 살미에 초화무늬와 봉황머리를 조각하여 장식하였다. 이곳에는 국보 제27호인 금동아미타여래좌상이 모셔져 있다.

(5) 대웅전(大雄殿)

다포식 팔작지붕의 단층불전에 석가모니불을 봉안하고 있다. 건물은 정면 5칸, 측면 5칸의 43척(약 13m)이고 기단의 4면에 계단을 설치하였다. 동·서 양측면 중앙으로는 동·서회랑과 연결되는 익랑이 있다. 건물 내부에는 중앙부에 수미단의 불단이 있고 그 위에 석가 삼존불, 즉 왼쪽으로부터 미륵보살, 석가모니불, 갈라보살이 안치되어 있으며 그 좌우에 흙으로 빚은 가섭존자와 아나존자 두 제자상이 모셔져 있다.

천장은 우물천장으로 층단식으로 중앙쪽이 높다. 외부에서 바라볼 때 중앙칸이 넓은 형태를 하고 있으며 협간과 툇간에 비해 2배에 가까운 넓이를 하고 있어 웅장하면서 시원한 느낌을 주는 건물이라는 평을 받고 있다.

(6) 다보탑(국보 제20호)과 석가탑(국보 제21호)

불국사 대웅전 앞에 동서로 대립한 2기의 석탑 중 동쪽에 있는 것이 다보탑이다. 하층 기단에는 4면에 계단이 설치되고 난간이 있었으나 현재는 바닥의 기둥만 남아있다. 상층 기단은 4우주와 중앙의 탱주를 세우고 우주 위에는 2단의 두공을 십자형으로 받쳐서 방형 갑석을 올렸다. 이 갑석 위는 팔각 3단의 신부가 있는데, 하단은 방형 난간 속에 석굴암 본존대좌를 연상케 하는 별석을 주위에 돌렸고, 중단은 팔각 난간 속에 죽절형 기둥을 세웠고, 상단은 팔각 앙련 위에 꽃술형 기둥 8주를 세워서 각각 팔각 신부를 둘러싸고 있다. 옥개석은 팔각이고 그 위에 팔각 노반·복발·앙화·보륜·보개의 순으로 상륜부가 이루어져 있다. 하층 기단 윗면 4우에는 사자 1구씩이 배치되어 있었으나, 그 중 3구는 일정시대에 없어지고 1구만 남아있다. 석조의 다보탑은 석조 가공기술의 뛰어남이나 전체 형태구성의 미묘함이나 상하 비례의 아름다움이 석조탑 최고의 걸작이다.

불국사 대웅전 앞에 동서로 대립한 석탑 가운데 서탑이 신라 경덕왕 때 만들어진 석가탑이다. 이 탑을 일명 「무영탑無影塔」이라고도 하며, 동쪽의 다보탑에 대칭되는 호칭이다.

이중기단 위에 건립된 전형적인 한국의 석탑이며, 이후 한국 석탑의 주류는 이 석탑 양식을 따르고 있다. 하층 기단은 야석으로 다진 적심 위에 설치되었고, 중석에는 4면에 우주와 탱주 각각 2주씩이 각 면에 모각되었고, 갑석은 4매로 덮되 윗면에 경사가 있고, 중앙에는 호형과 각형의 2단 괴임이 있다. 상층 기단은 높고, 우주와 탱주가 각각 2주씩이 있다. 갑석에는 밑에 부연이 있고, 윗면에는 경미한 경사가 있으며, 중앙에는 각형 2단의 옥신 괴임이 마련되었다. 탑신부는 옥신석과 옥개석이 각각 한 돌로 되었고, 각층 옥신에는 4우주가 있을 뿐 다른 조식이 없으며, 옥개석은 받침이 각 층 5단이며 위에는 각형 2단의 옥신 받침이 있다. 상륜부는 노반 · 복발 · 앙화만 남았으나 1969년의 불국사 복원공사를 계기로 「실상사백장암삼층석탑」의 상륜부를 모방하여 결실된 부분을 보충하였다. 탑을 중심으로 주위에 연화를 조각한 탑구가 마련되었는데, 이것을 「팔방금강좌」라 하며 다른 탑에서는 예를 볼 수 없다.

1966년 수리 때 2층 옥신에 일변 41cm, 깊이 19cm의 사리공이 있었고, 전각형 투각금동사리외함과 함께 그 안에서 유리제 사리병 등의 장엄구가 발견되었으나, 그 중에서도 당측천무후자를 사용한 다라니경천은 목판인쇄물로서 주목되었다.

(7) 무설전

《불국사 고금창기古今創記》에 따르면 불국사 내에서 가장 먼저 지어진 것으로 추정되는 건물로 이 기록에 의하면 신라 문무왕 10년(670)에 왕명에 의해 지어져 이곳에서 《화엄경》을 강의했다고 한다.

(8) 비로전

이곳은 국보 제26호인 비로자나불을 주불로 모시는 전각으로 대웅전 일곽의 뒤쪽에 위치해 있다. 이곳은 불국사의 건물들 중 가장 오래된 형식으로 건물터만 남아있던 것을 복원한 것이다.

(9) 석굴암 석굴(국보 제24호)

석굴암은 신라시대 전성기의 최고 걸작으로 그 조영계획에 있어 건축, 수리, 기하학, 종교, 예술이 총체적으로 실현된 유산이다. 통일신라시대 오악이란 동악(토함산), 서악(계룡산), 남악(지리산), 북악(태백산), 중악(팔공산)을 가리키는데, 석굴암이 자리잡고 있는 토함산은 당시의 동악이며 동쪽 진산이었다. 그 동쪽의 정상 가까이의 기암절벽 밑에 명당을 택하여 인공의 석굴을 만들어 동남향으로 방향을 잡았다.

전방후원의 평면을 기본으로 삼았는데, 중국이나 인도와는 달리 천연의 암벽을 뚫지 않고 크고 작은 석재를 모아 인공의 석굴을 마련하였다. 석재는 백색의 화강암재로 틀을 짜고 그 위에 흙을 덮었으며, 그 앞에 예배를 올리기 위한 기와지붕을 달아 전실을 꾸몄다. 일찍이 신라 경덕왕 10년(751)에 재상 김대성이 전세의 부모를 위해서 석불사를 창건하였으며, 774년 신라 혜공왕 때 완공되었다고 전한다.

석굴암 석굴은 전실의 경우, 한말에 목조와즙의 지붕과 입구가 무너진 것을 다시 복원하면서 팔부신중을 남북벽에 각각 4구씩 대립케 하였다. 현재의 석굴암은 이러한 고증을 토대로 하여 세운 장방형 전실이 있고 여기서 다시 정방형 통로를 통하여 원형의 주실로 통하게 되어 있다. 석굴암의 내부에는 총 39체의 불상이 조각되어 있는데, 석굴암의 입구 좌우에는 8부신장이 각 4명씩 그 뒤로 인왕입상이 각 1구씩 배치되었고, 그 다음 좁은 통로에는 양쪽에 사천왕상이 각 2구씩 대립해 있다.

그리고 뒤쪽의 주실인 원굴로 들어가는 입구에는 팔각석주를 세워 전 · 후로 양실을 나누었는데, 연화대 위에 석주를 세우고 중간의 이음새에도 연화석을 끼워서 장식하였다. 원굴 주실 주위 벽에 천부 · 보살과 십대제자 등을 좌우 대칭으로 배치하였으며, 그 위에는 10개의 감실을 마련하고 그 안에 작은 좌상을 1구씩 모셨다. 본래 굴 안에는 작은 석탑이 있었으나 일제침략기에 분실되어 방형의 대석만이 전실 한 구석에 놓여있다. 또한 상단 감실 안의 작은 불상 2구도 그들이 반출되어 현재는 비어 있는 감실이 두 개 있다.

주실의 가운데 모셔진 본존은 중심에서 약간 뒤로 연화대좌를 안치하고 그 위에 본존을 봉안하였다. 나발의 머리 위에는 낮은 육계가 있고 상호는 원만하다. 넓은 이마 밑으로 양 눈썹이 두 겹의 반달형을 이루었으며 그 아래로 반쯤 뜬 양 눈이 조용히 동해를 응시하고 있다. 상호의 표정은 근엄한 편으로서 뚜렷한 목의 삼도로 인하여 더한층 엄숙한 느낌을 준다.

법의는 우견편단으로 왼쪽 팔에 걸친 의문이 무릎을 덮었는데 앞가슴의 표현이 더없이 사실적이다. 결가부좌한 무릎 위에는 오른발이 노출되었고 오른손의 수인은 항마촉지인을 결하고 있다. 이 본존의 조각은 대좌와 함께 우아하고 세련되어 한국 석조미술의 정수로 칭해지고 있다. 대좌는 상 · 중 · 하로 이루어졌으며, 상 · 하대는 원형이나 중대석은 8각이다. 원형의 지대석 위에 하대석은 단정하고 우아한 단엽복련을 돌려 장식하였으며, 그 위에 중대석은 8각으로 각 모서리에 석주를 하나씩 세우고 그 안에 대석을 놓았다. 상대에도 하대와 대칭적으로 받침대를 각출하고 단엽앙련을 둘레에 조각하였다. 광배는 뒷벽에 별도로 두광을 원형으로 마련하였는데, 주연에는 단판연화문이 돌려져 있다. 그리고 천장 정상 중앙에도 연화문이 장식된 원형의 두광이 있다.

4. 수원화성(水原華城), 사적 제3호

수원화성은 18세기에 완공된 짧은 역사의 유산이지만 동서양의 군사시설이론을 잘 배합시킨 독특한 성으로서 방어적 기능이 뛰어난 특징을 가지고 있다. 약 6km에 달하는 성벽 안에는 4개의 성문이 있으며 모든 건조물이 각기 모양과 디자인이 다른 다양성을 지니고 있다.

세계문화유산기준(Ⅰ)(Ⅲ)에 해당한다.

이곳 수원화성은 조선조 제22대 정조대왕 재위기간 중 1794년 1월에 착공하여 1796년 9월에 완공되었으며, 축성시 48개 시설물이 있었으나 시가지 조성·전란 등으로 인하여 일부 소멸되고 41개 시설물만이 현존하고 있다. 또한 화성은 유네스코 세계문화유산으로 등록·신청되어 1997년 12월 유네스코 총회시 세계유산으로 등록되었다.

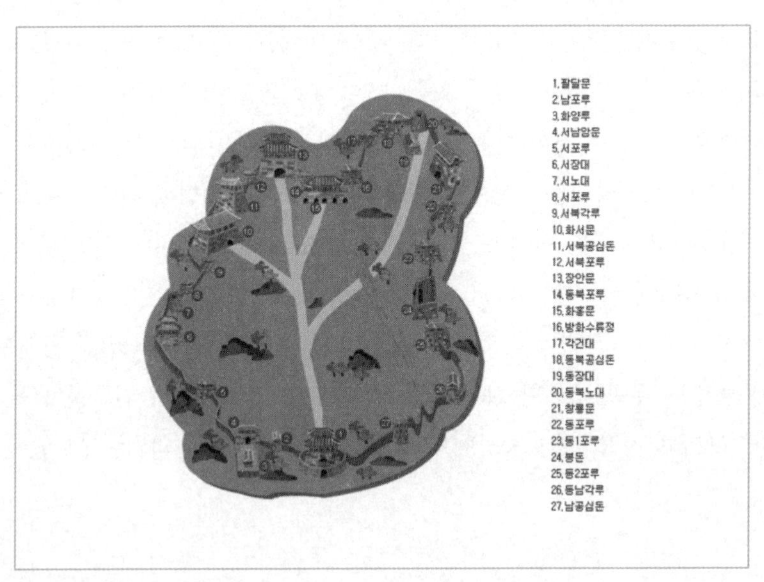

출처: 유네스코 한국위원회.

[그림 8-5] 수원화성 배치도

(1) 수원화성 축조

조선시대 '성곽의 꽃'이라고 불리는 수원성은 1794년부터 2년 반 걸려 1796년 완성되었다. 억울하게 죽은 아버지 세도세자에 대한 측은한 마음을 품고 있던 정조는 양주 배봉산에 있던 아버지묘를 명당자리로 모시기를 염원하였다. 마침 후보지로 수원 고을 뒷산(지금의 화산)이 물색되었고, 기존의 수원은 현재의 위치인 팔달산 아래로 옮기면서 수원화성은 축성되었다. 이렇게 지어진 수원화성은 정조의 왕도정치의 포부를 담고 수도 한양의 남쪽 국방요새로 활용되기 위한 목적도 가지고 있었다.

수원성 축성에 참여한 젊은 실학자 다산 정약용(당시 31세)은 총책임자 채제공의 지원아래 동서양의 기술서를 참고하여 만든 성화주략(1793)을 지침서로 하여, 우리의 성城과 중국 그리고 유럽 성의 장단점들을 고려하여 성의 축성을 계획하였다. 성의 둘레와 높이 등 성벽의 규모와 성벽을 쌓을 재료 등도 지형과 선진기술에 맞춰 다양하고 견고하게 시도되었다. 또한 자재를 운반하는 새로운 수레와 거중기라는 돌을 들어 올리는 첨단기계까지 고안해냈다. 그리고 작업과정에서 인부들이 일정한 작업량에 따라 임금을 받을 수 있도록 하여 작업 능률을 올렸다.

산성과 평지성의 모습을 두루 갖추고 있는 수원화성의 성벽은 총 둘레는 약 5.4km, 평균 높이 5m 정도이며 그 위에는 높이 1.2m 정도의 여장을 쌓았다. 여장은 모두 벽돌로 쌓고 여러 개의 총구를 규칙적으로 뚫어놓았다. 오랫동안 실학자들이 주장해 온 벽돌 사용이 적용된 것이다.

성에는 네 군데 문을 내었다. 북문을 장안문, 남문을 팔달문(보물 제402호), 서문을 화서문(보물 제403호), 동문을 창룡문이라 하였다. 이 중 한양으로 향하는 북문인 장안문이 정문이다. 성문 4군데 모두에 성문 밖으로 둥글게 겹으로 성벽을 쌓아 두르는 옹성을 쌓았다. 이 중 남북의 대문인 장안문과 팔달문은 가운데가 트인 옹성을 그리고 동서의 화서문과 창룡문은 측면이 뚫린 옹성을 축조하였다. 이 4개의 성문과 함께 군사적 시설로 활용할 비밀 출입구인 암문을 다섯 곳에 내었다. 한편 북에서 남으로 흐르는 개천 위에는 각기 북수문과 남수문을 세우고, 특히 북수문 위에는 화홍문 누각을 올려 아름다움을 취했다.

성곽공사가 마무리된 직후 수원성의 공사의 전과정과 과정상의 설명을 담은 책자 《화성성역의궤》가 만들어졌다. 이 책에는 축성과정의 세세한 부분까지 빠짐없이 기록으로 남겼다. 성곽의 설계 과정, 실제 지어진 건물의 형태, 규격 특징이 요약돼 있으며, 공사시 사용한 자재 운반기구의 상세한 그림, 공사에 종사한 감독관이나 말단 장인에 이르기까지 각 사람의 이름과 출신지, 작업한 날짜 등이 빠지지 않고 명기되어 있다. 뿐만 아니라 화성을 축성하는 과정에서 주고받은 공문서도 빠짐없이 수록되어 있다. 일제 강점기와 한국전쟁을 거치며 훼손된 수원성은 이 《화성성역의궤》가 있어 1975년부터 약 4년 동안의 복원을 통해 재건될 수 있었다.

(2) 장안문(長安門)

돌로 높이 쌓은 육축陸築 중앙에 홍예문을 내고 육축 위에는 2층의 누각을 세우고 앞쪽에 반원형의 옹성을 쌓았다. 문의 좌우에는 높은 위치에서 적을 공격할 목적으로 성벽보다 돌출된 적대敵臺가 있다. 누각은 정면 5칸, 측면 2칸의 다포식 공포를 결구한 우진각지붕의 2층 목조건물이다. 반원형의 옹성은 성문과 달리 벽돌로 쌓았으며 아치의 상부에는 오성지五星池라는 구멍이 5개 뚫린 일종의 물탱크가 있는데, 이는 적이 불을 지를 때를 대비하여 만든 것이다. 문루에는 대부분 간단하고 튼튼한 익공식 구조를 하는데, 수원성의 경우는 장안문과 남문인 팔달문을 다포식으로 하여 장중하고 화려하게 꾸몄다. 문루 상층의 판문에는 괴수의 얼굴을 그려 총안을 위장하고 무섭게 보이게 했다.

(3) 팔달문(八達門), 보물 제402호

팔달문은 수원성의 남문으로 형태면에서 장안문과 거의 같다. 성문의 육축肉築은 일반 성벽과 달리 안팎을 석재로 쌓아올리는 협축방식으로 두껍고 높게 축조한다. 육축에 쓰인 돌은 일반 성 돌보다 규격이 큰 무사석을 사용하고 중앙에 홍예를 낸다. 팔달문은 장안문과 함께 성문 앞에 또 한 겹의 성벽을 쌓아서 문을 보호하는 시설인 옹성을 육축과 달리 전으로 쌓아 적의 포에 한 번에 무너지지 않도록 대비하였다. 모양이 독을 반으로 쪼갠 것과 같다고 하여 '항아리 옹'자를 넣어 옹성甕城이라고 하였다고 한다. 옹성 벽에 반복되는 세로줄은 현안으로 짙은 그림자를 남기는 세로줄이 강하게 그어져 강렬한 인상을 남긴다.

(4) 화홍문(華虹門)

수원성을 북에서 남으로 관통하며 흐르는 개천이 있는데 이를 대천大川이라 불렀다. 개천이 성안으로 들어오고 나가는 곳에는 각각 수문이 설치되어 있다. 이것이 북수문과 남수문이다. 수문은 여러 개의 아치로 된 다리와 같은 모양을 하고 있는데, 아치의 밑부분은 마름모꼴로 비스듬히 다듬어 물길이 순조롭게 갈라질 수 있도록 세심한 배려를 했다. 특히 북수문 주변은 연못과 누각이 어우러져 경관이 아름다워, 이를 감상할 수 있게 수문 위에 화홍문華虹門이라는 누각을 세운 것이 눈길을 끈다. 화홍문의 입구 좌우에는 돌로 만든 해태를 세워 방어의 뜻을 담았다.

(5) 봉화대

봉화는 성 주변을 정찰하여 사태를 알리는 통신역할을 하는 시설이다. 봉돈에는 다섯 개의 커다란 연기 구멍을 두어 신호를 보낼 수 있도록 하고 있다. 성 주변에 아무런 이상이 없는 평상시에는 남쪽의 첫째 것만 사용했다. 봉돈에는 불붙일 재료가 항시 준비되어 있었다. 특히 이리나 늑대의 똥은 빗물에 젖어도 잘 탈 정도로, 봉돈에 없어서는 안 될 중요한 재료였다. 하지만 밤에는 불로, 낮에는 연기신호로 성 주변의 사태를 전달하는 연락이 종종 끊기는 일도 있었다. 그래서 앞에 있는 봉수대에 연기가 오르지 않거나 비, 안개, 짙은 구름 등이 끼는 기상 상태로 봉수 연락이 불가능할 때에는 봉수군이 직접 달려가서 보고하기도 했다.

(6) 서장대

수원성 내 서쪽 끝에 위치한 군사 지휘소인 이곳은 수원성 안에 만들어진 유일한 정자이다. 조선시대 정자 건물의 뛰어난 건축미와 단청이 화려하다.

(7) 암문

수원성에는 모두 다섯 곳에 암문이 설치되어 있다. 복암문, 동암문, 서암문, 서남암문, 남암문이 그것이다. 이런 수원성의 암문은 다른 성들과 다르게 성벽에 따로 전돌로 벽을 쌓고, 윗부분이 둥근 아치형의 문을 내고 있다. 특히 이 서남 암문 바로 곁에는 온돌방이 마련되어 있는 포사라는 망루가 세워져 있다. 이곳에 망루가 세워진 까닭은 이곳이 팔달산 높은 곳이어서 적을 쉽게 감시할 수 있기 때문이다.

(8) 적대(敵臺)

적대란 성곽의 중간에 약 82.6m의 간격을 두고 성곽보다 다소 높은 대를 마련하여 화창이나 활과 화살 등을 배치해두는 한편 적군의 동태와 접근을 감시하는 곳으로 옛날 축성법에 따른 성곽 시설물이다. 화성 축성대에는 이미 총포가 전쟁에 사용되던 때이지만, 옛날의 축성법에 따라 적대를 만들어 활과 화살 대신 총포를 쏠 수 있도록 총안을 마련하였다.

(9) 공심돈(空心墩)

돈은 일종의 망루와 같은 것으로 이미 남한산성과 강화도의 해안 주변에 설치한 적이 있다. 그러나 공심돈, 곧 돈의 내부가 비도록 한 것은 아마도 수원성이 최초가 아닌가 생각된다. 수원성에는 서북 공심돈, 남공심돈, 동북공심돈 등 세 군데에 공심돈이 설치되어 있다. 서북 공심돈은 화서문 위쪽에 위치해 있다. 치의 높이 15척이고 그 위에 전돌로 돈대를 네모지게 높이 쌓았다. 높이 18척이고 아래의 넓이는 23척, 위의 넓이는 21척으로 위로 갈수록 좁아진다. 내부는 3층으로 꾸며, 2층과 3층 부분은 마루를 깔고 사닥다리로 오르내리게 하였다. 돈대의 꼭대기에는 포사를 지었으며 돈대 외벽에는 총안과 포혈 등을 뚫었다. 남공심돈은 남암문의 동치 위에 세워져 있다. 제도는 서북 공심돈과 같고 규모가 약간 작다. 꼭대기에는 건물을 지었는데 판 문을 달지 않고 사방을 개방하였다.

(10) 각루(角樓)

비교적 높은 위치에 누각 모양의 건물을 세워 주변을 감시하기도 하고 때로는 휴식을 즐길 수 있도록 한 것이 있는데 이를 각루라고 한다. 동북각루, 서북각루, 서남각루, 동남각루가 있다. 방화수류정이라고 부르는 건물은 그 형태가 불규칙하면서도 조화를 이루고 주변경관과 어울림이 뛰어난 건물로, 조선건축의 전성기에 정자 건물의 높은 수준을 잘 반영해 주고 있다. 북쪽 수문인 화홍문에서 동쪽으로 경사져 올라간 위치에 있다. 아래쪽으로 용연이 내려다보이는 곳에 성벽에 대어서 용두라는 바위 위에 누각을 세웠다.

(11) 포루(砲樓)

포루는 성벽의 일부를 밖으로 돌출시켜 치성과 유사하게 하면서 내부를 공심돈과 같이 비워 그 안에 화포를 감추어 두었다가 적을 공격하도록 만든 것이다. 모두 전돌을 쌓아 벽을 이루고, 위에는 작은 누각신의 건물을 올렸는데, 수원성에는 서포루, 북서포루, 동포루, 동북포루, 남포루의 다섯 곳에 포루를 설치하였다.

(12) 화성행궁(華城行宮)

정조가 현륭원을 찾을 때 머물던 임시처소로 평상시에는 부아府衙로 사용되었던 장소이다. 초기에는 행궁과 수원부 신읍치의 관아건물을 확장·증축하여 사용하다가 정조13년(1789)에 기존 건물을 철거하고 건축되었다. 수원화성이 완공되었을 때는 576칸의 규모로 조성되었다. 정문은 신풍루新豊樓로 정조14년(1790)에 진남루鎭南樓라 이름하였던 것을 1795년 정조의 명에 의해 고쳐 달게 되었다. '풍남'이란 정조에게 있어 화성은 고향과 같다는 의미로 이곳에서 정조는 백성들에게 쌀을 친히 나누어 주고 죽을 끓여 먹이는 진휼 행사를 벌이기도 하였다. 그리고 봉수당奉壽堂은 화성 행궁의 정전 건물이자 화성 유수부의 동헌 건물로 장남헌壯南軒이라고도 한다. 이곳에서는 혜경궁 홍씨의 회갑연 진찬례를 거행하였다. 이때 낙남헌洛南軒에서는 혜경궁의 회갑연을 기념하여 군사들의 회식을 주관하고 특별과거시험과 양로연을 치르기도 하였다. 회갑연을 위해 찾은 행궁에서 혜경궁은 장락당長樂堂에 머물렀다. 이외에도 정조 행차시 머물렀던 내당인 복내당, 장용영의 군사들이 숙직하는 남군영과 북군영, 후원의 정자인 미로한정 등 다수의 건물이 있다. 정조의 승하 후에는 순조1년(1801) 행궁 곁에 화령전華寧殿을 지어 정조의 진영을 봉안하였다.

5. 한국의 역사마을 : 안동 하회와 경주 양동마을

14~15세기 조성된 한국의 대표적인 전통 마을로서 자연과 조화를 이루는 조선시대 유교적 전통 사상을 잘 반영한 경관 속에 전통 건축 양식을 잘 보존하고 있다. 또한 조선시대 유교 교육의 중심지답게 유교적 삶의 양식과 전통문화를 현재까지 잘 계승하고 있다. 세계문화유산기준(III)(IV)에 해당한다.

1) 안동 하회마을

풍천 화산(꽃뫼)으로 뒤를 두르고 화천(꽃내, 낙동강)으로 앞을 휘감듯 에두른 하회마을은 옛부터 큰 인물이 많이 나온 명당 중에 명당으로 알려져 있다. 이 마을은 풍산유씨豊山柳氏 동족마을이며, 그 터전이 낙동강의 넓은 강류가 마을 전체를 동·남·서 방향으로 감싸도는 태극형太極形 또는 연화부수형蓮花浮水形의 명기名基위에 위치해 있다. 유씨가 집단마을을 형성하기 이전에는 허許씨와 안安씨가 유력한 씨족으로 살아왔으나 1635년의 동원록洞員錄 기록을 보면 삼성(三姓; 許·安·柳)이 들어 있고 조선 선조 때 벼슬을 하였던 류운룡·류성룡 형제의 유적이 마을의 종추을 이루고 있는 것으로 보아 고려 말~조선 초 사이에 현재의 모습을 갖춘 것으로 추정된다.

물 하河자에 돌 회回자를 붙인 하회마을은 마치 물에 떠있는 연꽃과 같은 연화부수형 지형으로 하회마을의 전경을 한 눈에 보려면 64m 높이의 부용대 정상에 올라가보는 것이 좋다.

풍산으로부터의 진입도로와 연결된 큰길이 이 마을의 중심부를 동서로 관통하는데, 이 마을길의 북쪽을 북촌이라 부르고 남쪽은 남촌이라 부른다. 이 마을을 감싸도는 화천花川은 낙동강 상류이며, 그 둘레에는 퇴적된 넓은 모래밭이 펼쳐지고, 그 서북쪽에는 울창한 노송림이 들어서 있어 경관이 아름답다. 강류의 마을 쪽이 백사장인데 반하여 건너편은 급준한 층암절벽의 연속이어서 여러 정대亭臺가 자리잡고 있어 승경勝景으로서의 면모도 잘 갖추고 있다. 강류의 북쪽 대안에는 이곳 자연의 으뜸인 부용대芙蓉臺의 절벽과 옥연정玉淵亭·화천서당이 있으며, 서북쪽에서 강물이 돌아나가는 즈음에는 겸암정謙菴亭과 상봉정翔鳳亭이 자리잡고 있어 일련의 하회명구를 이루고 있다.

보물로 지정된 가옥은 보물 제306호인 안동양진당과 보물 제414호인 충효당이 있다. 중요 민속자료로는 하회북촌댁(제84호)·하회원지정사(제85호)·하회빈연정사(제86호)·하회유시주가옥(제87호), 하회옥연정사(제88호), 하회겸암정사(제89호), 하회남촌택(제90호), 하회주일재(제91호) 등이 지정되어 있다. 또한 이 고장에는 오랜 민간전승놀이로써 음력 7월 보름에 부용대 밑에서 시회가 열렸으며, 시회와 아울러 유명한 줄불놀이가 벌어졌었다.

서애 류성룡 선생이 기거하던 '옥연정사', 겸암 류운룡 선생이 기거하던 '겸암정사'

부용대에 올라서면 하회마을의 풍수가 한 눈에 들어온다. 물줄기에 포근하게 감싸인 마을의 모습이 주변 경관과 참 잘 어울린다. 부용대의 좌우에는 옥연, 겸암정사가 있는데, 고색창연한 옥연정사는 서애 류성룡 선생이 만년에 기거하면서 임진왜란 때의 일을 기록한 국보132호《징비록》을 저술한 곳이다. 최근에는 영화 '조선남녀상열지사'의 촬영 장소로 이용되기도 했다. 겸암정사는 겸암 류운룡 선생이 학문을 연구하고 제자를 가르치던 곳으로 부용대에서 모두 15분 정도 걸린다.

하회마을에 들어서면, 조선시대 초기부터 후기에 이르기까지 다양한 양식의 살림집들이 옛 모습을 간직한 채 남아있다. 솟을대문을 세운 거대한 규모의 양진당, 충효당, 북촌댁, 주일재, 하동고택 등의 양반가옥인 기와집과 작은 규모에서부터 제법 큰 규모를 가지고 있는 서민가옥인 초가집들이 길과 담장을 사이에 두고 조화롭게 배치되어 있다.

출처 : 유네스코와 유산 홈페이지 소개사진.

[그림 8-6] 하회마을의 모습

2) 경주 양동마을

경상북도 경주시 강동면 양동리에 소재하는 양동마을은 경주와 포항 사이에 위치하고 있으며, 지척거리인 안강읍에 풍산금속이 자리잡고 있어 생업에 문제가 없으며, 일제부터 고등교육에 몰두해 수많은 고위 공무원과 대학교수, 재벌사업가 등을 배출한 명당터이다.

마을의 지형을 우선 살펴보면, 넓고 비옥한 안강평야의 동쪽 구릉지에 위치한다. 앞으로는 설창산, 뒤로는 성주산에 기대어 터를 잡았고, 북쪽에서 흐르는 안락천이 남에서 흘러오는 형산강과 역수 형태로 만나 영일만으로 빠진다. 마을을 이루는 낮은 구릉들은 4개의 맥을 형성하고 그 사이 3개의 골짜기를 이룬다. 이른바 물勿자 형국으로 명당 중의 명당으로 여겨졌다. 마을의 살림집들은 자연 지형인 3개의 골짜기 '물봉골, 안골, 장터골'에 몇 개의 영역을 형성하며 자리 잡았다. 그 안에 자리한 건축물들은 다음과 같다.

(1) 향단(香檀, 보물412호, 1540년대 건립)

이언적이 경상감사로 재직시 동생 이언괄을 위해서 지어준 집으로 여강 이씨 향단파의 종택이다. 이 건물의 특징은 일체의 장애물이 없어 건물 외관 전체를 노출시킴으로써 마을에서 가장 눈에 잘 띄며, 전면 지붕 위의 세 개의 박공면은 사대부가로는 유례없이 표현적인 형태이다. 집의 기둥은 행랑채까지 모두 원기둥을 사용했으며 기둥 위에는 섬세하게 조각된 익공을 달았고 대들보 위에는 공공건물에나 어울릴 화려한 복화반과 포대공을 올렸다. 사랑채의 지붕도 부연을 단 겹처마로 모두 민간 살림집에는 금기시되었던 최고의 장식들이다.

집의 구성은 一字형 행랑채와 日字형 몸채, 전체적으로 巴자형의 평면을 이룬다. 몸채에는 두 개의 중정이 있으며, 하나는 안채부에 딸린 안마당이고, 서쪽의 것은 안행랑부에 딸린 노천 부엌용 중정이다. 이 역시 일반적인 살림집에는 전혀 나타나지 않는 예이다. 두 개의 중정은 자연스럽게 이 집의 기능을 구획한다. 안마당은 사랑채와 안채를, 부엌마당은 안채와 안행랑을 구획한다. 두 중정 사이, 이 집의 중심에는 안방이 자리잡아 모든 부분의 움직임을 감시할 수 있다. 외부적으로는 화려하고 웅장하지만 내부는 폐쇄적인 구조로 되어 있다.

(2) 관가정(觀稼亭)

손중돈에 의해 1480년대 건축된 것으로 추정되며, 호명산(물봉의 서쪽)을 안대로 하고 있다. 손씨의 종가로 400년간 사용되고 있다. 건축의 특성으로는 논리적 · 규범적 · 폐쇄적이며, 소박하고 유교적 절제와 엄격함을 지닌 합리적인 공간 활용을 들 수 있다.

관가정은 경사지를 넓게 깎아 단을 만들고 건물을 깊숙이 앉힌 까닭에 모습은 크게 두드러지지 않는다. 관가정은 살림집인 동시에 경관을 감상하기 위한 '정자'이다. 이 집의 이름은 '농사짓는 풍경을 보는 정자'란 뜻이다. 관가정 사랑채에 오르면 이름에 걸맞는 경관이 펼쳐진다. 안채에서는 중문을 통해 앞산만 이 선택된 경관으로 들어오지만, 사랑채에서 앞산은 경관의 한 요소일 뿐, 아래로 전개된 들과 강의 풍광을 한눈에 볼 수 있다. 안채나 사랑채나 좌향은 같지만 경관을 끌어들이는 방법을 달리한 것이다.

(3) 무첨당(無添堂, 보물 제411호, 1500년대 건립)

이언적의 아버지 이번이 양동에 장가들어 어느 정도 기반을 잡은 후인 1508년에 살림채를 건립했고, 이언적이 경상감사 시절인 1540년경에 별당을 건립했다. 이언적의 본가이며 여강이씨 무첨당파의 파종가로서 또 여러 분파들의 맏집인 대종가로서 역할을 해왔다. 건축적 특징으로는 대지의 중앙 가장 높은 곳에 사당영역을 마련하고 살림채와 별당채 사이에 직선의 가파른 계단을 설치해 사당이 이 집의 중심임을 보여준다. 별당과 사당은 살림채와 향을 달리하여 다른 안대를 취하고 있고, 사당 앞에 서면 일족의 서당인 강학당과 가문 정자인 심수정을 바라보게 된다. 무첨당 세 건물 사이의 공간관계는 독립적이며, 별당의 형태와 공간은 강렬하며 ㄱ자 건물로 누마루가 돌출, 모퉁이에 방을 배치하고 모서리 부분을 모두 마루로 처리하였으며, 적절한 비례를 가진 형태와 날렵한 처마선, 섬세하게 조각된 초익공과 화반대공을 갖는 등 최고로 장식적인 건물이다. 그러나 안채와 사랑채로 이루어진 살림채는 매우 소박하고 간결하다.

(4) 강학당(講學堂, 중요민속자료 제83호, 1867년 건립)

안락정에 대응하여 이씨들의 서당으로 지은 집이다. 심수정 뒤쪽 언덕 위에 위치하며 무첨당 사당을 안대로 삼아 마을의 전경이 들어오는 곳이다. ㄱ자 건물 꺾이는 모퉁이에 방을 두어 2개의 마루를 구획했고, 각 칸살이는 필요에 따라 길이를 조절했다. 특징적인 것은 작은 마루에서 1/3칸 크기의 장판고를 가설해 서고로 사용했던 점이다. 서당 건물다운 기능과 규모다. 건물은 매우 간결하며 층고는 낮고 구조도 검소하다. 강학당 입구에 3칸 부속 행랑채를 두어 서당살림을 관리하였다. 이씨 문중은 이외에도 마을 북쪽에 경산서당을 갖고 있지만 이는 1970년 안계댐을 공사할 때 이전한 건물이다.

제3절 유네스코 등재 한국의 세계무형유산 소개

1. 종묘제례 및 종묘제례악(宗廟祭禮樂)

(1) 종묘제례(宗廟祭禮, 중요무형문화재 제56호)

종묘제례는 종묘대제宗廟大祭라고도 불리는데, 이는 효를 근간으로 하는 조선시대의 나라제사 중 가장 규모가 크고 중요한 제사라는 의미이다. 종묘에서의 대제는 조선시대에는 정전에서 매년 5대향五大享의 정시제를 지냈으며, 임금이 친히 받드는 길례吉禮였다. 정시제의 시기는 음력 1, 4, 7, 10월의 각 계절과 12월에 날을 잡아 하는 납일제가 있었다. 이외에도 특별히 기념하거나 기원할 일이 있을 때에는 임시제를 지냈다.

이와는 별개로 영녕전은 제향일祭享日을 따로 정하여 매년 춘추春秋 2회로 제례를 지냈다. 1971년 이후로는 전주全州 이씨李氏 대동종약원大同宗約院에서 매년 5월 첫째 일요일 종묘대제를 올리고 있다. 종묘제례악과 함께 2001년 5월 유네스코 인규구전 및 무형유산걸작으로 등재되어 있다.

(2) 제례절차(祭禮節次)

종묘제례는 제례를 지내는 예법과 예절에 있어서 모범이 되는 의식으로 제례는 매우 엄격하고 장엄하게 진행된다. 종묘제례의 절차는 신을 맞는 영신迎神

으로 시작되어 신이 즐기는 오신娛神, 그리고 신을 보내드리는 송신送神 과정으로 이어진다.

그 절차를 자세히 보면, 선행절차 → 취위就位(제사가 시작하기 전에 제관들이 정해진 자리에 배치됨) → 영신迎神(조상신을 맞이함) → 신관례神관禮(왕이 제실까지 가서 향을 피워 신을 맞아들임) → 진찬進饌(음식과 고기를 드림) → 초헌례初獻禮(초헌관이 술을 올리고 절하며 축문을 읽음) → 아헌례亞獻禮(신에게 둘째 술잔을 올림) → 종헌례終獻禮(마지막 술잔을 올림) → 음복례飮福禮(제사에 쓴 술이나 음식을 나누어 먹음) → 철변두撤변豆(제상에 놓인 고기나 과일을 거둠) → 송신送神(조상신을 보냄) → 망료望燎(제례에 쓰인 축문과 폐를 태움) → 제후처리祭後處理의 순서로 진행된다.

종묘제례는 최고의 품격을 갖추고 유교절차에 따라 거행되는 왕실의례이며, 이를 통해 동양의 기본이념인 '효'를 국가차원에서 실천함으로써 민족공동체의 유대감과 질서를 형성하는 역할을 하였다. 이와 함께 종묘라는 조형적인 건축공간에서 진행되는 종묘제례의 장엄하고 정제된 아름다움은 자연과 어우러진 동양적 종합예술의 정수이며, 500년이라는 시간과 공간을 초월한 우리의 소중한 정신적 문화유산이다.

(3) 종묘제례악(宗廟祭禮樂, 중요무형문화재 제1호)

조선 역대 군왕君王의 신위神位를 모시는 종묘와 영녕전永寧殿의 제향祭享에 쓰이는 음악으로 악기연주, 노래, 춤으로 이루어져 있다. 2001년 5월 18일 유네스코 '인류구전 및 무형유산걸작'에 종묘제례와 함께 등재되어 세계무형유산으로 지정되었다.

조선 건국 당시, 종묘제례악에는 당악·향악·아악 등을 두루 써왔으나 세종대왕은 1435년(세종 17) 우리의 향악으로 『보태평保太平』 11곡曲과 『정대업定大業』 15곡을 만들어냈다. 그러나 이것이 처음에는 제사음악이 아니고 조종祖宗의 공덕을 기리고 개국 창업開國創業의 어려움을 길이 기념하기 위하여 국초國初의 고

취악鼓吹樂과 향악을 참작하여 만들었던 것이며, 이것이 종묘의 제례악으로 채택된 것은 1463년(세조 9)이었다. 세조는 "『정대업』과 『보태평』은 그 성용聲容이 성대하므로 종묘에 쓰지 않음은 가석可惜타(세조실록)"하여 최항崔恒에게 명하여 간단히 간추려 고치게 한 후 제례악으로 채택하게 하였다.

『보태평』은 조종祖宗의 문덕文德을 내용으로 한 것이고 『정대업』은 무공武功을 내용으로 한 것이다. 이에 쓰이는 악기에는, 아악기雅樂器인 편종 · 편경 · 축柷, 당악기唐樂器인 방향方響 · 장고 · 아쟁 · 당피리, 그리고 한국 고유의 횡취악기橫吹樂器인 대금 등이 있으며 매우 다채롭고 구색이 화려하다. 종묘제례 때 부르는 노래는 종묘악장宗廟樂章이라 하며 순한문으로 된 이 노래를 제향 절차에 따라 음악에 맞추어 부른다. 그리고 제향에서는 절차에 따라 춤도 추는데, 이때의 춤을 일무佾舞라고 한다.

종묘제례의 절차에 따라 제례악과 제례무, 즉 악樂과 일무佾舞가 함께 하는데, 그 진행과 해당음악, 무용은 다음의 〈표 8-4〉와 같다.

종묘대제宗廟大祭에서 봉행한 의식무용으로 조선 초 국법으로 제정하여 조선 말까지 엄격하게 시행하여 왔는데, 이는 충효의 예를 중시하는 유교적 이념에게 기인한다. 일무는 여럿이 줄을 맞추어 춤을 춘다는 의미로 일무는 문무와 무무로 나뉘는데, 종묘대제뿐만 아니라 문묘대제에서도 시행하고 있다. 일무는 원래는 6일무였지만 지금은 8일무로 64명이 춘다. 1969년 이후로는 전주이씨 대동종약원의 주선으로 매년 1회 봉행奉行하고 있다.

무무武舞는 『정대업』 음악에 맞추어 추는 정대업지무定大業之舞이며, 무공武功을 찬미하기 위함이다. 무원舞員의 복장은 피변관皮辨冠에 홍주의紅周衣에 남사대藍絲帶를 하고, 목화木靴를 착용하며, 무구舞具로는 앞의 3줄은 검劍, 뒤의 3줄은 창槍을 들고 춘다.

문무는 문덕文德을 송축하는 뜻으로 추는데, 제순祭順의 영신迎神례 · 전폐奠幣 · 초헌初獻례 때에 춘다. 『보태평』 음악에 맞추어 추는 춤으로 보태평지무保太平之舞라 하며, 무원舞員의 복장은 홍주의紅周衣에 남사대藍絲帶를 띠며, 목화木靴를 신고 목화에 꽃을 그린 개책관을 쓴다. 무구舞具로는 왼손에 약(규황죽硅黃竹으로 만든 구멍이 셋인 악기)을, 오른손에는 적翟(나무에 꿩털로 장식한 무구)을 든다.

〈표 8-4〉 종묘제례악의 제례절차와 악과 일무 내용

제례절차	주악위치	악 명	악 곡	일 무
취위(就位), 출주(出主)				
참신(參神)	헌가(軒架)[3]	보태평(保太平)	영신희문(迎神熙文)	문무(文舞)
신관례(神祼禮)	등가(登歌)[4]	보태평(保太平)	전폐희문(奠幣熙文)	문무(文舞)
천조례(薦俎禮)	헌가(軒架)	풍안지악(豊安之樂)	진찬(進饌)	–
초헌례(初獻禮)	등가(登歌)	보태평(保太平)	보태평지악(保太平之樂) 11곡	문무(文舞)
아헌례(亞獻禮)	헌가(軒架)	정대업(定大業)	정대업지악(定大業之樂) 11곡	무무(武舞)
종헌례(終獻禮)	헌가(軒架)	정대업(定大業)	정대업지악(定大業之樂) 11곡	무무(武舞)
음복례(飮福禮)				
철변두(撤籩豆)	등가(登歌)	옹안지악(雍安之樂)	진찬(進饌)	–
송신례(送神禮)	헌가(軒架)	흥안지악(興安之樂)	진찬(進饌)	–
망료례(望燎禮)	–	–	–	–
퇴출(退出)	–	–	–	–

2. 판소리(중요무형문화재 제5호)

판소리는 민속악의 하나로 판놀음으로 연행되는 소리라는 뜻이다. 조선 후기에 서민들이 창극을 붙여 부르던 노래로 창우倡優(판소리를 전문으로 하는 가수) 한 사람이 한마당을 노래하고 말하며 몸짓을 하는데, 여기에 고수鼓手의 장단과 추임새도 중요하다.

소리의 특징과 지역에 따라 동편제와 서편제, 그리고 중고제로 나뉜다. 2003

3) 계단 아래 뜰, 하월대에서 노랫말 있는 음악을 연주하는 악단
4) 정전 앞 계단 위, 상월대에서 노랫말이 없는 음악을 연주하는 악단

년 11월 7일 유네스코 '인류구전 및 세계무형유산걸작'으로 선정되어 세계무형유산으로 지정되었다.

동편제의 소리는 비교적 우조羽調를 많이 쓰고 발성이 무거운 특징이 있다. 소리의 끝은 짧고 굵으며 웅장하다. 서편제는 발성이 가볍고 소리의 끝이 가늘고 긴 특징을 가지고 있으며, 정교하고 애끓는 소리를 한다는 평을 듣고 있다. 중고제는 동편제에 가까우며 소박하고 가벼운 느낌을 준다는 평을 받고 있다.

판소리의 형성 시기는 정확히 알 수 없으나 조선 영조30년(1754)에 유진한이 지은 춘향가의 내용으로 보아 적어도 숙종(재위 1674-1720) 이전에 발생하였을 것으로 추측하고 있다. 대체로 17세기경 남도지방에서 시작되어 18세기 말까지는 판소리가 제모습을 완전하게 갖추었을 것으로 추정된다.

평민들 사이에서 생겨나 발전된 판소리는 청중이 점차 상위계층으로 확산되어 가는 추세를 보였다. 조선 중기에는 판소리 12마당이라 하여 춘향가·심청가·흥보가·수궁가·적벽가 외에도 변강쇠타령·배비장타령·옹고집타령 등이 있었다고 전해지나 현재 남아있는 것은 춘향가·심청가·흥보가·수궁가·적벽가 다섯 마당뿐이다. 판소리의 근본을 보면 평민예술의 바탕을 지니면서도 탈춤이나 남사당놀이 등과는 달리 다양한 계층의 청중들을 널리 포용할 수 있는 폭과 유연성을 지녔다.

선율은 남도의 향토적인 선율을 토대로 일곱 가지 장단에 따라 변화시키고, 또 아니리(말)와 발림(몸짓)으로 극적인 효과를 높이는데, 이때의 대사만을 가리켜 극가劇歌라고 한다.

3. 강릉단오제(중요무형문화재 제13호)

강릉은 옛 동예의 땅이었다. 그리고 강릉단오굿은 전통과 역사를 가지고 있으면서 드물게 남은 대동굿이다. 고대 부족국가들은 곡물의 생산을 기원하거나 추수에 대한 감사의 행사 등의 제천의식을 하였는데, 그 강릉단오제는 영고,

무천에서 이어지는 축제라 하겠다. 이 지역에서는 5월 단오굿을 하지 않으면 지역에 큰 재앙이 미친다고 전해지고 있다. 이 굿에 대해 UNESCO는 2005년 11월에 세계인류구전 및 무형문화유산걸작에 등재시켰다.

이 굿의 유래에 대해서는 정확한 기록은 없으나, 최초의 기록은 허균이 적고 있다. 허균은 강릉단오제를 직접 보고 기록을 남겼으며, 이때의 제사는 김유신 장군에게 받쳐지는 제사였다고 적고 있다. 죽은 김유신이 대관령의 산신이 되어 이 지역을 돌봐준다는 의식에서 비롯된 것으로 매년 5월이면 대관령에 가서 신을 맞이하여 즐겁게 대접을 하는 것으로 이해되고 있다.

또 다른 기원은 신화에서 유래하여 굿의 순서는 전설 속 정씨아가씨와 산신과의 결혼 과정을 따라서 진행된다. 가장 먼저 하는 행사는 4월 5일에 신에게 드릴 술을 담그는 것으로 시작된다. 다음은 호랑이가 정씨아가씨를 업어 가서 대관령 서낭과 결혼한 4월 14일은 신을 모셔 오는 날로, 강릉단오굿은 이날부터 본격적으로 펼쳐지게 된다.

결혼식 손님에게 줄 술을 담그면서 잔치 분위기를 만들어가는 것이다. 이 굿에서는 단오굿, 관노가면극을 중심으로 한 그네, 씨름, 줄다리기, 윷놀이, 궁도 등 민속놀이와 여러 가지 기념행사가 펼쳐진다. 워낙 큰 행사이다보니 기획하고 준비해서 치르는 과정에 지역주민들 모두가 참여하게 된다.

4. 강강술래(중요무형문화재 제8호)

앞소리先唱와 받는 소리合唱가 춤의 반주인 소리춤으로, 전라남도의 해안지역에 퍼져 있는 우리나라의 대표적인 여성들의 춤과 노래이다. 강강술래는 주로 우리나라 남부지방에서 풍작과 다산을 기원하며, 음력 8월 한가위 밤에 놀아온 민속놀이다. 이 놀이는 2009년 9월 인류무형문화유산으로 등재되었다.

강강술래의 역사적 유래에는 이순신 장군이 침공해 오는 왜적에게 우리 군사가 많다는 것을 꾸미기 위해서 부녀자들을 동원하여 남장시키고 손과 손을 마주 잡고 둥그렇게 원을 만들며 춤추게 했다는 임진왜란과의 연관설과 부여의 영고 · 고구려의 동맹 · 예의 무천 등에서 행해지는 제사의식에서 비롯되었다거나, 만월제의滿月祭儀에서 나온 놀이라는 것과, 마한 때부터 내려오는 달맞이와 수확의례의 농경적인 집단춤이었다는 고대의 제사의식에서 비롯된 놀이라는 것 등이다. 그 기원을 규명할 수는 없으나 강강술래는 집단의 대동적인 축제에서 시작된 것으로, 분포지역이 해안지방인 점에서 주로 남자들은 오랫동안 고기를 잡으러 나가고, 여성들이 마을에 남아있으면서 달밝은 밤이면 풍농과 만선을 기원하는 공동굿(제의) 형식으로 발달되어 왔다고 할 수 있다.

이러한 강강술래의 구성은 손에 손을 잡아 연결된 상태에서 원을 나타내는 원무가 중심이 되고, 사이사이에 남생아 놀아라, 고사리 꺾기, 청어 엮기(풀기), 덕석 몰기(풀기), 지와 밟기, 꼬리 따기, 쥔쥐새끼 놀이, 문 열어라, 개고리 타령 등 부수적인 춤들이 번갈아가면서 놀아지는데, 새로운 춤으로 넘어갈 때마다 원무의 형태를 이루고 있다. 이러한 원무는 시작과 끝, 주와 종, 선과 후, 앞과 뒤의 구별 없이 둥글게 하나가 되는 것으로, 구성원 모두가 동등한 조건에 놓여져 있으며, 강강술래를 통하여 쉽게 공동체의 성원이 될 수 있는 중요한 틀을 제공하고 있다고 할 수 있다. 강강술래는 그 지역사람들의 생활정서와 실제를 노랫말로 담아내고 메기는(앞) 소리와 받는 소리로 그 내용을 공감하는 집단춤으로 만들어내고 있다.

5. 남사당놀이(중요무형문화재 제3호)

조선시대 남자들로만 구성된 유랑연예인 집단인 남사당의 연희演戲로, 남사당은 대개 농어촌이나 성곽 밖의 서민층 마을을 대상으로 하여 모 심는 계절부터 추수가 끝나는 늦은 가을까지를 공연시기로 하였다.

공연을 하기 위해서는 공연에 앞서 마을에서 가장 잘 보이는 언덕을 골라 온갖 재주를 보여주는 한편, 꼭두쇠(우두머리)가 마을로 들어가 마을의 최고 권력자나 이장 등에게 공연 허가를 받아야 했다. 한편 놀이판에는 사전에 줄타기의 줄을 매고 꼭두각시놀음의 포장막과 장치를 설치하며, 마당 한가운데에는 멍석을 5~6장 깐다. 여기서 벌이는 '남사당놀이'의 종목은 6종이다.

- 풍물은 일종의 농악으로, 인사굿으로 시작하여 돌림벅구, 선소리판, 당산벌림, 양상치기, 허튼상치기, 오방五方감기, 오방풀기, 무동놀림, 쌍줄백이, 사통백이, 가새(위)벌림, 좌우치기, 네줄백이, 마당일채 등 24판 내외의 판굿을 돌고, 판굿이 끝난 다음 상쇠놀이, 따벅구(벅구놀이), 징놀이, 북놀이, 새미받기, 채상놀이 등의 순서로 농악을 친다. 풍물은 웃다리가락(충청 · 경기이북지방)을 바탕으로 짰다고 하며, 참여 인원은 꽹과리, 북, 징, 장구, 날라리, 생각令角의 잽이樂士와 벅구 등을 포함한 최소 24명 정도가 1조를 이룬다.
- 버나는 쳇바퀴나 대접 등을 앵두나무 막대기로 돌리는 묘기를 말하며, 돌리는 물체에 따라 대접버나, 칼버나, 자새버나, 쳇바퀴버나 등으로 분류된다.
- 살판은 오늘날의 덤블링을 연상시키는 묘기로 살판쇠(땅재주꾼)와 매호씨(어릿광대)가 잽이의 장단에 맞추어 재담을 주고받으며 재주를 부린다.
- 어름은 줄타기
- 덧뵈기는 탈을 쓰고 하는 연희이다.
- 덜미는 마지막으로 행해지는 놀이로 민속인형극 꼭두각시놀음이다.

이 6가지 놀이는 대략 밤 9시부터 다음날 새벽 3~4시까지 연희되어 총 6~7시간을 공연했다 한다.

6. 영산재(靈山齋, 중요무형문화재 제50호)

불교의식의 하나로 49재 가운데 하나로, 사람이 죽은 지 49일만에 영혼을 천도하는 의식이다. 이 의식에는 상주권공재, 시왕각배재, 영산재 등이 있다. 이 중에서 영산재는 가장 규모가 큰 의례로 석가가 영취산에서 설법하던 영산회상을 상징화한 의식절차이다. 이 행사를 유네스코는 2009년 9월 인류무형문화유산 목록에 등재하였다.

영산회상을 열어 영혼을 발심시키고, 그에 귀의하게 함으로써 극락왕생하게 한다는 의미를 갖는다. 영산재는 국가의 안녕과 군인들의 무운장구, 큰 조직체를 위해서도 행한다. 영산재가 진행되는 절차는 의식도량을 상징화하기 위해 야외에 영산회상도를 내어 거는 괘불이운掛佛移運으로 시작하여 괘불 앞에서 찬불의식을 갖는다. 괘불은 정면 한가운데 걸고 그 앞에 불단을 세우는데 불보살을 모시는 상단, 신중神衆을 모시는 중단, 영가를 모시는 하단 등 삼단이 있다. 그 뒤 영혼을 모셔오는 시련侍輦, 영가를 대접하는 대령, 영가가 생전에 지은 탐 · 진 · 치의 삼독의 의식을 씻어내는 의식인 관욕이 행해진다. 그리고 공양드리기 전에 의식장소를 정화하는 신중작법神衆作法을 한 다음 불보살에게 공양을 드리고 죽은 영혼이 극락왕생하기를 바라는 찬불의례가 뒤를 잇는다. 이렇게 권공의식을 마치면 재를 치르는 사람들의 보다 구체적인 소원을 아뢰게 되는 축원문이 낭독된다. 이와 같은 본 의식이 끝나면 영산재에 참여한 모든 대중들이 다 함께 하는 회향의식이 거행된다. 본 의식은 주로 의식승에 의하여 이루어지나, 회향의식은 의식에 참여한 모든 대중이 다같이 참여한다는데 특징이 있다. 끝으로 의식에 청했던 대중들을 돌려보내는 봉송의례가 이루어진다. 영산재에는 범패와 춤 등 불교예술이 공연되는데, 매년 서울 봉원사에서 거행되고 있다.

7. 처용무(處容舞, 중요무형문화재 제39호)

신라 헌강왕 때의 처용설화에서 비롯된 가면무로 유네스코는 2009년 9월 인류무형문화유산으로 등재하였다. 처용은 신라시대 이래로 홍역을 물리치고 기타의 병마를 쫓을 수 있는 힘을 지닌 것으로 이해되어 조선시대까지도 문에 처용의 얼굴을 그려두거나 새겨두는 풍습이 있었다.

처용무는 현재 전하는 궁중정재宮中呈才 가운데 그 역사가 가장 오래된 춤으로, 궁중 나례儺禮나 중요 연례宴禮에 처용탈을 쓰고 추었던 춤이다. 초기에는 단독무로, 검은 도포道袍에 사모紗帽를 쓰고 1명이 추었다. 이 춤은 한 해가 시작되기 직전인 새해 전날, 즉 섣달그믐에 행운을 빌기 위해 추었다. 또는 궁중연회에서 평화를 기원하거나 악귀를 쫓을 목적으로 사용되었다. 그러던 것을 조선 초기, 세종 때부터는 일명 5방 처용무로 구성되었다. 배경음악의 악곡과 가사도 고려 · 조선을 거치며 부연 · 확대되었으며, 성종 때 완전한 무용으로 성립되어 학무鶴舞 · 연화대무蓮花臺舞와 합쳐져 하나의 커다란 창무극으로 재구성되었다.

이 춤은 처용 5명이 5방위의 색인 청 · 홍 · 황 · 흑 · 백색의 옷을 입고 순서대로 등장하여 상대相對와 상배相背 또는 4방 · 5방형으로 춤을 구성하고 있다. 이들의 소매에는 만화蔓花를 그리고 흰 비단의 한삼汗衫을 끼고 흰 가죽신을 신는다. 처용무의 배경음악은 발생 때부터 있었던 것으로 여러 기록에 나타나지만, 당시의 악곡에 대한 기록은 없다. 단지 조선 세종 때 윤회尹淮가 처용가 곡절曲節에 따라 개작하였다는 『봉황음鳳凰吟』의 악보가 《세종실록》 권146에 전할 뿐이다. 현재 행해지는 처용무에서는 초입부에 가곡 가운데 언락言樂을 부르고 후반부에는 편락編樂을 부르는데, 가사는 《악학궤범》에 들어 있는 것에서 발췌한 것이고, 악곡은 이왕직아악부의 하규일河圭一이 선택 · 편곡한 것을 쓰고 있다.

8. 아리랑

아리랑은 한국을 대표하는 전통민요의 하나로 2012년 12월 유네스코는 인류무형문화유산으로 등재하였다.

아리랑은 지역에 따라 지역의 이름을 붙여 '○○아리랑'이라 하여 다수의 종류가 있다. 노래의 구성 중 '아리랑' 또는 '아라리'와 유사한 구절이 들어 있는 대부분의 민요를 총칭한다. 지역에 따라 시대에 따라 다양한 선율과 사설의 변화를 가지며 전승되어 왔다. 현재 전승되고 있는 아리랑은 약 60여 종의 3천

6백여 곡에 이르는 것으로 알려져 있다.

아리랑의 사설은 특정 개인의 창작물이 아니라 여러 세대에 걸쳐 구전으로 전승되어 온 것이다. 따라서 민중들이 삶의 현장에서 느끼는 희로애락과 염원이 노랫말에 담겨 있으며, 특유의 민중성과 개방적인 특징으로 현 시대에도 꾸준히 새롭게 창작되고 있다.

오늘날 확인할 수 있는 아리랑은 강원도 일대에서 불러지는 정선아리랑과 호남지역의 진도아리랑, 그리고 경상남도지역의 밀양아리랑 등이 대표적이다. 이 중 정선아리랑은 '아라리'라 불리던 것으로 정선을 비롯해 영월과 평창지역의 민요적 특성을 충실하게 간직하고 있는 것으로 평가되고 있다.

제4절 유네스코 등재 한국의 세계기록문화유산

1. 훈민정음(訓民正音, 국보 제70호)

훈민정음訓民正音은 백성을 가르치는 올바른 소리라는 뜻으로, 세종 25년(1443)에 세종대왕과 집현전 8학자[5]들에 의해 발명된 문자이다. 세종世宗 창제 28자는 언문諺文, 언서諺書, 반절反切, 암클, 아햇글, 가갸글, 국서國書, 국문國文, 조선글 등의 명칭으로 불렸다. 특히 언문이라는 명칭은 세종 당대부터 쓰였는데, 한글이라는 이름이 일반화하기 전까지는 그 이름이 널리 쓰였다.

세종28년(1446)에는 정인지 등이 세종의 명에 따라 훈민정음을 설명한 한문 해설서를 전권 33장 1책으로 발간하였는데, 책의 이름이 『훈민정음』이었다. 그리고 이 책에는 해례가 붙어 있어서 훈민정음 해례본 또는 훈민정음 원본이라고도 한다. 세종은 새로 만든 새문자에 대하여 창제의 목적을 밝힌 서문과 새

5) 정인지, 신숙주, 성삼문, 최항, 박팽년, 강희안, 이개, 이선로

문자 하나하나에 대하여 개괄적으로 예시하고 설명한 글을 짓고 집현전의 학자들에게 이에 대한 자세한 설명과 용례를 만들게 하여 백성들이 쉽게 배우고 사용할 수 있도록 하였다.

한글이라는 명칭은 주시경周時經에게서 비롯되었다고 한다. 신문관新文館에서 발행된 어린이 잡지 《아이들 보이(1913)》의 끝에 횡서橫書 제목으로 '한글'이라 한 것이 있다. 1933년 조선어학회에서 제정한 '한글맞춤법통일안'에 따르면, 한글은 자음子音 14자, 모음母音 10자, 합계 24자의 자모字母로 이루어져 있다. 1자 1음소一字一音素에 충실한 음소문자音素文字인 이 한글 자모 24자는 훈민정음 28자 가운데서 'ㆍ, ㅿ, ㆆ, ㆁ'의 네 글자가 제외된 것이다.

이는 점차 현대로 오면서 활용이 용이한 과학적 문자임이 알려져 한국인으로서의 문화적 자긍심뿐 아니라 컴퓨터시대에 걸맞는 과학적이며 실용성이 뛰어난 문자임이 증명되고 있다. 1997년 유네스코에서는 '세계기록유산'으로 훈민정음을 등재하기도 하였다.

2. 고려대장경판과 제경판(국보 제32호)

11세기 초 고려 현종 때, 6천 권에 달하는 대규모의 대장경 조판사업을 벌여 거란의 침략을 불력에 호소하여 물리치려는 노력도 보였다. 그러나 11세기 초에 초판된 1만여 권에 달하는 초조대장경은 1232년 몽고침략으로 모두 불타 버리고 말았다. 그 후 1237년(고종24)부터 16년간에 걸쳐 고려에 침입한 몽골군의 격퇴를 발원發願하여 대장도감大藏都監과 분사도감分司都監을 두어 현재 전하는 팔만대장경판을 제작하였다.

이 내용은 현재 세계에서 가장 정확하고 가장 오래된 것으로 산스크리트어에서 한역된 불교대장경의 원본과 같은 역할을 하고 있다. 수기스님 등이 초조대장경과 송나라 대장경, 그리고 거란 대장경의 내용을 비교하면서 철저하게 교정하여 가장 완벽한 대장경으로 만들었다는 평을 받고 있다.

이것이 현재 전하고 있는 고려 팔만대장경팡이다. 경판은 8만 1,258판으로 경남 합천의 해인사에 보관되어 있다. 그 외 1098년부터 1958년까지 불교 역사, 불교 계율, 불교 연구논문, 고승의 문집, 계율판, 불교 판화 등 5,987판이 제경판으로 2007년 6월에 유네스코는 '세계기록유산'으로 등재하였다.

경판고 안에 5층의 판가板架를 설치하여 보관하고 있는데, 판가는 천지현황天地玄黃 등의 천자문千字文의 순서로 함函의 호수를 정하여 분류 · 배치하고, 권차卷次와 정수丁數의 순으로 가장架藏하였다. 경판의 크기는 세로 24cm 내외, 가로 69.6cm 내외, 두께 2.6~3.9cm로 양끝에 나무를 끼어 판목의 균제均齊를 지니게 하였고, 네 모서리에는 구리판을 붙이고, 전면에는 얇게 칠을 하였다. 판목은 대부분 우리나라 남해안지역에서 쉽게 구할 수 있는 산벚나무와 돌배나무를 썼고, 무게는 3~4kg 가량으로 현재도 보존상태가 좋은 편이다. 천지天地의 계선만 있고, 각 행의 계선은 없이 한쪽 길이 1.8mm의 글자가 23행, 각 행에 14자씩 새겨 있는데, 그 글씨가 늠름하고 정교하여 고려시대 판각의 우수함을 보여주고 있다. 처음에는 강화 서문江華西門 밖 대장경판고에 두었고, 그 후 강화의 선원사禪源寺로 옮겼다가 1398년(태조 7)에 다시 현재의 위치로 옮겼다. 2001년에는 세계기록유산으로 등재되기도 하였다.

이외에도 고려사람들이 만든 금속활자로 만들어낸 책으로 남겨진 것이 1377년 간행된 《백운화상초록불조직지심체절요》다. 프랑스 사람들이 가져갔고 얼마 전 반환 논란을 일으킨 이 책을 우리는 보통 《직지심경》으로 줄여 말한다. 이 책은 우리나라의 《용재총화》나 《동국이상국집東國李相國集》과 같은 책에 나타나는 '12세기 말, 13세기 초의 금속활자 발명'에 대한 설을 실재화시켜 준 귀중한 문화재이다.

3. 동의보감(東醫寶鑑, 보물 제1085호)

선조30년(1597) 어의御醫 허준(1546-1615)이 임금의 명을 받아 만든 한의학의 백과사전류이다. 이 책은 기존의 중국과 조선의 의서醫書를 근간으로 하면서, 조선인의 체질과 조선에서 구하기 쉬운 약재를 우선 활용할 수 있도록 만든 의학서이다. 그리고 19세기까지는 유래가 없었던 예방의학과 국가적으로 이루어지는 공공 보건정책에 대한 관념을 세계 최초로 구책했다는 평가를 받고 있다.

책은 총 25권 25책으로 이루어져 있으며, 모두 23편으로 내과학인 〈내경편〉 〈외경편〉 4편, 유행병 · 곽란 · 부인병 · 소아병 관계의 〈자편〉 11편, 〈탕액편〉 3편, 〈침구편〉 1편과 이외에 목록 2편으로 되어 있다. 각 병마다 처방을 각기 풀이하여 넣은 체계적인 의학서로 인정받고 있다. 광해군3년(1611)에 완성하여 1613년에 금속활자를 활용해 간행하였다. 이 책은 중국과 일본에도 소개되었으며, 2009년에는 세계기록문화유산으로 등재되었다.

4. 5 · 18 민주화운동 기록물

5 · 18 민주화운동 기록물은 1980년 5월 18~27일까지 전라남도 및 광주지역의 시민들이 벌린 민주화운동의 발발과 진압, 그리고 이후의 진상 규명과 보상 등의 과정과 관련해 정부, 국회, 시민, 단체 그리고 미국 정부 등에서 생산한 방대한 자료를 포함하고 있는 기록물이다.

우리나라의 민주화는 물론 필리핀, 태국, 베트남 등 아시아 여러 나라의 민주화운동에 커다란 영향을 주었으며 민주화 과정에서 실시한 진상규명 및 피해자 대상 보상 사례도 여러 나라에 좋은 선례가 되었다는 점이 높이 평가 받았다. 세계의 학자들은 5 · 18 민주화운동을 '전환기의 정의Transitional Justice'라는 과거 청산에서 가장 모범이 되는 사례라고 말한다. 남미나 남아공 등지에서 발생한 국가폭력과 반인륜적 범죄행위에 대해 과거청산작업이 단편적으로 이루어진 반면, 광주에서는 '진상 규명', '책임자 처벌', '명예 회복', '피해 보상', '기념 사업'의 5대 원칙이 모두 관철되었다.

세계기록유산에 등재된 5·18 민주화운동 기록물은 3 종류로 대별된다.

첫째, 공공기관이 생산한 문서이다. 여기에는 중앙정부의 행정 문서, 군 사법기관의 수사·재판 기록 등이 포함되어 있다. 이것들은 당시 국가체제의 성격을 드러내는 매우 중요한 자료이다. 사건 당시와 그 후 현장 공무원들에 의해 기록된 상황일지 등의 자료 등이 있으며, 이후 피해자들에 대한 각종 보상 관련 서류 등이 포함되는데 이것들을 통해 당시의 피해 상황을 어느 정도 짐작해 볼 수 있다.

둘째, 5·18 민주화운동기간에 단체들이 작성한 문건과 개인이 작성한 일기, 기자들이 작성한 취재수첩 등이다. 각종 성명서, 선언문, 대자보, 일기장과 취재수첩을 포함하고 있으며, 그 중에서도 사진 기자들과 외국 특파원들이 촬영한 사진들은 외부와의 통신이 단절된 상황에서 광주의 상황을 생생하게 전해주고 있다. 또한 피해자들에 대한 구술 증언 테이프 등도 포함된다.

셋째, 1980년 5·18 민주화운동이 종료된 후 군사정부 하에서 진상규명과 관련자들의 명예회복을 위해 국회와 법원 등에서 생산된 자료와 주한미국대사관이 미국 국무성과 국방부 사이에 오고 간 전문이다.

5·18 민주화운동 기록물은 다음과 같이 총 9주제로 구분되어 있고, 기록문서철 4,271권, 858,900여 페이지, 네거티브 필름 2,017컷, 사진 1,733점 등이다.

① 국가기관이 생산한 5·18 민주화운동 자료(국가기록원, 광주광역시 소장)

② 군사법기관 재판자료, 김대중 내란음모 사건자료(육군본부 소장)

③ 시민들이 생산한 성명서, 선언문, 취재수첩, 일기(광주광역시 소장)

④ 흑백필름, 사진(광주광역시, 5·18 기념재단 소장)

⑤ 시민들의 기록과 증언(5·18 기념재단 소장)

⑥ 피해자들의 병원치료기록(광주광역시 소장)

⑦ 국회의 5 · 18 민주화운동 진상규명회의록(국회도서관 소장)

⑧ 국가의 피해자 보상자료(광주광역시 소장)

⑨ 미국의 5 · 18 관련 비밀해제 문서(미국 국무성, 국방부 소장)

5 · 18 민주화운동 기록물은 2011년 5월 유네스코 세계기록유산으로 등록되었다.

참고문헌 및 참고사이트 Reference

김동욱 · 김종섭(1997). 『종묘와 사직』, 대원사.

문화유산해설 기초이론 연구(2011). 명지대학교 산학협력단, 문화재청.

문화재청 www.cha.go.kr

박희주 · 박석희(2002). 종묘방문자들의 관광자원해설 효과분석, 공원휴양학회지 4(2) : 120-129.

박희주(2009). 「관광자원해설서」, 삼양서관.

수원문화재단 www.swcf.or.kr

안동하회마을 www.hahoe.or.kr

양동마을 http://yangdong.invil.org

유네스코한국위원회 www.unesco.co.kr

창덕궁 www.cdg.go.kr

제9장

한국의 대표적 자연자원 소개[1]와 표준해설

제1절 한국의 대표적 자연자원

관광자원으로서의 자연경관은 관광객에게 관광동기를 이끌어내는 매력요인을 지니고 있다. 관광객들을 자연관광지로 이끄는 매력요인으로 자연적 아름다움Natural Beauty, 신비성Mystery, 독특함Uniqueness, 조화로움Harmony, 신기성Novelty, 규모Scale, 차별성Diversity, 다양성Variation 등과 함께 장소성Site, 사건성Event 등을 들 수 있으며, 조성측면의 요인으로는 이해 용이성Easy Comprehensibility, 환경에 기초한 내면적 만족 추구Internal Satisfaction, 독창적 보호Creative Conservation 등을 매력요인으로 들 수 있다.

---

1) 유산에 관한 소개내용은 박희주(2009) 「관광자원해설서」와 유네스코한국위원회 및 제주지질공원, 국립공원관리공단, 람사르협회, 우포늪 사이버생태공원, 순천만 자연생태공원 등의 각 홈페이지의 소개 글을 참조하였음.

제주도

(1) 세계자연유산, 제주 화산섬과 용암동굴

제주도는 약 180만년 전부터 일어난 화산활동에 의해 만들어진 곳으로 신생대 제4기의 젊은 화산섬이다. 2007년 6월 제31차 세계유산위원회에서 제주의 '한라산, 성산일출봉, 거문오름용암동굴계'는 유네스코에 의해 세계자연유산으로 등재되었다. 그 외에도 2010년 10월 UNESCO 선정 '세계지질공원'으로 인증받았으며, 2011년 11월에 스위스 뉴세븐원더스 재단주관의 '세계 7대 자연경관'으로 선정되었다.

제주도에서 가장 높은 곳은 1,950m의 한라산이며 남한에서 가장 높은 산이기도 하다. 한라산은 지질학적으로는 순상(방패모양) 화산체로 한라산 조면암과 현무암 등으로 이루어져 있으며, 식생분포가 다양해 1966년 천연기념물 제182호인 한라산천연보호구역으로 지정·보호되고 있다. 1970년 국립공원으로 지정되었으며, 2002년 12월에는 'UNESCO 생물권보전지역'으로 지정되었다.

제주는 전체가 화산에 의해 형성된 곳으로, 다양한 형태와 종류의 용암동굴과 360여개에 이르는 단성화산체(오름)를 가지고 있다. 오름 중 특히 성산일출봉은 약 12만년에서 5만년 전에 얕은 수심의 해저에서 화산분출에 의해 형성된 곳으로 해안을 접하고 있는 수성화산체이다. 높이는 179m이며 제주도 서귀포시 동쪽 해안에 위치하고 있다. 하늘에서 바라보면 왕관의 모습을 하고 있으며, 특히 바다를 접하고 있어 경관이 뛰어나고 초원을 이루고 있는 오름의 기형이 탁월해 많은 관광객의 방문을 받고 있다. 특히 이곳은 '일출봉'이라는 이름에서 알 수 있듯이 해돋이 시각의 아름다움이 빼어나 매년 12월 31일 저녁부터 시작되어 새해 1월 1일 해돋이까지 이어지는 '성산일출봉 해돋이 축제'가 성황을 이루고 있다.

거문오름용암동굴계는 10만~30만년 전 거문오름에서 분출된 용암으로부터 만들어진 용암동굴들이며 이들 중 벵뒤굴, 만장굴, 김녕굴, 용천동굴, 그리고 당처물동굴이 세계자연유산으로 등재되었다. 이들의 특징을 살펴보면, 길이 면에서는 만장굴이 가장 길고, 규모에 있어서는 만장굴과 함께 김녕굴의 수준이 세계적이라 할 수 있다. 그리고 동굴의 구조에 있어서 벵뒤굴은 세계적인 미로형 동굴로 매우 복잡하고 여러 갈래로 갈라진 통로를 가지고 있다. 제주도가 보유하고 있는 동굴은 이뿐 아니라 해안 저지대에 위치한 용천동굴이나 당처물동굴 등도 특이한 동굴로 알려져 있는데, 이들은 용암동굴이기는 하나 석회질 동굴 생성물이 성장하고 있어 종유관, 종유석, 석순, 석주, 동굴산호 등이 발견되는 세계적으로 특이한 형태의 동굴이다.

(2) 한라산, 천연기념물 제182호

우리나라 3대 영산靈山 중의 하나인 한라산은 한반도의 최남단에 위치하고 있으며, 해발 1,950m로 남한에서 가장 높다. 또 다양한 식생 분포를 이뤄 학술적 가치가 매우 높고 동·식물의 보고寶庫로서, 1966년 10월 12일 천연기념물로 지정되어 보호되고 있다.

총면적은 153.332㎢ 이며, 제주시와 서귀포시에 걸쳐 있다. 용도지구별로는 공원자연보존지구, 공원자연환경지구, 천연보호구역으로 나뉜다. 시설로는 9개의 탐방로를 가지고 있으며 1개의 야영장 그리고 기타의 편의시설과 안전시설을 가지고 있다.

신생대 제4기의 젊은 화산섬인 한라산은 지금으로부터 2만 5천년 전까지 화산분화 활동하였으며, 한라산 주변에는 360여 개의 '오름'들이 분포되어 있어 특이한 경관을 창출하고 있다. 또한 섬 중앙에 우뚝 솟은 한라산의 웅장한 자태는 자애로우면서도 강인한 기상을 가슴에 품고 있는 듯하다.

최정상에 있는 백록담은 210,230㎡ 크기의 분화구면적을 가지고 있으며 담수면적은 11,460㎡이다. 백록담과 함께 철따라 어김없이 바뀌는 형형색색形形色色의 자연경관은 찾는 이로 하여금 절로 탄성을 자아내게 하는 명산으로, 1970

년 3월 24일 국립공원으로 지정되었고, 2002년 12월에는 'UNESCO 생물권 보전지역'으로 지정되었다.

생물권보전지역은 유네스코 인간과 생물권 계획MAB에 따라 생물다양성 보전과 자연자원의 지속가능한 이용을 결합시킨 육지 및 연안(해양생태계) 지역을 말한다. 생물권 보전지역은 2011년 현재 109개국 564곳이 지정되어 있으며, 우리나라는 설악산(1982년), 제주도(2002년), 신안 다도해(2009년), 광릉숲(2010년)이 포함되어 있다.

제주도 생물권보전지역은 섬 중앙에 위치한 한라산 국립공원과 천연기념물(천연보호구역)로 지정된 2개의 하천(영천과 효돈천), 3개의 부속섬(문섬, 섶섬, 범섬)으로 이루어져 있다.

생물권보전지역은 서로 연관되어 있는 3개의 지역을 핵심지역, 완충지역, 전이지역으로 구분하고 있다. 제주도 생물권보전지역의 핵심지역에는 고산성 관목림, 상록침엽수림과 낙엽활엽수림 및 난대상록활엽수림이 분포하며, 많은 멸종위기종과 고유종의 동식물이 서식하고 있다. 완충지대는 핵심지역을 둘러싸고 있으며, 국유림으로 「산지관리법」에 의한 보전산지로 지정되어 보호되고 있다.

(3) 세계지질공원 제주도

지질학적으로 뛰어난 가치를 지닌 자연유산지역을 보호하면서 이를 토대로 관광을 활성화하여 주민소득을 높이는 것을 목적으로 유네스코는 세계지질공원을 선정하고 있다. 2004년 유네스코와 유럽 지질공원망EGN의 협력으로 세계지질공원 네트워크가 설립되었으며, 전 세계 25개국 77개소(2011년 기준)가 세계지질공원 네트워크에 가입되어 있다. 제주도는 2010년 10월 유네스코 세계지질공원으로 인증되었다.

다양한 화산지형과 지질자원을 지니고 있는 제주는 섬 전체가 세계지질공원이다. 그 중에서 대표적인 지질명소는 섬 중앙에 위치한 제주의 상징인 한라산, 수성화산체의 대표적 연구지로 알려진 수월봉, 용암돔으로 대표되는 산방산, 제주 형성초기 수성화산활동의 역사를 간직한 용머리해안, 주상절리柱狀節理(화산폭발 때 용암이 식으로면서 부피가 줄어 수직으로 쪼개지면서 5~6각형의 기둥형태를 띠는 것)의 형태적 학습장인 대포동 주상절리대, 100만년 전 해양환경을 알려주는 서귀포 패류화석층, 퇴적층의 침식과 계곡 · 폭포의 형성과정을 전해주는 천지연폭포, 응회구의 대표적 지형이며 해뜨는 오름으로 알려진 성산일출봉, 거문오름용암동굴계 가운데 유일하게 체험할 수 있는 만장굴 등 9개 대표명소가 있다.

제2절 람사르 등재 습지

1. 람사르 협약

물새 서식지로서 특히 국제적으로 중요한 습지에 관한 협약
(Convention on Wetlands of International Importance especially as Waterfowl Habitat)
출처 : 창녕, 우포늪 사이버생태공원

생태학적으로 습지에 의존하는 조류 람사르협약은 자연자원과 서식지의 보전 및 현명한 이용에 관한 최초의 국제협약으로서 습지자원의 보전 및 현명한 이용을 위한 기본방향을 제시한다. 이 협약의 정식명칭은 "물새 서식지로서 국제적으로 중요한 습지에 관한 협약(The Convention On Wetlands Of International Importance Especially As Waterfowl Habitat)"으로 1971년 2월 2일 이란의 람사르

Ramsar에서 채택되었고, 물새 서식 습지대를 국제적으로 보호하기 위한 것으로 75년 12월에 발효되었다. 1997년 7월 28일 우리나라는 101번째로 이 협약에 가입을 했고, 현재(2008년 10월)까지 158개국, 1,782개소의 습지가 리스트에 올라 있다. 협약 가입 때 1곳 이상의 습지를 람사르 습지 목록에 등재하도록 하고 있는데 우리나라는 강원도 인제군 대암산 용늪이 첫 번째로 등록되었고, 두 번째 등록 습지로 경남 창녕군 우포늪이 등재되어있다.

람사르 협약이 언급하는 습지는 자연적이거나 인공적이거나 영구적이거나 일시적이거나, 또는 물이 정체하고 있거나 흐르고 있거나, 담수이거나 기수이거나 함수이거나 관계없이 소택지, 늪지대, 이탄지역 또는 수역을 말하고, 이에는 간조시에 수심이 6미터를 넘지 않는 해역을 포함한다.

1) 협약의 목적

이 협약의 목적은, 습지는 경제적, 문화적, 과학적 및 여가적으로 큰 가치를 가진 자원이며, 이의 손실은 회복될 수 없다는 인식 하에 현재와 미래에 있어서 습지의 점진적 침식과 손실을 막는 것이다.

2) 람사르 습지 선정기준

특이한 생물지리학적 특성을 가졌거나 희귀동식물종의 서식지이거나 또는 특히 물새서식지로서의 중요성을 가진 습지가 선정대상이 된다.

(1) 제1범주 : 대표적 또는 특이한 습지에 관한 기준

- 특정의 생물지리학적인 지역의 특성을 잘 나타내고 있는 자연 또는 그것에 가까운 상태의 습지이다.
- 주요 하천 또는 유역으로 자연 기능에 있어서 수문학적 생물학적 생태학적으로 중요한 역할을 하고, 특히 국경 부근에 위치한 습지이다.

- 특정의 생물지리학적 지역에서, 특히 희귀하거나 특이한 전형적 형태를 가진 습지 등이다.

(2) 제2범주 : 동식물에 근거한 일반적 범주

- 희귀 취약 또는 생존력이 약하여 멸종 위험이 있는 동식물종 또는 아종이 집단으로 서식하거나 이들 종의 개체 수가 상당수 서식하고 있는 습지이다.
- 동식물 종의 특징 때문에 그 지역이 유전적 생태적 다양성을 유지하는데 있어서 특별한 가치가 있는 습지이다.
- 지역 고유의 동식물 종 또는 군집 서식지로 특별한 가치를 지닌 습지 등이다.

(3) 제3범주 : 물새에 근거한 특별한 범주

- 20,000마리 이상의 물새가 정기적으로 서식하는 습지이다.
- 어느 물새의 종 또는 아종의 전체가 전세계 서식수의 1% 이상이 정기적으로 서식하고 있는 습지이다.

2. 창녕 우포(牛浦)늪

경상남도 창녕군 유어면 대대리 · 세진리, 이방면 안리, 대합면 주매리 일원에 있는 있으며 낙동강의 배후 습지이다. 낙동강 지류인 토평천 유역에 1억 4,000만년 전 한반도가 생성될 시기에 만들어졌다. 담수면적 2.3㎢, 가로 2.5㎞, 세로 1.6㎞로 국내 최대의 자연 늪지다. 1997년 7월 26일 생태계 보전지역 가운데 생태계 특별보호구역으로 지정되었다.

이곳은 자연생태계 보전지역으로 1998년 8월에는 '람사협약'에 의하여 국제적으로 보전되어야 할 습지로 지정되었다. 우포늪은 국제적으로 보호되는 국내 최대의 자연 늪이다. 끝이 보이지 않을 정도로 광활한 늪지에는 수많은 물

풀들과 어류, 곤충, 조류들이 서식하는 곳이다.

우포늪(1.3㎢), 목포늪(53만㎡), 사지포(36만㎡), 쪽지벌(14만㎡) 4개 늪으로 이루어져 있으며, 1997년 342종의 동·식물이 조사·보고되었다. '생태계의 고문서', '살아 있는 자연사박물관'이라 불리는 우포늪은 우리나라 최대의 자연 늪지다. 1억 4,000만년 전 공룡이 살았던 중생대 백악기에 해수면이 급격히 상승하고 낙동강 유역의 지반이 내려앉으면서 강물이 흘러들어 늪지와 자연호수들이 생겨나면서 우포늪이 생성되기 시작했다. 당시의 것으로 추정되는 공룡 발자국 화석이 우포늪 인근 유어면 세진리에서 발견되기도 했다. 옛날부터 인근 주민들이 소를 풀어 키우던 곳이라 해서 우포牛浦라 불리기 시작했으며, 무분별한 개발과 농경지 확장으로 인해 가항늪, 팔랑늪, 학암벌 등 10여 개의 늪이 사라졌고, 1960년대까지만 해도 백조 도래지로 유명했으나 지금은 더 이상 날아오지 않는다.

식물은 야생 동·식물로 지정된 가시연꽃을 비롯하여 생이가래, 부들, 줄, 갈대, 골풀 등 400여종이고, 조류는 논병아리, 쇄백로, 중대백로, 왜가리, 큰고니, 청둥오리 등 62종에 이른다. 어류와 수서곤충류도 뱀장어, 피라미, 잉어, 붕어, 메기, 가물치 등 28종과 연못하루살이, 왕잠자리, 장구애비, 소금쟁이 등 55종, 너구리 등 포유류 12종과 파충류 7종, 양서류 5종, 패각류인 물달팽이 5종 등이 어머니의 품인 늪 속에 살고 있다.

특히 조류의 경우에는 천연기념물인 황새, 흑두루미, 고니, 개리, 노랑부리저어새, 흰꼬리수리, 물수리, 황조롱이, 잿빛개구리매 등과 매년 5천여 개체가 겨울을 나는 기러기류를 탐조하는 것은 과히 장관이다. 물속 식물인 부들, 창포, 갈대, 줄, 올방개, 붕어마름, 벗풀, 연꽃 등이 무더기로 자라고 있다. 늪에 반쯤 밑둥이를 담그고 있는 왕버들 군락과 많은 종류의 나무들이 '원시'의 분위기를 자아낸다. 개발이란 미명아래 국내 많은 늪은 사라지고 이제 늪의 모습을 제대로 갖추고 있는 곳은 국내 한 곳인 바로 우포늪 뿐이다.

우포늪은 사진작가들의 출사지로도 유명하다. 물안개가 낀 우포늪의 새벽풍경에 대한 사진작가들의 애정은 각별하다.

- 우포늪 : 경상남도 창녕군 유어면 대대리, 세진리 일원(1,278,285㎡)
- 목포늪 : 경상남도 창녕군 이방면 안리 일원(530,284㎡)
- 사지포 : 경상남도 창녕군 대합면 주매리 일원(364,731㎡)
- 쪽지벌 : 경상남도 창녕군 이방면 옥천리 일원(139,626㎡)
- 좌표 : 35°33′N, 128°25′E

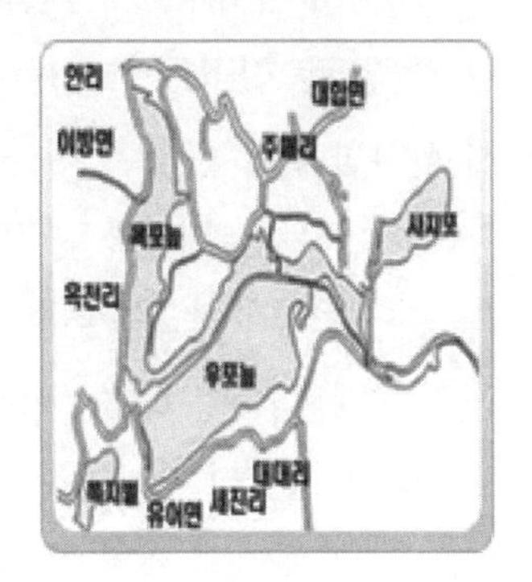

3. 순천만 갈대숲

순천만은 여수반도와 고흥반도를 양 옆에 끼고 깊숙이 만입되어 있으며 바다에는 장도, 대여자도, 소여자도 등이 있다. 이들은 각각 독립된 생태계를 이루어 생태계의 다양성과 생물서식지의 다양성이 나타나는 곳이다. 특히 갈대와 갯벌을 통한 하천수의 정화가 이루어지고 주변에 공업단지가 없어서 자연 그대로의 모습을 지키고 있다.

39.8㎞의 해안선에 둘러싸인 순천만은 21.6㎢의 갯벌, 5.4㎢의 갈대밭 등 27㎢의 하구 염습지와 갯벌로 이루어진 순천만 일대에 갈대밭만 무성한 게 아니다. 멀리서 보면 갈대밭 일색이지만, 가까이 다가가 보면 물억새, 쑥부쟁이 등이 곳곳마다 크고 작은 무리를 이루어 자리잡고 있다.

하천주변을 중심으로 사초, 갈새, 억새들이 자생군락을 이루고 있으며, 염습지 식물의 일종이며 새들의 먹이가 되는 칠면초가 군락을 이루고 있다. 특히 넓은 갈대 군락은 새들에게 은신처, 먹이를 제공하고 주변의 논 역시 새들의 먹이 채식지가 되어주고 있다.

교량동과 대대동, 해룡면의 중흥리, 해창리 선학리 등에 걸쳐 있는 순천만 갈대밭의 총 면적은 약 30만 평에 달한다. 순천 시내를 관통하는 동천과 순천시 상사면에서 흘러 온 이사천의 합수 지점부터 하구에 이르는 3㎞쯤의 물길 양 쪽이 모두 갈대밭으로 뒤덮여 있다. 갈대 군락지로는 국내 최대 규모라고 하는데, 갈대의 북슬북슬한 씨앗 뭉치가 햇살의 기운에 따라 은빛 잿빛 금빛 등으로 채색되는 모습이 아주 장관이다.

이렇게 안정된 생태계를 이루고 있는 순천만에는 국제보호조인 흑두루미, 검은머리갈매기가 세계 전 개체의 약 1% 이상이 서식하고 있을 뿐 아니라 재두루미가 발견되고 있다. 그리고 하구의 갈대밭 저편에는 불그스레한 칠면초 군락지도 들어서 있다. 또한 이곳은 흑두루미, 재두루미, 황새, 저어새, 검은머리물떼새 등 국제적인 희귀조이거나 천연기념물로 지정된 11종이 날아드는 곳으로 전세계 습지 가운데 희귀조류가 가장 많은 지역으로 알려져 있다.

그 외에도 저어새, 황새의 발견기록이 있으며 혹부리오리가 세계 전 개체의 약 18%가 서식하고 있으며, 민물도요는 세계 전 개체의 약 7%가 서식하고 있다.

일반적으로 조류潮流로 운반되는 모래나 점토의 미세입자가 파도가 잔잔한 해역에 오랫동안 쌓여 생기는 평탄한 지형을 말한다. 이러한 지역은 만조 때에는 물속에 잠기나 간조 때에는 공기 중에 노출되는 것이 특징이며 퇴적물질이 운반되어 점점 쌓이게 된다.

한국 서해안의 조차는 해안선의 출입이 심하고, 긴 만灣이라는 지형적 특성에 의해 조수간만의 차가 매우 크다. 총 갯벌 면적의 83%가 서해안 지역에 분포하며 캐나다 동부 해안, 미국 동부 해안과 북해 연안, 아마존강 유역과 더불어 세계의 5대 갯벌로 꼽힌다.

습지는 지구상에서 가장 생산적인 생명부양의 생태계이며 습지의 보호는 생물학적, 수리학적, 그리고 경제적 이유에서도 매우 중요하다. 그럼에도 불구하고 지구상의 많은 지역에서는 관개와 매립, 오염 등으로 습지가 훼손되고 있는 실정이다. 최근 갯벌은 하천과 해수의 정화, 홍수조절, 생태적 가치 등이 밝혀지면서 보전운동이 일어나고 있다.

이와 같은 습지 보전운동의 결과 순천만은 2006년 1월 20일에 연안습지로는 전국 최초로 람사협약에 등록되었다.

4. 철원 철새도래지, 천연기념물 245호

철원 철새 도래지는 러시아, 중국, 일본 등 철새들의 이동통로 중간에 위치하고 있는 국제적인 철새 도래지이며, 우리나라 내륙의 대표적인 겨울철새 도래지이다.

철새는 계절에 따라서 번식지와 겨울을 지내기 위한 지역으로 이동하는 새를 말한다. 북쪽에서 번식을 하고 겨울에 우리나라로 오는 새를 겨울새라 하고, 봄에 남쪽에서 날아와 번식하고 가을에 다시 남쪽으로 가는 새를 여름새라 한다. 이외에도 나그네새와 떠돌이새가 있다. 우리나라의 대표적 철새로는 뻐꾸기 · 백로 · 파랑새 등의 여름새와, 기러기 · 독수리 · 두루미 · 부엉이 등의 겨울새가 있다. 철원 천통리 철새 도래지는 철원평야 가운데 있으며, 겨울에는 땅속에서 따뜻한 물이 흘러나와 얼지 않기 때문에 철새들이 물과 먹이를 쉽게 구할 수 있는 좋은 조건을 갖추고 있다. 이곳에는 9월 중순~10월 중순부터 두루미 · 재두루미 · 기러기 등 많은 겨울철새들이 시베리아로부터 내려와 겨울을 나고, 일본 등의 따뜻한 지방으로 가는 많은 겨울철새들이 쉬어가기도 한다. 겨울철에는 독수리와 같은 수리류도 볼 수 있으며, 두루미 · 재두루미 등의 귀한 새들이 와서 겨울을 지내고 일본에서 겨울을 보내는 재두루미와 흑두루미들도 이곳을 거쳐 북쪽으로 간다. 철원 천통리 철새 도래지는 러시아 · 중국 · 일본 등의 중간에 위치하고 있는 국제적인 철새 도래지로서 매우 중요할 뿐만 아니라, 우리나라 내륙의 겨울철새 도래지를 대표하는 지역이므로 천연기념물로 지정하여 보호하고 있다.

특히 철원은 우리나라 비무장지대를 접한 곳 중에서 가장 넓은 지역으로, 민통선 안에서는 벼농사를 짓는다. 휴전선 근처의 철원평야에서는 농부들이 일하는 시간이 제한되어 있어서 일정시간에 모두 논을 떠나 민가로 이동해야 하는 제한이 있다. 그래서 농부들은 시간에 쫓겨 벼 낟알이 많이 떨어져 있어서 줍거나 치울 시간이 부족하다. 이런 벼농사를 하다보니 새들의 먹잇감이 풍부한 곳이라 할 수 있겠다. 그리고 철원평야 근처는 한국전쟁 후 비무장지대에 속해 있어 40~50년간 인간의 손이 미치지 않아 자연 그대로의 환경을 간직하고 있다.

게다가 철원평야는 27만년 전 평야 북쪽에 자리한 평강의 오리산에서 분출된 현무암 용암지대로, 한겨울에도 미지근한 온수가 나와 날이 추워도 물이 얼지 않기에 철원평야의 풍부한 먹이 외에도 새들이 살 수 있는 좋은 조건을 갖추고 있다.

제3절 표준해설, 수원 화성을 대상으로[2)]

해설의 진행은 시간적 흐름을 기준으로 3단계로 나눌 수 있으며 각 단계별로 해설 진행요령은 아래와 같이 정리할 수 있습니다.

Ⅰ. 첫 단계인 '첫인사하기'에서 첫인사를 위한 행동요령은 다음과 같다.

① 해설자는 해설 시작시간보다 10분 정도 일찍 도착해 해설프로그램 참여의사를 지닌 참가 희망자들과의 교감을 높인다.

② 해설의 시작은 정시에 시작한다.

③ 해설의 시작을 알리고 모두와 시선을 교환하며 교감한다.

---

2) 경기도 문화관광해설사 2012년도 신규 교육교재의 내용임.

④ 본격적인 해설을 시작하면서 해설자는 오늘 해설의 주제와 내용의 간략 소개, 동선과 동선 내 편의시설 안내, 해설대상지 내에서의 주의 사항을 전달한다.

인사드리겠습니다. 안녕하세요? 저는 오늘 여러분들에게 수원 화성의 역사는 물론 다양한 아름다움을 전해드릴 경기도 문화관광해설사 ○○○입니다. 이렇게 화창한 봄날 여러분과 함께 수원화성을 둘러볼 수 있게 되어 굉장히 행복합니다.

우선 예약을 하고 오는 분들이 있어서 확인하겠습니다. ○○○님, 오셨습니까? 예, 감사합니다. ○○○님, 오셨습니까? 예, 반갑습니다.

이제 저는 여러분들과 말씀드렸던 수원 화성을 둘러보기 위해 출발할 텐데요, 출발에 앞서 제가 오늘 하고자 하는 이야기의 중심과 이동경로, 그리고 이동경로 상에 있는 화장실, 음료대, 휴식처가 어디인지 알려드리도록 하겠습니다.

오늘 우리는 이곳 수원화성을 둘러보며 "정조대왕은 수원에서 건강한 조선의 미래를 꿈꿨다"라는 주제를 가지고 둘러보고 생각해 보고 싶습니다. 건강하고 행복한 조선의 미래를 꿈꾼 정조대왕의 뜻을 읽기 위한 우리의 이동경로는 화성행궁에서 출발하여 서장대를 오르시고, 서장대에서 서문인 화서문을 거쳐 북문인 장안문, 그리고 장안문에서 다시 동장대가 있는 동문인 창룡문으로 가겠습니다. 그곳에서 간단한 체험을 하신 후 모든 해설을 마치도록 하겠습니다. 이렇게 이동하는 동안 화장실은 서장대를 오르기 전, 화서문 부근, 창룡문 부근에서 사용이 가능하십니다. 그리고 음료대가 많지 않으니 서장대로 오르는 길에서 물을 챙기시는 것이 좋을 듯합니다. 그리고 소요시간은 3시간이며 이동거리가 길고 마치는 곳이 이곳이 아니므로 차량이 있는 곳으로 개별적으로 돌아오셔야 한다는 것을 알려드립니다. 마지막으로 이동 중에는 산길을 걷는 부분이 있는 도보해설이어서 오래 걷기에 편할 수 있도록 가지고 계신 무거운 짐은 타고 오신 차량에 두고 가시는 것이 좋을 듯합니다.

Ⅱ. 두 번째 단계인 '본격적인 해설하기'에 있어서 요령은 이 단계가 본격적으로 대상을 확인하며 해설을 하게 되는 부분이므로 해설자는 다음과 같은 행동요령을 지닐 필요가 있다.

① 눈 맞춤을 통해 해설자의 의지와 관심, 집중을 유도하고 해설수용자와 의사소통을 시도하자.

② 눈에 보이는 시각적으로 현장에서 확인 할 수 있는 것 또는 사실을 확인할 수 있는 실제 있었던 이야기에서 시작하여 눈에 보이지 않는 유래, 사건, 시대사조, 감상과 평가 등을 함께 전달하고 나눈다.

③ 통계, 유사사례 등을 통해 쉬운 이해와 관심을 끌도록 한다.

④ 해설프로그램의 참여를 독려하는 가장 효과적인 방법은 쉬운 질문을 던지는 것이다.

⑤ 질문을 통해 상대의 수준과 관심 정도를 파악하여 적절한 수준의 관심분야에 해당하는 내용을 제공하자.

⑥ 해설 내용을 제공할 때 일상 속에서 확인할 수 있는, 예를 들어 해설프로그램에 참여하게 유도하고 만족도를 높일 수 있다.

⑦ 일방적인 대화가 아닌 쌍방향적 대화를 위해 노력하고 해설프로그램 참여자의 의견에 대한 청취가 필요하다.

⑧ 중간마다 인상적 표현이나 유머 등을 이용하여 분위기 전환과 청중의 주의를 집중시킨다.

⑨ 전문적인 내용이나 인용에 대해서는 출처와 근거를 제시하자.

⑩ 해설의 대상물에 대한 해설자의 애정과 해설 수용자에 대한 애정을 표정과 태도를 통해 표현하자.

⑪ 해설자는 다양하고 적절한 몸짓과 표정, 그리고 행동 등을 통해 정보의 이해를 도우려 노력하자.

이제 본격적인 해설을 시작하도록 하겠습니다. 우리가 모인 이곳은 정조대왕이 자신의 친부이신 사도세자의 묘소를 현재의 융릉인 당시의 현륭원을 건설하며 축조한 수원성의 행정과 정치, 그리고 군사적 중심공간으로 만든 화성행궁입니다.

행궁이라고 하니까 이곳도 궁인가 궁금하시죠?

예, 맞습니다. 이곳도 궁입니다. 임금님이 지방에 업무상 휴가차 행차를 하시거나 전쟁으로 인해 피하실 때, 또는 조상님의 능을 참배하러 가실 때 임시로 머무시는 곳입니다.

여러분! 여러분의 눈앞에 보이는 붉은 색의 네 개의 기둥으로 받혀져 있는 문이 보이시죠? 기둥이 네 개이니 몇 개의 기둥 사이의 면이 생기나요?

예, 맞습니다. 3개의 면이 생기죠. 바로 그 세 개의 면에 각각 문이 있는 삼문입니다. 바로 경복궁이나 종묘처럼 중요한 공간에서 출입문으로 사용하던 형태입니다.

… 중략 …

이제 우리는 정조대왕이 건강한 조선을 위해 군사적으로 무엇을, 어떻게 준비하셨는지를 확인하기 위해 서장대를 향해 이동하도록 하겠습니다. 서장대로 향하는 길 중간에는 아주 깨끗한 약수터가 있어 여러분의 갈증도 풀어드리고 빈 물통도 채워드릴 겁니다. 그리고 우리는 약수터를 지나 서장대를 향해 계속 올라갈 텐데 길이 가파르고 힘들 수 있으니 천천히 오르도록 하겠습니다. 주변에 꽃도 보시고 천천히 도심 속 자연림도 경험하시며 오르겠습니다. 그리고 꼭~~ 부탁드릴 것은 함께 하시는 모든 분이 저보다 앞으로 나아가지 마시고 모두 모두 함께 이동하겠습니다. 부탁드려요.

자! 이동입니다. 출발~~~~~~~~

Ⅲ. 세 번째 단계인 '끝인사하기'는 본격적인 해설을 마치고 나서 해설프로그램을 정리하는 단계이다. 인상 깊은 마무리와 전체 해설프로그램에 대한 좋은 평가를 얻기 위해 다음과 같은 자세와 태도를 취하는 것이 좋겠다.

① 내용 전반에 대한 간략한 정리를 제공한다.

② 주제를 재확인하여 해설의 중심을 잡아준다.
③ 질의응답을 통해 더 많은 정보나 추억을 만든다.
④ 해설프로그램 참여에 대한 감사인사를 전한다.
⑤ 재방문요청으로 대상지와의 지속적인 관계를 형성한다.

이곳까지 우리 모두 무사히 한 분의 낙오자 없이 행복하고도 즐거운 수원화성의 해설을 마칠 수 있도록 도와주셔서 감사합니다. 우리는 오늘 조선의 건강한 미래를 꿈꾸며 조성한 수원화성을 둘러보았습니다. 여러분이 꿈꾸시는 건강한 미래와 정조대왕이 꿈꾸셨던 건강한 조선에 대한 생각이 이곳 수원화성에서 함께 하는 좋은 시간이 되셨나요?

혹시 함께 하는 동안 궁금했던 사항이나 더 알고 싶은 이야기가 있으신가요?

… 질의 응답 …

더 많은 질문이나 궁금하신 점은 다음 기회에 함께 하도록 하겠습니다.

모두가 평안하기 위한 튼튼한 국방력, 그리고 모두가 행복하게 살도록 돕고자 하는 정조대왕의 애민정신, 더 편안히 살 수 있도록 하는 과학기술의 실현을 보여주는 이곳 수원화성에서 정조의 꿈, 건강한 조선의 꿈을 여러분들과 함께 나누었던 경기도 문화관광해설사 ㅇㅇㅇ였습니다. 모두 편안한 귀가되시고, 다음에는 또 다른 볼거리와 또 다른 행복한 이야기로 여러분들을 만나고 싶습니다. 그럼, 다음에 또 뵙겠습니다. 감사합니다.

관광현장에서 해설프로그램을 적절하게 제공하기 위해서는 먼저 착실하게 준비 된 시나리오와 현장에서의 현명하고도 친절한 서비스 태도가 필요합니다. 위의 표준안은 여러분의 해설활동에 대한 준비과정과 서비스 태도에 대한 학습에 도움이 되고자 하는 목적과 해설활동을 용이하게 시작하는데 도움이 되고자 하는 목적으로 간략히 구성되어 있습니다. 여러분의 해설활동에 작은 시작점으로 활용하시고 관광현장의 또 다른 관광자원인 해설사로 더 크게 성장하기 위한 노력을 경진해주시길 희망합니다.

참고문헌 및 참고사이트 Reference

경기도 문화관광해설사 교육교재(2012). 경기도 관광협회, 경기도.

국립공원관리공단 www.knps.or.kr

람사르협회 www.ramsar.org

북한산국립공원 http://bukhan.knps.or.kr

설악산국립공원 http://seorak.knps.or.kr

유네스코한국위원회 www.unesco.co.kr

제주세계지질공원 http://geopark.jeju.go.kr

제주특별자치도 관광정보 www.jejutour.go.kr

창녕, 우포늪 사이버생태공원 www.upo.or.kr

천연기념물센터 www.nhc.go.kr

순천만자연생태공원 www.suncheonbay.go.kr

한라산국립공원 www.hallasan.go.kr

제10장
현장 전달기술

관광자원해설사의 지각요인을 살펴보았을 때 해설사가 해설을 위해 준비하는 과정에 비해 현장에서 확인되는 부분이 더 잘 지각되고 있음은 해설사에 관해 이야기한 2장에서 언급하였다. 해설사가 교육적 기대효과를 지닌 교육매체이며 동시에 재미를 추구하는 오락매체로써 활약하기 위해 우리는 그동안 많은 해설사로서의 캐릭터 창조기법과 다양한 연기기법을 다루었다. 현장에서의 전달기술은 그간의 준비를 완성짓는 작품이다. 좋은 작품은 재료도 물론 훌륭해야 하지만 좋은 자리에 멋지게 올려놓는 것도 중요하다.

간혹 우리는 그 사람의 이야기가 옳고 훌륭하기는 하지만, 듣고 있는 것이 지루해서 또는 너무 고리타분해서 자세히 듣거나 오래 함께 이야기를 나누는 것이 어려울 때가 있다. 관광자원해설에 있어서도 전달하고자 하는 이야기의 내용과 그 의미, 가치를 잘 정리하고 전달을 위해 시나리오(원고)는 잘 써두었는데, 막상 현장에서 전달하는 동안에 듣는 사람들의 인내력을 시험하게 되는 경우이다. 내용과 의미를 전달하는 현장의 전달기술을 배우고 연습해 둔다면 해설을 비롯한 일상 속의 커뮤니케이터로써 자신의 의견을 피력하거나 상대를 설득하는데도 많은 도움을 줄 수 있다.

관광자원해설의 모든 부분이 준비와 연습이 필요하지만, 특히 그 중 현장의 전달기술은 타인에게 보여주고 타인의 평가를 받는 부분으로 가장 연습하는 과정이 반복되어야 좋아지는 부분이다. 그럼 이제 우리는 좋은 스토리텔러, 현장에서 부드럽고 좋은 사람, 함께 하는 것이 편안하고 지혜로운 해설사가 되기 위해 몇 가지를 부문별로 확인해보자.

제1절 관광자원해설의 커뮤니케이션

많은 관광지에서 해설서비스를 제공 하는 이유는 무엇일까? 누구나 생각할 수 있듯이 그곳을 찾은 사람들이 오래 머물고, 바르게 이해하고, 평생을 통해 자주 그곳을 찾아주길 바라기 때문일 것이다. 관광지를 찾은 관광객에게 해설프로그램의 참여가 이런 제공자의 의도를 잘 살릴 수 있을까? 우리는 경험을 통해 이 의견에 동의한다. 혼자서 보는 것보다는 해설을 들으며 해설사가 지각시키는 다양한 것을 확인하며 경험하는 경우에 더 긴 시간을 필요로 하고 더 많은 것을 바르게 이해하도록 돕는다는 것을 알고 있다. 이런 경험은 통해 관광객은 대상지를 매력적인 선호되는 장소로 기억하고 자주 찾을 수 있다.

1. 관광자원해설의 커뮤니케이션 특성

관광자원해설의 성공을 위해서는 잘 준비된 시나리오와 더불어 현장의 전달기술이 조화를 이루어야 가능한 일이다. 함께 대화를 나누며, 함께 경험하고 즐길 수 있도록 돕는 기술인 해설환경과 분위기 조성능력, 그리고 커뮤니케이션 기술이 필요하다.

이제 우리는 실제적인 커뮤니케이션 방법으로는 무엇이 있는지 해설프로그램이 지닌 대표적인 4가지 특성과 성공적 커뮤니케이션을 위해 각 특성의 내용을 살펴보자.

① 해설은 대부분 담화형식으로 이루어진다. 담화 행위를 중심으로 본다면 해설은 적절성, 명료성, 정확성, 지성적 성향, 유쾌함 등을 지녀야 한다(Bryan, 1995). 그리스Grice(1975)는 담화에 참여하는 사람들이 지켜야 할 원리로 대화의 양, 대화의 질, 대화자 간의 관계, 대화의 태도 등 네 가지에 대해 강조했다.

- 정보의 양은 대화를 이어갈 만큼의 정보이면 충분하다고 하였다. 필요 이상의 정보를 제공하는 일은 상대가 자신의 생각을 정리하고 대화를 시도하는 것을 방해하는 무의미한 것이 될 수 있다. 그리고 지나치게 많은 정보는 대상을 이해하기 어려운 대상으로 인식하게 하고 친근감을 감소시키는 것은 물론 대부분의 관광객은 그 많은 정보를 기억하지도 못한다.
- 대화의 질은 진정성과 진정성을 보여 줄 적절한 증거가 필요하다고 하였다(Grice, 1975). 관광자원해설사의 경우 해설사는 공식적으로 활동을 보장받고 활동에 필요한 능력이 인증된 사람이다. 그러나 관광자원해설사가 해설내용에 대한 증거 또는 출처를 제시할 수 있을 때 해설프로그램의 참여자들은 제공된 해설에 대한 신뢰도는 물론 해설사, 그리고 관리운영측에 대한 신뢰도도 높일 수 있다.
- 대화자 간의 관계이다. 관광자원해설사, 해설의 대상물, 해설프로그램 참여자 사이의 관계를 유지하기 위해서 해설사는 현재 현장에서 확인할 수 있거나 확인 가능한 대상과 연관되는 내용을 이야기해야 한다. 현재 있는 그 곳 또는 현재 지각할 수 있는 상황을 벗어난 이야기기가 길어지거나 확대 정도가 커지면 참여자는 이야기에 대한 이해와 집중을 방해받아 흥미를 잃게 된다.
- 대화의 태도는 발음이나 내용면에서 부정확한 표현을 피해야 하고, 여러 가지 의미로 해석할 수 있는 중의적인 표현을 피한 이해가 쉽고 적합한 단

어와 정돈된 문장을 구사하는 것이 필요하다. 그러나 해설서비스는 현장에서 상대의 반응과 함께 하는 라이브공연이다보니 이와 같은 규칙을 지킨다는 것은 대단히 어려운 일이나 이러한 규칙을 바탕으로 해설의 내용을 선정하고 그 내용의 전달형식을 미리 계획하고 연습하고 활용하는 것은 매우 가치 있는 일이다.

② 관광자원해설은 대부분 개인과 개인의 의사소통이 아닌 개인인 해설사와 집단의 참여자들과의 의사소통이다. 이런 경우 해설사가 지닌 감성적 정보를 전달하며 의도된 소통을 하는 것에 어려움이 있다. 이렇게 집단을 대상으로 하는 해설커뮤니케이션에서는 특히 해설사의 공적인 이미지, 해설 내용이 지닌 메시지, 해설사와 메시지 사이의 통일감, 주변의 해설 상황 등이 중요하다.

이 중 해설사의 공적인 이미지는 신뢰감과 호감을 줄 수 있는 요인으로 명찰, 단체복, 단정하고 호의적인 이미지를 확보하는 것이 중요하다. 또한 집단의 참여자들은 서로 다른 배경지식, 특성 그리고 이해력을 가지고 있어서 한 사람 한 사람의 관심과 이해수준을 맞추는 것이 어렵다. 이들은 같은 해설을 들으며 서로 다른 이해수준을 보이고 서로 다른 참여의 방식을 갖고 해설사와 해설대상을 제각각 자신이 이해하기 편리하도록 체계화한다. 그리고 단체의 경우 관광자원해설사를 통한 관계보다는 해설프로그램의 내용이나 메시지를 통한 관계설정이 쉬워서 참여자 스스로 해설내용 속 여러 사건과 이야기, 대상들을 역동적이고 복합적으로 이해하기도 하거나 전체를 단순하게 인과 관계로 이해하려는 경향이 있다(박영목, 1996).

이런 관광자원해설의 참여자가 집단이라는 특성은 해설사의 이미지, 그리고 해설의 메시지와 내용의 기획과 계획의 필요성을 강조하게 하는 것으로 성공적인 집단과의 의사소통을 위해서는 '참여자의 요구와 성향을 파악하고 이해하기, 참여자의 성향에 따라 다른 흥미와 관심거리를 알고 그에 맞는 해설의 분야, 내용, 지각요인 등을 마련하기, 참여자의 성향에 따른 해설사에게 요구하는 태도를 이해하고 대응하기' 등을 학습하고 훈련하는 것이 필요하다(박희주, 2006).

③ 해설서비스는 교육적 가치를 중시하는 관광행위이다.
교육教育이라고 하는 것은 지식과 기술 따위를 가르치며 인격을 길러주는 행위이다. 즉 자신의 여가시간을 활용해 삶의 질을 향상시키고자 찾은 관광지에서 교육적 가치를 추구하려는 해설은 두 마리 토끼, 교육Education과 여흥Entertainment이 공존할 수 있도록 계획하고 진행해야 한다.
교육을 위해서는 해설의 내용 속에 알찬 정보와 출처가 분명한 정보를 담고 제대로 알려야 한다. 그리고 여흥을 위해서는 즐거운 시간을 경험할 수 있도록 재미를 느끼고 대상을 향유할 수 있도록 감상의 능력, 평가의 능력, 궁극적으로는 자신이 받은 영감을 통해 창의적 활동이 가능하도록 도와야 한다.
칙센트 미하이Csikszentmihalyi(1988)는 여흥을 즐기기 위해서는 대상에 대해 이해하고 자신에게 적합한 방법으로 찾을 수 있는 기술력을 보유하고 있어야만 그 일에 집중하고 몰입하는 즐거움을 경험할 수 있다고 했다. 해설사는 해설프로그램을 통해 대상을 즐길 수 있는 안목과 즐기기 위한 기술을 전수하는 일을 기획하고 진행하여야 한다는 것을 지적했다고 할 수 있다.

④ 해설커뮤니케이션은 일반적인 커뮤니케이션과는 다르게 대화를 나누고 있는 서로간의 이야기가나 감정이 아닌 제3의 대상에 대한 이야기를 통해 서로 공통의 관심사를 찾고 관계를 만들어가는 과정이다. 일반적인 대화가 둘 이상의 대상이 서로에 대해 또는 상대와 관련된 사건의 의미

와 의견을 주고받으며 자신이 의도한 방향으로 상대를 이끄는 것과는 다른 특성을 지니고 있다. 해설사의 입장은 자기 자신의 이야기가 아닌 해설대상의 상태나 사건, 그 속에 녹아 있는 희로애락 등을 이야기하며 대상의 가치와 사랑스러움을 경험하도록 유도한다.

이렇게 직접적인 대화의 주체가 아닌 2차적 대화자인 관광자원해설사가 이야기를 전하고 감정을 전하고 있다. 이런 경우 대상의 감정을 해설사가 자신에게 감정이입하는 것이 어려워 수동적인 전달에 그치기 쉽다. 또는 감성이 아닌 정보를 중심적으로 전달하게 된다. 그러나 이렇게 감정을 전달해야 할 때, 관광자원해설사는 사건의 배경과 환경을 설명하고 참여자들과의 대화를 통해 참여형의 감성적 쌍방향 커뮤니케이션을 시도할 수 있다. 그 사건이나 인물에 대해 느껴지는 감정과 관심을 표현하며 알아갈 수 있다. 인간이 지닌 공통의 감성과 관심부분, 그리고 오늘의 해설참여자의 감성과 관심부분을 고유하는 기회가 된다.

2. 관광자원해설의 커뮤니케이션 기술

관광지에서 해설프로그램에 참여하는 이유는 무엇일까. 우리는 정보화시대를 거치며 서로 만나지 않아도 서로가 의도하는 바를 전달하고 설득이 가능한 정보를 손안에 갖게 되었다. 그런데 이런 시대에 더 많은 시간과 돈을 들여 관광지를 찾고 해설프로그램을 이용하는 이유는 무엇일까? 관광자원해설사와 함께 하는 동안 더 행복하기 때문에 그리고 더 쉽게 좋은 학습이 가능하기 때문은 아닐까? 해설이 적절하게 잘 준비되고 진행된 경우 해설프로그램을 통해 참여자는 정보를 학습해 대상에 대한 바른 가치관을 확립하는 교육적 효과를 얻는 것은 물론 활발한 커뮤니케이션을 통해 자아존중감도 높일 수 있다(McCracken, 1989). 해설사가 해설을 하며 몇 가지 주의하고 배려한다면 가능하다. 즉 발표를 유도한다거나 쉬운 질문을 활용해 더 많은 커뮤니케이션의 시도를 유도하는 일, 그리고 서로의 의견들을 스스로 정리하고 중의衆意를 모을 수 있도록 돕는 행위 등이 필요하다(최성애, 2000).

그리고 이것이 관광자원해설사가 명심해야 하는 커뮤니케이션의 목표일 것이다. 그리고 이렇게 찾아와서 관광자원해설을 듣는 사람들을 만족시키고, 관광자원해설을 듣지 않은 사람들과 차별화시킬 수 있는 관광자원해설을 위한 커뮤니케이션 기술에 대해 다음의 내용들을 확인하고 활용해보자.

① 공감하기

공감의 시작은 해설프로그램의 참여자에 대한 인정이다. 다음은 참여자의 이해 수준과 처해 있는 상황에 대해 해설사가 있는 그대로 인정하고 이해한다는 것을 보여주는 것이다. 참여자가 관광자원해설사가 인정하고 공감하고 있다는 것을 지각할 수 있도록 표현하는 것이 공감의 끝이다.

② 격려하기

해설에 참여자가 지각하여 표현한 내용 혹은 해설사의 질문에 대한 답변이 잘못된 경우 과장도 대수롭지 않다는 반응도 해서는 안 된다. 그 대신 지금의 상황이 무엇을 의미하는지를 객관적으로 분명하게 말한다. 그리고 참여자가 새로운 생각을 할 수 있도록 적절한 사고의 방향을 제시한다. 단, 실패의 경험이나 부정적인 예시를 해서는 안 된다.

③ 질문하기

질문은 해설프로그램에 있어서 매우 중요한 기술이다. 질문을 잘할 수 있다면 참여자의 수준을 확인하는 것은 물론 참여자의 관심을 유도하거나 유지하는 것이 가능하다. 질문의 유형과 질문을 하는 방식은 후반부의 관광자원해설을 생동감 넘치게 하는 기법의 자극적인 질문과 질문시 알아둘 점에서 자세히 다루어보자.

④ 영감주기

먼저 영감을 줄 수 있는 적당한 환경을 조성하고 관광자원해설사 자신이 일반적이고 상식적인 사고의 한계를 뛰어넘을 마음의 준비를 하라. 그리고 나서 새로운 생각, 새로운 이해의 한계를 넘은 이야기를 그림을 그려서 보여주는 자세로 생생하게 설명하자.

⑤ 호응하기

Reaction. 적절한 타이밍에 절묘한 맞장구를 쳐준다면 상대방은 기본 좋게 분위기에 호응하고 관광자원해설사에 대한 이미지를 긍정적으로 기억한다. 대표적인 호응의 방식으로는 다음과 같은 것을 활용할 수 있다.

- '맞아요'라고 응대하거나
- '그래서요?'라고 다음 이야기를 기대하고 있다는 의미의 대응
- '예~, 네, 네'라고 하는 이해했다는 대응
- '그러네요'라고 하는 동의와 찬성을 보이는 대응
- '역시! 아~, 아!'라고 하는 의견에 감탄했다는 대응
- 그게 무슨 의미(뜻)예요?라고 하는 보충 설명을 듣고 싶다는 의미의 대응

우리는 상대가 내 이야기에 적절한 타이밍의 맞장구를 쳐주고, 나와 동일한 표정을 지어줄 때 더 이야기에 흥이 나고 내 이야기를 지지해준다고 느낀다. 이야기하는 사람에게 호응을 주지 않으면 이야기는 점점 재미없는 이야기가 되고 이야기를 하는 사람의 존재는 점점 작아진다.

⑥ 즐겁게 하기

평소에 유머, 재미난 일화, 재미난 사건, 명언, 이야기들을 모은다. 그 이야기들을 읽고 기억하려고 노력하며 스스로 유머러스한 기분을 느끼는 것이 중요하다. 본인이 먼저 유머러스하게 느낄 때 상대도 같은 분위기를 경험할 수

있기 때문이다. 사람들 앞에 나서기 전에 자신에게 먼저 가장 멋진 농담을 해 스스로를 북돋워준다. 수집한 이야기 중 나의 이야기 속에서 짜릿함을 줄 수 있는 이야기를 찾고 해설시나리오 중 적절한 자리에 끼워 넣는다. 비록 자리가 적절하지 않았다해도, 해설사가 들려준 이야기가 재미있으면 참여자들은 충분히 이해하고 잠깐의 여유와 행복감을 맛보고 해설사를 고맙게 생각할 것이다.

유머는 타이밍이 중요하고 분위기를 좋게 하는 분위기 메이커이다. 커뮤니케이션 과정에서 유머는 현명하게 잘 사용하면 가장 효과적이고 호소력이 큰 의사소통의 수단이 될 수 있다. 그러나 같은 유머라도 타이밍이 적절하지 못하거나 참여자의 수준과 맞지 않는 경우에는 분위기를 망치는 것은 물론 집중을 방해할 수도 있다. 실제로 해설프로그램에 참여자들을 대상으로 하는 해설의 선호성향을 연구한 결과에서, 참여자들은 다른 특성의 해설보다 '유머가 있는 해설'에 대해 더 많은 만족을 느끼는 것으로 나타났다. 그러나 참여자들이 즐거워하고 선호하는 유머가 있는 해설은 막무가내로 우스갯소리를 하고 재미만을 추구하는 해설은 아니다. 심지어는 유머에 너무 집착하다보면 실망스런 해설프로그램이 될 수도 있기에 유머구사에 대해 주의를 기울일 필요가 있다.

더 자세한 유머에 대한 생각과 활용법은 후반부의 관광자원해설을 생동감 넘치게 하는 기법 중 유머를 활용하는 능력에서 자세히 다루어 보자.

⑦ 목소리 조율

관광자원해설 프로그램을 진행하는 능력 중에는 말을 하는 기교나 재주를 나타내는 '말솜씨'가 있다. 우리는 종종 잘 알지도 못하는 사람과 이야기를 나누며 그 사람의 목소리가 맘에 들어 호감을 갖거나 목소리의 톤이 정중해서 신뢰가 가는 경우가 있다. 그러나 반면에 그 사람이 사용하는 단어나 단어의 사용법이 마음에 들지 않아 그 사람의 인격을 의심하기도 한다. 해설커뮤니케이션이 가장 적극적으로 활용하는 것이 담화이다. 이야기를 하고 이야기를 들으며 방문자를 의도한 방향으로 이끌게 되는데, 이때 사용하는 해설사의 목소리, 말투, 단어, 문장의 구성, 표현법 등은 해설프로그램의 참여자에게 좋은 호감을 만들거나 신뢰를 쌓는데 중요한 요인이 된다. 물론 그와 반대되는 경우도 일어날 수 있으니 주의하여 시나리오를 준비하고 사용할 수 있도록 연습하는 것이 좋겠다.

목소리의 조율방법을 알아보자. 이야기를 통해 자원을 이해시키고 자원에 대한 새로운 시각을 열어주려는 관광자원해설사는 내용의 강조사항, 지루하지 않은 경험, 감정이입을 위한 분위기 조성을 위해 자신의 목소리를 개발하고 참여자의 상상력을 자극하기 위해, 그리고 이야기와 어울리는 목소리를 내기 위해 목소리 연기를 연습해야 한다. 목소리 연기의 연습을 위해 목소리로 표현되는 내용들을 살펴보고 관광자원해설사의 목소리 조율을 위한 연습방법을 확인해 보자.

먼저 상대가 들려주는 음성의 특성에 대한 일반적인 반응을 살펴보자.

- 평범하고 안정적인 목소리 : 편안하고 신뢰감을 느끼게 한다.
- 고저장단이 있는 목소리 : 생동감 있고 적극적으로 보인다.
- 너무 높은 음역 : 긴장, 짜증, 분노 혹은 불안의 표시로 보인다.
- 너무 낮은 음성 : 자상하지만 특별히 적극적으로 보이지는 않는다.
- 입을 크게 벌리지 않고 혼자 중얼거리는 목소리 : 무성의해 보이고 확신이 없어 보인다.
- 빠르고 서두르는 목소리 : 자제력을 잃어버려 흥분한 것으로 보인다.
- 작은 목소리 : 불안하고 소심하며 성격장애가 있고 확신이 없는 것으로 보인다.
- 크게 말하는 목소리 : 말이나 문장, 혹은 말하는 대상에 집중을 요구하거나 강조하는 것으로 보인다.

다음으로 상황별 목소리 조율방법을 살펴보자.

- 문장의 형식에 따른 목소리 조율 : 가장 기본적으로 내용의 정확한 전달을

위해 관광자원해설사는 문장의 성격에 맞는 목소리의 높낮이를 조율하여야 한다. 예를 들어, 청유형 문장 끝에서는 목소리가 내려가며 끄는 것이 필요하다. 평서문의 경우에는 문장에서 가장 중요하게 전달하고자 하는 단어에 강약을 조절하고 있는지가 중요하다. 물론 의문문의 경우에는 끝에서 음이 분명하게 올려주는 것이 참여자의 이해를 돕는데 도움이 된다.

- 감정의 드러내기 위한 목소리 조율 : 관광자원해설사 자신이 대상의 이야기를 통해 몸과 마음으로 느낀 감정을 목소리로 표현할 수 있다. 기쁨, 분노, 호감, 불확실, 확신, 열광, 추진력 등을 감정을 실어 표현하는 것이다. 예를 들어, 내용의 긴장감과 안정감에 따라 변화하는 목소리의 빠르기를 조절한다. 긴박한 이야기를 전달할 때는 긴장감을 표현하기 위해 숨가쁘게, 바닷가 모래사장 위를 걷는 느긋함은 천천히 즐기며 느긋하게 천천히 말한다.

우리의 두뇌는 좌측 뇌에서 단어 그 자체를 저장하고 처리한다. 그러나 소리, 억양, 리듬과 같은 '멜로디'는 음악뿐 아니라 공간적이고 시각적인 이미지와 관련이 있는 우뇌에 저장 처리한다. 그러니 해설사가 리듬감이 없는 단어만으로 나열된 해설을 할 때는 좌뇌만을 사용하지만, 내용을 리듬에 실어 전달할 때는 좌뇌와 우뇌를 동시에 써서 종합적이고 이미지화된 해설 내용으로 인식되고 처리될 수 있음을 의미한다(Maxwell & Dickman, 전행선 역, 2008).

리듬감 있는 표현의 방법으로는 목소리의 강약, 말하는 속도, 목소리의 높낮이, 목소리 톤 등을 이용해 내용의 긴장과 이완을 조절이 가능하다. 낮은 목소리에는 긴장감을 느끼는 반면 목소리 키우면 상대는 이야기의 클라이맥스를 예상하거나 돌발적인 상황을 예상하며 극적인 긴장감을 느껴서 집중력이 고조되기도 한다. 내용에 대해 해설사가 느낀 기쁨과 슬픔, 확신과 불확실성, 분노와 사랑 등의 감정을 목소리의 변화를 통해 전달하는 연습이 필요하다.

• 높낮이 : 음성의 높고 낮음을 의미한다. 흥미를 끌기 위해서는 오르락 내리락이 적절해야 하는데, 음성의 고저장단은 내용의 흐름에 따라 변화를 갖는 것이 좋다. 그러나 남용하는 경우에는 참여자의 혼란을 야기할 수 있으므로 조심해야 한다. 예를 들어, 높은 위치를 이야기 할 때의 '높은'은 목소리의 톤도 높게 한다. 물론 반대로 높이가 낮은 것을 이야기 위한 '낮은'은 낮은 톤으로 전한다. 이야기의 흐름을 감지할 수 있도록 목소리에 느낌을 실은 표현이 되어야 한다.
• 억양 : 단어에 담겨지는 감정에 따라 음성의 고저를 변화시키는 방법이다. 지역에 따라 다른 억양을 지니고 있어서 타 지역 사람들은 간혹 알고 있는 단어들의 연결임에도 불구하고 이해하지 못하는 경우가 있다.
• 강조 : 부각시키고 싶은 단어를 선택하는 것이다. 예를 들어, "당신은 어떤 음식을 좋아하십니까?"를 가지고 연습할 수 있다, 순서에 따라 "당신은 어떤 음식을 좋아하십니까?" 다음은 "당신은 어떤 음식을 좋아하십니까?"를 다음은 "당신은 어떤 음식을 좋아하십니까?" 순으로 강조점을 옮겨가며 읽어보자. 각각이 서로 다른 의미로 전달될 수 있음을 알 수 있다.
• 공명 : 소리의 풍부함을 의미한다. 적당한 공명은 감성적으로 느껴지는 장점이 있으나 지나친 공명은 정확한 발음의 전달을 방해한다. 공명이 많아 발음이 정확히 들리지 않을 경우, 펜을 입에 넣고 깨물고 연습을 하면 고쳐진다. 일반적으로 사람들은 낮은 목소리를 좋아하는 경향이 있어서 동양인의 경우 여성은 메조소프라노 수준을, 남성의 경우에는 바리톤 정도의 공명을 매력적으로 느낀다고 한다.
이외에도 상상이 필요한 이야기를 전할 때는 천천히 붓으로 하나하나를 그리듯 천천히 말한다거나 내용의 성격에 따라서 한다.
• 내용 중 타인의 말을 인용할 때의 목소리 조율 : 해설 내용 중 다른 사람의 말을 인용할 때에는 인용하는 대상의 특성을 살릴 수 있는 목소리로의 톤이나 색깔을 입히는 것도 좋다. 여성의 말을 인용할 때는 여성스러운 톤으

로 장군의 말을 인용할 때는 기운차고 용맹한 모습이 상상될 수 있도록 목소리를 강하게 내주는 것이 좋다.

- 해설의 내용에 반전이 있을 때의 목소리 조율 : 앞의 주제와 다른 새로운 주제를 시작하거나 과거와 미래에 대비하여 이야기 할 때, 옳고 그름을 대조시켜 이야기 할 때 목소리의 급격한 변화를 주어 환기시키고 앞의 내용과는 대비감을 강조할 수 있다. 이와 비슷한 경우로 불만을 초래할 수 있거나 위험을 초래할 수 있는 사항에 대한 주의사항이나 공지사항을 전달할 때도 자연스럽고 감정적 변화가 있는 목소리와는 다른 공식적이고 딱딱한 톤과 용어를 사용하여 공지사항의 중요함을 강조할 수 있다.

이렇게 목소리의 조율과 변화는 해설커뮤니케이션의 이야기 흐름과 해설이 전하고자 하는 분위기와 그 맥락을 같이 해야 이야기를 잘 전달하고 필요한 감정을 참여자들의 마음속으로 쉽게 이입시키는 기술이다. 그러나 반대로 목소리의 조율이나 변화가 제대로 이루어지지 않는 경우에는 이야기의 이해와 상상을 방해하여 스토리텔링이 안 되는 것은 물론이고 참여자의 피로를 높여 불쾌감을 줄 수 있으므로 연구와 연습, 그리고 주변으로부터의 평가를 수시로 시행하는 것도 좋은 방법이다.

조심해야 할 사항(김은주, 2004)

- 습관적으로 문장의 끝을 올리는 것 : 질문으로 착각하기도 하며 피로감을 증대시킨다.
- 말끝을 제대로 알아들을 수 없게 떨어뜨리거나 흐리는 것 : 배에 힘을 주고 말을 끝까지 또렷하게 전달한다.
- 입 속으로 말을 웅얼웅얼 거리지 않는다.
- 중요한 내용이 나오면 갑자기 흥분해서 말이 빨라지고 높아져서 도리어 청취자가 따라오기 힘들게 설명하여 듣는 이들을 불안하고 피곤하게 한다.

- 단조롭게 한 가지 높이로 계속하여 지루하게 하지 않는다.
- 습관적으로 '음', '어', '저' 같은 소리로 청취자의 집중을 방해하지 않는다.

대신에

- "우리"라는 말을 사용해 함께 하는 사람들에게 동질감을 느끼도록 하자.
- 설득력을 높이려면 증거 혹은 일화, 설화 등을 사용하라.
- 문장은 긍정형으로 구성하여 사용한다.
- 명령형보다 의뢰형으로 구성하여 사용한다.

⑧ 감동시키기

운명적인 사건, 일화, 증언, 실수담 등의 이야기를 수집한다. 전달한 정보가 듣는 사람의 마음에 어떤 모습으로 그려지고 영향을 끼칠 수 있을지 생각해본다. 수집한 이야기를 해설시나리오의 가장 적절하다고 판단되는 부분에 끼워 넣는다. 그 부분에 어울리지 않는다 하더라도 이야기가 감동을 준다면 해설프로그램에 참여자들은 충분히 이해하고 기분전환을 할 수 있을 것이다.

⑨ 배려하기(권남희, 2003)

해설참여자는 쉽게 질문을 하거나 자신의 요구를 표현하기도 하지만, 또 일부의 경우는 그렇지 못한 경우도 있다. 그렇지 못한 경우는 해설서비스에 익숙하지 못해 긴장을 하거나 자신의 행동이 타인에게 어떻게 비춰질까 또는 비웃음을 받지는 않을까에 대한 걱정, 자신의 행동으로 인해 다른 사람들이 불편하거나 불이익을 받을까 우려하는 경우 등 다양할 수 있다. 이들은 보이지 않는 압력peer-group pressure으로 인해 자연스러운 의사소통이 어려워진다. 이런 압력은 자신의 개인적 성향이나 상황에 따라 다를 수 있어서 늘 관심을 가지고 확인하고 배려하여야 한다.

커뮤니케이션 과정에서 흔히 범하는 실수가 있다. 확인하고 주의하도록 하자.

- 내가 사용하는 단어의 의미를 다른 사람도 나와 똑같은 의미로 받아들일 것이라는 착각
- 내가 열심히 듣기만 하면 타인의 이야기를 잘 이해할 것이라고 착각
- 내가 가지고 있는 가치관이 일반적이고 상식적일 것이라는 착각
- 다른 사람도 나와 똑같은 사고체계와 사고방식을 가지고 이해할 것이라고 착각

제2절 복장과 태도 : 해설사가 관광지의 이미지를 만든다.

커뮤니케이션 학자들은 우리가 하는 말은 정말 전하고자 하는 메시지의 단지 7%만을 운반할 뿐이라고 한다. 나머지 93%의 의미는 그의 음성과 어조, 표정, 제스처 등에 실려 전달된다고 한다. 이를 다시 이미지 형성 요소로 보면 시각적 요소인 용모, 복장, 헤어스타일, 자세, 걸음걸이 등이 57%, 목소리, 톤에 의한 청각적 요소가 35%, 그리고 말의 내용에 해당하는 언어적 요소가 단 7%이다. 이 중 시각적 요소에 해당하는 복장과 자세, 걸음걸이 등의 태도에 대해서 알아보자.

1. 복장

복장은 흔히 옷차림이라고도 하는데, 옷차림은 대게 첫인상을 좌우하는 중요한 요인이 된다. 그 사람이 입고 있는 옷차림으로 우리는 그 사람의 신분, 능력, 성격, 신뢰성, 준비성 등을 미루어 짐작하고는 한다. 즉 옷차림은 나를 이해시키는 단서의 역할을 하고 있다(Shibuya Shozo, 2004). 특히 관광자원해설사에게 있어서 복장은 공간을 이해하는데 도움이 되고 행동을 유도하기에 용이하므로 대상공간의 특성과 연결된 이미지를 형성할 수 있다면 적극 권장할 수 있다.

그럼 좋은 고가의 브랜드의 옷이 그 사람의 능력이나 신뢰성, 역할, 준비성을 이야기 해주는가? 그렇지는 않다고 한다. 대게의 경우 사람들은 그 옷의 브랜드가 아닌 소재의 특징과 품질, 주변과의 조화가 더 중요하다. 이외의 관광자원해설사의 복장에 대한 사람들의 평가를 일반적인 복장에 관한 평가와 함께 확인해 보면 다음과 같다.

- 복장은 해설활동에 불편함이 없어야겠다. 그리고 관광지의 방문객 모두가 해설사를 쉽게 인식하고 구별할 수 있는 것이 좋다.
- 활동하는 공간에 지정된 단체복(유니폼)이 있다면 그 옷을 입고 소속과 이름을 알리는 명찰을 착용한다면 자신의 신분과 역할을 분명히 보여주고 신뢰를 얻는 것이 용이하다. 현재 종묘나 일부 궁궐에서 상용되고 있는 생활 한복의 경우에는 해설참여자들이 대상공간의 의미를 이해하는데 도움이 되고, 해설수용자들의 행동을 유도하는 것도 용이하여 좋은 평가를 받고 있다. 그러나 해설사마다의 개성을 보여주고 스토리텔링을 위한 분위기 조성에는 한계가 있어서 유니폼의 경우에는 다른 소품을 통해 해설사마다의 개성을 확보하는 방안을 강구할 필요가 있다. 그리고 유니폼의 착용시 의상과 맞지 않는 신발이나 액세서리는 분위기의 조율을 깨트리는 요인이 될 수 있어 주의가 필요하다.
- 단체복이 없는 경우에는 사진이 부착되어 있으며 소속이 표시되어 있는 명찰이나 패찰 등을 항시 착용하여 복장이 주지 못한 상징성과 신뢰성을 확보할 수 있다.
- 복장의 특성상 주머니가 있는 경우가 있다. 주머니의 기능은 무엇인가를 넣는 것이다. 그러나 해설사 및 타인의 시선을 받는 직업의 경우 주머니에는 가능한 아무것도 넣고 나가지 않는 것이 좋다. 부득이 넣어야 한다면 만지작거리지 않도록 주의한다. 해설사의 불룩한 주머니는 시선을 끌기도 하고 간혹은 주머니 속의 물건을 만지작거리며 해설해서 집중에 방해요인이 될 수 있다.

- 흑백 대조를 보이는 복장은 권위를 나타내는 것으로 활달함을 보여주기 위해서는 대조를 이루는 색상보다는 파스텔톤이나 서로 공통적인 색상으로 인식되는 비슷한 색들로 위아래, 액세서리 등을 선택하는 것이 좋다.
- 복장의 색깔이 주는 느낌으로는 밝은 파란색이나 하늘색의 복작은 침착하다는 느낌을, 감청색 종류는 붙임성 있는 성격의 소유자라는 느낌을, 붉은 계열의 복장은 감성적인 사람이라는 느낌을, 연두색의 계열은 편안한 성품의 사람으로 자신을 표현할 수 있다. 어떤 색을 사용하든 자신의 성향과 활동장소의 특성을 감안해 활용하는 것이 좋다. 단, 튀는 색은 관심을 끌 수 있다는 장점이 있으나 불안감을 조성하기도 하기도 하고 참가자들이 해설의 내용이나 해설의 대상보다 해설사의 옷이나 액세서리에 더 많은 주의를 기울일 수 있기 때문에 활용에 주의를 기울일 필요가 있다(Shibuya Shozo, 2004).
- 최근에는 여성뿐 아니라 남성들도 복장의 일부로 액세서리의 착용이 늘고 있다. 액세서리는 본인의 개성을 드러내고 자신을 이해시키는 좋은 단서가 되는 것으로 장소의 특징이나 장소를 홍보할 수 있는 내용이나 문양을 가지고 있으면 장소를 알리는데 효과적이다.

2. 태도

'자세'란 사물이나 현상에 대해 가지는 마음가짐과 대상에 대한 기본적인 대응 태세를 말한다. 자세와 함께 자주 쓰이는 '태도'는 어떤 일이나 상황에 직면했을 때 그 대상에 대해 드러나는 행위와 행태를 가리킨다. 태도는 행위적인 것으로, 해설자의 경우 해설행위에 있어서 대상물을 대하고 드러내는 표정이나 몸짓 등을 포함하는 용어로 볼 수 있다(문화재청, 2011).

해설서비스에 있어서 해설자의 해설에 임하는 자세와 태도에 있어서 해설대상물에 대한 이해와 인식, 그리고 해설대상물에 대한 자세와 태도를 확립하는 것도 중요하다.

1) 표정

얼굴은 눈을 가지고 있고 표정을 지을 수 있어서 많이들 마음의 창이라 표현한다. 마음의 상태를 가장 잘 드러내기 때문일 것이다. 앞서 언급했듯이 우리가 전하는 내용에 대해 상대는 단어와 문장으로 7%, 얼굴의 표정, 제스처 등의 시각적 요소인 신체 언어로 55%를 이해하고 받아드리는데, 그 중 하나가 얼굴의 표정이다.

- 해설사의 목소리나 해설사의 표정은 전달하는 단어, 전달하는 내용보다 더 강력하게 해설사의 감정을 전달할 수 있다. 그 두 가지는 기억 속에 함께 저장되기 때문에 떼어서 구분할 수 없다. 청자의 뇌를 전체적으로 많이 사용하게 만들수록 훨씬 잘 기억된다(Maxwell & Dicman, 전행선 역, 2008).
- 얼굴로 상대를 가장 행복하게 할 수 있는 무기는 '미소'이다. 미소는 입 주변 근육을 많이 움직여서 밝고 긍정적인 표정으로 일반적으로 즐거움을 나타내는 표정으로 지나치지도 부족하지도 않게 항시 웃음을 머금고 있는 모습은 상대의 불안을 완화시켜주는 중요한 역할을 한다. 그러나 불안이나 부정적인 감정을 표현할 때도 씁쓸하게 미소를 짓기도 하기 때문에 미소를 지을 때는 좀더 확실하고 긍정적인 이미지를 만들 수 있도록 한다.
- 해설을 진행하는 동안 가장 중요한 얼굴의 표정은 자연스러운 부드러운 표정을 유지해야 한다. 그러나 해설사는 이야기의 흐름 속 감정 상태의 변화를 보여주기 위해 표정의 변화도 시도한다. 이야기의 속의 감정의 변화, 클라이맥스를 전달해야 하기 때문이다.

  해설사는 내용 속 주인공이 느끼는 감정 또는 그 상황에 대한 해설사가 느끼는 감정을 얼굴의 표정으로 보여주어 이해를 도울 수 있다. 해설을 하는 동안 많은 시간은 자연스럽게, 그러나 내용에 따라서는 변화되는 표정을,

그리고 집중과 긴장감을 주기 위해서는 의도된 표정을 짓기 위해서 해설사는 해설시나리오 속에서 감정에 대한 계획이 있어야 하고 전달력을 높이기 위해서는 부단한 연습이 필요하다.

2) 몸짓

우리는 간혹 안경을 잃어버려서 상대와의 의사소통이 원활하지 못했던 경험이 있다. 왜 그럴까? 왜 내 귀에는 이상이 없는데 상대가 나와의 이야기에 흥이 나지 않을까? 이야기는 귀로 듣는 것은 맞다. 그러나 상대는 내게 이야기를 전하며 그 이야기 속의 감정을 표정으로 몸짓으로 강조하기도 하고 중의적인 단어의 의미를 설명하기도 한다.

표정이 얼굴의 작은 근육을 이용해 섬세한 감정과 표현을 이루어낸다면 몸짓, 제스처는 몸의 큰 근육을 써서 표현하는 또 하나의 표정이다. 섬세함이나 감성에 있어서는 얼굴의 표정에 뒤처질지 모르지만 내용의 흐름이나 상황의 표현, 사물의 표현에 있어서는 몸짓은 큰 효과를 볼 수 있다.

심지어는 언어가 통하지 않는 사이에도 몸짓으로 내용을 확인받는 것이 가능할 때가 있다. 바디 랭귀지Body Language는 만국의 공통어이며, 누구나 이해할 수 있는 부분을 지니고 있어서 해설에서도 대상을 직접 확인하기 어려운 경우, 대상을 비교하여 설명할 때, 대상의 특징이나 형태를 설명할 때 유용하게 사용될 수 있다.

- 가장 기본적인 몸짓으로는 얼굴에 미소를 띠는 것과 함께 고개를 천천히 끄덕이는 것은 좋은 분위기를 만들고 상대에 대해 지지한다는 의미를 전달할 수 있다.
- 손을 펴고 손을 보여주는 것도 편안한 분위기를 조성할 수 있다. 우리는 흔히 악수를 할 때 손을 보여준다. 내가 긴장하고 있지 않으며 상대도 긴장을 풀어도 된다는 것을 의미하기에 해설사는 손이 쉽게 보일 수 있는 허

리높이 이상으로 올려 두는 것이 좋다. 대신 팔을 아래로 늘어뜨리거나 손바닥을 의식적으로 숨기거나 손바닥을 발쪽으로 하는 것은 부정적인 것을 암시할 수 있다.

- 청중을 가리키거나 사물을 가리킬 때는 손바닥을 위로 하여 손 전체를 사용해 가리킨다. 손가락 하나를 이용해 가리키는 것은 자칫 건방져 보일 수 있다.
- 몸짓도 얼굴의 표정과 마찬가지로 사용하는 단어나 문장의 의미를 설명하는 도구로 사용한다. 몸짓의 크기는 상대적으로 크고 작다고 느낄 수 있도록 사용하는 내 몸의 크기가 다른 것이나 사용하는 정도를 달리하며 표현한다.

  예를 들어, 대상이 크다는 것을 표현할 때는 두 손으로 간격을 크게, 작다는 손이 아닌 손가락을 이용해 두 손가락으로 작게 등으로 표현하는 것이 효과적이다. 즉 작은 개념은 작은 동작으로 큰 개념은 큰 동작으로 표현한다.
- 모든 제스처는 단정하고 명료하게 사용하는 것이 좋다. 동작의 설명이 끝나면 바로 손은 원래의 위치로 돌아가 몸으로의 설명이 끝났음을 알 수 있게 하는 것이다.

3) 시선처리

일반적으로 상대가 나와 시선을 자주 맞추려고 노력하는 모습은 친해지고 싶어하는 모습으로 비춰진다. 관광자원해설사 역시도 눈맞춤Eye Contact을 통해 처음 만나는 참여자와의 마음의 거리를 좁히고 친근감을 나타내기 위해 노력한다.

관광자원해설사의 경우에는 해설내용의 전달을 위해 시설을 부드럽게 하여 둘러보기도 하고, 매서운 시선으로 응시해야 할 때도 있다. 그리고 해설프로그램의 참여자의 안정감과 해설 경험의 만족을 위해 따뜻하고 지지하는 시선을 보내기도 한다. 간혹 해설사의 시선을 받지 못한 경우 서비스에 대한 불만으로 이어지기도 한다. 시선처리 방법과 예를 살펴보자.

- 고른 시선처리 : 시선은 참여자 한 명, 한 명에게 고르게 보내고 시선을 교환하려는 노력이 필요하다, 이런 행동은 참여자 모두가 관심의 대상이라는 것을 알리는 방법이다.

  고른 시선처리와 모두와의 교감이 가능한 시선처리 방법을 배워보자. 우선, 대상을 넷으로 나누어 각각의 구획에서 가장 해설사에게 호의적인 참여자를 시선의 핵으로 선정한다. 해설사가 해설시간보다 앞서서 해설시작 장소에 나와 이야기를 나누고 미소 띤 시선을 나누는 수고를 하였다면 많은 시선의 핵을 보유할 수 있을 것이다.

  다음으로는 선정된 시선의 핵을 중심으로 시선은 사방으로 골고루 한사람도 빠뜨리지 말고 개개인에게 고르게 시선을 보낸다. 이때 눈이나 눈동자가 아닌 머리를 움직여 좌우로 큰 동선을 만들며 시선을 이동시키고 눈동자는 움직임을 적게 하여 천천히 한 명씩 마주한다. 이렇게 하여 해설사가 모든 참여자에게 특별한 관심을 주고 호의적이라는 인상을 주는 것이 중요하다.

- 대상이 없는 곳으로 시선처리 : 이야기가 과거의 경험, 경험 속 이미지, 이전에 보았던 광경을 기억해 전달할 때 관광자원해설사는 공중으로 시선을 보내기도 한다. 이런 시선처리는 상식적으로 이해하기 어렵다거나 잘 알지 못하는 것, 지금까지 본 적이 없는 것을 상상하는 것으로 상대에게 전해진다. 그리고 이런 시선의 끝이 참여자에게로 돌아왔을 때는 참여자들에게 상상의 이야기나 오랜 과거의 이야기에 동참을 유도하고 있는 것으로 이해될 수 있다. 해설사는 이런 시선처리를 통해 이야기에 대한 감성을 키우고 집중을 유도할 수 있다.

- 해설자원에 대한 사랑과 지지의 시선처리 : 해설사의 시선은 참여자에게만 가지는 않는다. 해설사의 애정이 담긴 시선을 받고 있는 자원에 대해서 참

여자들은 더 큰 관심과 사랑을 가질 수 있다.

(1) 관광자원해설사의 시선 모으기

해설사는 시선을 주는 것도 중요하지만 다른 사람들의 시선을 모으는 것도 중요한데, 시선을 모으기 위한 방법으로는 다음과 같은 것들이 사용된다.

- 손이나 몸의 움직임을 멈추고 상대방과 시선을 맞추어 내가 상대에게 집중을 요구하고 있다는 의미를 충분히 표현한다.
- "자, 이제 시작하겠습니다" 또는 "집중해주세요"라는 언어적 표현을 함께 하여 시선을 모으는 것도 좋은 방법이다.
- 지금까지와 다른 행동을 하여 참여자들에게 긴장감을 주고 시선을 모을 수 있다.
- 해설사가 자신의 상체를 상대방 쪽으로 내밀거나, 참여자들을 향해 평소보다 가까운 거리가 되도록 앞으로 다가가거나, 함께 같은 방향으로 이동하던 중이라면 방향을 바꿔 참여자들과 마주서면 참여자들은 해설사의 의도를 파악하기 위해 시선을 모은다.
- 크게 숨을 들이쉬며 중요한 이야기가 시작될 것이라는 암시를 줄 수 있다.

(2) 부정적인 이미지를 만들게 되는 시선처리

- 눈동자를 빠르게 돌리거나 상하로의 이동시키는 시선처리 : 빠르고 불안하게 시선을 이동시키는 것은 심리적으로 불안해 보이거나 상대를 살피는 느낌을 줄 수 있다.
- 위에서 아래로 보는 시선 : 상대를 내려다보는 시선은 자신의 위엄을 강조하고자 하는 욕구의 표현으로 인식될 수 있다.
- 눈을 상대에게 보여주지 않으려고 하는 행동처럼 보이는 짙은 색의 선글라스를 쓰거나 눈을 내리뜨는 행위, 시선을 피하는 행동은 자신을 방어하

고 자신의 생각을 숨기고 싶어 하는 심리로 보인다. 특히 참여자의 시선을 피하는 행동은 해설사의 열등감이나 약점을 숨기려는 인상, 불안과 경계심으로 인식되어 신뢰도를 떨어뜨릴 수 있다.

- 눈을 자주 깜빡이거나 안경을 자주 고쳐 쓰는 습관을 지닌 경우에는 신경질적이고 산만하거나 공격적인 인상을 줄 수 있다.

4) 걸음의 속도와 자세

해설사가 예약하고 기다리고 있는 사람들에게 다가가는 걸음의 속도, 그리고 다음 해설목표를 향해 다가가는 속도를 통해 해설프로그램의 참여자들은 해설사가 지닌 대상에 대한 애정과 해설에 대한 의욕을 확인하기도 한다. 일반적으로 걸음을 걷는 자세나 속도에 대해서는 몸을 곧게 세우고, 눈은 똑바로 목표를 향하는 것이 좋다고 한다. 목적한 바가 있고 그것을 확인하고 진행하기 위해 걷는 목적이 분명한 발걸음을 따를 때 참여자들은 안정감과 신뢰감을 갖기 때문이다. 그리고 걸음의 보폭은 크고 빠르면 성급하게 보일 수 있으므로, 일정한 간격으로 성큼성큼 걷는 것이 가장 좋다고 한다.

먼저, 해설을 위해 준비장소에서 해설대기 장소로 나오는 해설사의 걸음은 어때야 할까? 일반적으로 좋아하는 사람이나 대상에 가까이 갈 때는 빠른 걸음으로 또는 점차 속도를 높이며 다가가게 된다. 해설 현장에서 해설프로그램 참여자들 역시 해설사가 자신에게 다가올 때 다가오는 속도가 일반적인 속도나 평소의 속도보다 빠르다고 느껴지면 다음 상황에 대해 기대와 반가움, 호의를 느끼게 된다. 물론 반대에 해당되는 경우는 해설사가 느리게 다가오는 경우로 다음 상황에 대한 불안, 걱정에 대한 정보를 전할 것으로 예상하거나 거부 등의 부정적 행동으로 인식될 수 있으니 주의하여야 한다.

다음으로 해설사의 해설을 위한 장소로의 이동과 대상물로 다가갈 때의 걸음은 어때야 할까? 이동하는 동안은 일정한 속도와 보폭을 유지하며 모두가 안전하게 이동할 수 있도록 속도를 유지하는 것이 중요하다. 그러나 해설대상이 시야에 들어오면서부터 해설사는 해설대상에 대한 애정과 호기심을 자극할 필요가 있다. 그러므로 대상에 대한 관심을 모으기 위해 대상물로 다가갈 때 대상에 대한 감정을 걸음의 속도나 방식으로 보여줄 수 있다. 예를 들어, 빠른 걸음으로 다가가며 반가움과 애정을 보여주거나 걸음을 멈춰 바라보며 감동을 표현해줄 수도 있다. 이런 행동은 해설의 내용을 좀더 쉽게 이해시킬 수 있고 해설지각을 강화시키는데 도움이 된다.

5) 서 있는 자세

해설을 하기 위해서는 이동 후 한 장소에 서 있는 자세를 유지할 때가 있다. 이 때 일반적으로 한 곳에서의 해설은 3분에서 길 때는 5분여 정도이고, 관찰이 함께 하는 경우에는 10분을 넘을 수도 있어서 해설사는 자세를 바르게 취하는 것이 중요하다.

- 해설사는 가능한 두 발은 엉덩이 넓이로 벌리고 한 쪽 다리를 조금 앞으로 내밀어 중심을 잡고서는 것이 유리하다. 이때 무릎을 너무 뻗치는 것은 허리와 다리에 무리를 줄 수 있으므로 아주 약간 구부리는 것이 편하다.
- 두 다리로 서 있는 자세에서 무게중심은 두 발 사이에 두는 것이 균형을 이루는데 도움이 되며, 경사지의 경우에는 높은 쪽에 가깝게 무게 중심을 두고 서는 것이 좋다.
- 3분에서 5분 정도의 해설시간 동안 한 자세를 유지하는 것이 어려울 때는 자세를 때때로 바꾸어 뻣뻣하고 어색하게 보이지 않도록 하는 것이 좋다. 그러나 지나치게 자주 자세를 바꾸는 것은 산만하게 보이거나 불안하게 보일 수 있으므로 주의한다.
- 해설을 하는 동안 몸을 습관적으로 좌우 또는 전후로 흔드는 경우가 간혹 발견되는데, 이 또한 산만함과 불안감을 줄 수 있으니 삼가는 것이 좋다.

• 서 있다보면 손의 처리가 어색할 수 있다. 이때는 한쪽 속을 주머니에 넣는 행동이 도리어 안정감을 줄 수 있으므로 한쪽 손을 주머니에 잠시 넣는 것도 좋다. 그러나 너무 긴 시간 넣고 있거나 이동 중에 계속해서 넣고 움직이는 것은 거만하거나 지루해 보일 수 있으므로 주의한다.

3. 믿음을 얻는 기법 : KASH 원칙

아리스토텔레스는 "우리가 말하는 사람을 신뢰하는 데는 세 가지 이유가 있다. 그것은 통찰력, 미덕 그리고 호의다"라 하여, 커뮤니케이션을 시도하는 사람은 아래 3가지를 갖추어야 한다고 하였다. 아리스토텔레스의 3가지 덕목은 통찰력, 미덕, 호의를 시작으로 관광자원해설을 위한 스피치 기술을 살펴보자.

우선은 통찰력이다. 통찰력은 전문가임을 확신시키기 위한 노력으로 관광자원해설사가 되기 위해 거친 교육과정, 강의할 내용에 대한 간략하고 정확한 소개, 이 테마를 다룬 경험, 성공담 소개, 소속과 추천인, 자신이 쓴 논문/보고서/칼럼 등을 소개, 자신의 지지하는 유명인사의 이름을 거명하는 것으로 가능하다. 단, 상대를 지루하거나 불편하게 하지 않도록 간략하게 한다. 그리고 상대의 마음을 읽는 것이 가장 중요한데, 이는 듣는 사람의 관심사에 대해 통찰력을 기울여야 알 수 있다.

두 번째는 미덕이다. 미덕은 솔직함과 남을 비난하지 않는 것에서 비롯된다고 한다.

세 번째는 호의이다. 이는 청자의 장점 찾기, 청자의 사랑스러운 점 찾기, 청자의 어떤 면을 높이 평가할지 찾기, 청자가 숨기려고 하는 약점을 알아 감춰주기, 겸손함 때문에 드러내지 않는 장점 찾아주기로 가능해진다고 한다.

관광자원해설사와 같이 이야기하는 것을 직업으로 하는 사람에게는 많은 것을 시사하는 내용이다.

다음은 마케팅분야에서 상대의 믿음을 이끌어내기 위한 과정, KASH 원칙(박중환, 2011)을 소개하고자 한다. KASH 원칙은 자신의 분야에 맞는 이론을 학습하고 학습된 이론을 바탕으로 정신적으로 바른 자세를 갖추고 몸은 이론과 바르게 무장된 정신을 잘 드러낼 있는 매뉴얼이나 기술을 익힐 것을 권하고 있다. 끝으로, 이렇게 배운 이론과 바른 정신자세 그리고 가장 효율적인 기술을 습득한 후에는 언제 어느 때나 활용이 가능하도록 습관화 시켜야 한다고 말한다. 마케팅 분야에서는 이런 과정을 거쳐서 한 분야의 전문가가 될 수 있다고 하는데, 해설사에게도 적용하는 것이 가능한 부분이다.

〈표 10-1〉 믿음을 얻는 KASH 원칙

Knowledge (지식)	이 론	· 업무지식을 갖춘다. · 고객에 대한 지식 · 그밖에 사회흐름에도 관심을 갖는다.
Attitude (태도)	정 신	· 에티켓, 매너 · 서비스정신 · 계획 및 실행력 · 문제해결 능력
Skill (기술)	기 술	· 가능고객발견의 기술 · 대화술, 접근기술 · 상담 및 계약 체결기술 · 고객관리기술
Habit (습관)	행동화	· 이론, 정신, 기술 실천 · 습관화 · 지속적 추진

출처 : 박중환(2011). 『꿈꾸는 가방의 비밀』.

제3절 생동감 넘치게 하는 해설기법

해설사의 핵심에는 대상에 대한 열정이 있다. 그 열정은 남들과 그것을 공유하려는 바람이다. 그래서 그들은 오랫동안 다듬어온 의사소통 기법을 광범위하게 적용하게 된다. 거장이 된 예술가처럼 능숙한 해설사는 별 힘들이지 않고 즐거운 느낌으로 그들 자신을 움직인다. 그래서 해설사를 바라보는 사람들은 누구나 그 장소, 그 경험 그리고 해설사에게 끌려감을 느끼게 된다. 「환경해설」의 저자 샤프G. Sharpe는 효과적인 해설을 "해설사와 듣는 사람의 가슴을 여는 일"이라고 한 바 있다.

샤프는 성공적인 해설은 해설을 통해 표현되는 것과 듣는 사람의 마음이 서로 주고받는 것이 균형을 잡거나 요술을 부리는 행동이며, 우아하고 부드러운 춤이라고 하였다(Sharpe, 1982). 해설사를 요술꾼, 댄서, 예술가와 비교하는 것은 상식이다. 왜냐하면, 해설이 예술의 한 가지 형태이자 하나의 공연이기 때문이다. 모든 형태의 예술처럼, 처음 눈을 마주치는 순간에 많은 것이 이루어진다.

그러나 실제로는 해설이 항상 생동감 있고 호소력이 있는 것은 아니다. 해설사들에 대한 이미지는 필요 악이다. 서두르고 자기도취적이어서는 안 된다. 빡빡한 일정에 지쳐있고, 그리고 흥미를 잃은 관광객들에게 암기한 내용을 들려주는 짜증나게 하는 것은 지루한 것뿐만 아니라 괴로운 일이다. 지나친 열정은 괴롭고 효과도 없다.

어떠한 여행이나 해설이 기억에도 남고 동기도 부여하게 하는 것은 무엇일까? 해설사가 어떻게 하면 그들의 해설이 생생하고 흥미롭게 되는가?

명백하며 즐겁고 기억에 남는 해설을 하는데 확고한 규칙은 없지만, 그 과정을 잘 해낼 수 있는 기법은 많이 있다. 여행자, 지역, 그리고 해설사는 각기 독특하다. 이들을 잘 조합하면 하나의 경험과 한 가지 해설 유형을 만들 수 있다. 이를테면, 한 그룹의 사람들을 즐겁게 하는 이야기도 다른 그룹에게는 평범한 이야기가 될 수도 있다. 해설사는 방문자의 흥미와 호기심에 적절히 반응해야 한다. 그리고 필요하다면 즉시 코스를 바꿀 수 있도록 재빠르고 융통성이 있어야 한다.

이러한 재능의 많은 부분은 구체적이지 않지만, 불꽃이 번쩍 하는 해설을 창조하기 위해서는 다음 사항들이 핵심적인 지침이 된다. 이들 가운데 많은 것을 예술가, 이야기꾼, 공연자들이 활용하고 있다. 틸든의 6가지 원칙에 근거를 두거나 유흥, 영업, 마케팅, 교육 등에 근거를 두고 있다(Pond : 141-151, 박석희, 1999).

1) 장소 또는 대상에 대한 열정

어떠한 장소나 특성을 생동감 있게 하는 첫 번째 핵심적 사항은 해설사가 그 대상에 대하여 지속적으로 즐겁고 외경스런 느낌을 갖는 것이다. 열광하는 것은 금방 알아볼 수 있으며 고도로 전염성이 강하다. 열렬한 해설사를 만나면 방문자는 그 장소를 좋아하게 되고, 그리고 그곳에 관해 더 많이 알고 싶어진다. 틸든은 자신이 제시한 6가지 원칙을 하나로 요약하면 사랑이라고 한 바 있다(Tilden, 1957).

확실히 해설사가 한 장소를 생동감 있게 하기 위하여 그 곳에 대한 모은 사항에 매료될 필요는 없다. 핵심은 해설사가 그 곳에 관해 무엇을 사랑하는 가에 있다. 그것은 자연의 모습일 수도 있고, 그리고 그 모습에 대하여 어떻게 그들의 이해가 그 곳 방문으로 확대되어가는가일 수도 있다. 동시대나 역사적 인물에 대한 매혹일 수도 있다. 해설사의 견해로 볼 때 그 지역을 변모시켰거나 또는 그 지역의 이상을 실현시킨 인물에 대한 매혹일 수도 있다. 아니면 그 장소에 대하여 해설사 개인의 느낌 또는 추억일 수도 있다. 그 느낌이나 추억이 방문자와 가까운 관계 또는 즐거움 코드를 쳐줄 수만 있다면.

2) 사람들에 대한 열정

냉담함은 서비스 제공에 있어서 죄악의 한 가지이며 관광객들이 결코 용서할 수 없는 것이다. 관광객들은 해설사가 그들을 좋아하는가 아닌가를 금방 느낀다. 해설사가 자신들을 좋아하지 않는다고 느끼면 관광객들도 해설사에 대하여 같은 반응을 나타낸다.

해설기술을 마스트 한다는 것은 어떤 화젯거리에 대한 자신의 지식을 사람들과 연결시키는 능력을 가지고 있음을 가리킨다. 관광객들에게 진정으로 관심을 갖는 해설사는 관광객들에 대하여 더 많이 알려고 노력할 것이다. 그래서 그들이 왜 여행을 나섰는지, 전에 어디를 여행하였는지, 그리고 그들의 흥미거리가 무엇인지를 알아낼 것이다. 이렇게 하는 가운데 해설사는 관광객들을 그 장소에 친숙하게 할 것이고, 그리고 그들이 환영받고 있음을 느끼게 만들 수 있을 것이다. 문제가 발생하면 이미 서로 존중하고 즐거움을 나누는 관계가 형성되어 있기에 해설사는 커다란 연민을 느끼게 될 것이다. 관광객들도 이들 해설사에 대하여 기꺼이 신뢰감을 느끼게 될 것이다.

3) 장소와 경험 간의 관련성 강화

한 지역에 대한 종합적인 역사도 관광객이 그 역사에 아무런 관련성을 느끼지 못할 때는 의미가 없다. Waterfall과 Grusin이 지은 『박물관 속의 나 : 어린이와 함께 박물관 가자』에서 저자들은 어린이들이 박물관에 가면 저들 마음 내키는 대로 즐기도록 내버려두라는데 초점을 맞추고 있다.

어른들로부터 중압감과 어른들의 선입견이 제거된 다음에야 어린이들이 자신들의 모습을 박물관에서 발견할 수 있는 길이 나타난다고 주장한다. 박물관을 찾는 사람이 박물관에서 자신의 일부를 인식할 때 비로소 자신을 발견한다는 것이다. 그림 속에 자신이 있고 전쟁터 속에 자신이 있다. 농기구 속에 선조의 모습이 떠오르고 초가지붕 속에 할머니의 이야기가 도란거리고 있음에서 자신의 뿌리를 유추할 수 있게 된다.

우리들 자신의 옛 발자취를 더듬어 올라가다 다시 생각하면 우리가 어떻게 살아야 할 것인가가 전개된다. 그 때 해설사가 전문가들이 밝혀둔 이야기를 들려주게 되면, 우리들은 보고 있던 역사의 편린들이 또렷한 의미를 지닌 채 다가옴을 느낄 수 있다.

4) 정보 이상의 해설 강조

많은 해설사나 해설사들은 해설을 정보를 제공하는 것이라고 잘못 알고 있다. 걸어다니는 백과사전Walking Encyclopedia이라 불리는 것이 그들에 대한 최상의 찬사라고 믿는다. 그러나 사실 정보는 해설의 한 가지 성분에 지나지 않는다. 틸든의 세 번째 해설의 원칙은 "정보는 해설이 아니다. 해설은 정보에 근거하여 밝히는 것이다. 정보와 해설은 전적으로 별개의 것이다. 그러나 모든 해설은 정보를 포함한다"는 것이다.

효과적인 해설은 정보를 섞고 추출해내는 일이다. 건물이나 동상의 크기, 주춧돌에 새겨진 날짜는 재미있는 이야기로 연결되지 않는 한 아무런 의미 없는 사소한 것에 불과하다. 그러나 날자와 같은 세부적인 것이 이야기의 양념이 되거나 강조사항이 될 수 있다. 해설사는 그들 자신에게 물어보는 것이 도움이 될 것이다. 왜 그들은 이것을 돌보아야 했던가? 이것이 그들의 삶에 어떤 의미를 지니고 있는가? 또는 이곳(이 사람, 이 시대)이 나를 매료시키는 것은 무엇인가?

관광객들이 대통령이나 유명한 사람의 정확한 일생에 대해 아는 것은 대개 중요하지도 흥미롭지도 않은 일임을 대부분은 동의한다. 그러나 그러한 정보가 아주 재미있을 수도 있다.

토마스 제퍼슨은 그의 업적 가운데 가장 중요한 것이 독립선언문을 작성한 것이다. 후일에 제퍼슨은 한때 그의 적이었던 친구 존 아담스와 함께 독립선언문 사인 50주년 기념식을 꿈꾸어왔다. 대통령을 지낸 두 사람은 때때로 자신들의 목표가 50주년까지 사는 것이라고 이야기 한 적이 있었다.

오랜 동안의 투병 끝에 제퍼슨과 아담스 두 사람은 1826년 7월 4일 독립선언문에 사인을 한 50주년 그날에 죽었다. 아담스의 최후의 한마디는 제퍼슨이 살아있는가였다. 제펀슨은 사실 수백 마일 떨어진 곳에서 아담스가 죽기 몇 시간 전에 죽었다. 제퍼슨은 83세였고, 아담스는 90세였다(Pond : 143-144). 이 경우에 1826년 7월 4일이라는 날은 그 이야기에서 절대적으로 필요한 요소이다.

관광객은 해설사 자신의 견해를 알고 싶어한다. 좋든 싫든 해설사가 관광객이 그 지역에서 알게 된 유일한 개인 중 한사람이며, 해설사의 개인적 느낌과 견해가 그 여행에서 가장 의미 있는 부분이 된다.

은퇴한 FBI 요원인 맥카프리라는 사람도 시간제 해설사였는데, 그는 이렇게 이야기하고 있다. “놀라운 일이다. 그러나 진정코 사실이다. 해설하는 과정에서 보다 인간적일수록 관광객들은 더 좋아한다. 그들이 정말로 알고 싶어하는 것은 내가 여기서 일하면서 좋아하는 것이 무엇인가, 그리고 조지 워싱턴 대통령에 관해서 내가 어떻게 생각하는가 하는 것이다.”

그러나 해설사는 인간적임과 필요에 따라 적절히 거리를 유지하는 것 간의 균형을 유지하는 방법을 배우는 것이 중요하다. 해설사가 지나치게 인간적이고 친하게 되는 것은 프로정신이 부족한 것으로 종종 인식된다.

5) 이야기를 지어내고 해줄 수 있는 능력

이야기가 장소와 사람들을 살아있게 한다. 유명한 이야기꾼인 심스Laura Simms는 이야기한다. “당신은 어떤 곳에 몇 번이나 가더라도 그대로 외부자外部者로 남게 된다. 그러나 그곳의 이야기를 알게 되면 당신은 이제 더 이상 방문자가 아니다. 당신은 참여자가 된다. 뉴질랜드는 내가 이야기를 알게 되자, 뉴질랜드는 과일처럼 싱싱하게 다가왔다. 이제 나는 그 속의 역사를 만들기 시작한다.”

확실히 해설사에게 있어서 진실성과 정확성은 아주 중요한 덕목이다. 고의적으로 잘못된 정보를 주거나 선동하는 것은 슬픈 일이다. 해설사는 모든 예술가들과 마찬가지로 관광객이 자신의 이야기 속으로 들어오도록 수식하고 강화할 수 있는 권한을 타고 난다. 너무나도 자주 해설사는 전설이 강력한 의리를 지니고 있을 때는 정확하다고 하면서 얼굴 붉어지고 부끄러운 일화나 전설을 완전히 늘어놓는다.

사실 삶 그 자체가 방대한 이야기의 모음이라고 볼 수도 있다. 그래비John Gravey와 와이드머Mary Law Widmer는 그들의 저서 『아름다운 크리센트: 뉴올리안즈의 역사』에서 이렇게 이야기하고 있다. "역사는 하나의 이야기이다. 하나의 이야기로서 이야기꾼에 따라 달라진다. 이야기하는 사람의 관점에 따라 본래의 역사가 관련지어진다. 이 때문에 잇따르는 연대기는 하나의 역사이지 본래의 그 역사는 아니다. 정해진 역사는 없다. 오로지 기록보다 많거나 적게 이야기되는 얘기 거리가 있을 따름이다."

역사를 가지고 시작하면서 인간은 이야기, 전설 그리고 신화를 지어내어 기억하고, 확대하고, 수식하고 그리고 삶을 축복한다. 저명한 신화神話학자 캠벨Joseph Campbell은 신화를 가리켜 세상의 꿈, 삶에 대한 지혜에 관한 이야기라고 하였다. 그리고 신화는 내가 어디에 있는가를 이야기 해주고, 그리고 신화는 우리가 살아있음의 환희를 느끼게 해준다고 하였다(Campbell and Moyers, 1987).

샌프란시스코의 유명한 해설사 홀리데이Janica Holliday는 코이트 탑에 대한 잘 알려진 이야기에 주목하고 있다. 코이트 탑은 그 탑의 후원자인 코이트 씨의 소방호스 모양을 따서 만들었다는 것이다. 너무나 많은 해설사들이 이야기를 반복하였기에 이제 사실이 되어버렸다는 것이다. 진실은 그 건축가가 탑 건물을 만들 때 소방호스에 대해서는 아무런 생각이 없었다고, 그리고 나중에 세로로 길게 홈통을 달았다고 그는 이야기한다. 그러나 그 이야기가 재미있고 그 건물에 대하여 어떤 의미를 은유하고 있기에 해설사들이 그것을 이야기로 만들어 해설해 주고 있는 것이다.

때때로 알려진 사실은 따로 있지만, 해설사는 그것을 옮겨 쓸 자유를 가지고 있다. 역사가이며 작가이고 그리고 필라델피아 해설사인 마리온John Francis Marion 씨는 이렇게 이야기하였다. "나는 역사 속에서 공상하는 사람이다. 내가 역사를 읽을 때는 나는 나 자신을 역사 속의 인물 사이에 투영하는데, 그것이 이야기가 된다. 사실을 쭉 펼쳐놓고 내가 하고 싶은 대로 한다."

해설사는 진실을 전할 의무를 무시할 수 없기 때문에 사실과 허구를 구분해야 한다. 입증되지 않거나 의문시되는 전설을 시작하면서 서두에 "전하는 바에 의하면…" 또는 "이야기는 이렇습니다…" 등으로 시작하는 것도 한 가지 방법이다.

6) 자극적 질문 능력

질문을 하는 능력도 아주 값진 해설 기술이다. 관광객을 참여하도록 함으로써 해설사는 그들을 관여시킨다. 자극적인 질문을 하는 것은 보기보다 복잡하다. 질문만 한다고 되는 것이 아니다. 많은 해설사들은 방문객들을 몰입시키기 위해 질문을 한다. 질문은 당신의 레퍼토리를 첨가하는데 있어 고도로 유용한 기술이다.

질문은 여러 가지 목적을 달성한다(Regnier et al. : 31).

- 흥미를 자극한다.
- 프로그램을 짜임새 있게 한다.
- 창조적인 생각을 고무한다.
- 중요한 점을 강조한다.
- 방문객들이 생각과 느낌을 공유할 수 있도록 기회를 제공한다.

크록오브Gerald H. Krockover와 호익Jeanette Hauck은 4가지 질문 수준을 제시하고 있다.

(1) 기억내용 질문

이는 응답하는 사람이 거의 생각하지 않고 답할 수 있는 회상 또는 기억에 의존하는 질문을 가리킨다. 예를 들면, "이 건축양식을 무엇이라고 합니까?" 또는 "이 나무의 이름은 무엇입니까?" 불행하게도 많은 해설사들은 이런 유형의 질문에 의존하고 있다.

(2) 수렴 질문

이 질문 유형은 사실과 개념을 함께 섞어서 최상의 또는 옳은 답을 얻게 하는 것이다. 예를 들면, "이 동물은 저 동물과 어떤 점이 비슷합니까?", "~사이에 그 차이는 무엇입니까?"

(3) 발산 질문

이것은 예측하고, 가정하고, 추론하여 다수의 정답을 내게 하는 질문 유형이다. 예를 들면, "이 시대를 한마디로 표현한다면 무엇이라고 할까요?", "맨처음 이곳에 온 사람들이 타고 온 배에는 어떤 것들이 실려 있었을까요?"

(4) 평가 질문

이것은 가장 수준이 높은 질문 유형인데, 응답자가 가치판단을 하고 의견을 내어서 그들의 견해를 방어하도록 요구한다. 예를 들면, "만약 당신이 그 당시에 이곳 주민이었다면 당신은 그때 어떻게 했겠습니까?", "왜 이 그림을 좋아합니까?"

레그니어 등은 또 질문의 유형을 3가지로 구분하고 있다(Regnier et al. : 31).

① 가장 기본적인 질문의 형태로 특수한 질문을 하는 것이다. 이런 질문은 대개 "누구, 무엇, 어디" 등으로 시작된다.

"산성비에 대해 어떤 것을 들어보았는가?"
"우리가 듣는 귀뚜라미의 합창에서 무엇을 관찰할 수 있는가?"
"이 뱀의 느낌은 어떤가?"
"이 줄무늬 올빼미가 밤에 완벽한 사냥을 할 수 있도록 해주는 것은 무엇이라고 생각하는가?"
"삼나무와 비교해볼 때 숲의 어느 부분에서 백송이 분포하는가?"

② 과정 질문(Process Questions)
초점 질문보다 가능한 응답이 많다. 과정에 대한 질문은 단순한 암기나 묘사보다는 통합된 정보를 묻는다. 과정 질문은 종종 "이게 무슨 뜻이지? 만약 …한다면 어떻게 되겠는가? …를 뒷받침하는 경험은 무엇인가? 왜…?"라는 말 등으로 시작된다.
"산성비가 이 호수에 영향을 미치고 있다는 증거는 무엇인가?"
"귀뚜라미는 왜 우는가?"
"올빼미는 왜 눈 주위에 테두리가 있는가?"
"여기에는 삼나무가 더 많은데, 왜 저기에는 백송이 더 많은가?"

③ 평가 질문(Evaluation Questions)
참가자의 가치, 선택, 판단에 관한 문제를 주로 다룬다. 이런 질문은 청중들이 자신의 기분을 표현할 수 있도록 해준다. 평가 질문은 "어떻게 생각하십니까?", "…은 어떻습니까?" 등으로 시작된다.
"산성비에 관한 대책으로 무엇이 필요하다고 생각합니까?"
"만약 귀뚜라미가 울지 못한다면 그들은 어떻게 의사소통하는가?"
"왜 사람들은 뱀이 끈적끈적하고 불쾌한 동물이라고 생각하는가?"
"올빼미의 모든 먹이가 낮에 활동한다면 올빼미는 어떻게 변해야 하는가?"
"숲에 다양한 종류의 나무를 심어야 하는 이유는 무엇인가?"

그리고 방문자들의 대답을 기대하기보다는 해설 분위기를 살리기 위하여 행하는 질문도 있다. 그것이 곧 수식적 질문Rhetorical Questions이다(Regnier et al : 32).

모든 질문에 대해 방문자들이 말로 답을 해야 하는 것은 아니다. 방문자들이 큰 소리로 대답하리라 기대하지 않는 경우에 수식적 질문을 하게 된다. 참여적 질문, 극적 질문, 수식적 질문들은 프로그램에서 중요한 부분을 강조하는데 도움을 준다. 예를 들면, "만약 우리가 대기오염 문제를 해결하지 않는다면 저 숲들은 어떻게 될까요?, 우리들이 집을 지을 때 쓰는 소나무와 참나무는 어떻게 될까요?, 당단풍나무가 없어지고 당단풍나무 시럽이 없으면 팬케이크를 구울 때 우리는 어떻게 할까요?, 그러한 나무에서 먹이를 얻고, 숨기도 하고 보호받을 수 있는 식물과 동물들은 어떻게 될까요?" 이러한 질문들은 대답을 요구하지는 않지만 듣는 사람들의 주의를 끌게 된다.

7) 질문시 알아둘 점

- 질문은 한 사람에게 묻지 말고 전체 참여자에게 묻자. 물론 답변을 듣고 질문의 답을 확인하거나 정답을 알려주는 일도 전체 참여자에게 하자. 전체 참여자에게 묻고 답해야 모두가 생각하고 모두가 알게 되는 기회를 갖게 될 수 있다.
- 한 번의 질문에는 하나의 문제만을 묻자. 참여자가 한 번의 질문에 하나의 지식이나 정보, 혹은 지각에 대해서만 생각하고 집중할 수 있도록 해야 한다. 그렇지 못할 경우 참여자들은 여러 가지를 동시에 생각하기보다는 생각을 멈출 수 있기 때문이다.
- 대답할 시간을 주어라. 질문을 한 뒤에는 질문에 대해 생각하고 답할 수 있도록 대답할 시간을 주자. 기다리는 시간Wait-Time이 길수록 참여자는 좋은 답은 내는 것은 물론 질문에 대한 기억도 오래갈 수 있다.
- 질문에 대한 답변은 참여자 스스로 할 수 있도록 유도하자. 질문이 어렵거

나 애매하여 답변이 바르게 나오지 않을 경우, 질문에 대한 정답을 알려주기 보다는 참여자가 정답을 말할 수 있도록 유도하는 것이 바람직하다. 설마 아무도 대답하지 못하더라도 직접적인 답을 알려주기보다는 다른 형태로 다시 묻거나 정답으로 발전시킬 수 있는 중간단계의 다른 질문을 하여서 단계적으로 답을 얻을 수 있도록 돕는 것이 좋다.

- 질문을 할 때 참여자의 의지를 꺾지 말자. 예를 들어, "누가 알까", "아는 사람은 없던데…"나 "얘기할 수 있는 사람이 없는 질문입니다만…" 등의 말로 시작하며 질문을 하는 경우에는 참여자는 질문에 대한 답을 찾으려는 노력을 포기하거나 질문에 대한 답이 없는 것은 아닌가를 의심한다.
- 참여자의 능력에 맞추어서 질문하라. 참여자의 능력을 살펴 참여자의 절반 이상이 답할 수 있는 수준이나 관심분야의 질문을 한다. 그러기 위해 해설사는 다양한 수준의 질문을 준비하고 있어야 하며, 같은 답을 지닌 문제의 경우에도 질문의 난이도를 달리하여 물을 수 있도록 연습이 필요하다.
- 질문에 대한 답이 비록 틀릴지라도 참여자가 무안함을 느끼거나 불안감을 느끼지 않도록 하자. 참여자의 오답은 질문자의 잘못된 질문태도에 의한 것이거나 질문이 애매해서라 생각하자. 질문이 적합하다면 참여자는 해설 프로그램이 진행되는 동안 좌절하는 일이 없어야 한다.
- 몇 개의 질문을 통해 아이디어와 개념을 개발하라. 초점 질문에서 과정 질문으로 다시 평가 질문으로 진행하라. 이렇게 하면 청중들의 생각 수준이 높아질 수 있다.

- 질문에 대한 응답은 비록 그 답이 틀렸을 지라도 품위 있게 받아들여라. 프로그램에 참여하는 사람들이 바보가 된 듯이 느끼게 하지 말라.

- 끝으로, "예" 또는 "아니오"식의 단순한 질문은 하지 말라.
- 질문의 답이 "예"나 "아니오"의 단답식으로 끝나게 하는 질문은 피하자. 질문에 대한 답을 하면서 해설사와 참여자는 대화를 시도하고 대화를 통해 해설자원에 대해 더욱 심도 깊은 내용으로 나아가거나 새로운 내용으로 옮겨가는 것이 가능한 통로여야 한다.
- 질문은 일반적인 해설의 내용보다 좀더 자극적이면 좋다. 해설사는 질문을 하며 질문에 대한 답변을 통해 참여자의 수준과 관심을 확인하기도 하고 새로운 관심거리를 소개하거나 새로운 내용으로 옮겨가는 기술을 구사할 수 있다.
- 간혹은 질문에 대해 답변하는 것을 꺼리는 경우가 있다. 어린이들보다는 성인들의 경우 자신의 지식정도를 확인받을 수 있다고 여겨 답변을 회피하는 경우가 있는데, 이런 경우에는 유머나 일상적인 관심사에 대한 이야기를 나누며 서로 쌍방대화를 시도하는 노력이 필요하다.
- 끝으로, 참여자의 답변에 대해 해설사는 정중한 태도를 유지하여야 한다. 참여자의 답변이 아무리 터무니없는 것일지라도 참여자의 수준을 의심하거나 참여자가 무안함을 느끼게 해서는 결코 안 된다. 참여자 한 사람의 무안함은 함께 참여하고 있는 그룹 전체에 불쾌한 감정을 일으킬 수 있기 때문이다.

8) 부분을 전체에 관련시키는 능력

자연주의자인 해설사는 사과꽃에 앉아있는 한 마리의 벌을 가지고 자연에서 공생관계를 설명할 수 있다. 한 마리의 벌은 꽃에서 꿀을 빨아올려 먹고 뱃속에 넣었다가 꿀통에다 꿀을 채운다. 이 꿀은 또 사람이 먹고 약을 만드는데도 사용된다. 물론 꿀벌이 꿀을 빨아올리기 위하여 몸을 이리저리 돌리고 하는 과정에서 꽃가루가 암술머리에 붙음으로써 수정이 이루어지고 그 세포가 분열하여 커지면서 사과 씨앗이 형성된다. 이 씨앗을 보호하기 위하여 과육이 형성되는데, 이것이 우리가 즐겨먹는 사과이다.

벌과 나비가 없으면 이러한 수정이 이루어질 수 없고, 꽃이 없으면 벌 나비가 먹을 것이 없게 된다. 이와 같이 꿀벌 한 마리인 부분을 가지고 자연 속에서 거미줄 같이 얽혀 더불어 살아가고 있는 모습을 알려줄 수 있다. 즉 전체에 관련시켜 해설을 할 수 있는 능력이 있어야 한다.

사찰 마당에 서있는 석탑 하나는 무심코 지나칠 수도 있으나, 그 탑의 모양을 가지고 불교문화의 변천과정, 석공예 기술의 변천사를 설명하게 되면 역시 부분이 곧 전체가 될 수 있음을 보여줄 수 있다. 이러한 부분을 전체에 관련시키는 능력은 해설사에게 특히 요구되는 사항이다. 그것은 관광객은 해설사를 통하여 그 자원이 지니고 있는 의미를 알게 되기 때문이다.

9) 유머를 활용하는 능력

현명하게 사용하면 유머는 가장 효과적이고 널리 호소하는 의사소통 수단 가운데 한 가지이다. 반면에, 유머는 극단적으로 어설퍼지고 방해가 될 수도 있다. 많은 해설사들은 재미있게 해줄수록 관광객에게 더 인기가 있다고 잘못 생각하고 있다. 사람들이 웃기를 좋아한다고 항상 웃기려고 애를 쓰면 역효과가 날 수도 있다.

해설사는 유머의 미묘함을 인식하는 것이 중요하다. 어떤 관광자원해설사는 재치와 유머를 농담과 같은 것으로 생각하는데, 유머는 같은 내용을 전달하더라도 미묘하게 다른 시각, 인식 또는 표현방법을 지니고 있을 때 좋은 유머라 할 수 있다. 간혹은 해설 내용의 진실을 다른 이야기 각도를 가지고 새로운 시각으로의 접근을 제안하는 것도 좋은 유머가 될 수 있다. 이런 반전 경험도 일종의 유머일 수 있다.

참여자들을 끊임없이 웃기려고 시도하는 해설사는 관광객을 괴롭히는 것이 될 수 있다. 어떤 경우에는 손님들이 해설사에 대하여 불평을 할 수도 있다. "그는 코미디언이 되려다 실패한 사람과 같다. 온종일 진실을 들어보았는지 모르겠다"라고 하였다.

해설사가 유머를 구사하는데 있어서 유머가 갖는 공격성이나 차별행위에 대해서 해설사는 유의할 필요가 있다. 유머에 대한 취향은 다르다. 따라서 다양한 문화적 배경을 가진 사람들에게는 지나친 유머는 피해야 한다. 또는 정치적 성향을 드러내는 유머나, 한 시대를 풍미했던 유머, 혹은 특정인이나 특정사건이 지닌 의미를 알아야 즐길 수 있는 유머가 있다. 이런 종류의 유머는 같은 문화, 같은 지역, 같은 시대, 혹은 같은 정치적 성향을 지녀야 함께 공감할 수 있다. 이런 종류의 유머를 해설사가 구사했을 경우 참여자들 중 일부는 그 유머에 공감할 수 없거나 간혹은 불쾌감을 느낄 수도 있다. 그럼 어떤 종류의 유머를 피해야 할까? 유머를 활용할 때 필요한 지침은 다음과 같다.

- 자신에 맞게 한다. 농담을 하는 것이 편안하지 않으면 하지 말라. 웃기려 해도 웃지 않는 것만큼 애처로운 것은 없다.
- 민족에 관련된 농담이나 타 지방, 타 언어, 다른 풍습, 다른 신념을 가벼이 다루지 말라.
- 해설사가 얼마나 유머감각이 있느냐를 가지고 해설사의 자질을 평가하는 사람은 거의 없음을 기억하라.
- 장시간 해설을 하는 경우에는 참여자들 중에서 이야기할 사람을 찾아 함께 하는 것도 유쾌함과 유머거리가 될 수 있다.
- 다양한 문화적 배경, 다양한 세대가 어우러져 있는 참여자 그룹에서는 지나친 유머는 피하는 것이 좋다.
- 정치적으로 민감한 내용이나 근현대사와 관련된 편향된 이야기 각도의 유머는 피하는 것이 현명하다.
- 성적 표현이 들어가거나 성적이 이미지를 자극할 수 있는 유머는 피하는 것이 좋다.

- 신체적 혹은 정신적 장애를 소재로 하는 유머는 절대로 해서는 안 된다.
- 끝으로, 해설사는 자신이 소화할 수 있는 소재나 내용의 유머를 구사하자. 간혹은 소재나 내용은 재미있는 유머이나 해설사 자신이 전달하는 것을 거북하게 생각한다고 느껴질 때가 있다. 이런 경우 참여자는 해설사의 불편해하는 모습으로 인해 유머를 충분히 즐기지 못한다.

해설의 진행에 있어서 시기적으로 유머의 기능을 살펴보면,
- 해설을 정식으로 시작하기 전 개별적인 인사를 나누는 시간에 사용하는 유머는 서로를 탐색하고 있는 초반부의 특성상 참여자를 친근하게 다가올 수 있도록 하는 호의적 태도로 비춰질 수 있다.
- 해설이 진행되는 동안에는 사용하는 유머는 약해진 집중과 관심을 다시 모으는 분위기 조율의 기능을 할 수 있으며, 해설내용 속 정보의 특성이나 분위기를 전환시켜야 할 때 전환에 앞서 사용하여 분위기를 환기시키는데도 유용하다. 이뿐 아니라 유머의 소재가 강조하고 싶은 대상이나 이야기를 상기시킬 수 있다면 유머는 단순이 웃음을 주어 긴장을 완화하는 기능만이 아닌 이야기 소재를 부각시키는 기능도 가지고 있다.

현대인은 유머 있는 해설은 물론 모든 생활 속에서 유머를 찾고 즐기는 성향이 있다. 지금까지의 많은 해설관련 연구들에서도 관광객이 원하는 해설의 특징 중 유머 있는 해설은 언제나 선호되고 있다. 유머의 실행을 위해서는 평소에 웃음의 포인트, 분위기를 전환할 수 있는 가벼운 이야깃거리, 일반적으로 많은 사람이 활용하고 있는 일상의 유머 등에 대한 관심과 활용의 노력이 필요하다.

유머를 적절하게 사용한 예를 하나 들어보기로 한다(Regnier et al. : 30). 한 자연주의자가 올빼미에 관한 야간 강의에 자신의 개인적인 경험을 이야기하면서 시작한다. 다른 종에 너무 가까이 다가서는 것은 위험하다. 그 위험은 당신이

그 종을 잘못 이해한데서 비롯된 것일 수 있다. 아니면 당신의 행동이 그 종에게 잘못 해석되는 경우일 수도 있다. 내 개인적 경험은 종종 후자에 속한다.

나는 줄무늬 올빼미를 지하실에서 키웠는데 우연히 그 올빼미는 외눈박이였다. 나는 그 새를 제리라고 부르기로 했다. 우리는 종종 학교를 방문했는데, 이로 인해 제리는 운반용 개집 속에 넣어 운반되어야 했다. 독립된 하나의 개체이기에 제리는 마지못해 개집에 들어가거나 거기서 살았다. 이 일은 여러 주일 전에 일어난 일이다.

몇 번이나 제리를 놓치고 나서, 나는 내 손과 무릎이 개집에 기대고 있다는 것을 알았다. 제리는 내 등 뒤로 폴짝 뛰었다. 한참 생각을 한 후에 나는 가장 적당하고 논리적인 방법은 그냥 지하실의 다른 한 편에 있는 그의 새장으로 살금살금 기어가는 것이라고 생각했다.

우리가 빨래 더미를 도는데 집중하고 있을 때 나는 갑자기 감시당하고 있는 느낌을 받았다. 내 12살 난 아들이 처음으로 친구를 데리고 온 것이다. 그들의 4개의 눈은 우리를 주시했다. 우리의 3개의 눈도 뒤를 노려보았다. … 올빼미와 너무 가깝게 지내면 내가 올빼미로 보일 위험성이 있다는 것을 느낀 때가 바로 이때이다.

10) 침묵할 때를 알기

"웅변은 은이요, 침묵은 금이다"라 말한 영국의 사상가 칼라일이 얘기했듯이, 종종 가장 적절하고 힘 있는 해설은 침묵이다. 침묵하게 되면 존경 또는 반성하는 기분을 갖게 하거나 관광객에게 그들 스스로 그곳에 빠져들고 평가할 시간과 공간을 주게 된다. 그리고 침묵은 관광객이 정신적으로 휴식할 수 있게 해준다. 해설사의 해설이 멈춘순간 참여자들은 스스로가 무엇인가를 발견하거나 사고하게 된다.

해설사에게 필요한 것은 침묵을 금으로 만드는 기술이다. 해설사가 침묵하는 것이 단순한 말을 멈추고 있는 것이 아닌 해설프로그램의 일부이고 연기여야 한다. 적절한 장소와 상황에서 길거나 짧지 않은 시간의 침묵은 다음과 같은 긍정적인 효과를 낼 수 있다.

예를 들어,

- 정숙함이 강조되는 장소인 종묘, 왕릉, 사당, 묘지, 사찰 등에서의 침묵은 장소의 의미를 강조하고 사려 깊은 행동을 유도하는 것이 가능하다. 해설프로그램은 이러한 성스럽고 엄숙한 분위기를 존중할 의무가 있다.
- 아름다움 풍광 속에서의 침묵은 장소의 아름다움을 스스로 즐기는 향유의 기회는 물론 아름다운 공간에서의 참여자의 정신적 휴식을 제공할 수 있다.
- 전쟁의 참상이 빚어졌던 곳 같은 경우에도 마찬가지로 침묵 속에서 관광객들 스스로 전쟁의 참혹함을 떠올려보거나 경관의 아름다움에 취할 수 있도록 해주는 게 낫다.
- 그 장소를 찾은 모든 관광객이 해설프로그램에 참여하는 것은 아니다. 그러므로 해설사는 해설프로그램에 참여하지 않는 다른 방문객들을 위한 배려의 행위로 침묵을 활용할 수도 있다.

또는 시간이 없거나 계획을 잘못 짜서 들리지 못할 곳에 대해서도 침묵하는 것이 좋다. 그렇지 않으면 들리지 못하거나 참여하지 못하는 이벤트에 대하여 호기심을 갖게 되고, 지금하고 있는 여행이 알맹이가 빠진 것이 아닌가 하는 생각을 갖게 할 수 있기 때문이다.

11) 멈출 때를 알기

틸든은 분명히 "부족한 것이 낫다(Less is more)"고 설명하고 있다. 많은 해설사들은 그들이 알고 있는 모든 사실을 관광객에게 전해주려고 시도하는 잘못을 범하고 있다. 그렇게 하게 되면, 관광객들은 정보 과부하誇負荷에 처하게 된다. 훌륭한 해설사라면, 언제 그만두는 것이 좋은가를 알아야 한다.

연예산업에서는 아쉬움을 남기고 떠나는 것이 황금 규칙이다. 다음에 와서 또 보고 듣고 즐겨야겠다는 마음을 가지고 떠나게 해야 한다.

말을 멈추는 기술에 대해 생각해 보자. 문장과 문장 혹은 단락과 단락 사이에 간격을 두면 듣기에 좋다. 해설사의 말을 멈추는 행동은 사람들의 관심을 집중시킬 수도 있고, 분위기를 환기시켜 참여자들이 생각을 정리할 수 있는 시간을 제공하기도 한다. 그러니 잠시 말을 멈추고 생각하는 용기를 가져보자. 그러나 말을 멈추는 것은 타이밍과 멈추는 기간의 문제를 가지고 있다.

일반적으로 마침표 뒤는 2박자, 쉼표 사이는 1박자, 단락과 단락 사이는 2박자를 쉬자! 듣는 사람은 말하는 사람보다 말 사이의 간격을 훨씬 짧게 느낀다고 한다. 그러므로 관광자원해설사는 자신의 생각보다는 약간은 더 길게 말을 멈추는 연습이 필요하다. 반면 해설사가 말을 멈추는 것이 너무 길어지면 끝난 것으로 이해되거나 해설사가 다음에 해야 할 행동에 자신이 없는 것으로 읽힐 수도 있기 때문에 그 조율이 쉽지 않은데, 이때 해설사는 목소리가 아닌 다른 것으로 참여자의 관심을 지속시킬 수 있다.

가장 많이 사용되는 것으로는 이야기가 중단된 상황에서 다음 해설지로 이동을 하는 경우이다. 이동을 하는 동안 앞에서 이루어진 해설의 감동을 유지하거나 다음 해설장소에 대한 기대를 키울 수 있다. 또는 눈맞춤을 하며 진행되고 있는 해설에 대한 참여자들의 상태를 확인하거나 앞서의 해설 내용이 가지고 있는 감정을 표정이나 몸짓으로 지속시키는 것도 가능하다.

12) 새로운 것 학습과 프로그램 개발

해설사가 관광객에게 진부하게 보이지 않고 영감을 불어넣어 주는 확실한 방법은 그들이 택한 주제에 대하여 경이로움과 외경감畏敬感을 유지하는 것이다. 영리하고 활기찬 해설사는 실제로 모든 종류의 지식, 물질, 예술 형태를 자신들의 해설 프로그램 속에 짜 넣어야 한다.

어떤 장소에서 정말로 감동을 받는 사람은 흥미롭고 관련되는 정보를 얻으려고 서두르지 않는다. 해설사 스스로가 먼저 감동을 받아야 남에게 진한 감동을 받게 해줄 수 있다.

김은주(2004). 『명강의 핵심전략-상호작용을 높이기 위한 37가지 귀띔』, 서울 : 연세대학교 출판부.

문화유산해설 기초이론 연구(2011). 명지대학교 산학협력단, 문화재청.

박석희(1999). 『나도 관광자원해설가가 될 수 있다』, 서울 : 백산출판사.

박중환(2011). 『꿈꾸는 가방의 비밀』, 파주 : 씨앗을 뿌리는 사람.

박희주(2006). 해설서비스가 관광객 만족과 행위의도에 미치는 영향, 경기대학교 박사학위논문.

전영우 외 3인(1999). 숲 체험 프로그램 내용 일부 발췌, 수문출판사.

최성애(2000). 『인간 커뮤니케이션』, 서울 : 한단북스.

Applbaum, R., Bodaken, E., Sereno, K., & Anatol K.(1974). The process of group communication. IL : SRA. 재인용 : 박영목, 『국어 표현 과정과 표현전략』, 독서연구 제4호.

Aronson, E., Turner, J. A. & Carl S. J. M.(1963). Communicator Credibility and Communicator discrepancy as determinants of opinion change. *Journal of Abnormal and Social Psychology*, 67 : 31-37.

Csikszentmihalyi, Mihaly(1988), *Optimal experience : Psychological studies of flow in consciousness*, Cambridge University press.

Grice, H.P.(1975). Logic and conversation. In P. Cole, & J.L. Morgan (Eds.), *Syntax and semmantics 3*. Speech acts. NewYork : Academic Press.

Kay, William Kennon(1970). *Keep It Alive! Tips on Living History Demonstrations*, U.S. Department of the Interior National Park Service.

Martin Bryan(1995). 윤희원 역, 『좋은 화법과 화법지도』, 파주 : 교육과학사.

Pond, Kathleen Lingle(1993). *The Professional Guide*, Van Nostrand Reinhold.

Regnier, Kathleen; Michael Gross and Ron Zimmerman(1992). *The Interpreter's Guidebook*, UW-SP Foundation Press, Inc.

Richard maxwell and Robert Dickman(2008). 전행선 역, 『5가지만 알면 나도 스토리

텔링전문가』 The Elements of Pesuasion(2007), 서울: 지식노마드.

Sharpe, Grant W.(1926). "An Overview of Interpretation" Grant W. Sharpe (2Ed.). *Interpreting the Environment*. John Wiley & Sons. Inc.

Shibuya Shozo(2004). 김경인 역, 『야심만만 심리학(정말 궁금한 사람의 심리를 읽는 90가지 테크닉)』 他人が讀める」と面白い, 파주: 리더북스.

Tilden, Freeman(1957). Interpreting Our Heritage. University of North Carolina Press.

Wang, Kevin D.(2003). 권남희 역, 『닭을 죽이지 마라』 Don't Kill a Cock. 서울: 이가서.

저자소개 박석희(朴石熙)

현재 경기대학교 관광개발학과 교수

학 력

서울대학교 농과대학 임학 학사
서울대학교 환경대학원 환경계획학 석사
서울대학교 대학원 산림휴양학 박사

경 력

1977. 3.~1981. 3.	한국개발연구원 연구원 · 주임연구원
1981. 3.~현재	경기대학교 관광개발학과 교수
1991. 8.~1992. 8.	Texas A&M 대학교 객원교수
1995. 7.~1997. 7.	경기대학교 대학원 교학부장
2001. 7.~2003. 8.	경기대학교 입학처장
2005. 5.~2009. 4.	경기대학교 관광전문대학원 원장
1998.11.~2000. 2.	한국공원휴양학회 회장
2001. 7.~2003. 7.	한국관광자원개발학회 회장
2005. 1.~2006.12.	한국농촌관광학회 회장

전공분야

관광자원개발/관리, 관광위락관리, 관광조사분석, 농촌관광

연구실적

"설악산 관광자원의 이용형태 및 수요분석에 관한 연구", 『관광학연구』, 제6호(1983) 외 다수

저 서

『신관광자원론』, 명보문화사(1989)
『환경과학개론』(공저), 동화기술(1991)
『관광조사 연구기법』, 일신사(1993)
『우리의 산촌』(공저), 일신사(1993)
『디즈니와 놀이문화의 혁명』(역서), 일신사(1994)
『지방화시대의 관광개발』(공저), 일신사(1995)
『테마파크의 비밀』(역서), 일신사(1995)
『신관광자원론』(수정판), 일신사(1995)
『포스트 테마파크』(역서), 일신사(1999).
『나도 관광자원 해설가가 될 수 있다』, 백산출판사(1999)
『관광과 공간변형』(역서), 일신사(2000)
『관광학총론』(공저), 백산출판사(2009)
『관광공간관리탐구』, 백산출판사(2009)
『관광여행방법』, 백산출판사(2010)
『조선의 정체성 : 경복궁에서 세종과 함께 찾는』, 미다스북스(2013)

기 타

시사저널 1000호 기념특대호(2008.12)
관광분야 가장 존경 받는 인물로 선정

저자소개 박희주(朴嬉周)

경기대학교 관광학 박사(관광개발 전공)
관광스토리텔링전문연구소, 문화의 향기 대표
해설사대회 심사위원 및 자문위원
전) 경기대 사회교육원 문화해설사 양성과정 주임교수

저　서

『관광자원해설서 및 문제집』, 삼양사(2009)
『농어촌 마을해설가 표준교재』, 농식품부 & 한국농어촌공사(2010)
『한국문화자원의 이해』(공저), 한국방송통신대학교(2011)
『문화유산해설 기초이론연구』, 문화재청(2011)

주요 연구 및 수상

"종묘방문자들의 관광자원해설 효과분석", 공원휴양학회(2002)
우수논문상, 경기대학교 대학원(2002)
"자원해설의 효과분석", 한국관광학회(2003)
"여주 도자기축제 평가 및 개선방안"(2003)
"유산관광 연구 성과와 향후과제", 한국관광학회(2005)
"농촌관광의 지속가능성", 한국농촌학회(2005)
"해설서비스품질이 관광객 만족도와 태도에 미치는 영향", 경기대학교(2006)
"해설사 현황과 발전방안 모색", 한국문화관광연구원(촉탁연구 및 자문)(2009)
우수강사상, 한국방송통신대학교(2009)
"시흥갯골생태공원의 스토리텔링개발 테마발굴", 시흥시(2011)
우수콘텐츠상, 한국방송통신대학교(2011)

관광자원해설 이야기로 풀기

2013년 3월 17일 초판 1쇄 발행
2017년 8월 20일 초판 4쇄 발행

지은이 박석희 · 박희주
펴낸이 진욱상
펴낸곳 백산출판사
교 정 편집부
본문디자인 편집부
표지디자인 오정은

등 록 1974년 1월 9일 제406-1974-000001호
주 소 경기도 파주시 회동길 370(백산빌딩 3층)
전 화 02-914-1621(代)
팩 스 031-955-9911
이메일 edit@ibaeksan.kr
홈페이지 www.ibaeksan.kr

ISBN 978-89-6183-716-3
값 17,000원